U0230099

普通高等院校工程图学类规划教材

画法几何及机械制图

葛艳红　黄　海　陈　云　主编
刘　宁　王晓娟　杜艳迎　魏　军　胡楷雄　胡晓燕　参编

清华大学出版社
北　京

内 容 简 介

本教材是在原有教材的基础上，根据工程图学教学指导委员会制定的关于画法几何及机械制图课程教学的新要求以及高等院校本科教学质量和教学方式的改革方向，融入新思想、新理念、新要求修订编写的。同时还修订编写了配套的《画法几何及机械制图习题集》。

除附录外，全书共分 9 章，主要知识点有：①制图的基本知识和技能；②点、直线和平面；③立体及其表面交线；④组合体；⑤轴测投影图；⑥机件的表达方法；⑦标准件与常用件；⑧零件图；⑨装配图。

本教材从内容的增删到教材主线的梳理都进行了精心改编。内容选编上摒弃了一些简单理论的赘述，加强了知识应用案例和实例。重新编排后的教材结构更紧凑，脉络更清晰，内容更优化，文字更精炼。从前到后，内容层层递进，步步深入，层次分明。

本教材修订后的最大特色是将计算机绘图和三维造型融入各章节，贯通全书。并且分别采用的是较新版的软件 AutoCAD2016 和 SolidWorks2016。另外，以知识点为细分结构组织全书，更便于当前流行的在线课程制作和学生的自学、复习管理。

本教材采用了最新国家标准，以图为主、图文并茂、深入浅出，既可以作为普通高等学校机械类、近机类各专业的制图课程的教材，也可作为高职高专等院校相应专业的教学用书，亦可供有关工程技术人员参考。

图书在版编目(CIP)数据

画法几何及机械制图/葛艳红，黄海，陈云主编. —北京：清华大学出版社，2019(2024.8重印)
(普通高等院校工程图学类规划教材)
ISBN 978-7-302-53362-7

Ⅰ. ①画… Ⅱ. ①葛… ②黄… ③陈… Ⅲ. ①画法几何－高等学校－教材 ②机械制图－高等学校－教材 Ⅳ. ①TH126

中国版本图书馆 CIP 数据核字(2019)第 168274 号

责任编辑：冯 昕
封面设计：傅瑞学
责任校对：赵丽敏
责任印制：曹婉颖

出版发行：清华大学出版社
网　　址：https://www.tup.com.cn，https://www.wqxuetang.com
地　　址：北京清华大学学研大厦 A 座　　**邮　　编**：100084
社 总 机：010-83470000　　**邮　　购**：010-62786544
投稿与读者服务：010-62776969，c-service@tup.tsinghua.edu.cn
质量反馈：010-62772015，zhiliang@tup.tsinghua.edu.cn
印 装 者：三河市铭诚印务有限公司
经　　销：全国新华书店
开　　本：185mm×260mm　　**印　　张**：19.75　　**字　　数**：477 千字
版　　次：2019 年 8 月第 1 版　　**印　　次**：2024 年 8 月第 9 次印刷
定　　价：56.00 元

产品编号：084051-02

前　言

高等教育改革不断深入，素质化教育、卓越工程师培养、混合式教学等改革理念层层递进。高等工科院校工程图学教育作为基础教育，其课程体系、教学内容、教学手段和方法必须与时俱进。因此，我们根据教育部高等学校工程图学教学指导委员会制定的"高等学校工程图学课程教学基本要求"及近年来发布的机械制图、技术制图等最新国家标准，为满足机械类及近机类教学之所需，在原有教材使用的反馈意见基础上重新修订编写了此书。同时还修订编写了与之配套使用的《画法几何及机械制图习题集》。

本教材在内容的选择上充分考虑图学发展的现状、知识结构的内在关联性，结合工程实际需求，对原版教材内容进行了增删。另外，在内容的编排上也作了精心设计，在以传统章、节为基本结构的基础上细化了知识点，以便于混合式教学中在线 MOOC 的制作组织和学生的自学管理。同时也能很好地适应学时数或增或减的随机变动，只需对相关模块或知识点作局部调整和增删，可以保证教材基本内容的完整性和系统性。

总而言之，修订后的教材比较于原版教材主要有以下特点：

(1) 重新编排后的结构更紧凑，逻辑更清晰，内容更优化，既可作为普通高等院校机械类、近机类以及高职高专等其他类型院校相应专业的教学用书，也可供有关工程技术人员参考。

(2) 全书文字更精炼，对一些重点和难点，增加了新的图例，力求所选图例尽量做到既源于工程实际，又紧密结合专业需求。

(3) 全书采用了技术制图与机械制图的最新国家标准及与制图有关的其他标准。

(4) 本书修订后的最大特色是将计算机绘图技能和三维造型技能的训练贯通始终，和尺规绘图技能的训练并驾齐驱，融入各章节，并且分别采用的是较新版的软件 AutoCAD2016 和 SolidWorks2016。

下表给出了全书章节安排顺序和各部分内容的学时分配建议，供参考。

"画法几何及机械制图"课程教学时数分配建议

教学内容	学时总数	学时分配			备　注
		讲课	操练	上机	
制图的基本知识和技能	8	4	2	2	大作业 2
点、直线和平面	6	6	—	—	
立体及其表面交线	16	8	4	4	习题课 4
组合体	14	6	4	4	习题课 2、大作业 2
轴测投影图	2	2	—	—	
机件的表达方法	16	8	4	4	习题课 2、大作业 2
标准件与常用件	12	8	2	2	大作业 2
零件图	18	6	8	4	测绘 4、大作业 4
装配图	20	8	8	4	测绘 4、大作业 4
学时总计	112	56	32	24	

为了促进学生平时的学习,加强实践性环节和尺规绘图、计算机绘图、三维造型等基本技能的训练,同时避免一考定胜负的偶然因素,建议各个教学环节在记入总成绩中要占合适的比例,建议比例如下表。

“画法几何及机械制图”课程理论教学与实践环节成绩分配所占百分比建议

学期安排	第一学期			第二学期			
项目	考试	计算机绘图、大作业	平时练习	考试	平时练习	测绘、大作业	计算机绘图
百分比/%	70	10	20	60	20	10	10

本书是一线教师在总结多年教学改革成果及长期从事图学教学中积累的丰富经验的基础上修订编著的。参加本书编写工作的有刘宁(第1章)、王晓娟(第2章)、黄海(第3章)、陈云(第4章)、杜艳迎(第5章)、魏军(第6章)、葛艳红(第7、8、9章)、胡楷雄(第8、9章)、胡晓燕(附录)。全书由葛艳红、黄海、陈云任主编。

本书编写过程中,参考了一些国内著作,列于书末,在此谨向有关作者致谢。

本书的编写得到教研室老师的大力支持,在此一并表示感谢。

由于编者水平所限,书中难免会有某些缺点或错误,敬请读者批评指正。

编　者

2019年6月

目　录

第1章　制图的基本知识和技能

1.1　制图国家标准简介

图样是产品或工程设计结果的一种表达形式，是产品制造和工程施工的依据，是组织和管理生产的重要技术文件，是“工程技术界的共同语言”。为了便于交流技术思想，对图样必须作出统一的规定。技术制图国家标准（如：GB/T 13361—2012 和 GB/T 14689—2008）是基础技术标准，机械制图国家标准（如：GB 4457.4—2002 和 GB 4458.4—2003）是机械专业制图标准，它们是图样绘制和使用的准绳。

1.1.1　图纸幅面与格式（GB/T 13361—2012、GB/T 14689—2008、GB/T 10609.1—2008）

绘制图样时，优先采用表 1-1 中规定的基本幅面尺寸。

表 1-1　图纸幅面尺寸　　mm

幅面代号	A0	A1	A2	A3	A4
$B\times L$	841×1189	594×841	420×594	297×420	210×297
a	25				
c	10			5	
e	20		10		

图纸可以横放或竖放。图纸无论装订与否，均用粗实线画出图框线和标题栏框线。需要装订的图样，其图框格式如图 1-1 所示，一般采用 A3 幅面横装或 A4 幅面竖装。不需装

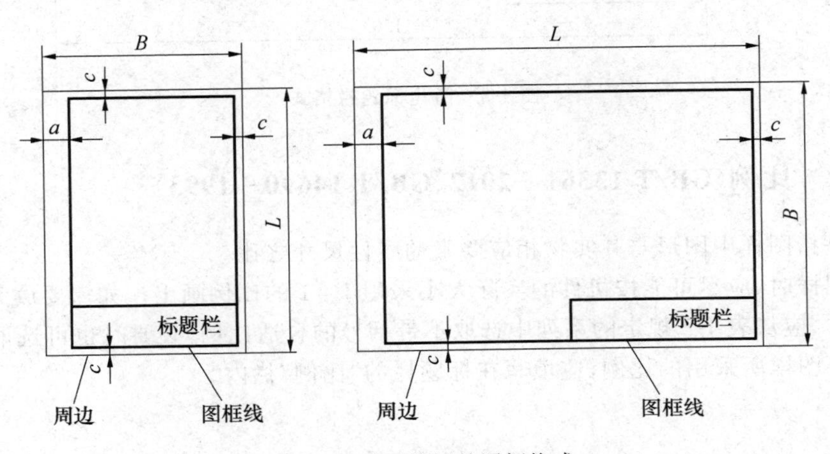

图 1-1　需要装订的图框格式

订的图样，只需将图 1-1 中的尺寸 a 和 c 均改为表 1-1 中的尺寸 e 即可。必要时，可加长图纸幅面，幅面尺寸由基本幅面的短边成倍数增加后得出。

每张图样都必须有标题栏。标题栏的位置应按图 1-1 所示的形式配置。必要时，也采用图 1-2 所示的格式。看图的方向一般与看标题栏的方向一致。

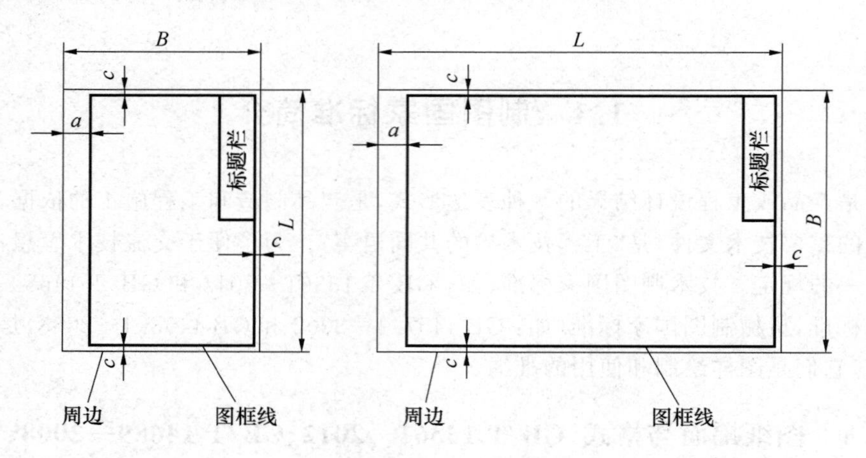

图 1-2　标题栏配置方式

国家标准对标题栏的格式、内容和尺寸作了统一规定。制图作业的标题栏可采用图 1-3 所示的简化格式。

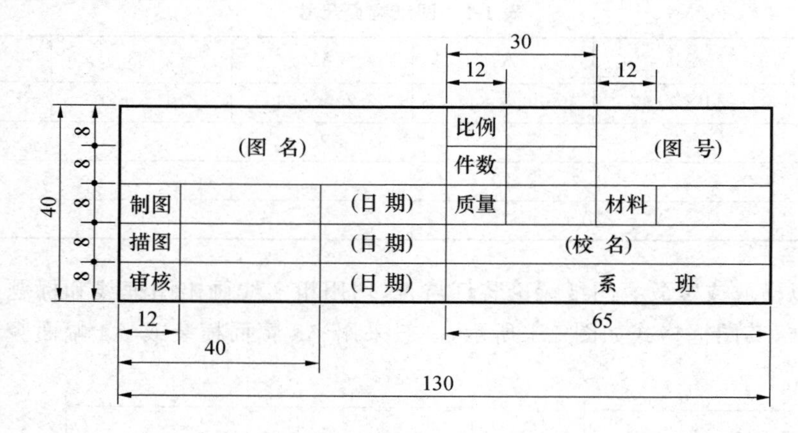

图 1-3　简化标题栏格式

1.1.2　比例(GB/T 13361—2012、GB/T 14690—1993)

比例是指图样中图形与其实物相应要素的线性尺寸之比。

绘制图样时，应尽可能按机件的实际大小采用 1∶1 的比例画出。如需要放大或缩小比例绘制图样，应从表 1-2 规定的系列中选取不带括号的合适比例，必要时也可选取表中带括号的比例。图样所采用的比例，应填写在标题栏的“比例”栏内。

表 1-2　绘图的比例

与实物相同	1∶1
缩小的比例	(1∶1.5)　1∶2　(1∶2.5)　(1∶3)　(1∶4)　1∶5　(1∶6)　$1:10^n$　$(1:1.5\times10^n)$　$1:2\times10^n$　$(1:2.5\times10^n)$　$(1:3\times10^n)$　$(1:4\times10^n)$　$1:5\times10^n$ $(1:6\times10^n)$
放大的比例	2∶1　(2.5∶1)　(4∶1)　5∶1　$10^n:1$　$2\times10^n:1$　$(2.5\times10^n:1)$　$(4\times10^n:1)$　$5\times10^n:1$

注：n 为正整数。

1.1.3　字体(GB/T 14691—1993)

图样中书写的汉字、数字和字母必须做到：字体端正、笔画清楚、间隔均匀、排列整齐。

字体的号数，即字体的高度，分为 1.8、2.5、3.5、5、7、10、14、20mm，其宽度约为高度的 2/3。为了保证字体大小一致和整齐，书写时最好先按所选字号的高宽尺寸画好格子。

汉字应写成长仿宋体，并采用国家正式公布的简化字。汉字的高度不宜小于 3.5mm。长仿宋体字的书写要领是：横平竖直，锐角分明，结构匀称，高宽足格。长仿宋体基本笔画有点、横、竖、撇、捺、挑、勾、折，如图 1-4 所示，汉字示例见图 1-5。

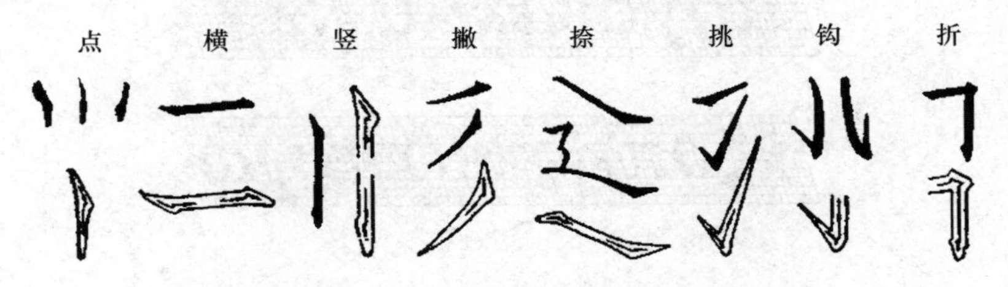

图 1-4　汉字的基本笔画

图样中的汉字、数字和字母必须写得

字体端正　笔画清楚　间隔均匀　排列整齐

图 1-5　长仿宋体汉字示例

数字和字母有斜体和直体两种，通常采用斜体。斜体字头向右倾斜，与水平线成 75°倾角。数字和字母分为 A 型和 B 型，A 型字体的笔画宽度为字高的 1/14，B 型字体的笔画宽度为字高的 1/10。用作指数、分数、极限偏差、注脚等的数字及字母，一般采用小一号的字体；图样中的数学符号、物理量符号、计量单位符号及其他符号应符合国家有关法令和标准的规定。数字及字母的示例如图 1-6 所示。

1.1.4　图线(GB/T 14665—2012、GB/T 17450—1998、GB/T 4457.4—2002)

绘制机械工程图样时，应采用规定的各种图线。表 1-3 及图 1-7 列出了各种形式图线的名称、型式、宽度及主要用途，其他的用途可查国家标准。

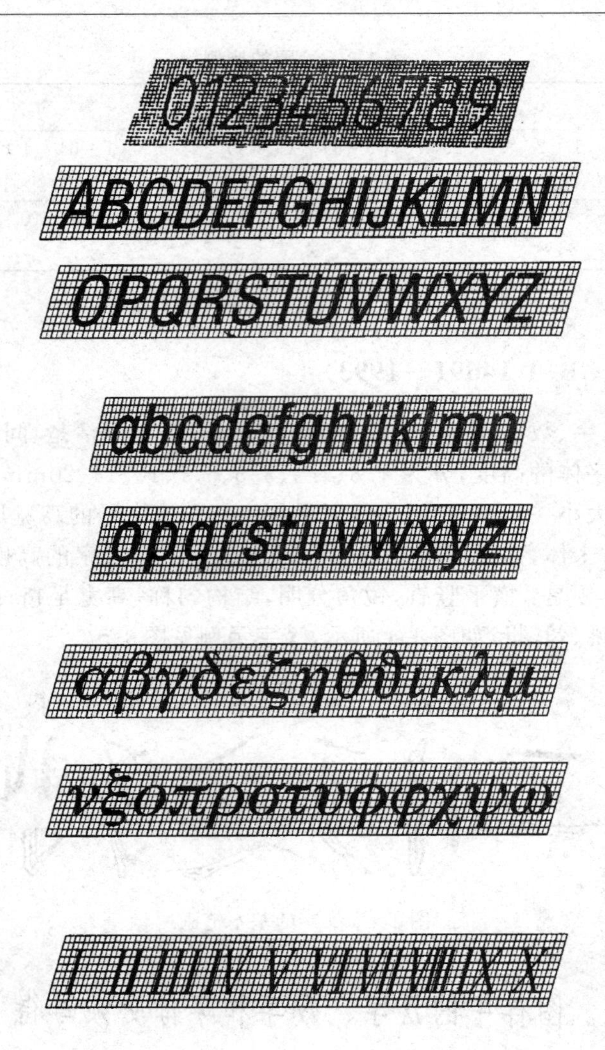

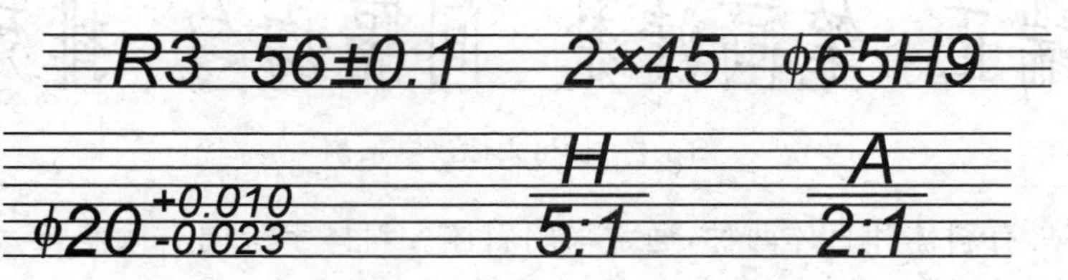

图 1-6　数字、字母及其综合示例

表 1-3　图线的名称、型式、宽度和主要用途

图线名称	图线型式	图线宽度	主要用途
粗实线	————	b	可见轮廓线
细实线	————	$b/2$	尺寸线,尺寸界线,可见过渡线,剖面线,引出线,重合断面的轮廓线,螺纹的牙底线,齿轮的齿根线,分界线,范围线
波浪线	～～～～	$b/2$	断裂处的边界线,视图和剖视的分界线

续表

图线名称	图线型式	图线宽度	主要用途
双折线	——∨——∨——	$b/2$	断裂处的边界线
虚线	— — — — — — —	$b/2$	不可见轮廓线，不可见过渡线
细点画线	——·——·——	$b/2$	轴线，对称中心线，轨迹线，节圆及节线
粗点画线	——·——·——	b	有特殊要求的线或表面的表示线
双点画线	——··——··——	$b/2$	相邻辅助零件的轮廓线，极限位置的轮廓线，假想投影轮廓线，中断线

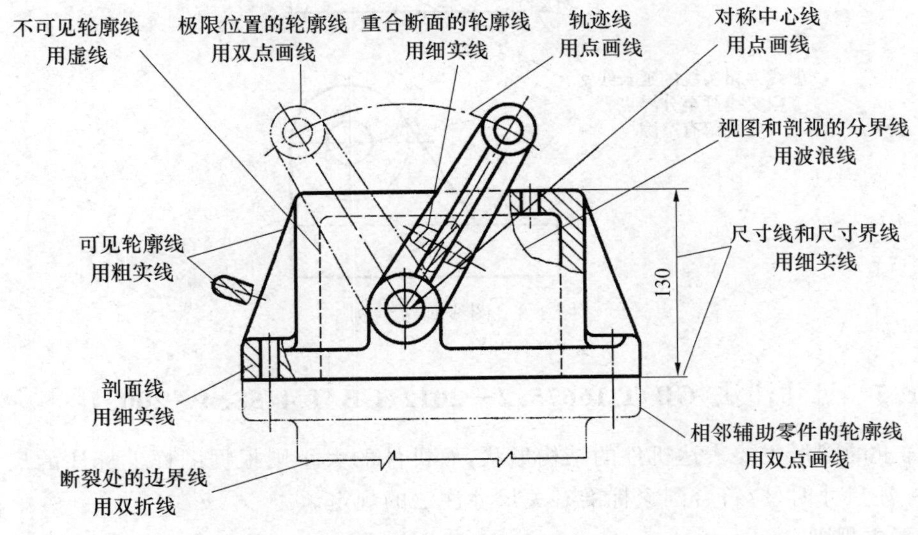

图1-7　图线的应用示例

图线分为粗、细两种。粗线的宽度 b 应按图的大小和复杂程度确定，在0.5～2mm之间选择，细线的宽度约为 $b/2$。图线宽度的推荐系列为：0.18、0.25、0.35、0.5、0.7、1.1、2mm，其中0.18mm应避免采用。在本课程的制图作业中粗线一般以选用0.7mm为宜。

绘图时通常应注意以下几点：

(1) 同一图样的同类图线宽度应基本一致。虚线、点画线及双点画线的线段长度和间隔应大致相等。点画线和双点画线中的“点”应画成长约1mm的短画，点画线和双点画线的首尾两端应是线段而不是短画。

(2) 两条平行线间的距离应不小于粗实线宽度的两倍，其最小距离不得小于0.7mm。

(3) 绘制圆的对称中心线时，圆心应是线段的交点。

(4) 绘制轴线、对称中心线、双折线和作为中断线的双点画线时，宜超出轮廓线约2mm。

(5) 在较小的图形上绘制点画线时，可用细实线代替。

(6) 当虚线是粗实线的延长线时，粗实线应画到分界点，虚线应留有空隙。当虚线与粗实线或虚线相交时，不应留有空隙。当虚线圆弧和虚线直线相切时，虚线圆弧的线段应画至切点，虚线直线则应留有空隙。

(7) 粗实线与虚线或点画线重叠，应画粗实线。虚线与点画线重叠，应画虚线。

图 1-8 所示为图线画法的图例。

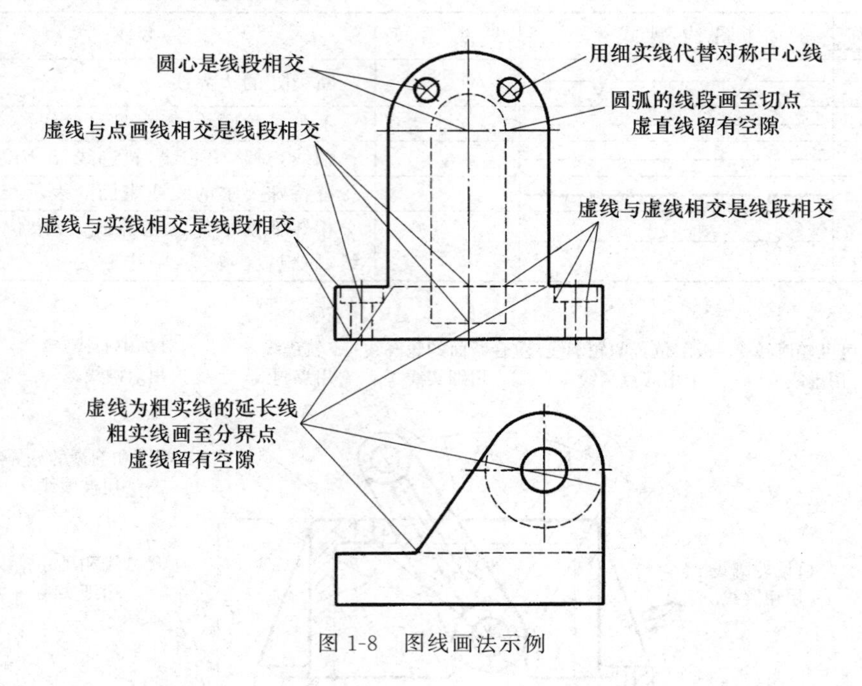

图 1-8　图线画法示例

1.1.5　尺寸注法(GB/T 16675.2—2012、GB/T 4458.4—2003)

图样上的图形主要表达机件的结构形状,而机件的大小则根据图样上标注的尺寸数值确定。标注尺寸时,应符合国家标准有关尺寸注法的规定。

1. 基本规则

(1) 图样上所标注的尺寸为机件的真实大小,与图形的比例和绘图的准确度无关。

(2) 图样中(包括技术要求和其他说明)的尺寸以 mm 为单位时,不需标注计量单位的代号或名称,否则必须注明相应的计量单位的代号或名称。

(3) 图样中所标注的尺寸,为该图样所示机件的最后完工尺寸,否则应另加说明。

(4) 机件的每一尺寸,一般只标注一次,并应标注在反映该结构最清晰的图形上。

2. 尺寸组成

如图 1-9 所示,一个完整的尺寸包括尺寸线、尺寸界线、尺寸终端和尺寸数字。

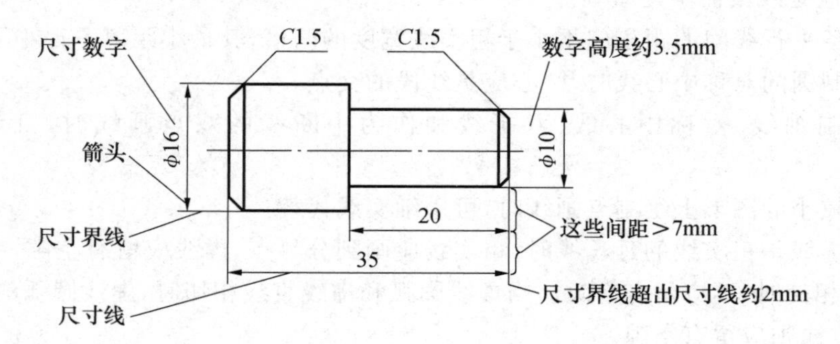

图 1-9　尺寸的组成及标注示例

1）尺寸线

尺寸线用细实线绘制，不得与其他图线重合或画在其延长线上。线性尺寸的尺寸线必须与所标注的线段平行；当有几条互相平行的尺寸线时，其间距应均匀，间隔应大于 7mm（见图 1-9），且大尺寸要标注在小尺寸外面。在圆或圆弧上标注直径或半径尺寸时，尺寸线一般应通过圆心或延长线通过圆心。

2）尺寸界线

尺寸界线用细实线绘制，并应自图形的轮廓线、轴线或对称中心线处引出。也可利用轮廓线、轴线或对称中心线作尺寸界线。尺寸界线一般应与尺寸线垂直，并超出尺寸线的终端约 2mm，如图 1-9 所示。如果尺寸界线垂直于尺寸线，图线很不清晰，此时尺寸界线允许倾斜，如表 1-5 中所列“光滑过渡处的尺寸”。

3）尺寸终端

尺寸终端有两种形式：箭头和斜线，如图 1-10 所示。箭头适用于各种类型的图样，在机械图样中主要采用这种形式。狭小部位的尺寸可用圆点或斜线代替箭头。斜线用细实线绘制。

图 1-10　尺寸终端的两种形式

（a）箭头；（b）斜线

4）尺寸数字

线性尺寸的数字一般应注写在尺寸线的上方或左方，也可以注写在尺寸线的中断处，如图 1-11(a)、(b)所示。线性尺寸数字的方向一般应按图 1-11(c)所示的方法注写，并尽可能避免在图示 30°范围内标注尺寸，当无法避免时，可按图 1-11(d)所示形式标注。在不致引起误解时，对于非水平方向的尺寸，其数字也允许水平地注写在尺寸线的中断处，如图 1-11(e)所示。但在同一图样中，应尽可能按同一种形式注写。尺寸数字不能被任何图线所通过，无法避免时应将图线断开。国家标准还规定了尺寸数字部分所使用的一些符号和缩写词，如表 1-4 所示。

表 1-4　尺寸标注常用符号及缩写词

名　　称	直径	半径	球直径	球半径	厚度	正方形	45°倒角	深度	沉孔或锪平	埋头孔	均布
符号或缩写词	ϕ	R	$S\phi$	SR	t	□	C	↧	⌴	∨	EQS

3. 尺寸注法示例

表 1-5 中列出了国家标准规定的一些尺寸注法。

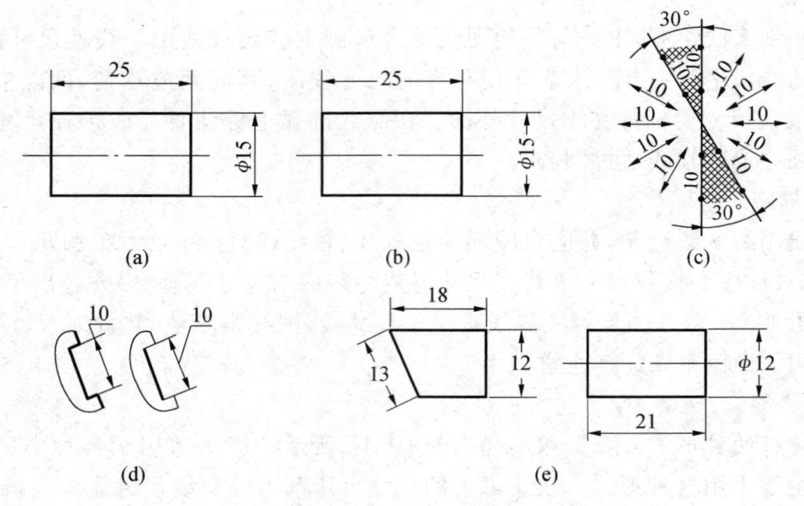

图 1-11　尺寸数字标注

表 1-5　尺寸注法示例

标注内容	示　例	说　明
角度		尺寸界线应沿径向引出，尺寸线画成圆弧，其圆心是该角的顶点，尺寸数字一律水平书写，一般注写在尺寸线的中断处，必要时也可注写在尺寸线的上方或外面，或引出标注
圆		圆的直径尺寸一般按图例标注，在尺寸数字的前面加注符号“ϕ”
圆弧		圆弧的半径尺寸一般按图例标注，在尺寸数字的前面加注符号“R”
大圆弧		在图纸范围内无法标出圆心位置时，可按左图所示形式标注；若不需要标出圆心位置时，可按右图所示形式标注
小尺寸		没有足够位置画箭头或注写尺寸数字时，可将其中之一布置在外面；位置更小时，箭头和数字均可布置在外面；尺寸数字还可引出标注；几个小尺寸连续标注时，中间的箭头可用圆点或斜线代替

续表

标注内容	示　例	说　明
球面	 Sϕ40　SR26　R28	标注球面的直径或半径时，应在符号“ϕ”或“R”前加注符号“S”，在不致引起误解的情况下可省略(见右图)
弦长和弧长	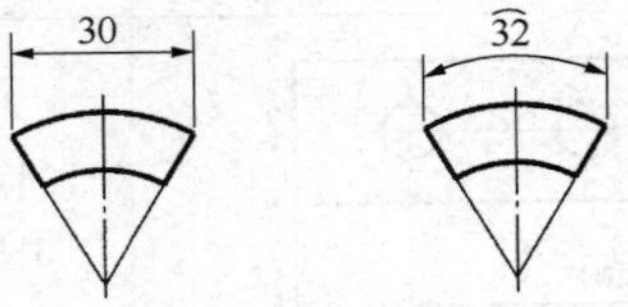 30　$\overset{\frown}{32}$	弦长和弧长的尺寸界线应平行于弦的垂直平分线。当弧度较大时，可沿径向引出。弦长的尺寸线应与弦平行；弧长的尺寸线用圆弧，尺寸数字上方加注符号“⌒”
薄板厚度	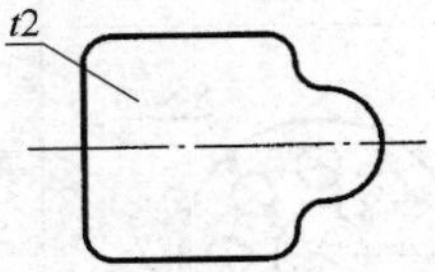 t2	标注薄板零件的厚度尺寸时，在尺寸数字前加注符号“t”
对称图形	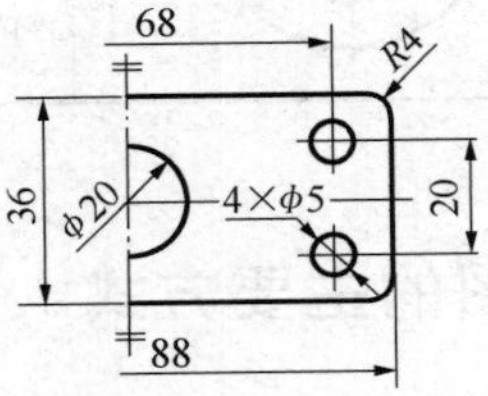 68　R4　36　ϕ20　4×ϕ5　20　88	当对称图形只画出一半或略大于一半时，尺寸线应略超过对称中心线或断裂处的边界线，仅在尺寸线的一端画出箭头。在对称中心线两端分别画出两条与其垂直的平行细实线(对称符号)
光滑过渡处的尺寸	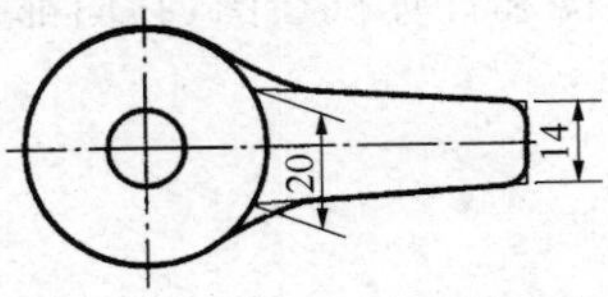 20　14	在光滑过渡处，必须用细实线将轮廓线延长。从它们的交点处引出尺寸界线
正方形结构	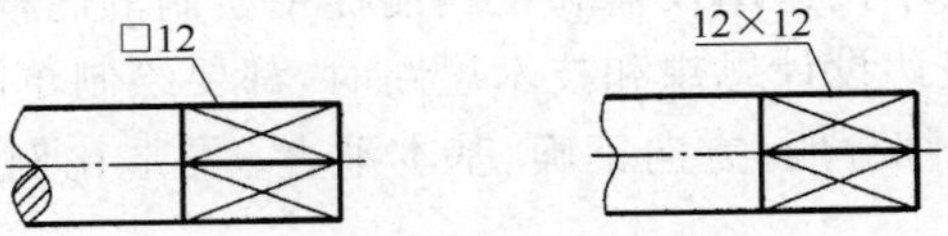 □12　12×12	标注剖面为正方形结构的尺寸时，可在边长数字前加注符号“□”。或用“$B\times B$”代替(B为正方形的边长)
其他	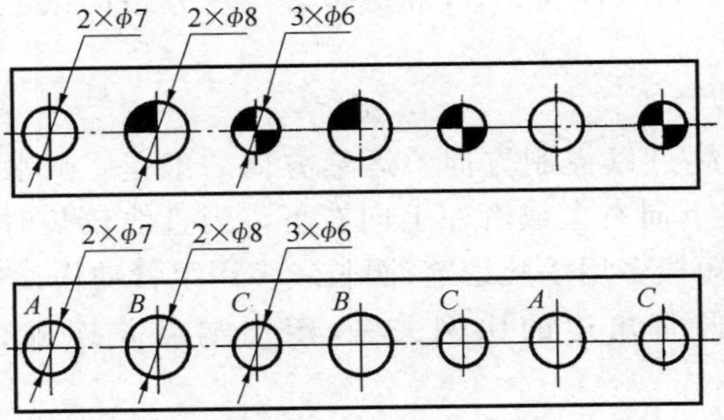 2×ϕ7　2×ϕ8　3×ϕ6 2×ϕ7　2×ϕ8　3×ϕ6　A　B　C　B　C　A　C	在同一图形中具有几种尺寸数值相同而又重复的要素(如孔等)时，可采用涂色标记(上图)或标注字母(下图)等方法。孔的尺寸和数量可直接注在图形上。个数后面的“×”，也可用“—”代替

续表

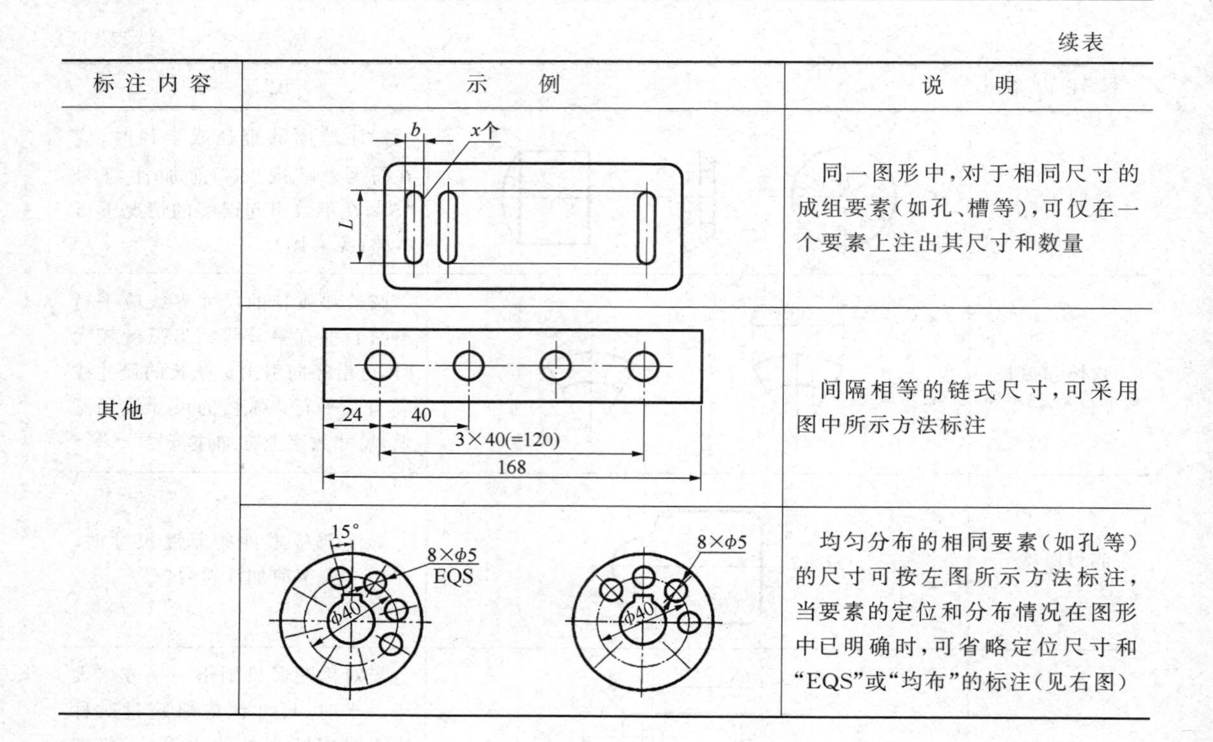

标注内容	示　例	说　明
其他		同一图形中，对于相同尺寸的成组要素（如孔、槽等），可仅在一个要素上注出其尺寸和数量
		间隔相等的链式尺寸，可采用图中所示方法标注
		均匀分布的相同要素（如孔等）的尺寸可按左图所示方法标注，当要素的定位和分布情况在图形中已明确时，可省略定位尺寸和“EQS”或“均布”的标注（见右图）

1.2　绘图的主要方式

绘图的主要方式有徒手绘图、仪器绘图和计算机绘图，它们都是工程技术人员必须掌握的基本技能。

1.2.1　徒手绘图

目测物体各部分的尺寸比例、不用绘图仪器和工具而徒手绘制的图样称为草图，又叫徒手绘图。现场测绘、修配机器或表达设计思想和技术思路时，都要绘制草图。草图绝无潦草之意，徒手草图仍应做到：图线粗细分明、方向正确、基本平直；图形比例匀称；标注尺寸准确、齐全；字体书写工整。

画草图一般选用较软的铅笔（HB、B 或 2B），常在印有浅色方格的纸上进行，以便控制图线的平直和图形的大小。

1. 直线的画法

画直线时，眼睛看着图线的终点以控制方向。运笔方向一般是：画水平线由左向右；画铅垂线由上向下；画斜线由左下向右上或者左上向右下。当直线较长时，可在直线中间定出几个点，然后分段画出。画短线多用手腕运笔，画长线多用手臂动作。

画 30°、45°、60°的斜线，按两直角边的比例关系，定出端点并连成直线，如图 1-12 所示。

2. 圆的画法

画直径较小的圆时，在中心线上按半径目测定出 4 个点，然后徒手连成圆，如图 1-13(a)

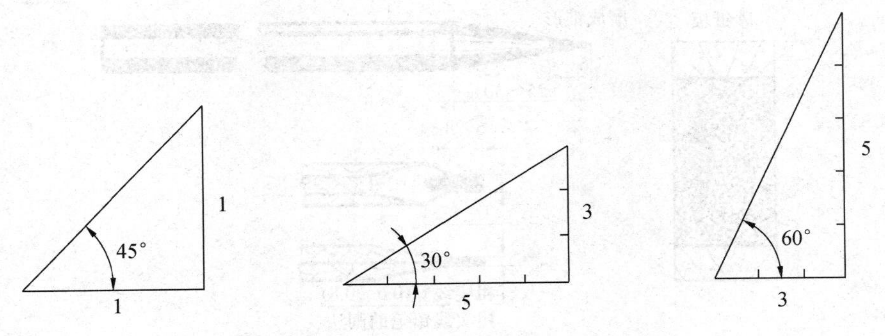

图 1-12　30°、45°、60°的斜线画法

所示。画直径较大的圆时，除中心线以外，再过圆心画几条不同方向的直线，在这些直线上按半径目测定出若干个点，再徒手连成圆，如图 1-13(b)所示。

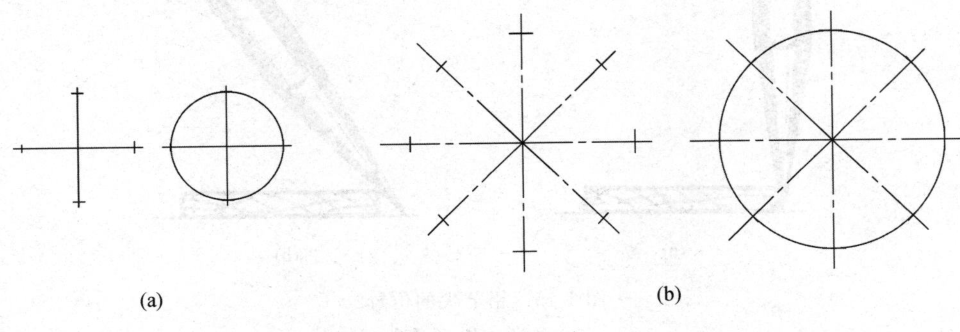

图 1-13　圆的画法

1.2.2　仪器绘图

仪器绘图就是借助铅笔、图板、丁字尺、三角板、圆规、分规、曲线板等仪器进行手工操作的一种绘图方法。随着计算机硬软件技术的迅猛发展，计算机绘图已经成为科研院所、工矿企业的主流绘图方式。但是，对于本课程的学习者来讲，仪器绘图是学习制图的基本规则、方法和技能的重要手段，更是将来能够学习和利用计算机绘图的重要基础，是学习者不可或缺的环节。

下面介绍几种常用绘图工具及其使用要点。

1. 铅笔

铅笔的笔芯分别用字母 H 和 B 来表示软硬程度。B 前的数字越大表示铅芯越软；H 前的数字越大表示铅芯越硬。绘图时根据不同使用要求选用不同型号的铅芯。一般画粗实线可用 2B 或 B；画细线可用 H 或 2H；写字可用 H 或 HB。铅笔要从没有标记的一端开始削磨，以便保留软硬的标记。对于加粗实线的铅笔，可以磨成扁平，其余可磨成锥形，铅芯外露约 6～8mm，如图 1-14 所示。

用铅笔绘图时，用力要均匀，不宜过大，以免划破图纸或留下凹痕。铅笔尖与尺边的距离要适中，以保持线条位置的准确，如图 1-15 所示。

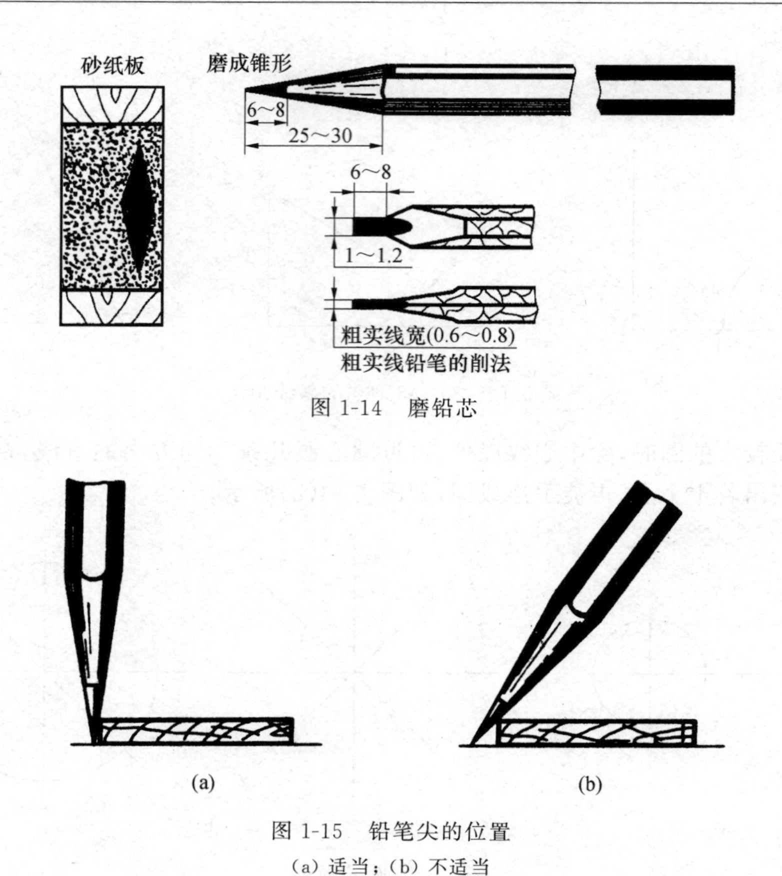

图 1-14　磨铅芯

(a)　(b)

图 1-15　铅笔尖的位置

(a) 适当；(b) 不适当

2. 图板、丁字尺和三角板

图板是铺放图纸的垫板，它的表面平坦光洁；它的左边用作导边，所以必须平直。丁字尺主要用来画水平线。画图时，使尺头的内侧紧靠图板左侧的导边。画水平线必须自左向右画，如图 1-16(a)所示。

三角板除了直接用来画直线外，它和丁字尺配合可画铅垂线和与水平线成 30°、45°、60°的倾斜线，如图 1-16(b)、(c)、(d)所示；用两块三角板结合丁字尺还能画与水平线成 15°、75°的倾斜线，如图 1-16(e)所示。

3. 圆规和分规

圆规是画圆或圆弧的工具。使用圆规之前，应先调整，使针尖略长于铅芯，如图 1-17(a)所示。铅芯应磨成楔形，并使斜面向外，以便修磨。描粗时，圆规的铅芯应比直线的铅笔软一号(如用 B 铅笔描直线，就应用 2B 铅芯装圆规)，这样画出的直线和圆弧色调深浅才一致。画图时，应将圆规略向前进方向倾斜，如图 1-17(b)所示；画较大圆时，应使圆规两脚都与纸面垂直；画小圆时宜用弹簧圆规或点圆规。

分规是等分和量取线段的工具。如图 1-18(a)所示，分规两个针尖并拢时，必须能对齐。用分规等分直线段的方法称为试分法，如图 1-18(b)所示。现将线段 AB 五等分，试分的过程如下：先凭目测，将两针尖间的距离大致调为 AB 的 1/5，然后在线段 AB 上试分，即交替使用两针尖画弧，在线段上取 1、2、3、4、5 等分点。如果点 5 在线段 AB 内，离点 B 的距离

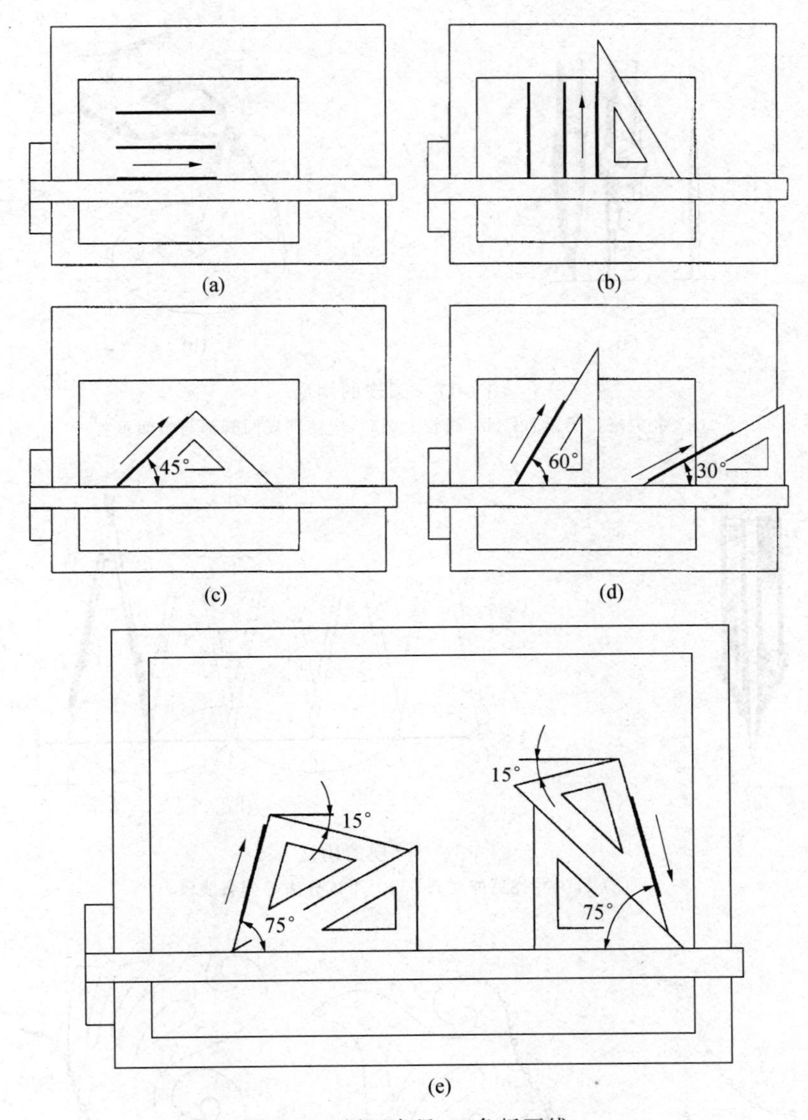

图 1-16　用丁字尺、三角板画线

为 b，则说明两针尖间的距离小于 AB 的 1/5，应将两针尖间的距离增加约 $b/5$；反之，将两针尖间的距离减小约 $b/5$，再进行试分，直到满意为止。用同样的方法也可等分圆弧。

4. 曲线板

曲线板用来绘制非圆曲线，其用法如图 1-19 所示。首先徒手用细线将曲线上各点轻轻地连成曲线；接着从某一端开始，找出与曲线板吻合部分的一段曲线，沿曲线板画出这段曲线；用同样的方法逐段画出曲线，直到最后一段。必须注意：前后绘制的两段曲线应有一小段（至少三个点）是重合的，这样画出的曲线才显得圆滑。

5. 其他工具

绘图时，还需要橡皮、小刀、擦图片、量角器、胶带纸和修磨铅笔的细砂纸等。

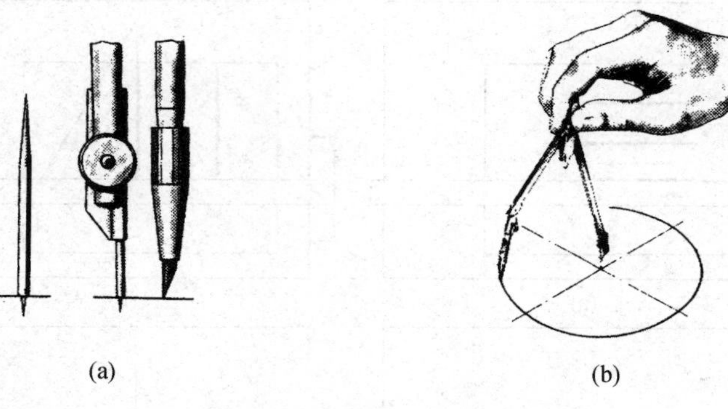

图 1-17　圆规的用法

(a) 针尖略长于铅芯；(b) 画较大圆时，应使圆规两脚都与纸面垂直

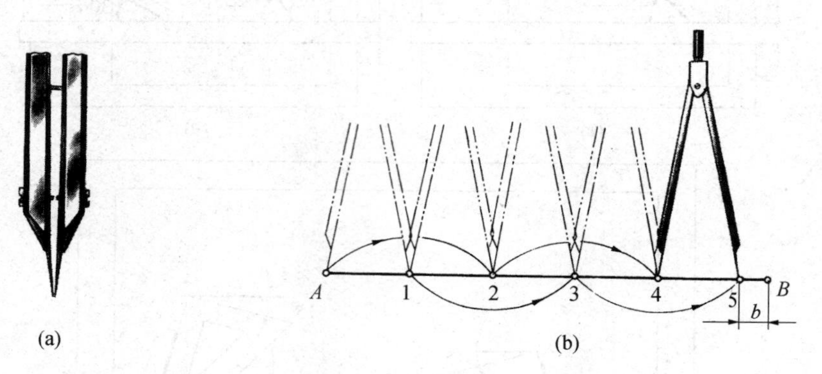

图 1-18　分规的用法

(a) 针尖并拢后能对齐；(b) 用试分法等分直线段

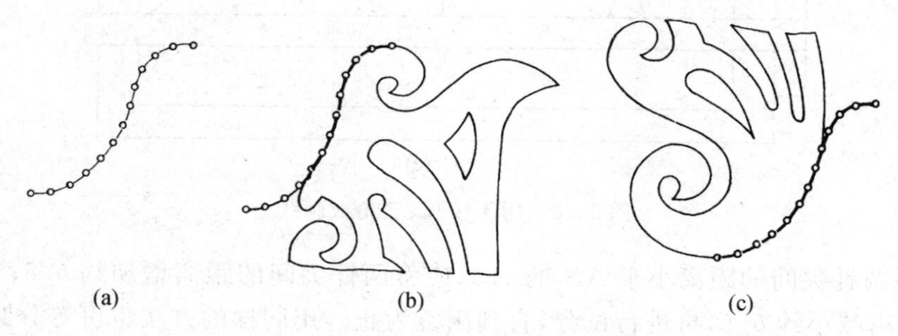

图 1-19　曲线板的用法

(a) 徒手用细线连接各点；(b) 从一端开始，绘第一段曲线；(c) 依次找下一段，直至完成

1.2.3　计算机绘图

计算机绘图是应用计算机软硬件来处理图形信息，从而实现图形的生成、显示及输出。目前国内外应用计算机绘图的软件很多，其中二维绘图最流行的是 AutoCAD，三维绘图最普及的有 SolidWorks、Pro/E、UG 等。

这里只简略介绍 AutoCAD 和 SolidWorks 的主要功能，具体操作和使用方法请参阅这两款软件的相关教程。

1. AutoCAD简介

AutoCAD是美国Autodesk公司于1982年推出的计算机辅助绘图软件，通过它无需懂得编程，即可自动制图。目前，该软件已由最初1.0版本升级到2018版。由于它功能强大，操作方便，通用性好，且拥有多种工业标准及开放的体系结构，一直是世界上应用最为广泛的二维绘图和设计软件，尤其是在机械、电子、航空、轮船、建筑、服装等领域。

AutoCAD的主要功能有：

(1) 平面绘图。能以多种方式创建直线、圆、椭圆、多边形、样条曲线等基本图形对象。

(2) 图形编辑。具有强大的图形编辑能力，可以移动、复制、旋转、阵列、拉伸、延长、修剪、缩放对象等。

(3) 尺寸与公差标注。可以标注多种类型尺寸及公差(包括形位公差)，标注外观可以自行设定。

(4) 文字书写。能轻易在图形的任何位置、沿任何方向书写文字，可设定文字字体、倾斜角度等属性。

(5) 图形显示。包括图面缩放、视窗平移、三维视图控制、多窗口显示控制等。

(6) 三维绘图。具有比较强大的三维建模和绘图功能。

(7) 网络功能。可以将图形在网络上发布，或通过网络访问AutoCAD资源。

(8) 数据交换。提供了多种图形图像数据交换格式及相应命令。

(9) 二次开发。允许用户定制菜单和工具栏，并利用内嵌语音AutoLisp、VisualLisp、VBA、ADS、ARX等进行二次开发，最大限度满足用户的特殊要求。

(10) 绘图辅助工具。提供了正交、对象捕捉、极轴追踪等绘图辅助工具。正交功能使用户可以很方便地绘制水平、竖直直线；对象捕捉可以帮助拾取几何对象上的特殊点；追踪功能使画斜线及沿不同方向定位点变得容易。

(11) 图层管理。图形中相同类型的对象都位于某一图层上，可设定图层颜色、线型、线宽等特性。

2. SolidWorks简介

20世纪90年代初，微型计算机市场发生了根本性的变化，微机性能大幅提高，价格一路下滑，此时高端微机的卓越性能足以运行三维CAD软件。为了开发世界空白的基于微机平台的三维CAD系统，1993年美国参数技术(PTC)公司技术副总裁与Comm Vunlt(CV)公司副总裁联合发起成立了SolidWorks公司，并于1995年成功推出了SolidWorks软件，成为了微机三维CAD系统的领跑者，目前最新的版本是2018版。SolidWorks以其功能强大、易学易用和技术创新三大特点而深受广大用户的喜爱，在众多的国外三维CAD软件中，SolidWorks提供了最优秀的中文支持和自带的最易于学习的指导教程，因此，SolidWorks几乎是中国工程师步入三维CAD殿堂的首选。

SolidWorks采用了参数化和特征造型技术，能方便地创建任何复杂的实体、快捷地组成装配体以及灵活地生成工程图，并可以进行装配体干涉检查、碰撞检查、运动仿真、钣金设计、生成爆炸图；利用SolidWorks插件还可以进行管道设计、工程分析、高级渲染、数控加工等。可见，SolidWorks不只是简单的三维建模工具，而是一套高度集成的CAD/CAE/CAM一体化软件，为工程师提供了功能强大的模拟工作平台。

1.3　平面图形分析与绘制

1.3.1　几何作图

虽然机械图样中的图形是多种多样的，但它们基本上都是由直线段、圆弧和其他一些曲线段所组成的几何图形。因而在绘制图样时，常常要作一些基本的几何图形。

1. 等分直线段

如图 1-20 所示，将直线段 AB 分为五等分。作图步骤为：过点 A 作任意直线 AC，用分规以适当长度为单位长度，在 AC 上量得 1、2、3、4、5 五个等分点。连接 5、B，过 1、2、3、4 点分别作 $5B$ 的平行线，与 AB 交于 $1'$、$2'$、$3'$、$4'$，即得各等分点。

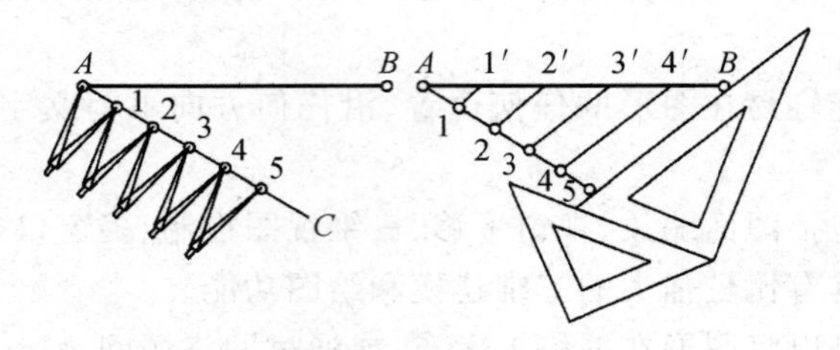

图 1-20　等分直线段

2. 正多边形（正六边形）

根据正六边形边长与外接圆半径相等的特性，用外接圆的半径等分圆周得 6 个等分点，连接各等分点即得正六边形，如图 1-21(a)所示。另一种方法是：作出外接圆后，利用 60°三角板与丁字尺配合画出，如图 1-21(b)所示。

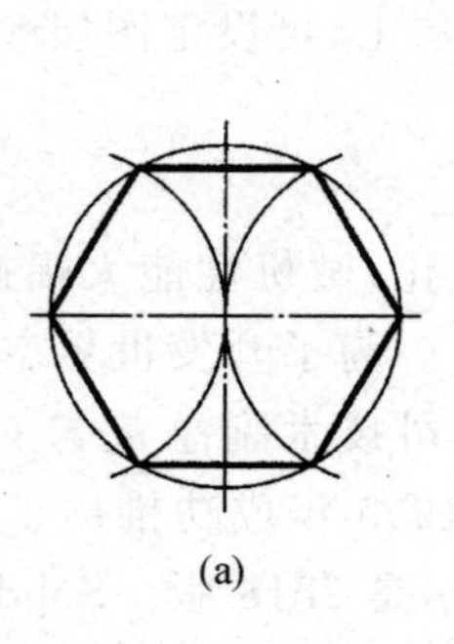

(a)

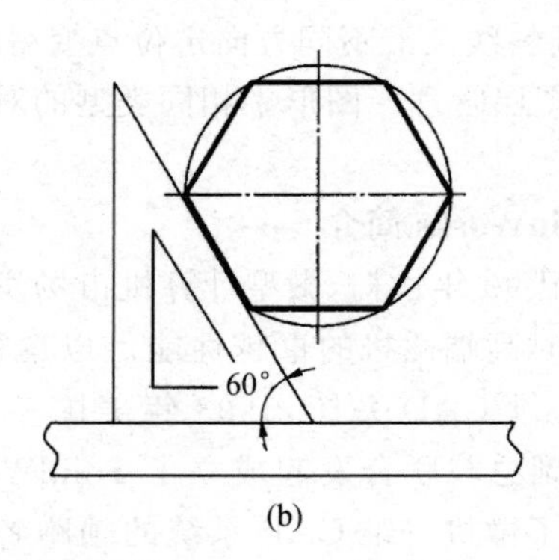

(b)

图 1-21　正六边形画法

3. 斜度和锥度

1）斜度

斜度是指一直线对另一直线或一平面对另一平面的倾斜程度，在图样中以 $1:n$ 表示。作为参照的直线或平面习惯取水平状态。斜度符号如图 1-22(a)所示，h 为字高。斜度在图上的标注方法如图 1-23 所示。标注时符号的尖端方向应与所注斜线的下降方向一致。

下面以图 1-23(a)所示的图形为例说明斜度的作图方法和标注方法。如图 1-23(b)所

图 1-22　斜度、锥度符号

(a) 斜度符号；(b) 锥度符号

示，从左下角 a 点起，在竖线上取 1 个单位长度得到点 c；在横线上取 10 个单位长度得到点 b；bc 连线对底边的斜度即为 1∶10。然后，过已知点 k（由尺寸 10 和 26 确定）作 bc 的平行线，即为满足条件的斜边。

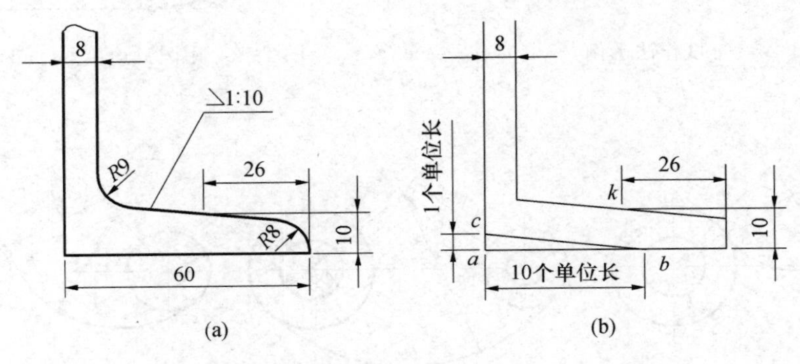

图 1-23　斜度作法示例

2）锥度

锥度是指正圆锥底圆直径与其高度之比，以 1∶n 表示。锥度符号如图 1-22(b)所示。锥度的标注方法如图 1-24 所示。锥度符号的方向应与图中所画锥度的方向一致。

现以图 1-24 所示圆台为例说明锥度的标注方法和作图步骤。设圆台大端直径为 18mm，高为 28mm，锥度为 1∶3。

首先在大端直径 EF 上取一个单位长 CD，$BC=BD$，在轴线上取 3 个单位长得到 A 点；连接 AD、AC；最后过已知点 E 和 F 分别作 AC 和 AD 的平行线，与小端直径投影轮廓相交，即为所求圆台的轮廓线。

4. 圆弧连接

绘制图样时，经常需要用圆弧来光滑连接已知直线或圆弧，这种光滑连接称为圆弧连接，也即相切连接。为了保证相切，画连接圆弧前，必须准确地找出它的圆心和切点。

1）圆弧连接的基本形式

(1) 圆弧连接两已知直线段

如图 1-25 所示半径为 R 的圆弧与直线相切，圆心的轨迹是与直线的距离为 R 的平行线，两已知直线的平行线的交点即为连接圆弧的圆心。从圆心向已知直线作垂线，垂足就是切点。作出了圆心和切点后，就可画出连接圆弧。

(2) 圆弧连接两已知圆弧(外切)

如图 1-26(a)所示，连接圆弧与两圆弧外切连接。圆心的轨迹是以已知圆弧的圆心为圆心、已知圆弧与连接圆弧的半径之和为半径所画的圆弧。两圆弧的交点 O 即为连接圆弧的圆心，切点是连接圆弧的圆心与已知圆弧圆心的连线与已知圆弧的交点 A、B。以 O 为圆心，以连接圆弧的半径为半径，在两切点间作圆弧，即得连接圆弧。

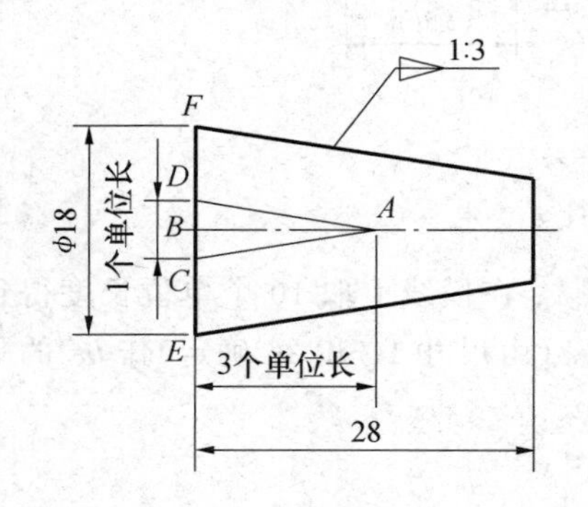

图 1-24　锥度作法示例

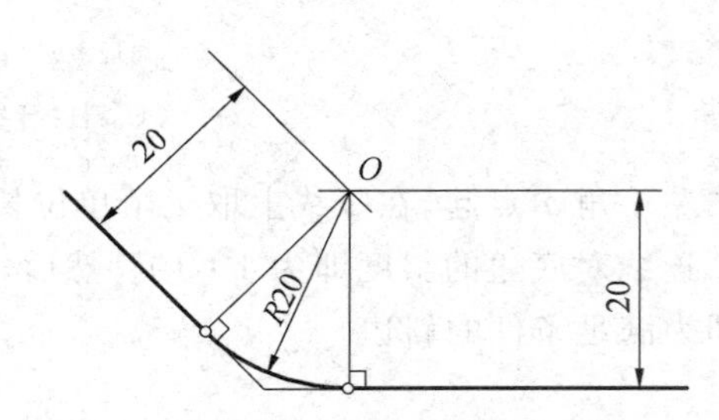

图 1-25　用圆弧连接两已知直线

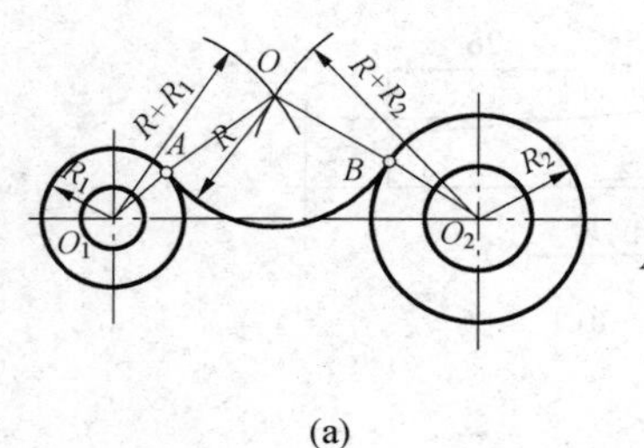

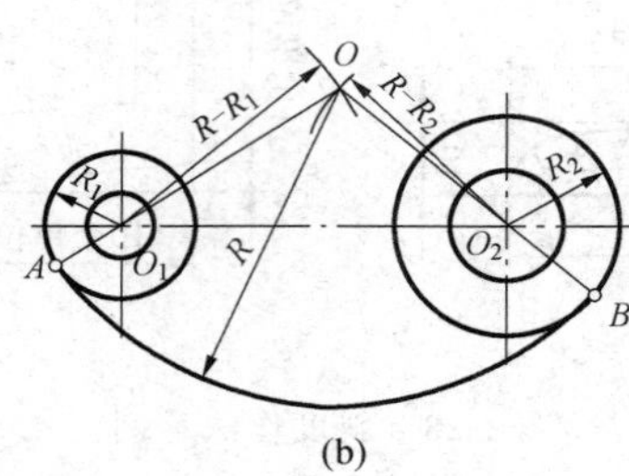

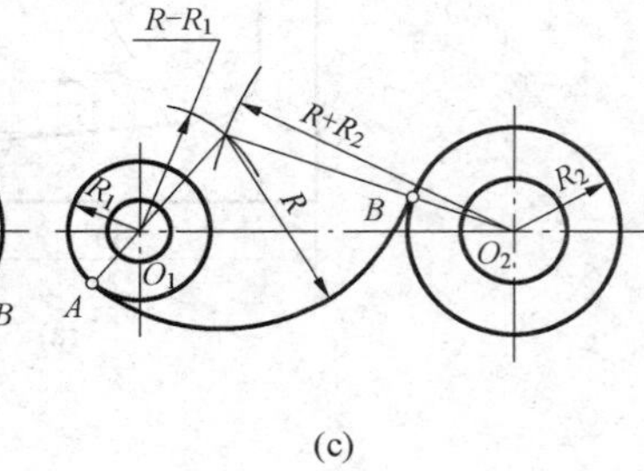

图 1-26　圆弧连接两已知圆弧

（3）圆弧连接两已知圆弧（内切）

如图 1-26(b)所示，连接圆弧与两圆弧内切连接。圆心的轨迹是以已知圆弧的圆心为圆心、以连接圆弧与已知圆弧半径之差为半径所画的圆弧。两圆弧的交点 O 即为连接圆弧的圆心。连接圆弧的圆心与已知圆弧的圆心连线与已知圆弧的交点 A、B 即为切点。以 O 为圆心，以连接圆弧的半径为半径，在两切点间作圆弧，即得连接圆弧。

（4）圆弧连接两已知圆弧（一外切一内切）

如图 1-26(c)所示，连接圆弧与一圆弧外切，与另一圆弧内切。分别按内、外切连接的方式作圆心轨迹圆，轨迹圆的交点即为连接圆弧的圆心；分别按内、外切连接的方式求切点，即得连接圆弧的切点，在两切点间作圆弧即为所求。

（5）圆弧连接一已知直线段和一已知圆弧

如图 1-27 所示为圆弧连接直线和圆弧（外切）的画法，连接圆弧的圆心为 O 点。作图过程参考图 1-25 和图 1-26(a)。

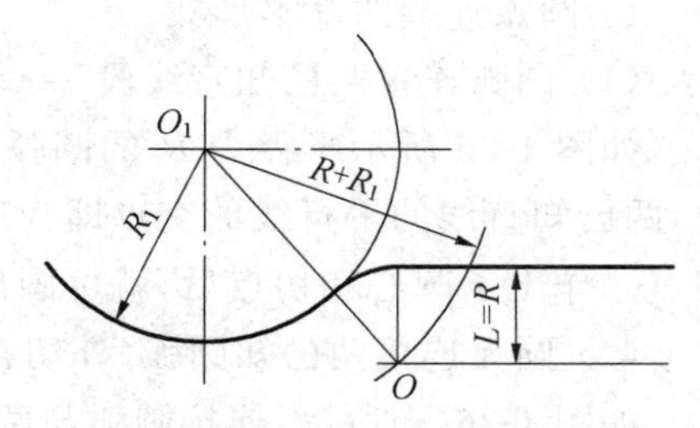

图 1-27　圆弧连接直线、圆弧的画法

2）圆弧连接的画图步骤

经过上述分析，无论哪种形式的圆弧连接，其作图步骤都相同。

（1）根据圆弧连接性质求圆心。

(2) 根据所求的圆心找切点。

(3) 在两切点之间画圆弧。

3) 圆弧连接综合示例

在图 1-28 所示的拨叉零件中,可以进一步了解圆弧连接的三种情况及其作法。

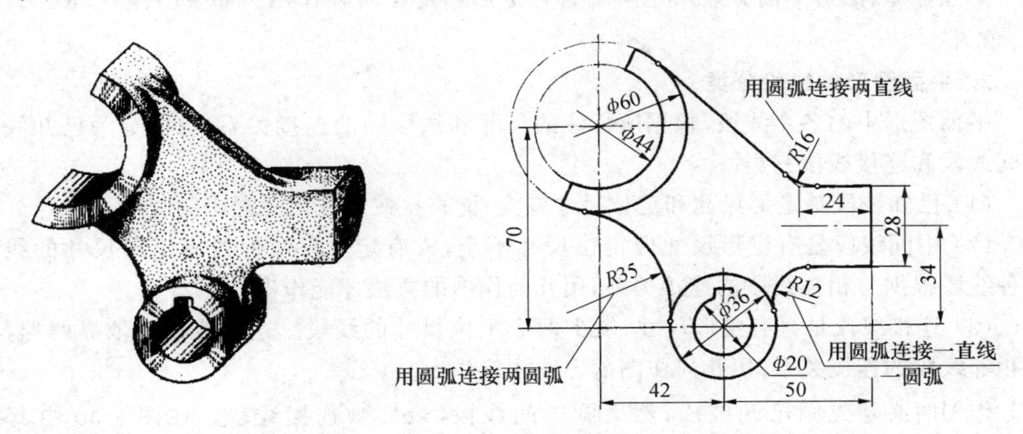

图 1-28　圆弧连接综合示例

1.3.2　平面图形的尺寸分析和线段分类

要想正确地绘制平面图形并标注尺寸,必须对平面图形进行线段分析和尺寸分析。

1. 平面图形的尺寸分析

在进行尺寸分析时,首先要确定长度方向和高度方向的尺寸基准,即确定标注尺寸的起点或参考位置。对于平面图形而言,常用的基准是对称图形的对称中心线、较大圆的中心线或较长的直线。如图 1-29 所示的手柄平面图形,高度方向以对称中心线作为尺寸基准,长度方向以较长的铅垂线作为尺寸基准。

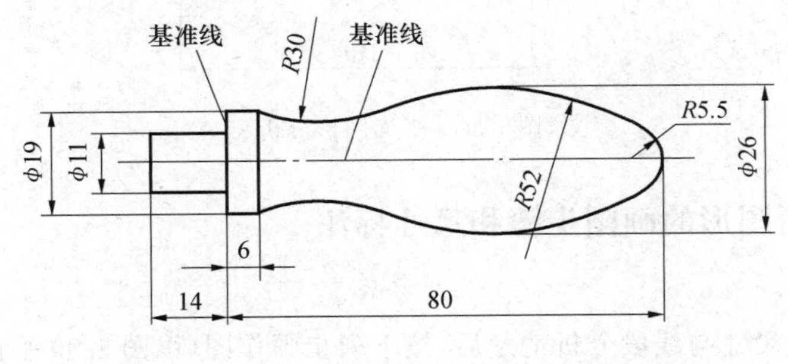

图 1-29　手柄

平面图形所注的尺寸,按其作用可分定形尺寸和定位尺寸两类。现以图 1-29 所示的手柄为例进行分析。

1) 定形尺寸

确定各部分的形状和大小的尺寸称为定形尺寸。如直线段的长度、圆弧的直径或半径、角度的大小等。图 1-29 中 $\phi19$、$\phi11$、$R30$、$R52$、$R5.5$、14、6 等均为定形尺寸。

2）定位尺寸

确定图形中各部分之间相对位置的尺寸称为定位尺寸。图 1-29 中确定 $R52$ 圆弧位置的尺寸 $\phi26$ 和确定圆弧 $R5.5$ 位置的尺寸 80 均为定位尺寸。

必须注意，图形中的有些尺寸同时具有定形和定位两种作用。如 $\phi19$、$\phi11$、$R5.5$、14、6、$\phi26$ 等。

2. 平面图形的线段分类

平面图形中的各个线段，根据所标注的尺寸和线段间的连接关系，可以分为已知线段、中间线段和连接线段三类。

（1）已知线段是定形尺寸和定位尺寸齐全，能直接按所注尺寸画出的线段。

（2）中间线段是有定形尺寸但定位尺寸不全，或有定位尺寸但没有定形尺寸的线段。这种线段根据与相邻线段的连接关系，用几何作图的方法才能作出。

（3）连接线段是只有定形尺寸，缺少两个定位尺寸的线段。这种线段要依靠两端与另两相邻线段的连接关系，用几何作图的方法才能作出。

作图时必须先画已知线段，然后画中间线段，最后画连接线段。在图 1-30 中，$\phi14$、$\phi30$、$\phi20$、$\phi44$、$R40$、$R16$ 均为已知圆弧，$R14$ 为连接圆弧，连接 $R14$ 与 $R16$ 的直线段为中间直线段，连接 $R16$ 与 $R40$ 的直线段为连接直线段。

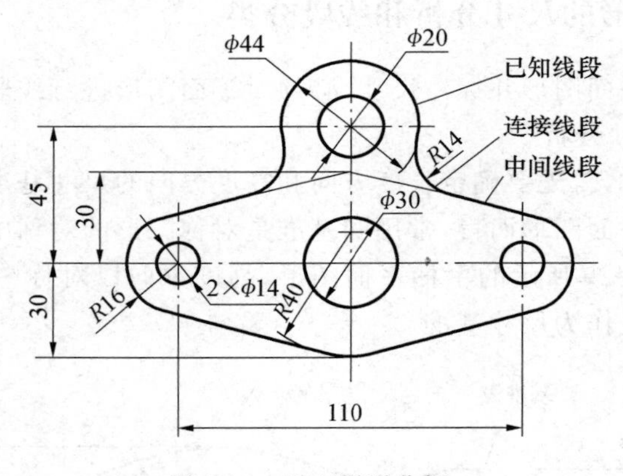

图 1-30　平面图形分析

1.3.3　平面图形的画图步骤和尺寸标注

1. 作图步骤

对平面图形的尺寸与线段分析清楚后，按下列步骤作图（以图 1-30 平面图形为例）：

（1）选比例、定图幅，根据图样大小和复杂程度确定适当的比例和幅面。

（2）画出基准线和定位线，如图 1-31(a)所示。

（3）作已知线段，如图 1-31(b)所示。

（4）作中间线段，如图 1-31(c)所示。

（5）作连接线段，如图 1-31(d)所示。

（6）检查全图，擦去多余的作图线，按线型要求加深图线。

（7）标注尺寸，完成全图，如图 1-30 所示。

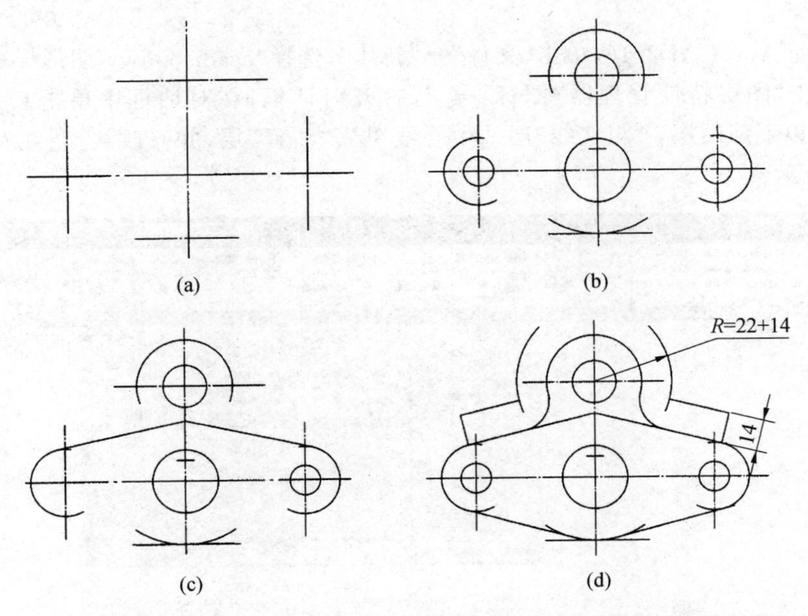

图 1-31　作图步骤

2. 平面图形的尺寸标注

图形中标注的尺寸,必须能唯一地确定图形的形状和大小,既不能遗漏也不能多余。下面以图 1-30 为例介绍其步骤:

(1) 确定尺寸基准。图 1-30 中选择对称中心线为长度方向尺寸基准,通过三圆圆心的点画线为高度方向尺寸基准。

(2) 标注定形尺寸。注出各定形尺寸:2×ϕ14、ϕ30、ϕ20、ϕ44、R40、R16、R14。

(3) 标注定位尺寸。注出已知线段和中间线段的定位尺寸:110、30、30、45。

1.3.4　平面图形的计算机绘制

利用 AutoCAD 强大的二维图形绘制和编辑功能,可以方便快捷且准确地完成复杂平面图形的绘图。

【例 1-1】　绘制如图 1-32 所示的吊钩平面图形。

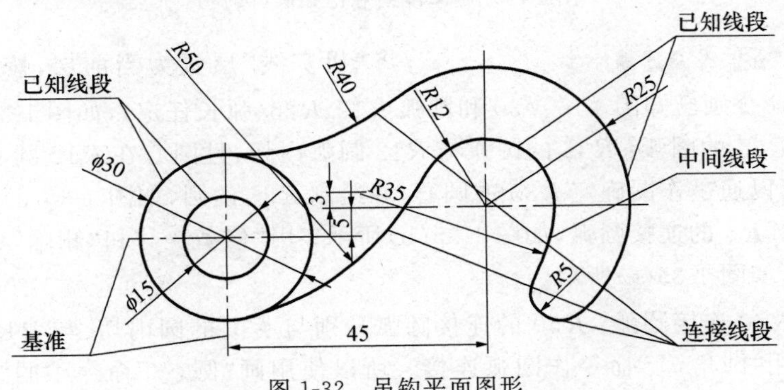

图 1-32　吊钩平面图形

操作如下：

(1) 启动 AutoCAD2016，单击“文件”→“新建”，选择“acadiso. dwt”图形样板，开始一个新文件；单击“图层特性管理器”图标“ ”，打开对话框，在对话框中单击新建图层图标“ ”，建立以下新图层：“粗实线”层、“中心线”层、“注释”层，并修改线型、线宽和颜色等，如图 1-33 所示。

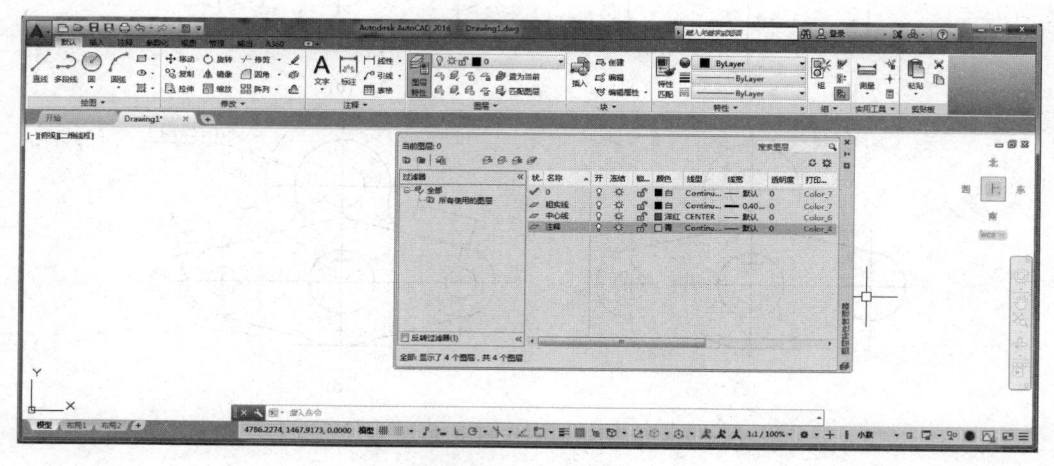

图 1-33　图层设置

(2) 选择“ 中心线 ”将“中心线”层置为当前层，单击画“直线”图标“ ”，按给定尺寸画基准线，如图 1-34(a)所示。其中 45mm 和 5mm 的距离可以用“偏移”命令“ ”实现，然后调整线段长度。

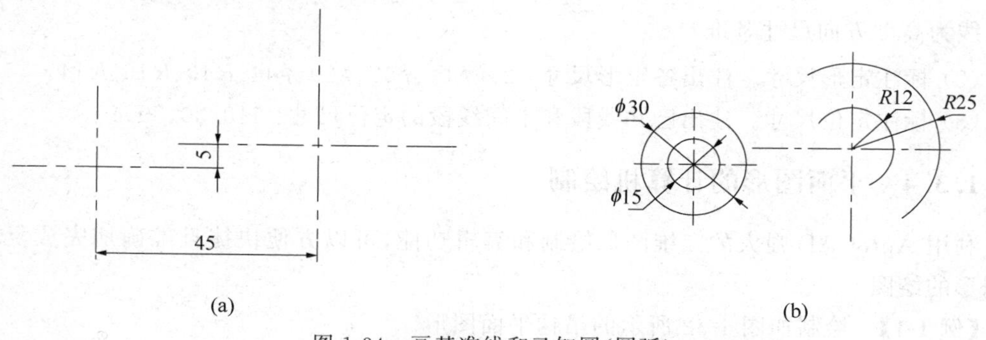

图 1-34　画基准线和已知圆(圆弧)

(3) 选择“ 粗实线 ”，将“粗实线”层置为当前层，按给定尺寸用画“圆”和“圆弧”命令画已知圆 $\phi 15$、$\phi 30$ 和圆弧 $R12$、$R25$(弧长任定)，如图 1-34(b)所示。

(4) 绘制 $R35$ 的圆弧：$R35$ 的圆弧与 $R12$ 圆弧内切，且圆心在 $R12$ 圆心上面 3mm 的直线上，由此可以通过作图确定 $R35$ 的圆心，并绘制 $R35$ 的圆，如图 1-35(a)所示；利用“圆角 ”命令绘制 $R5$ 的连接圆弧，如图 1-35(b)所示；用“修剪 ”和“删除”(delete)命令去掉多余的图线，如图 1-35(c)所示。

(5) 绘制 $R50$ 连接圆弧：$R50$ 的连接圆弧分别与 $\phi 30$ 的圆内切、与 $R12$ 的圆弧外切，在此不能直接用“圆角 ”命令作圆弧连接。所以使用画“圆 ”命令中的“相切、相切、半径”即“TTR”方式绘制此圆，并用“修剪 ”命令剪掉多余图线，如图 1-36 所示。

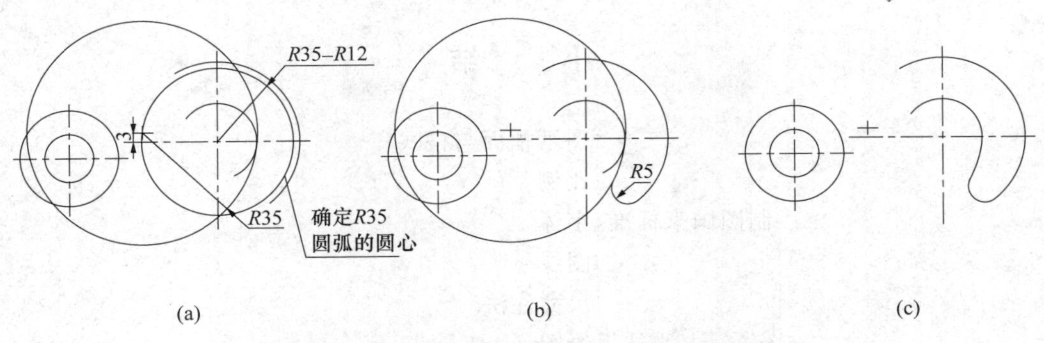

图 1-35　作图确定 $R35$ 圆弧并完成 $R5$ 圆弧连接

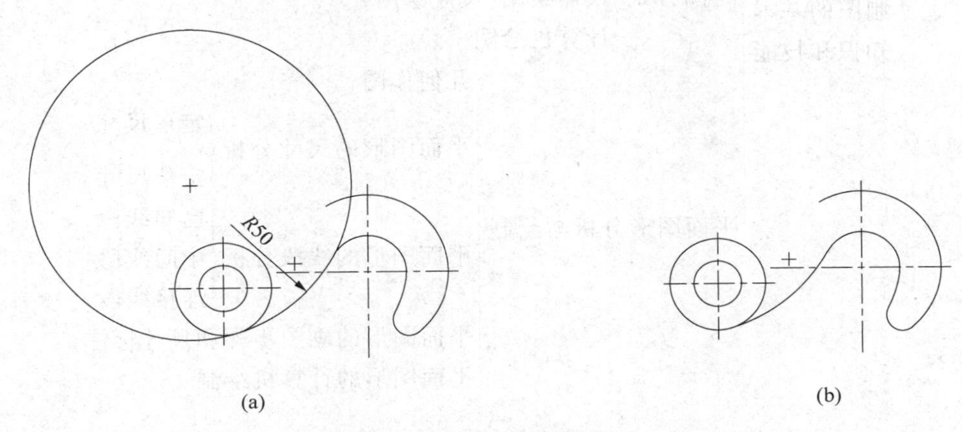

图 1-36　$R50$ 连接圆弧作图

(6) 绘制 $R40$ 连接圆弧：此圆弧可以直接使用"圆角"命令编辑完成，结果如图 1-37 所示。

(7) 标注尺寸：选择"注释"，将"注释"层置为当前层，使用默认的标注样式"ISO-25"(见图 1-38)，用"标注"工具面板中"线性""直径""半径"工具(见图 1-39)标注定形尺寸和定位尺寸，完成图形的绘制，结果如图 1-32 所示。

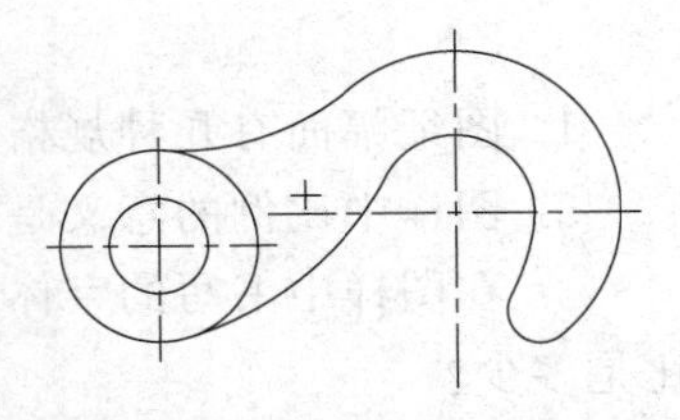

图 1-37　$R40$ 连接圆弧作图

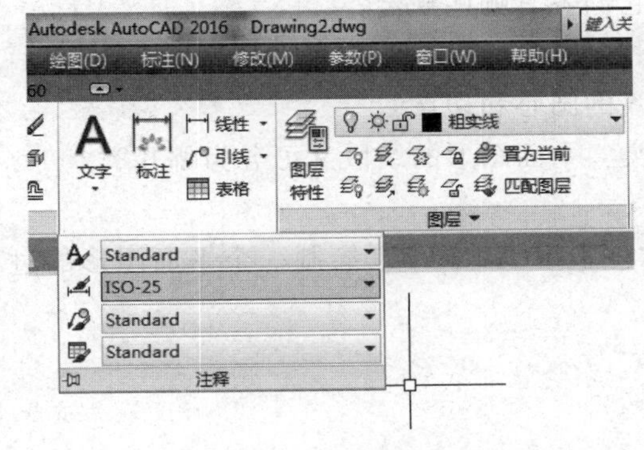

图 1-38　尺寸标注样式 ISO-25

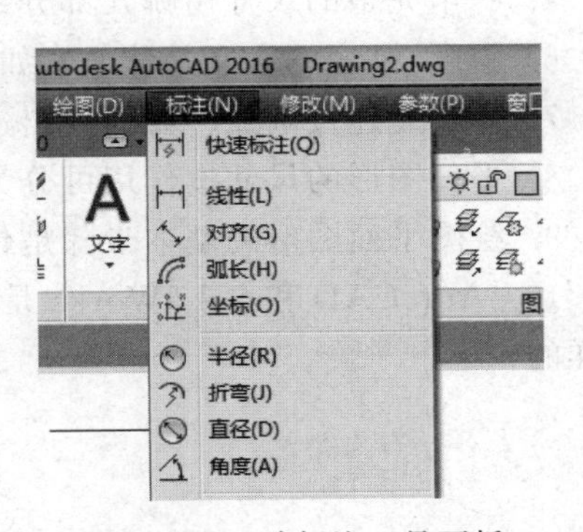

图 1-39　尺寸标注工具面板

小　结

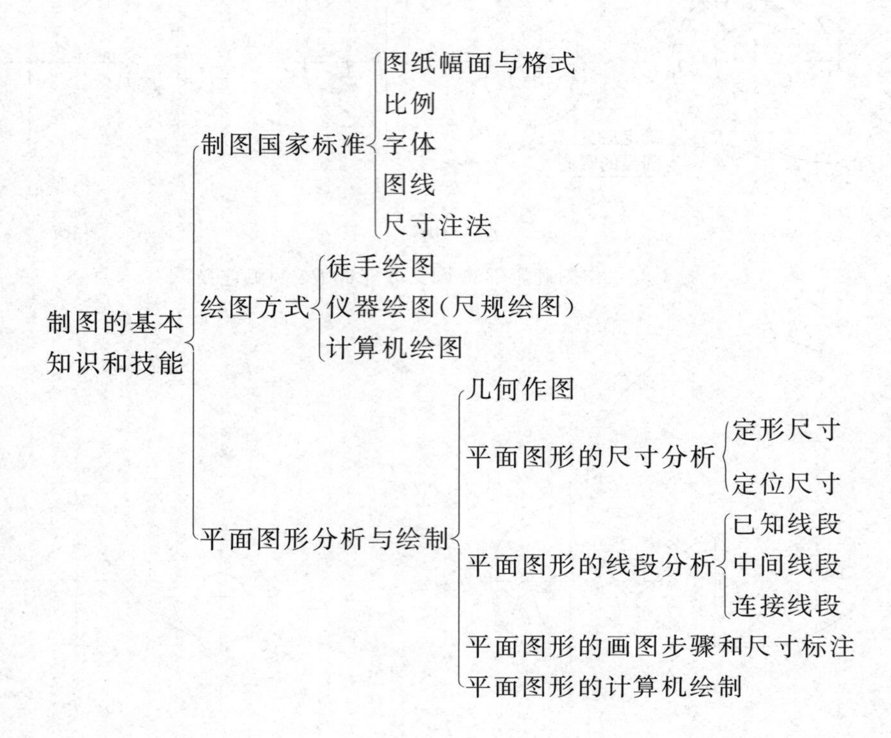

思 考 题

1. 图纸幅面有几种规格？它们之间有何规律？

2. 图样中比例的意义是什么？说明 1∶2 与 2∶1 的不同。

3. 在图样中书写的字体,应符合哪些要求？字体的号数说明什么？长仿宋体汉字高宽比是多少？

4. 常用的图线有几种？它们的用途是什么？在绘制图线时应注意哪些问题？

5. 一个完整的尺寸由哪几部分组成？它们各有哪些规定？

6. 斜度、锥度的含义是什么？如何作图？如何标注？

7. 什么是连接圆弧？如何找出连接圆弧的圆心和切点？

8. 平面图形的尺寸按作用可分为哪几类？平面图形的线段又可分为哪几类？

9. 绘图平面图形的基本步骤是什么？

10. AutoCAD 和 SolidWorks 是什么软件？用 AutoCAD 绘制一个平面图形的过程是怎样的？

第 2 章　点、直线和平面

2.1　投　影　法

2.1.1　投影法的概念及分类

日常生活中，当光线照射物体时，就会在相应的表面产生物体的影子。人们从这种自然现象得到启发，并经过抽象和归纳，就得到了工程上用来表达物体形体的方法——投影法。投影法是指光线通过物体，向选定的面进行投射，在该面上得到相应的图形的方法。

工程上常用的投影法有中心投影法和平行投影法，平行投影法又分为正投影法和斜投影法。国家标准 GB/T 16948—1997《技术产品文件　词汇　投影法术语》和 GB/T 14962—2008《技术制图投影法》定义了投影法的术语和内容，如图 2-1 所示。

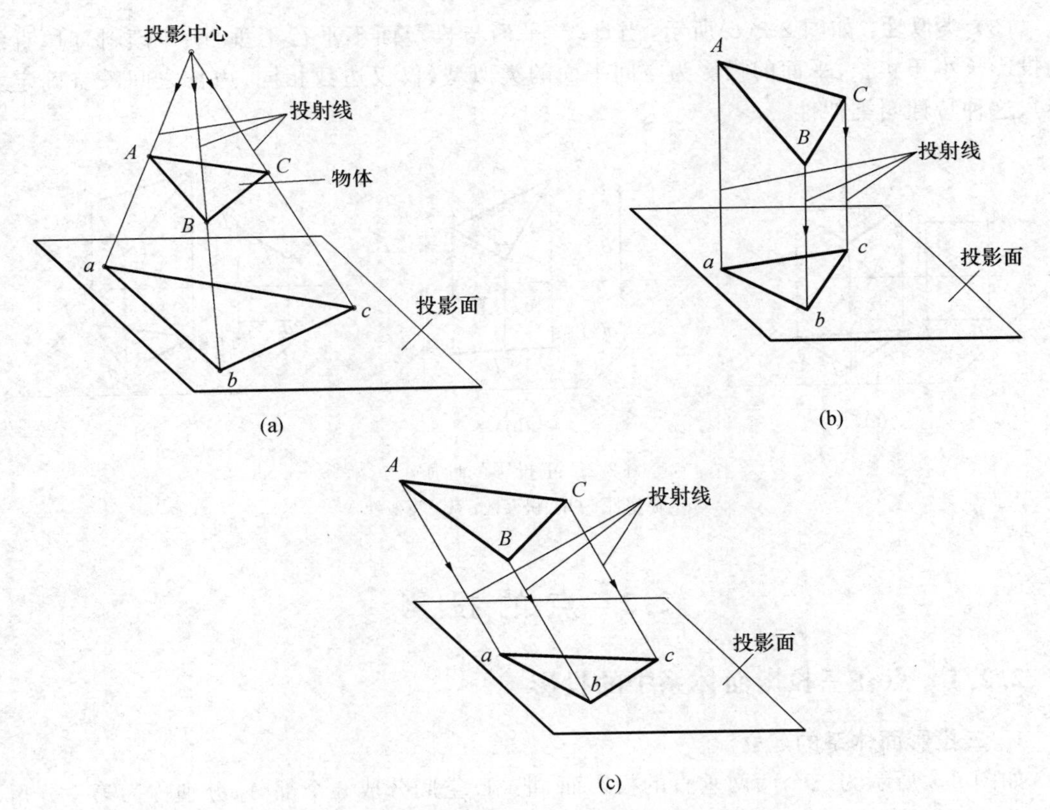

图 2-1　投影法概念及分类

(a) 中心投影法；(b) 正投影法；(c) 斜投影法

1. 中心投影法

中心投影法指的是投射线汇交于一点的投影法，其投影中心位于有限远处。中心投影法的特点是投影不能真实反映物体的形状和大小，但具有较强的立体感，一般用于建筑工程中画透视图。

2. 平行投影法

(1) 正投影法：投射线互相平行且与投影面垂直的投影法。

(2) 斜投影法：投射线互相平行且与投影面倾斜的投影法。

工程图样采用的是正投影法，后面各章中，没有特别说明，笼统地讲“投影”即指“正投影”。

2.1.2 正投影法的基本性质

在正投影法中，空间几何元素直线和平面的投影有以下投影特性：

(1) **显实性**：如图 2-2(a)所示，当直线、平面与投影面平行时，它们的投影反应实长和实形，这种特性叫显实性。

(2) **积聚性**：如图 2-2(b)所示，当直线、平面与投影面垂直时，它们的投影积聚为一个点和一条线，这种特性叫积聚性。

(3) **类似性**：如图 2-2(c)所示，当直线、平面与投影面不平行不垂直(即倾斜)时，直线的投影长小于实长，平面的投影为空间平面的类似型(仅仅边数相同，边长之间没有确定关系)，这种特性叫类似性。

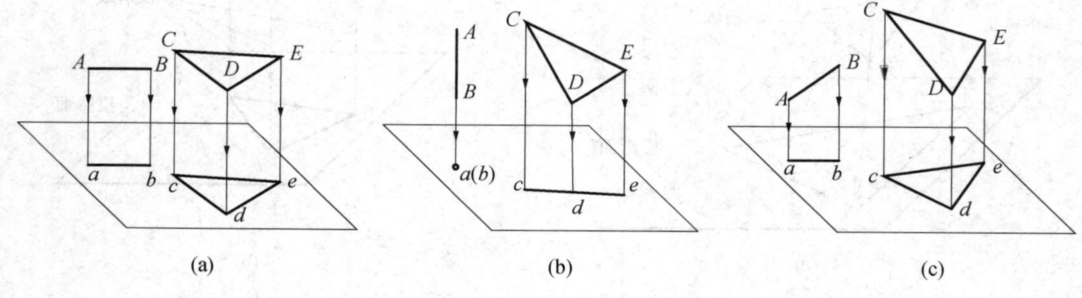

图 2-2　正投影的性质

(a) 显实性；(b) 积聚性；(c) 类似性

2.2 点的投影

2.2.1 点在三投影面体系中的投影

1. 三投影面体系的建立

如图 2-3 所示为三个两两垂直的投影面，把 3D 空间分成 8 个部分，分别称为第一分角、第二分角、第三分角……和第八分角。世界上除少数国家采用第三分角投影外，大多数采用第一分角投影。我国采用第一分角投影，为此取出第一分角作为对象空间，构建一个三投影面体系，如图 2-4 所示。

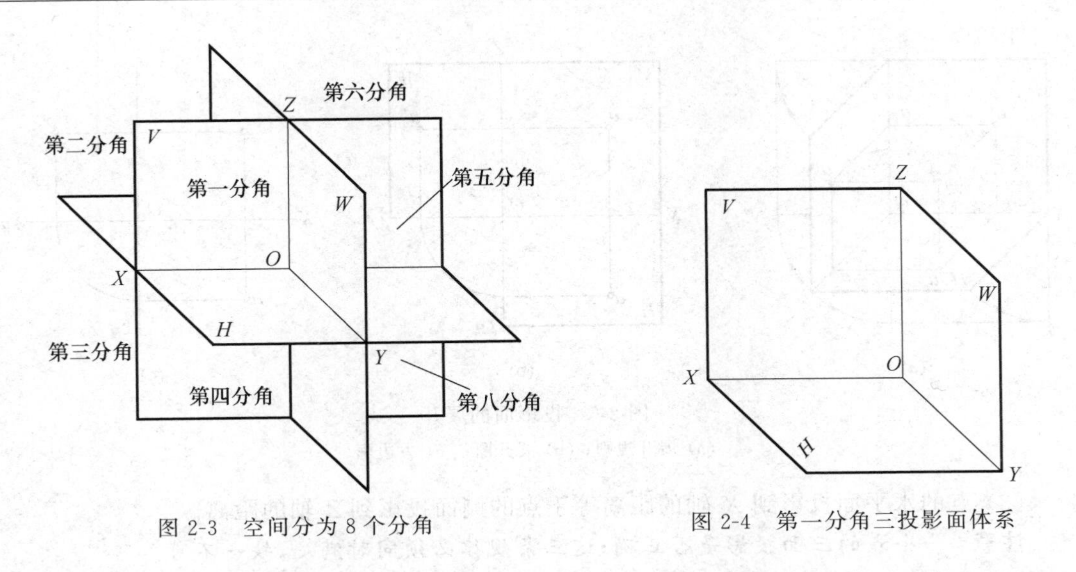

图 2-3 空间分为 8 个分角　　图 2-4 第一分角三投影面体系

三个投影面分别为：正立投影面，简称正面，用 V 表示；水平投影面，简称水平面，用 H 表示；侧立投影面，简称侧面，用 W 表示。

两投影面间的交线称为投影轴，分别为：H、V 面的交线为 OX 轴；H、W 面的交线为 OY 轴；V、W 面的交线为 OZ 轴。三轴的交点 O 称为原点。

2. 点的三面投影

如图 2-5 所示，空间有一点 A，过点 A 分别向三投影面作垂线，垂足分别为该点的水平投影 a、正面投影 a' 和侧面投影 a''。规定：空间点用大写拉丁字母表示，其水平投影用相应的小写字母表示，正面投影用相应的小写字母加“$'$”表示，侧面投影用相应的小写字母加“$''$”表示。为使点的投影清晰起见，约定用以理论点为圆心的小圆圈表示点的投影。

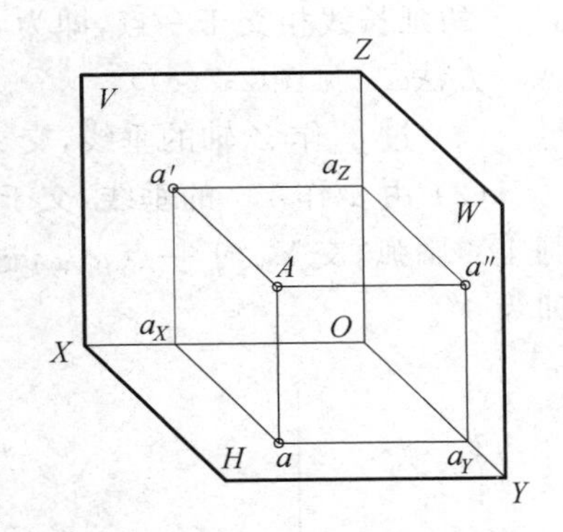

图 2-5 点的三面投影

3. 投影面的展开

画法几何图示空间对象的方法是将其变换为一组投影图进行表达的，因此将三投影面体系由图 2-5 所示的空间形式变换为平面形式称为投影面的展开。

规定：正立投影面不动，将水平投影面绕着 X 轴向下旋转 90°，侧立投影面绕着 Z 轴向右旋转 90°，如图 2-6(a)所示。这时，Y 轴一分为二，随 H 面向下的记为 Y_H，随着 W 面向右旋转成横向的 Y 轴记为 Y_W，展开后的投影图如图 2-6(b)所示。因为投影面的大小可无限延伸，故不必画出投影面的边界，也可省略字母 H、V、W，只用细实线画出投影轴和投影连线，并按上述约定用小圆圈表示点的投影即可，如图 2-6(c)所示。

4. 点的投影规律

由图 2-6(c)可知，点的三面投影规律如下：

(1) 点的正面投影与水平投影的连线垂直于 X 轴；

(2) 点的正面投影与侧面投影的连线垂直于 Z 轴；

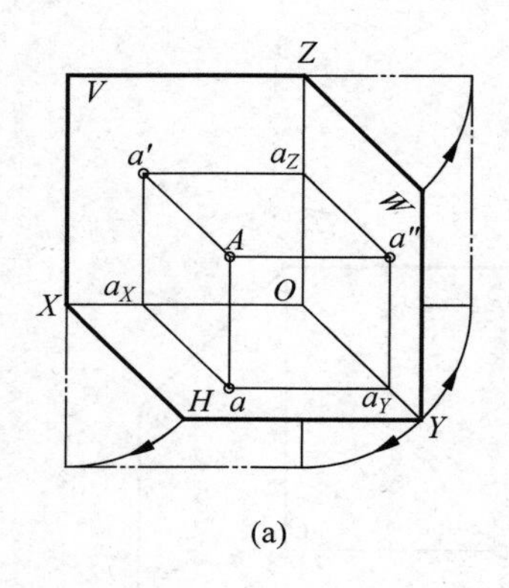

(a)

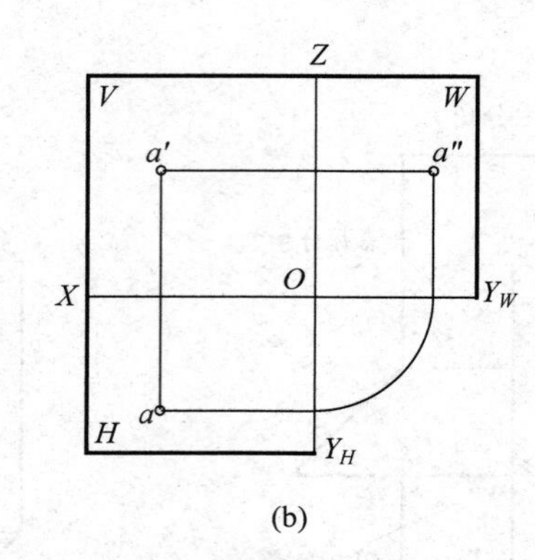

(b)

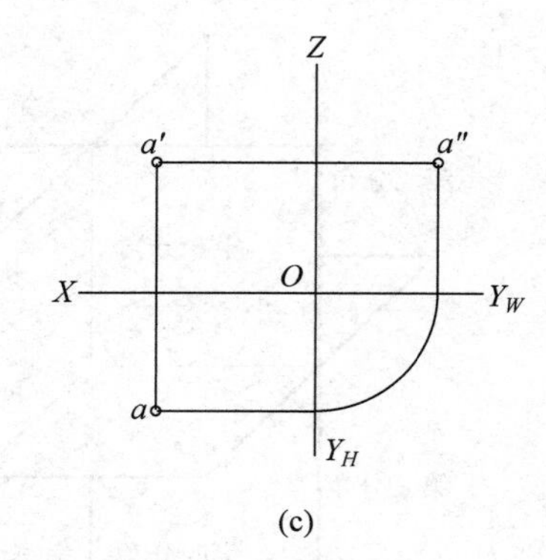

(c)

图 2-6　投影面的展开

(a) 展开规则；(b) 展开图；(c) 去边框

(3) 点的水平面投影到 X 轴的距离等于点的侧面投影到 Z 轴的距离。

注意：一个点的三面投影是否正确，这三条规律必须同时满足，缺一不可。

【例 2-1】 如图 2-7(a)所示，已知点 A 的两面投影 a、a'，求作点 A 的侧面投影 a''。

方法一(见图 2-7(b))：

(1) 过点 O 作 45°角分线，作为辅助线；

(2) 过 a'作 Z 轴的垂线，交 Z 轴于 a_Z 并延长；

(3) 由 a 作 Y_H 的垂线并延长与 45°角分线相交，再过该交点作 Y_W 的垂线并延长，与 $a'a_Z$ 的延长线相交于一点，即为 a''。

方法二(见图 2-7(c))：

(1) 过 a'作 Z 轴的垂线，交 Z 轴于 a_Z 并延长；

(2) 由 a 作 Y_H 的垂线，交于点 a_{YH}，接着以 O 点为圆心，以 O 点到 a_{YH} 的距离为半径画 1/4 圆弧，交 Y_W 于一点 a_{YW}，过 a_{YW} 作 Y_W 的垂线并延长，与 $a'a_Z$ 的延长线相交于一点，即为 a''。

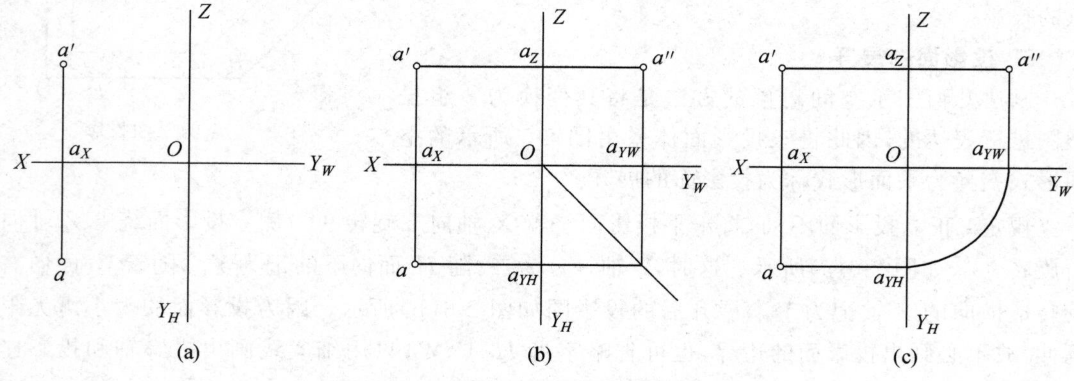

图 2-7　求点 A 的侧面投影

5. 特殊位置的点

有的点所在的空间位置比较特殊，如图 2-8 中的 B 点在 H 面上；C 点在 Y 轴上。但是不管点在空间的位置是否特殊，它们的投影始终要满足点的投影规律。

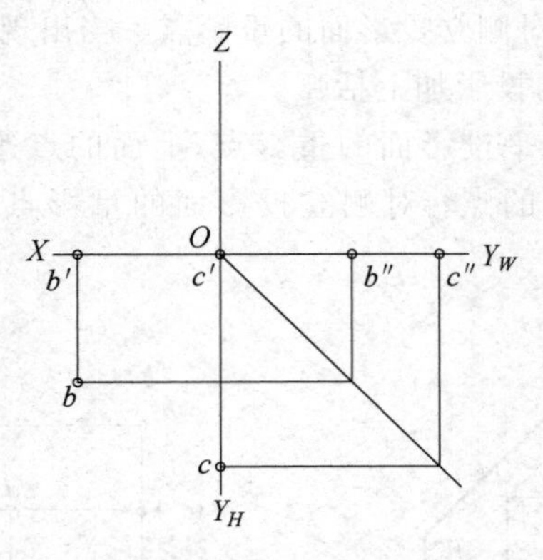

图 2-8　特殊位置的点

2.2.2　两点的相对位置

1. 两点的方位关系

空间上两点的位置关系有左右、前后和上下，可以用两点在空间的坐标大小来判断，规定：X 坐标大者在左、小者在右；Y 坐标大者在前、小者在后；Z 坐标大者在上，小者在下。

根据两点的投影在左右、前后、上下三个方向上的坐标差，即两个点对 W、V、H 的距离差，就能确定两点的相对位置。如图 2-9(a)所示的 A、B 两点，其投影图为图 2-9(b)，现以 B 点为基准点，判别 A 点相对于 B 点的相对位置。由于 $X_A > X_B$，故 A 点在左；$Y_A < Y_B$，故 A 点在后；$Z_A < Z_B$，故 A 点在下。

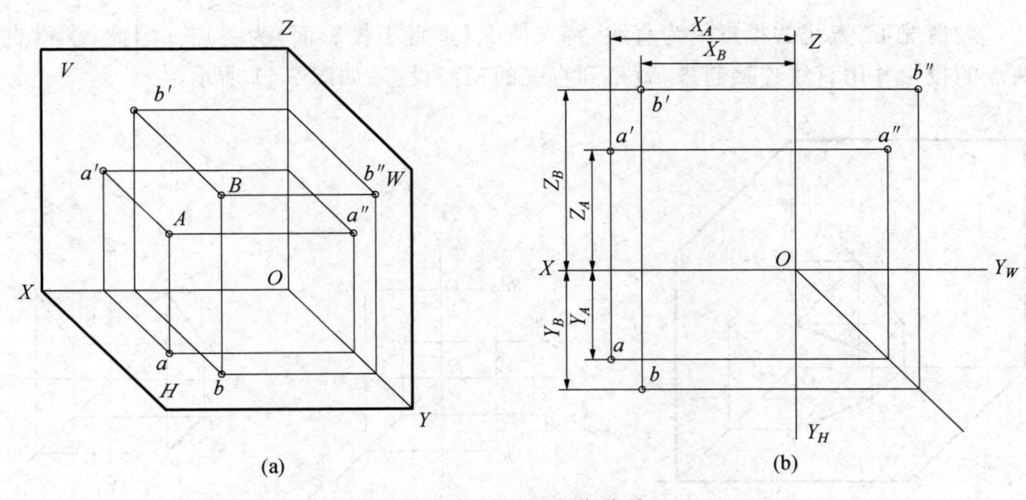

图 2-9　两点的方位关系

2. 重影点

图 2-10(a)中的两空间点 A 和 B，它们前后、左右没有方位差别，只有上下方位有差别，则称为点 B 在点 A 的正上方(或点 A 在点 B 的正下方)，此时，它们在水平投影面上的投影重合，则称这两个点为水平投影面的重影点。同理，图 2-10(a)中点 A 和点 C 是对正立投影

面的重影点；点 A 和点 D 是对侧立投影面的重影点。当出现两点投影重影时，必有一点可见，另一点不可见，把不可见的投影加上括弧。

可见性的判断规则：对水平投影面的重影点，上面的点遮挡下面的点；对正立投影面的重影点，前面的点遮挡后面的点；对侧立投影面的重影点，左边的点遮挡右边的点，如图 2-10(b)所示。

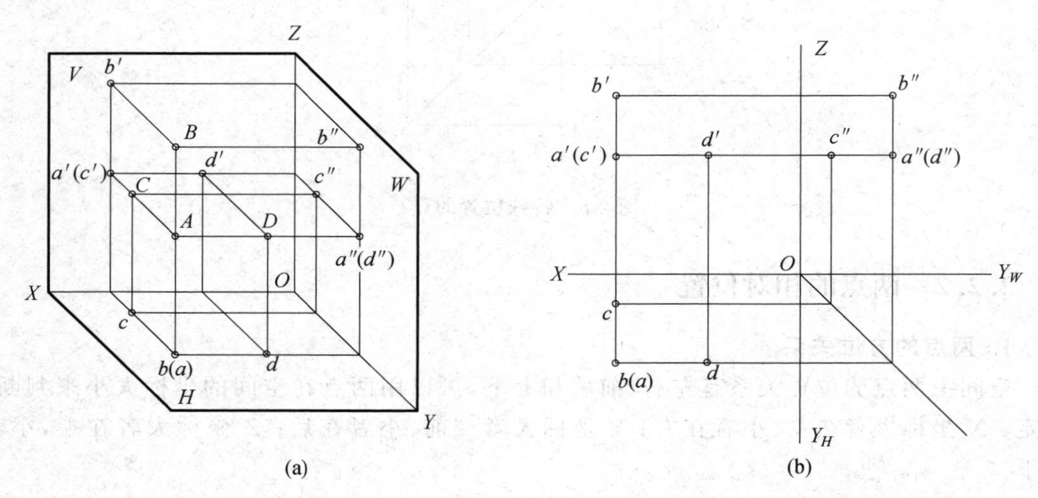

图 2-10　重影点

2.3　直线的投影

一般情况下，直线的投影仍为直线，特殊情况(垂直于投影面)为一点。因此，求得直线上两点的投影并用直线连接起来，就得到直线的三面投影，如图 2-11 所示。

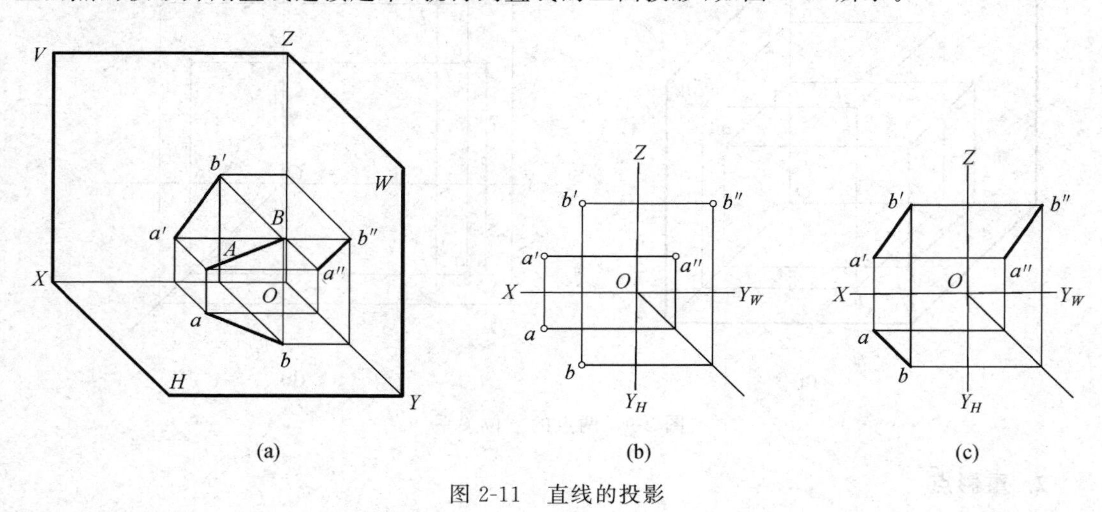

图 2-11　直线的投影

规定：直线的投影用粗实线绘制。直线是可以无限延伸的，但图面上通常用有限长度的线段表示。

2.3.1　七种位置直线的投影及其投影特性

根据直线在三投影面体系中的位置不同，可将直线进行以下分类（共 7 种位置直线），如表 2-1 所示。

表 2-1　直线的分类

<table>
<tr><td rowspan="7">直线的分类</td><td>一般位置直线</td><td colspan="3">与三个投影面都倾斜的直线</td></tr>
<tr><td rowspan="6">特殊位置直线</td><td rowspan="3">投影面的平行线</td><td>水平线</td><td>与水平面平行，与正面和侧面倾斜</td></tr>
<tr><td>正平线</td><td>与正面平行，与水平面和侧面倾斜</td></tr>
<tr><td>侧平线</td><td>与侧面平行，与水平面和正面倾斜</td></tr>
<tr><td rowspan="3">投影面的垂直线</td><td>铅垂线</td><td>与水平面垂直，与正面和侧面平行</td></tr>
<tr><td>正垂线</td><td>与正面垂直，与水平面和侧面平行</td></tr>
<tr><td>侧垂线</td><td>与侧面垂直，与水平面和正面平行</td></tr>
</table>

1. 一般位置直线

如图 2-12 所示，AB 为一般位置直线。由于 AB 与三个投影面都不平行，所以三面投影长都小于实长。

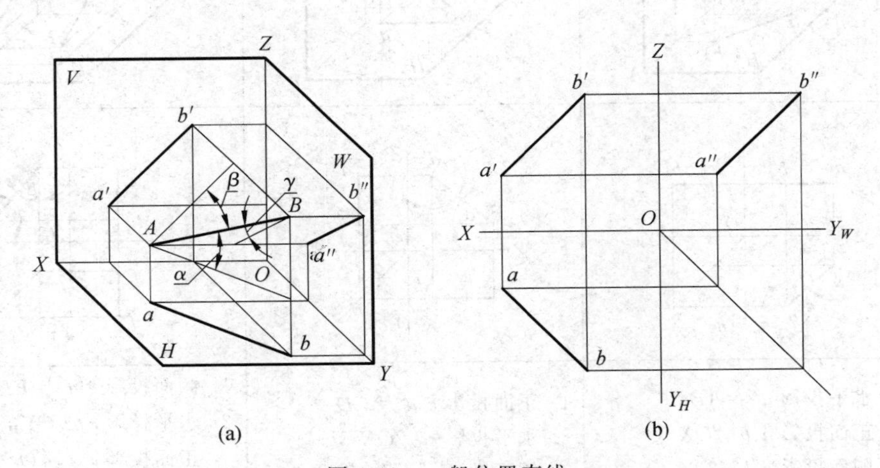

图 2-12　一般位置直线

只要直线不与投影面平行，就会与投影面产生夹角，把直线与投影面产生的夹角叫直线与投影面的倾角。

规定：直线与 H 面的倾角用 α 表示；直线与 V 面的倾角用 β 表示；直线与 W 面的倾角用 γ 表示，如图 2-12 所示。由此得出，投影、实长和倾角之间有如下关系：$ab=AB\cos\alpha$，$a'b'=AB\cos\beta$，$a''b''=AB\cos\gamma$。

因此，一般位置直线的投影特性是：

（1）三面投影都不反映实长，且都小于实长；

（2）三面投影均倾斜于投影轴，且三个倾角 α、β、γ 在图上也不能直观反映。

2. 投影面的平行线

只平行于一个投影面、倾斜于另两个投影面的直线称为投影面的平行线。根据所平行的投影面不同,平行线又可分为三种：水平线(平行于 H 面)、正平线(平行于 V 面)、侧平线(平行于 W 面)。

如表 2-2 所示,投影面的平行线具有如下投影特性：

(1) 直线在所平行的投影面上的投影反映线段的实长。

(2) 直线在另外两个投影面上的投影平行于相应的投影轴。相应的投影轴即是构成其平行面的两根轴。如表 2-2 中水平线 AB 的正面投影 $a'b'//OX$,侧面投影 $a''b''//OY_W$,OX 轴和 OY 轴构成水平面。

(3) 直线在所平行的投影面上的投影与两根投影轴的夹角,分别反映该直线与另两个投影面的倾角。

表 2-2　投影面平行线的投影特性

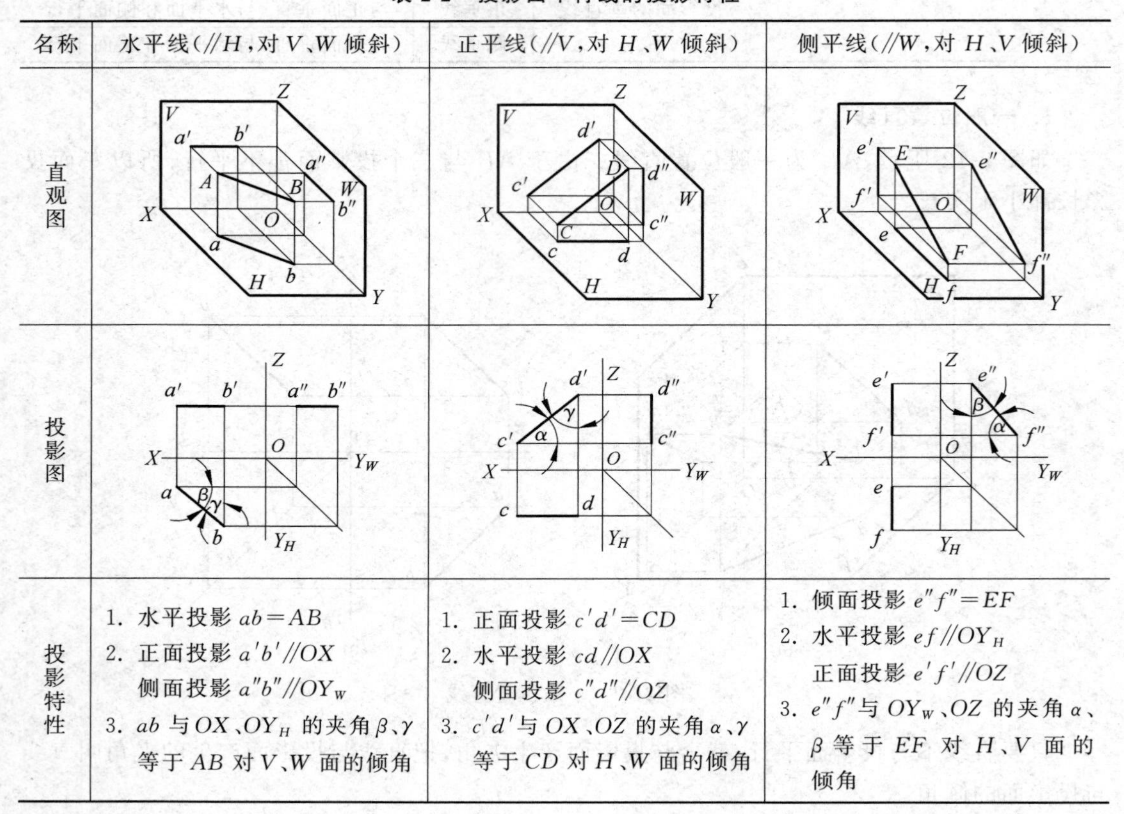

名称	水平线(//H,对 V、W 倾斜)	正平线(//V,对 H、W 倾斜)	侧平线(//W,对 H、V 倾斜)
直观图			
投影图			
投影特性	1. 水平投影 $ab=AB$ 2. 正面投影 $a'b'//OX$ 侧面投影 $a''b''//OY_W$ 3. ab 与 OX、OY_H 的夹角 β、γ 等于 AB 对 V、W 面的倾角	1. 正面投影 $c'd'=CD$ 2. 水平投影 $cd//OX$ 侧面投影 $c''d''//OZ$ 3. $c'd'$ 与 OX、OZ 的夹角 α、γ 等于 CD 对 H、W 面的倾角	1. 倾面投影 $e''f''=EF$ 2. 水平投影 $ef//OY_H$ 正面投影 $e'f'//OZ$ 3. $e''f''$ 与 OY_W、OZ 的夹角 α、β 等于 EF 对 H、V 面的倾角

3. 投影面的垂直线

垂直于某一投影面的直线(此时,它必平行于另两投影面),称为投影面的垂直线。根据所垂直的投影面不同,垂直线也可以分成三种：铅垂线(垂直于 H 面)、正垂线(垂直于 V 面)、侧垂线(垂直于 W 面)。

如表 2-3 所示,投影面的垂直线有如下投影特性：

(1) 在所垂直的投影面上的投影积聚成一点,如表 2-3 中的铅垂线 AB,其水平投影积聚成一个点 $a(b)$。

(2) 另外两面投影反映实长,并垂直于相应的投影轴。相应的投影轴即是构成其垂直面的两根轴。如表 2-3 中铅垂线的正面投影 $a'b'$ 垂直于 OX，侧面投影 $a''b''$ 垂直于 OY_W，OX、OY 构成了水平投影面。

表 2-3 投影面垂直线的投影特性

名称	铅垂线（$\perp H$，$/\!/V$ 和 W）	正垂线（$\perp V$，$/\!/H$ 和 W）	侧垂线（$\perp W$，$/\!/H$ 和 V）
直观图	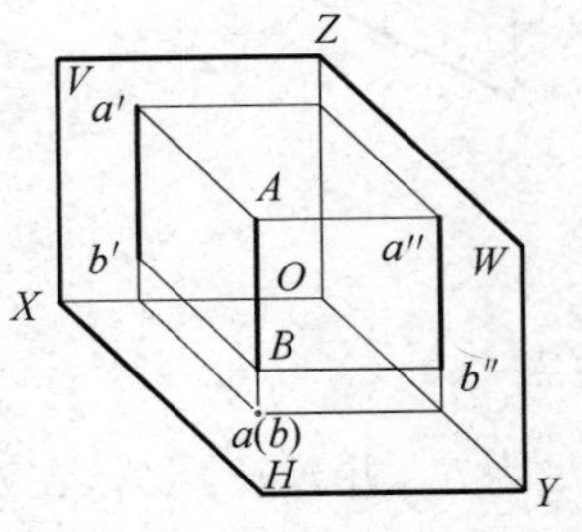	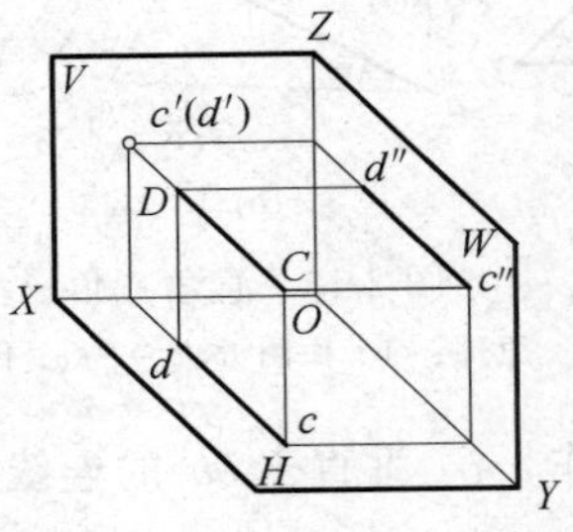	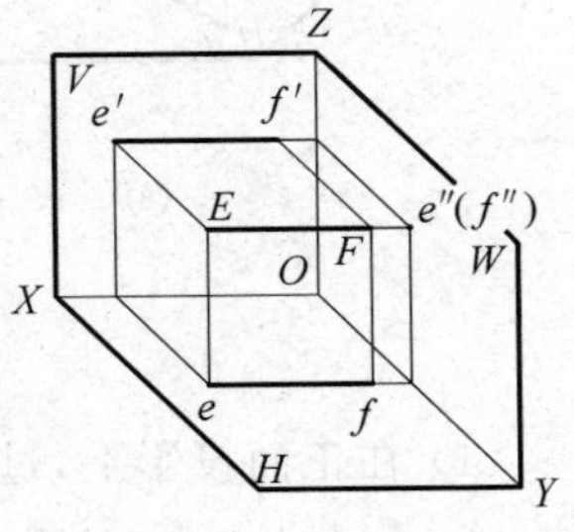
投影图	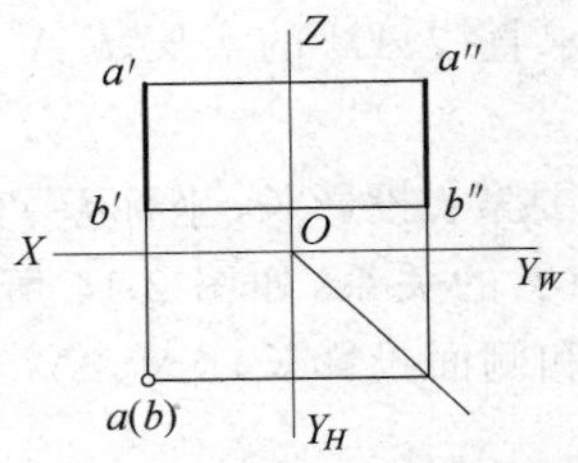	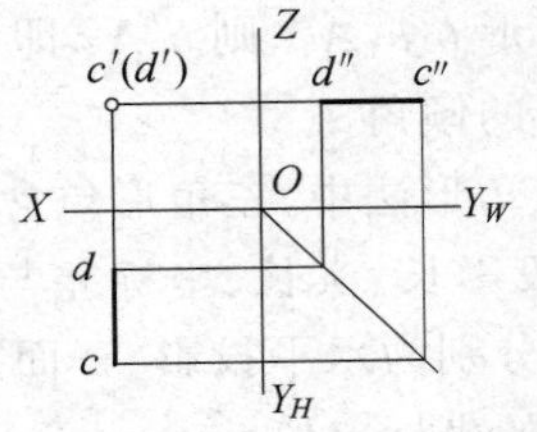	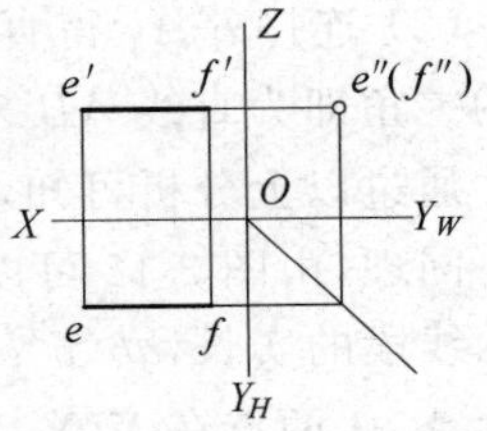
投影特性	1. 水平投影 $a(b)$ 积聚为一点 2. $a'b'=a''b''=AB$ 且 $a'b' \perp OX$，$a''b'' \perp OY_W$	1. 正面投影 $c'd'$ 积聚为一点 2. $cd=c''d''=CD$ 且 $cd \perp OX$，$c''d'' \perp OZ$	1. 侧面投影 $e''(f'')$ 积聚为一点 2. $ef=e'f'=EF$ 且 $ef \perp OY_H$，$e'f' \perp OZ$

4. 一般位置直线的实长及其对投影面的倾角的求解

通过各种位置直线投影特性的讨论可知，特殊位置直线的实长以及其对投影面的倾角均能直接从投影图上得到。对于一般位置直线而言，三面投影既不反映实长，也不反映其对投影面的倾角，但是可以根据直线的投影几何关系用图解的方法求出其实长和倾角。这里介绍常用的**直角三角形法**。

如图 2-13(a)所示，已知一般位置直线的两投影 ab 和 $a'b'$，因为投射线 Aa、Bb 都垂直于 H 面，所以 $AabB$ 是一垂直于 H 面的平面，在该平面上，过 A 点作直线 AB_0 平行于 ab，则 $\triangle AB_0B$ 为一直角三角形，AB_0 为一直角边，且 $AB_0=ab$，另一直角边为 BB_0，它等于 A、B 两点 Z 轴坐标差的绝对值，即 $BB_0=|Z_B-Z_A|$。AB 与 AB_0 之间的夹角即为直线 AB 对 H 面的倾角 α。

求解作图方法一（见图 2-13(b)）：

(1) 在水平投影上，以 ab 为一直角边，从 b 端作一直线使其垂直于 ab；

(2) 在该直线上量取 $|Z_B-Z_A|$ 得 b_1 点，使得 $bb_1=|Z_B-Z_A|$；

(3) 连接 ab_1 得直角三角形 ab_1b，则 ab_1 即为所求直线 AB 的实长，ab_1 与 ab 间的夹角即为直线 AB 对 H 面的倾角 α。

求解作图方法二（见图 2-13(c)）：

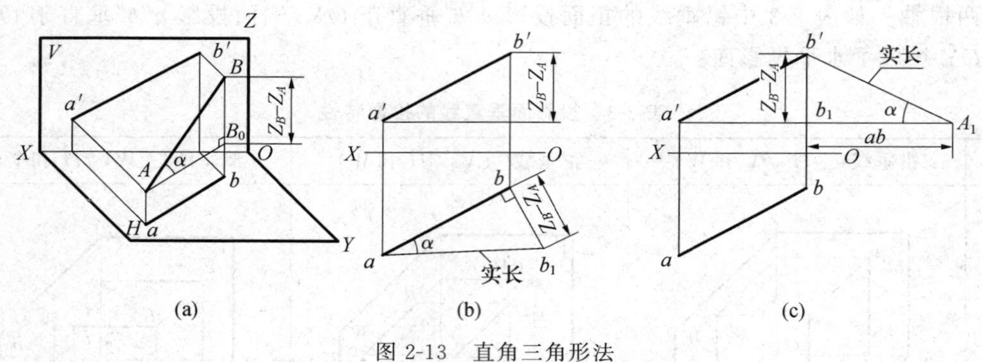

图 2-13　直角三角形法

(a) 原理；(b) 作图方法一；(c) 作图方法二

(1) 在正面投影上，过 a' 作 $a'b_1$ 垂直于 bb' 的连线，垂足为 b_1，并延长 $a'b_1$，在延长线上取 $b_1A_1=ab$；

(2) 连接 $b'A_1$ 得直角三角形 $b'b_1A_1$，则 $b'A_1$ 即为所求直线 AB 的实长，$b'A_1$ 与 b_1A_1 间的夹角即为直线 AB 对 H 面的倾角 α。

通过以上分析可知，直角三角形法中，三角形包含四个要素：投影长、坐标差、实长和倾角。同理，由图 2-12 可以找出投影长、实长、坐标差与 β 和 γ 的关系，如图 2-14 所示。AB 表示线段的实长，ab、$a'b'$、$a''b''$ 分别为水平投影、正面投影和侧面投影长，ΔX、ΔY、ΔZ 分别表示 A、B 两点在 X、Y、Z 轴上的坐标差值。

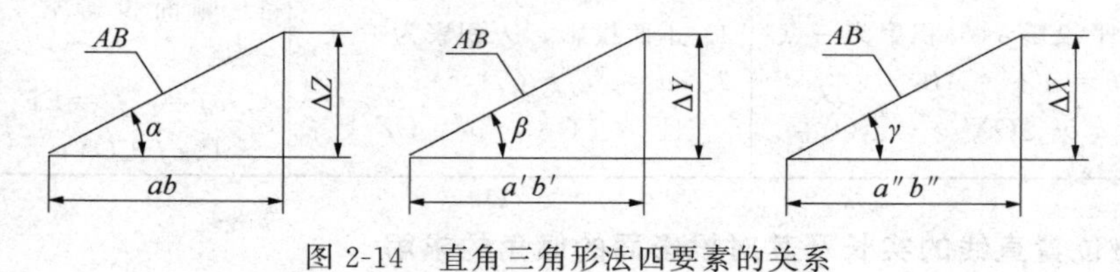

图 2-14　直角三角形法四要素的关系

【例 2-2】　如图 2-15(a)所示，求线段 CD 的实长和倾角 β。

分析：由图 2-14 可知，所求角 β 的直角三角形由 V 面投影长、Y 轴坐标差、实长构成。因此可以用图 2-15(b)或图 2-15(c)所示的两种方法构造出。作图步骤略。

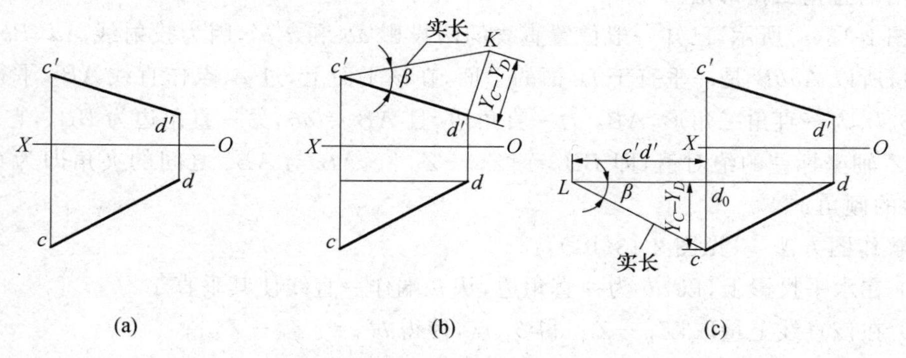

图 2-15　求 CD 的实长和倾角 β

(a) 题目；(b) 方法一；(c) 方法二

【例 2-3】　如图 2-16(a)所示,已知 CD 长 25mm,其正面投影 $a'b'$ 和点 C 的水平投影,求 CD 的水平投影 cd。

1）分析

根据直角三角形的斜边长和一条直角边,可求出另一直角边,使本题得解。

2）作图

作图方法一：如图 2-16(b)所示,以 C、D 两点 Z 坐标差为直角边求出水平投影 cd 的长。

(1) 过 c' 作 OX 轴平行线 $c'm$,并延长；

(2) 以 d' 为圆心,以实长 25mm 为半径画圆弧,交 $c'm$ 的延长线于 n,则 $mn=cd$。

(3) 过 d' 作 OX 轴的垂线,再以 c 为圆心,cd 长为半径画圆弧,交垂线于 d,连 cd 即为所求。

作图方法二：如图 2-16(c)所示,以 $c'd'$ 为直角边求出 C、D 两点 Y 轴坐标差。

(1) 过 c' 作 $c'd'$ 的垂线 $c'C_0$；

(2) 以 d' 为圆心、CD 的实长 25mm 为半径画圆弧,与 $c'C_0$ 交于 C_0；

(3) 过 c 作 OX 的平行线与投影连线 dd' 交于 E_0；

(4) 在 dd' 上从 E_0 点量取 $E_0d=c'C_0$ 得 d,连 cd 即为所求。

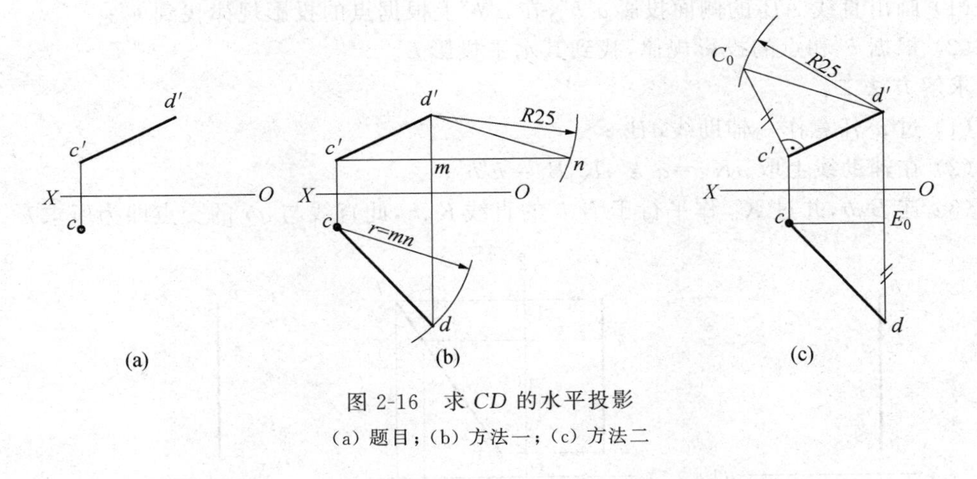

图 2-16　求 CD 的水平投影

(a) 题目；(b) 方法一；(c) 方法二

2.3.2　直线上的点

1. 从属性

若点在直线上,则点的各面投影必在该直线的同面投影上；反之,如点的各面投影都在直线的同面投影上,且满足点的投影规律,则点必在该直线上。

2. 定比性

若点在直线上,则点分割线段之比等于点的各面投影分割直线的同面投影之比。如图 2-17 所示,点 C 将直线 AB 分成两段：AC 和 CB,则 $AC:CB=ac:cb=a'c':c'b'=a''c'':c''b''$。

【例 2-4】　如图 2-18(a)所示,已知点 K 在直线 AB 上,由已知投影 k' 求水平投影 k。

1）分析

根据从属性,画出第三面投影,再求 k。或者根据定比性进行求解。

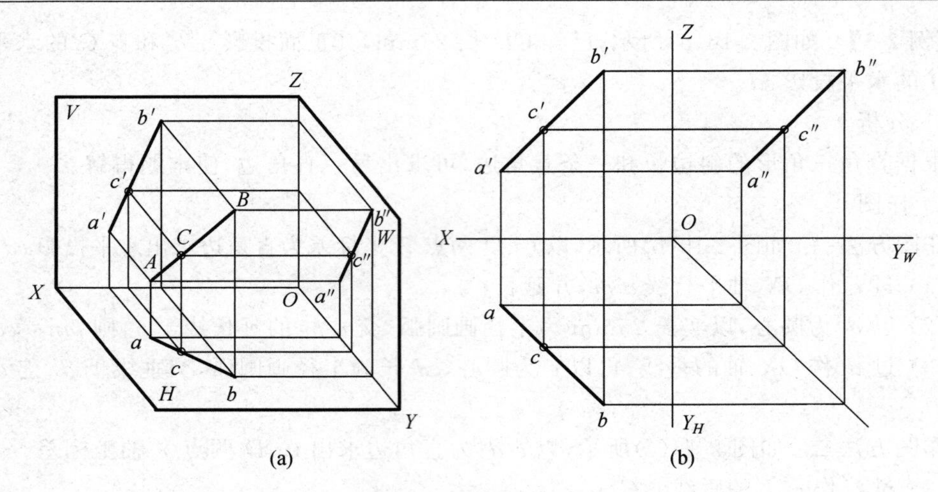

图 2-17 直线上的点

2）作图

求解方法一：

(1) 画出直线 AB 的侧面投影 $a''b''$，在 $a''b''$ 上根据点的投影规律找到 k''；

(2) 根据 k'' 和点的投影规律，找到其水平投影 k。

求解方法二：

(1) 过 a 任意作一辅助线 aB_0；

(2) 在辅助线上取 $aK_0=a'k'$，$K_0B_0=k'b'$；

(3) 连 B_0b，并过 K_0 作平行于 B_0b 的直线 K_0k，此直线与 ab 的交点即为所求 k。

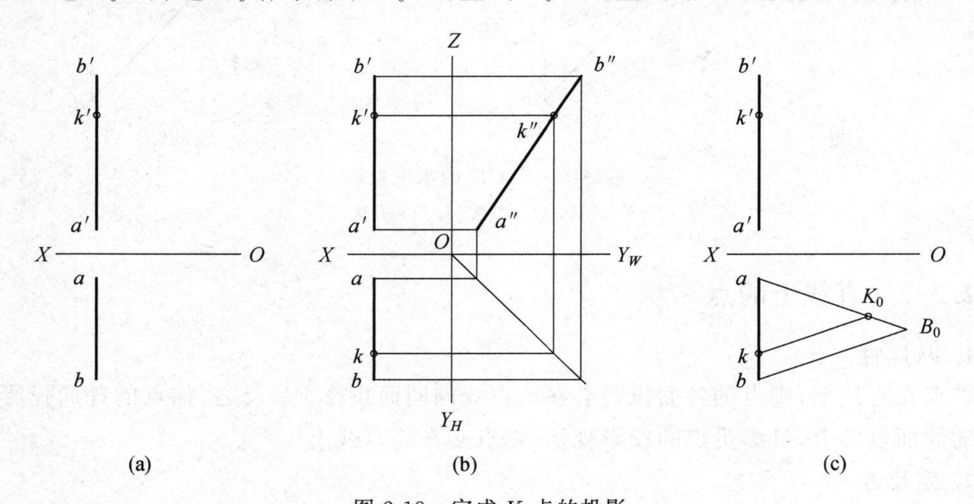

图 2-18 完成 K 点的投影

(a) 题目；(b) 求解方法一；(c) 求解方法二

【例 2-5】 如图 2-19(a)所示，已知直线 AB 的两面投影，在 AB 上求一点 C，使 $AC:CB=1:2$。

1）分析

根据定比性可知，$AC:CB=ac:cb=a'c':c'b'=1:2$。

2）作图

（1）自 a 作任意一条射线，并在射线上取任意三个单位长 1、2、3；

（2）连接 3 和 b，过 1 作 $1c /\!/ 3b$，交 ab 于 c，根据 c 求出 c'。

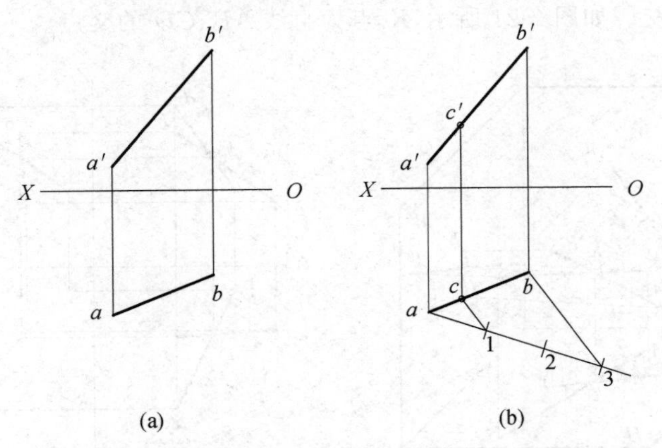

图 2-19　求 C 点的投影

2.3.3　两直线的相对位置

空间两直线的相对位置关系有三种情况：平行、相交、交叉。平行和相交两直线又称为共面直线，交叉两直线又称为异面直线。

1. 平行

若空间两直线平行，则它们的各组同面投影也一定互相平行（或积聚成一条直线）。反之，如果两直线的各组同面投影相互平行，则两直线在空间也一定相互平行。如图 2-20 所示，已知直线 AB 平行于 CD，它们的同面投影互相平行，即 $ab /\!/ cd$，$a'b' /\!/ c'd'$，$a''b'' /\!/ c''d''$。

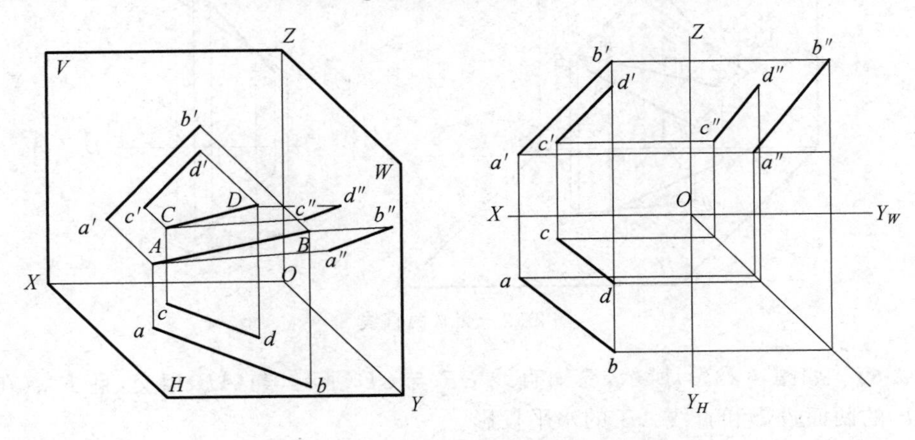

图 2-20　平行两直线

另外，由于平行两直线相对于投影面的倾角都相同，则两直线的长度之比等于此两直线的同面投影长度之比，即 $AB : CD = ab : cd = a'b' : c'd' = a''b'' : c''d''$。

利用以上投影特性，可以根据投影图判断空间两直线是否平行。

2. 相交

若空间两直线相交，则它们的各组同面投影也相交(或积聚成一条直线)，且交点符合点的投影规律。反之，如果两直线的各组同面投影都相交，且交点符合点的投影规律，则两直线在空间也一定相交。如图 2-21 所示，K 点为直线 AB、CD 的交点。

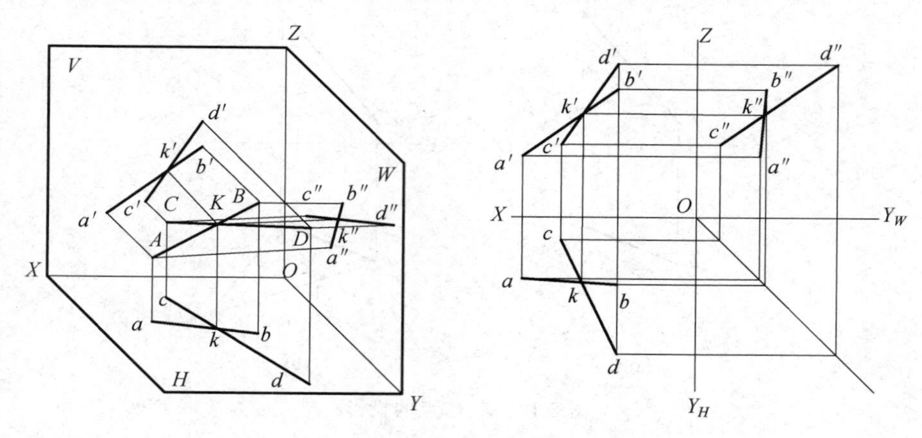

图 2-21　相交两直线

3. 交叉

交叉两直线在空间既不平行也不相交，两直线的投影可能相交、也可能平行，但不可能重合。如图 2-22 所示，当 AB、CD 交叉时，虽然它们的水平投影相交，正面投影也相交，但投影的交点不满足点的投影规律，即看到的投影的交点实际上是两直线上不同点的重影点。

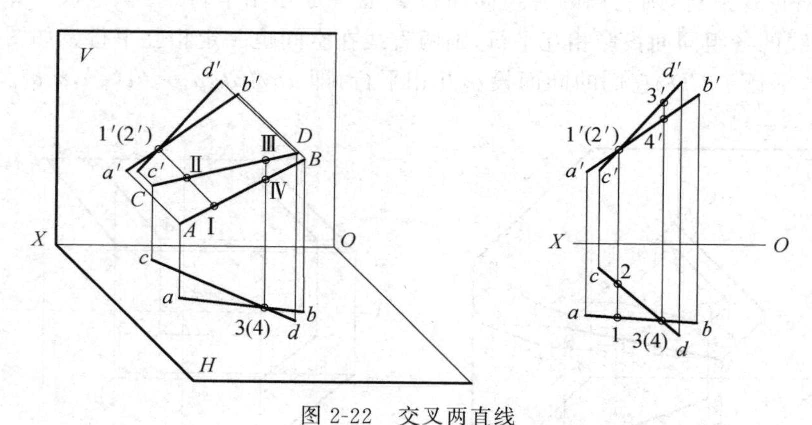

图 2-22　交叉两直线

【例 2-6】 如图 2-23(a)所示，已知直线 EF 与 CD 平行，与 AB 相交，且 F 点在 H 面上，求 EF 的两面投影和直线 AB 的水平投影。

1）分析

因为 $EF /\!/ CD$，所以 $ef /\!/ cd$，$e'f' /\!/ c'd'$，又因为 F 在 H 面上，所以 f' 在 X 轴上，由于 AB 和 EF 相交，则交点投影的连线垂直于 X 轴。

2）作图

如图 2-23(b)所示：

(1) 过 e' 作 $e'f'/\!/c'd'$，并交 X 轴于 f'；

(2) 过 e 作 $ef/\!/cd$，并使得 f、f' 的连线垂直于 X 轴；

(3) 过 $e'f'$ 与 $a'b'$ 的交点 k' 作 X 轴的垂线交 ef 与点 k；

(4) 连接 bk 并延长，在延长线上取 a，使得 aa' 垂直于 OX 轴。

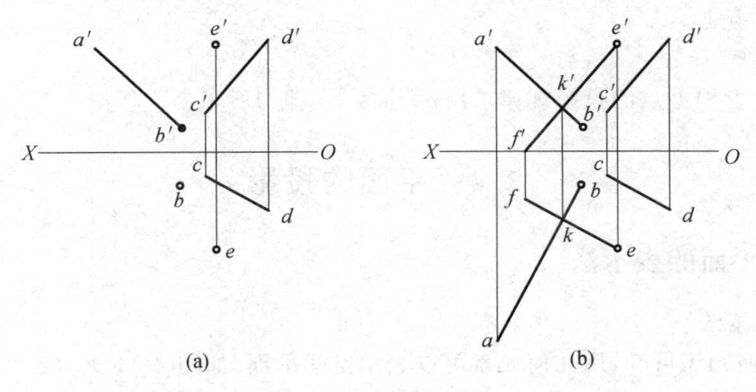

图 2-23　完成直线的投影

2.3.4　直角投影定理

空间两直线相互垂直有两种形式：相交垂直和交叉垂直。若两直线在空间上垂直，它们的投影不一定垂直；但如果空间两直线垂直，且其中一直线是某投影面的平行线，则两直线在该投影面中的投影相互垂直，这就是直角投影定理。如图 2-24 所示，已知直线 $AB \perp BC$，且 AB 平行于 H 面，故 AB 必垂直于平面 $BbcC$，从而 $AB \perp bc$（交叉垂直），因为 $AB/\!/ab$，所以 $ab \perp bc$。

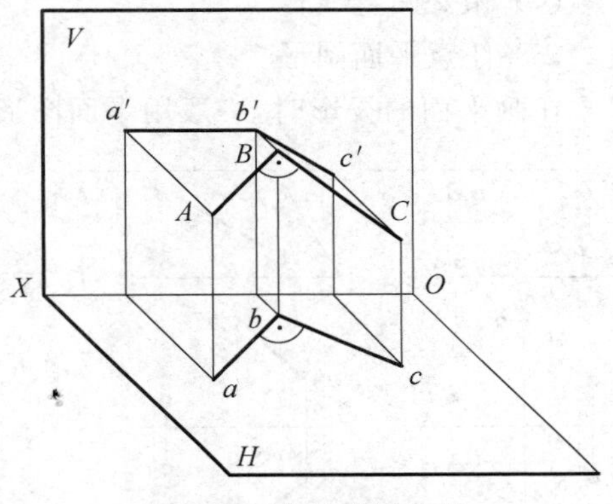

图 2-24　直角投影定理

反过来，如果两直线的某面投影垂直，且其中一直线是该投影面的平行线，则两直线在空间上一定垂直。根据直角投影的特性，可以解决投影图中有关垂直的问题。

【例 2-7】 如图 2-25(a)所示，已知点 A 和直线 CD 的投影，过点 A 作直线与 CD 垂直相交。

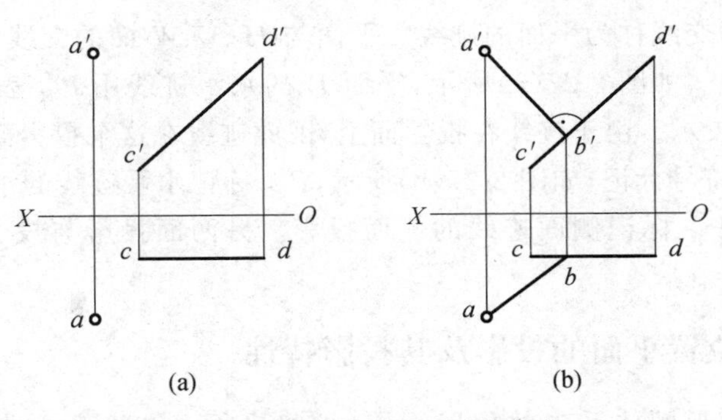

图 2-25　作直线与 CD 垂直相交

1）分析

由图可知，CD 是正平线，根据直角投影定理可知，所作直线的正面投影与 CD 的正面投影垂直。

2）作图

如图 2-25(b)所示：

(1) 过 a' 作 $a'b' \perp c'd'$，与 $c'd'$ 交于 b'；

(2) 在 cd 上根据点的投影规律求出 b，连接 ab 即为所求。

2.4　平面的投影

2.4.1　平面的表示法

1. 几何元素法

由初等几何知识可知，用几何元素可以表示空间平面，如图 2-26 所示：

(1) 不在同一直线上的三个点；

(2) 一条直线和直线外的一个点；

(3) 平行两直线；

(4) 相交两直线；

(5) 任意平面图形。

在画平面的投影时，一般用平面图形来表示，如图 2-26 所示。

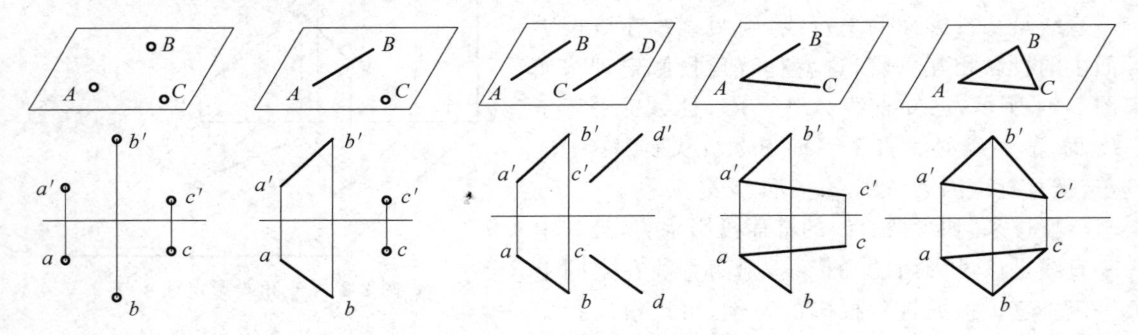

图 2-26　几何元素表示空间平面

2. 用迹线表示平面

平面与投影面的交线称为平面的迹线。平面与 H、V、W 面的交线分别称为水平迹线、正面迹线和侧面迹线。如图 2-27(a)所示，平面 P 的水平迹线用 P_H 表示，正面迹线用 P_V 表示，侧面迹线 P_W 表示。由于迹线在投影面上，因此迹线在这个投影面上的投影必定与其本身重合，并用迹线符号标记，如图 2-27(b)所示，P_H 标记水平迹线的水平投影，P_V 标记正面迹线的正面投影，P_W 标记侧面迹线的侧面投影。另两面投影与投影轴重合，为简化起见，一般不再标记。

2.4.2　七种位置平面的投影及其投影特性

根据平面在三投影面体系中的位置不同，可将平面分为两大类共 7 种位置平面，如

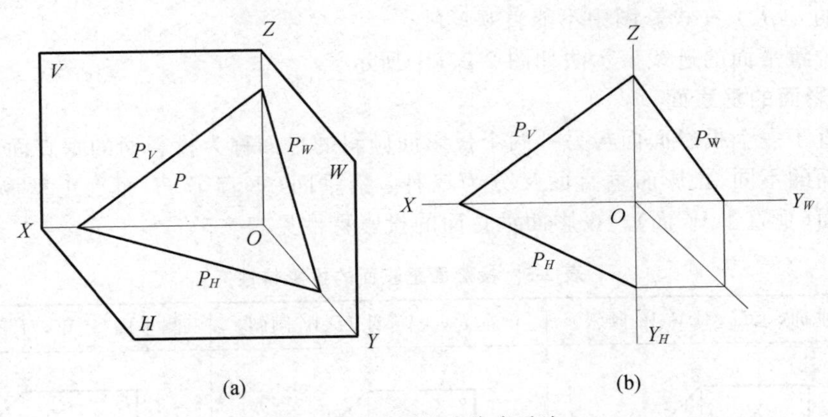

图 2-27　平面的迹线表示法

表 2-4 所示。

表 2-4　平面的分类

平面的分类	一般位置平面	与三个投影面都倾斜的平面		
	特殊位置平面	投影面的垂直面	铅垂面	与水平面垂直，与正面和侧面倾斜
			正垂面	与正面垂直，与水平面和侧面倾斜
			侧垂面	与侧面垂直，与水平面和正面倾斜
		投影面的平行面	水平面	与水平面平行，与正面和侧面垂直
			正平面	与正面平行，与水平面和侧面垂直
			侧平面	与侧面平行，与水平面和正面垂直

1. 一般位置平面

与三个投影面都倾斜（既不平行也不垂直）的平面称为一般位置平面。如图 2-28 所示，因为平面 ABC 与三个投影面既不平行也不垂直，所以其三面投影既不反映 $\triangle ABC$ 的实形，也没有积聚性，都是原形的类似形。

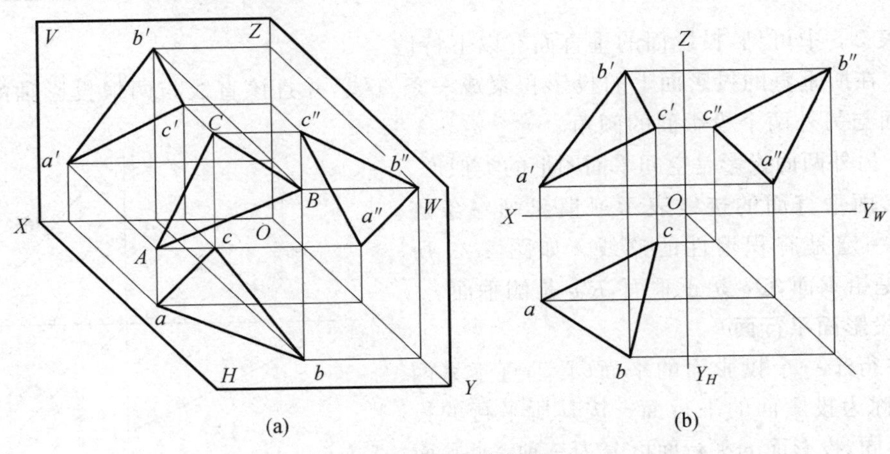

图 2-28　一般位置平面

由于平面倾斜于投影面，则与投影面产生夹角，与直线一样，仍然把平面与三投影面的夹角叫平面与投影面的倾角，分别用 α、β、γ 表示，其大小等于二面角的平面角。对于一般

位置平面的 α、β、γ 在投影图中不能直观反映。

一般位置平面的迹线表示法如图 2-27(b)所示。

2. 投影面的垂直面

只垂直于一个投影面而与另外两个投影面倾斜的平面称为投影面的垂直面。按其所垂直的投影面的不同，投影面垂直面又分为三种：铅垂面（垂直于 H 面）、正垂面（垂直于 V 面）、侧垂面（垂直于 W 面）。投影面垂直面的投影特性见表 2-5。

表 2-5　投影面垂直面的投影特性

名称	铅垂面（$\perp H$，对 V、W 倾斜）	正垂面（$\perp V$，对 H、W 倾斜）	侧垂面（$\perp W$，对 H、V 倾斜）
直观图			
投影图			
投影特性	1. 水平投影积聚为一斜直线；且与 OX、OY_H 的夹角反映 β、γ； 2. 正面和侧面投影为类似形	1. 正面投影积聚为一斜直线；且与 OX、OZ 的夹角反映 α、γ； 2. 水平和侧面投影为类似形	1. 侧面投影积聚为一斜直线；且与 OY_W、OZ 的夹角反映 α、β； 2. 水平和正面投影为类似形

从表 2-5 中可见，投影面的垂直面有以下特性：

(1) 在所垂直的投影面上的投影积聚成一条直线，并且该直线与两根投影轴的夹角为空间平面与另外两个投影面的倾角。

(2) 另外两面投影是空间平面图形的类似形。

投影面垂直面的迹线表示习惯只画一条迹线，但是一定是有积聚性的迹线。如图 2-29 所示，P_H 是铅垂面，Q_V 是正垂面，R_W 是侧垂面。

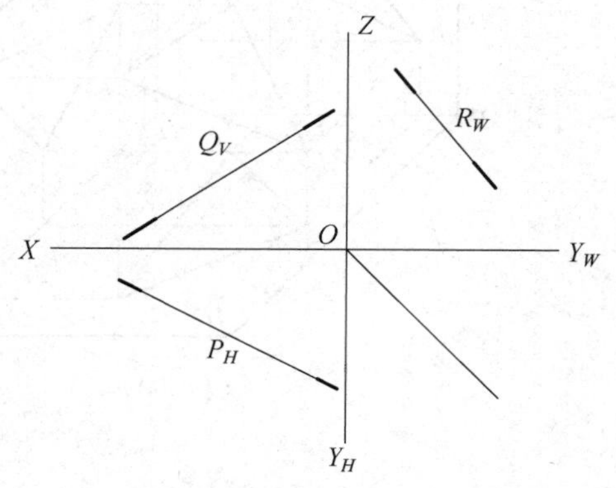

图 2-29　投影面垂直面的迹线表示

3. 投影面平行面

只平行于一个投影面的平面（必垂直于另两投影面）称为投影面的平行面。按其所平行的投影面的不同，投影面的平行面可分为三种：水平面（平行于 H 面）、正平面（平行于 V 面）、侧平面（平行于 W 面）。投影面平行面的投影特性见表 2-6。

表 2-6　投影面平行面的投影特性

名称	水平面（$//H$，$\perp V$ 和 W）	正平面（$//V$，$\perp H$ 和 W）	侧平面（$//W$，$\perp H$ 和 V）
直观图	Z a' b' c' b'' a'' B A W X C c'' a b O c H Y	Z V b' a' B b'' a'' W X A C O c'' a b c H	Z V b' c' B b'' a' a'' A W X O C c'' a b H c Y
投影图	a' b' c' Z b'' a'' c'' X O Y_W b a c Y_H	b' Z b'' a' a'' c' c'' X O Y_W a b c Y_H	b' Z b'' c' c'' a' a'' X O Y_W a b c Y_H
投影特性	1. 水平投影反映实形； 2. 正面投影积聚为直线，且$//OX$； 3. 侧面投影积聚为直线，且$//OY_W$	1. 正面投影反映实形； 2. 水平投影积聚为直线，且$//OX$； 3. 侧面投影积聚为直线，且$//OZ$	1. 侧面投影反映实形； 2. 水平投影积聚为直线，且$//OY_H$ 3. 正面投影积聚为直线，且$//OZ$

从表 2-6 中可见，投影面的平行面有以下投影特性：

(1) 在所平行的投影面上的投影反映空间平面的实形。

(2) 另外两面投影都积聚成直线段，且平行于相应的投影轴（此两轴构成所平行的投影面）。

投影面平行面的迹线表示习惯只画一条迹线，但是一定是有积聚性的迹线。如图 2-30 所示，P_H 是侧平面，Q_V 是水平面，R_W 是正平面。

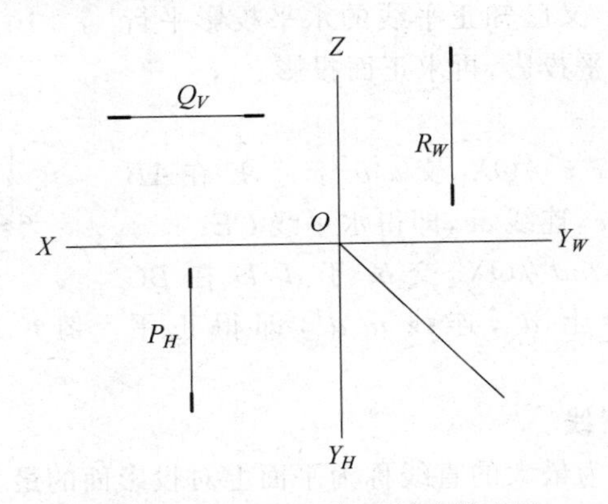

图 2-30　投影面平行面的迹线表示

2.4.3　平面上的点和线

1. 平面上的一般直线

直线在平面上要满足一定的几何条件：

（1）若直线通过平面上的两个已知点，则直线一定在平面内；

（2）若直线通过平面上的一个已知点，且平行于平面上的一条直线，则直线一定在平面内。

直线只要满足上述两个几何条件中的一个即可说明直线在平面内。如图 2-31 所示，两条相交直线 AB、BC 确定一平面 P，由于 E、F 分别在 AB、BC 上，所以 EF 的连线一定在 P 平面上。又 M 是 AB 上一点，过点 M 作直线 $MN/\!/BC$，则 MN 也一定在 P 平面上。

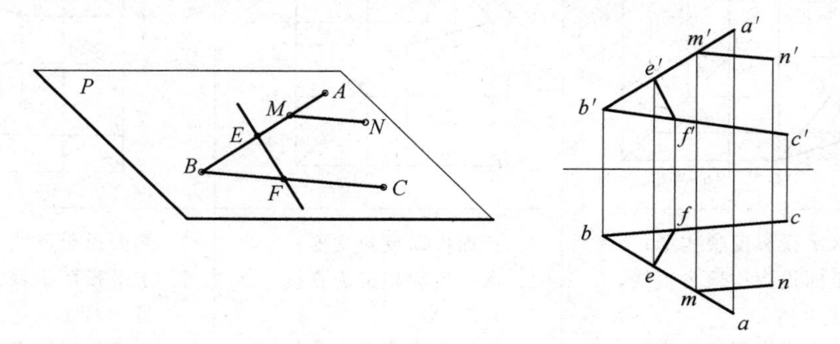

图 2-31　平面上的一般直线

2. 平面上的投影面平行线

平面上的投影面平行线既要满足投影面平行线的投影特性，也要满足直线在平面上的几何条件。

【例 2-8】 如图 2-32 所示，在平面 ABC 上作一条水平线 CE 和正平线 AD。

1）分析

因为水平线的正面投影平行于 X 轴，所以可以先作正面投影，再求水平投影；又已知正平线的水平投影平行于 X 轴，所以可以先作水平投影，再求正面投影。

2）作图

（1）过正面投影 c' 作 $c'e'/\!/OX$，交 $a'b'$ 于 e'，E 在 AB 上，求出 E 的水平投影上 e，连线 ce，即得水平线 CE。

（2）过水平投影 a 作 $ad/\!/OX$，交 bc 于 d，D 在 BC 上，求出 D 的正面投影上 d'，连线 $a'd'$，即得正平线 AD。

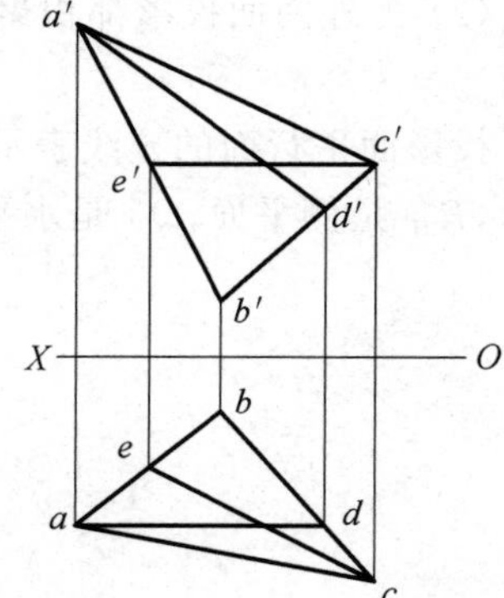

图 2-32　平面上的投影面平行线

3. 平面上的最大斜度线

平面上对投影面倾角为最大的直线称为平面上对投影面的最大斜度线。最大斜度线有对 H 面的最大斜度线、对 V 面的最大斜度线、对 W 面的最大斜度线。最大斜度线必垂直于该平面上相应的投影面平行线。

如图 2-33 所示，过平面 P 上的 A 点作三条直线：AB、AM_1、AM_2。其中 $AB /\!/ P_H$，为平面上的投影面水平线；$AM_1 \perp P_H$，即 $AM_1 \perp AB$；AM_2 为平面上的任意斜线。由图可知，α_1，α_2 分别为两直线 AM_1 和 AM_2 与 H 面的夹角，且 $\alpha_1 > \alpha_2$，所以 AM_1 对 H 面的倾角最大，AM_1 称为 P 平面内对 H 面的最大斜度线。很显然 α_1 是最大斜度线 AM_1 对 H 面的倾角，也是平面 P 与 H 面的倾角。

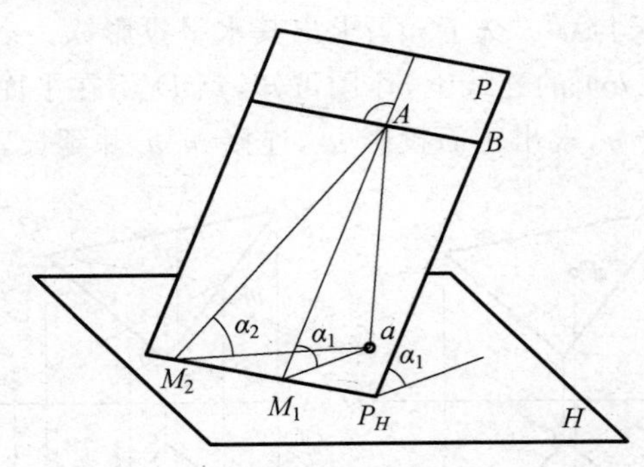

图 2-33　最大斜度线

由此可见，平面上的最大斜度线有如下投影特性：

(1) 对某投影面的最大斜度线垂直于该平面内相应的投影面平行线；

(2) 对某个投影面的最大斜度线与该投影面的倾角等于空间平面与该投影面的倾角。

【例 2-9】 如图 2-34 所示，在 $\triangle ABC$ 内作对 V 面的最大斜度线，并求对 V 面的倾角 β。

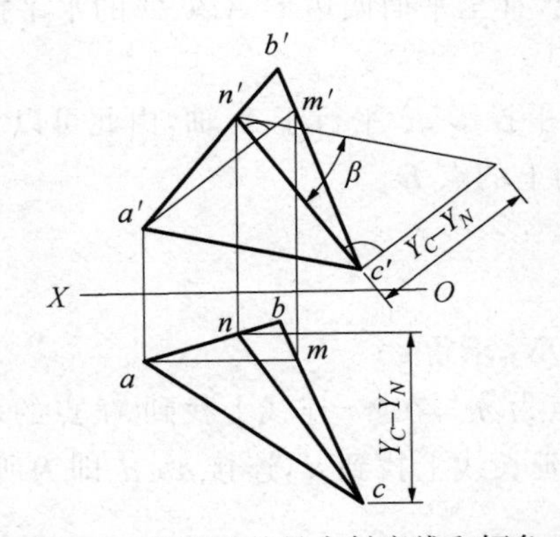

图 2-34　作平面的最大斜度线和倾角 β

1) 分析

先求对 V 面的最大斜度线，再用直角三角形法求 β。

2) 作图

(1) 在平面内作正平线 AM(am、$a'm'$)；

(2) 过 c' 作 $c'n' \perp a'm'$，求出水平投影 cn，CN 即为 V 面的最大斜度线；

(3) 在正面投影中用直角三角形法求 β。

4. 平面上的点

若点在平面内的一条直线上，则点必在该平面上。

【例 2-10】 如图 2-35(a)所示,已知 E 点在平面 ABC 上,求其正面投影 e',并判断点 D 是否在平面上。

1）分析

判断一个点是否在平面上以及在平面上求点,都要在平面上取直线。

2）作图

(1) 连接 $b'd'$,并延长与 $a'c'$交于 m',求出其水平投影 m。若点 D 在平面 ABC 上,则 D 点的水平投影 d 点必在 bm 的连线上,作图可知,点 D 不在平面 ABC 上。

(2) 连接 me,交 bc 于 n,求出正面投影 n',连接 $m'n'$并延长,在延长线上找到 e'。

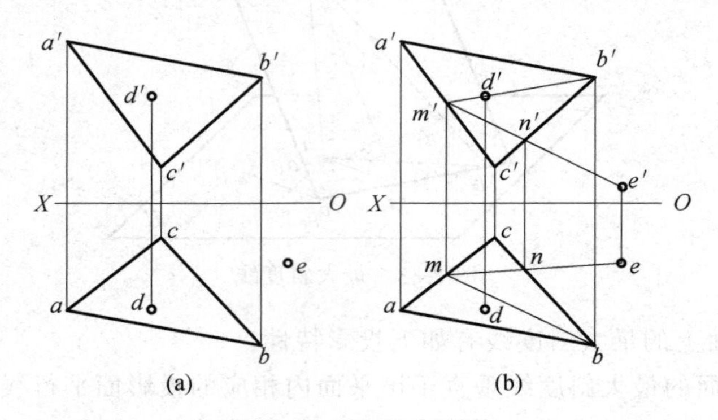

图 2-35　平面上的点

【例 2-11】 如图 2-36(a)所示,已知平面四边形 $ABCD$ 的正面投影及 AB 的水平投影 ab,且已知 AC 是一条正平线,补全平面四边形 $ABCD$ 的水平投影。

1）分析

AC 是正平线,所以其水平投影 ac 平行于 X 轴,由此可以求出 C 点的水平投影,A、B、C 三点决定一个面,再求出面上的点 D。

2）作图

如图 2-36(b)所示：

(1) 过 a 点作直线 $ac /\!/ OX$,求得 c；

(2) 连接 $a'c'$、$b'd'$,交点为 m',在 ac 连线上找到 M 点的水平投影 m；

(3) 连接 bm 并延长,在延长线上找到 d,连接 $abcd$ 即为所求。

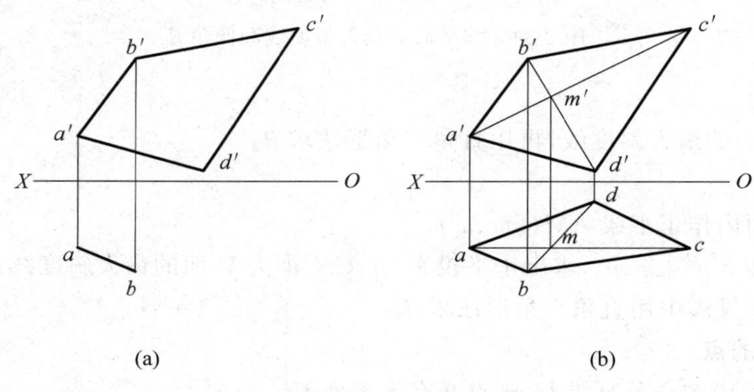

图 2-36　补全平面四边形的水平投影

2.5 换　面　法

由直线和平面的投影可知，当直线或平面与投影面平行时，它们的投影反映实长和实形；当直线或平面与投影面垂直时，它们的投影积聚为一个点和一条线，这样的特殊位置有利于求解一些空间的定位和度量问题。如图 2-37(a)所示，当平面 ABC 和平面 BCD 同时垂直于投影面(即它们的交线 BC 垂直于投影面)时，在所垂直的投影面上反映两平面的夹角；如图 2-37(b)所示，当平面 ABC 为投影面的垂直面时，在所垂直的投影面上反映点(E 点)到平面的距离。

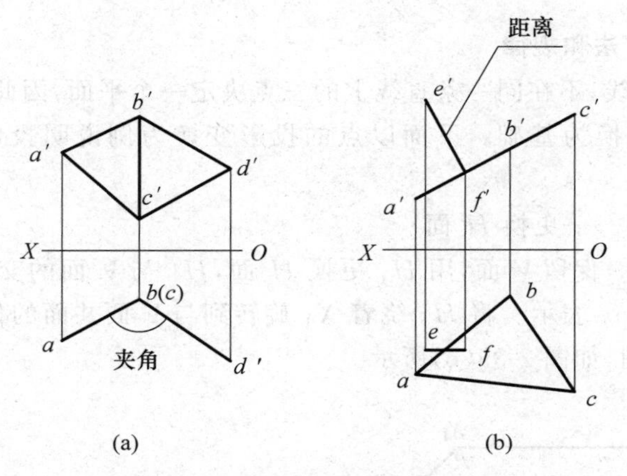

图 2-37　空间几何关系图例

换面法就是保持空间几何元素的相对位置不变，用新投影面替换原来的某个投影面，从而建立一个新的投影面体系，使空间几何元素处于有利于解题位置的方法。

2.5.1　换面法的变换规则

1. 新投影面体系的建立

换面法中一般只用两面投影体系 H 和 V。原始的 V、H 两投影面体系用 $X\,\dfrac{V}{H}$表示，如果保留 V 面，用 H_1 更换 H 面，新投影体系用 $X_1\,\dfrac{V}{H_1}$表示，如图 2-38(a)所示；如果保留 H 面，用 V_1 更换 V 面，新投影体系用 $X_1\,\dfrac{V_1}{H}$表示，如图 2-38(b)所示。其中，H、V 称为旧投影面，X 为旧轴；H_1、V_1 称为新投影面，X_1 为新轴。

新投影面的选择和建立应遵循以下规则：

(1) 新投影面必须垂直于原投影体系中的一个投影面(保留的那个投影面)，才能运用正投影原理作图；

(2) 新投影面与保留的投影面构成的新体系必须使空间几何元素处于有利解题的位置(平行或垂直)。

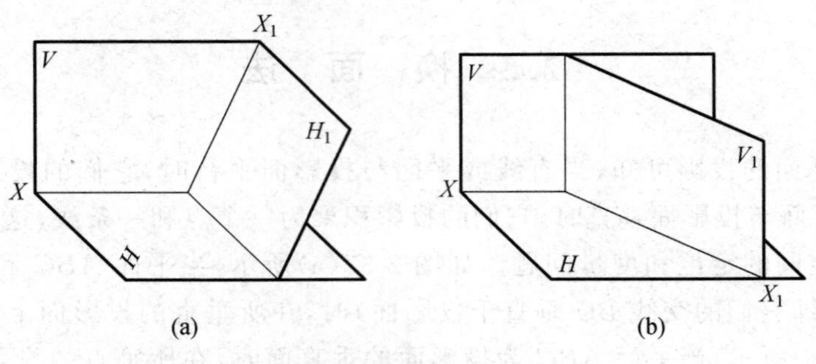

图 2-38　新投影体系的建立

(a) 更换 H 面；(b) 更换 V 面

2. 换面法作图方法和规律

两点决定一条直线，不在同一条直线上的三点决定一个平面，因此直线和平面的投影变换都是以点的投影变换为基础。下面以点的投影变换为例说明投影变换的作图过程和规律。

1）点的一次换面——更换 H 面

如图 2-39(a)所示，保留 V 面，用 H_1 更换 H 面，H_1 与 V 面的交线为新投影轴 X_1，点 A 在 H_1 上的投影用 a_1 表示。将 H_1 绕着 X_1 旋转到与 V 面共面的位置后，去掉投影面的边框，得到新的投影图，如图 2-39(b)所示。

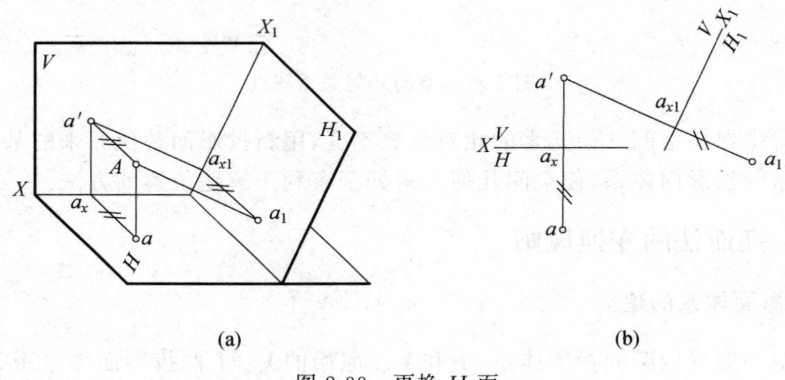

图 2-39　更换 H 面

因为 a_1 到 X_1 的距离等于空间点 A 到 V 面的距离，所以 $a_1a_{x1}=aa_x=Aa'$。根据正投影的特点，$a'a_1\perp X_1$。

作图方法如图 2-39(b)所示：

(1) 在合适位置作新轴 X_1；

(2) 过 a' 作 X_1 的垂线，垂足为 a_{x1}；

(3) 从 a_{x1} 开始，在 H_1 面上（即在 X_1 的另一侧）量取 $a_1a_{x1}=aa_x$，即可得到新投影 a_1。

2）点的一次换面——更换 V 面

如图 2-40(a)所示，用新的投影面 V_1 替换 V，保留 H 面，V_1 与 H 面的交线为新投影轴 X_1，点 B 在 V_1 上的投影为 b_1'，点 b_1' 到 X_1 的距离等于空间点 B 到 H 面的距离，所以 $b_1'b_{x1}=$

$b'b_x=Bb$。新旧投影之间满足：$bb_1' \perp X_1$ 轴；$b_1'b_{x1}=b'b_x$。

作图方法如图 2-40(b)所示：

(1) 在合适位置作新轴 X_1；

(2) 过 b 作 X_1 的垂线，垂足为 b_{x1}；

(3) 从 b_{x1} 开始，在 V_1 面上(即在 X_1 的另一侧)量取 $b_1'b_{x1}=b'b_x$，即可得到新投影 b_1'。

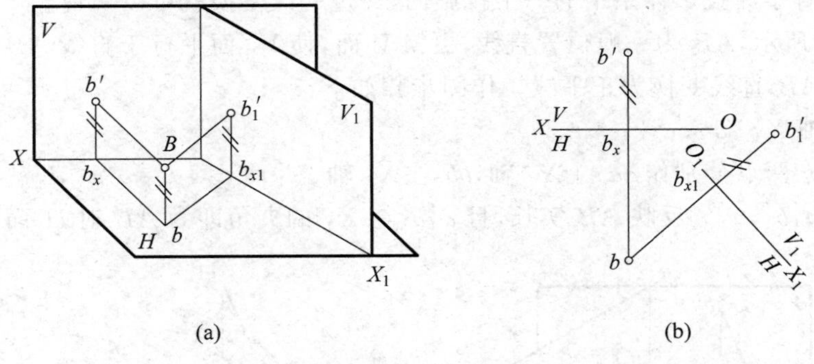

图 2-40　更换 V 面

3) 点的投影变换规律

根据上述分析和作图，可以得出点的变换规律如下：

(1) 点的新投影和保留投影的连线垂直于新轴 X_1；

(2) 点的新投影到新轴的距离等于被替换的旧投影到旧轴的距离。

根据该变换规律，可从旧体系中的两面投影求出点的新投影，也可根据新投影体系中的点的新投影反求出点的旧投影。

4) 点的二次换面

在解决实际问题时，有时变换一次投影还不够，需要连续变换两次或多次。两次或多次换面必须在一次换面的基础上交替更换投影面。例如可以先用 V_1 替换 V，构成新体系 $X_1\dfrac{V}{H_1}$，在此基础上，用 H_2 替换 H，构成新体系 $X_2\dfrac{V_1}{H_2}$，如图 2-41 所示，以此类推。其原理和点的一次变换相同。

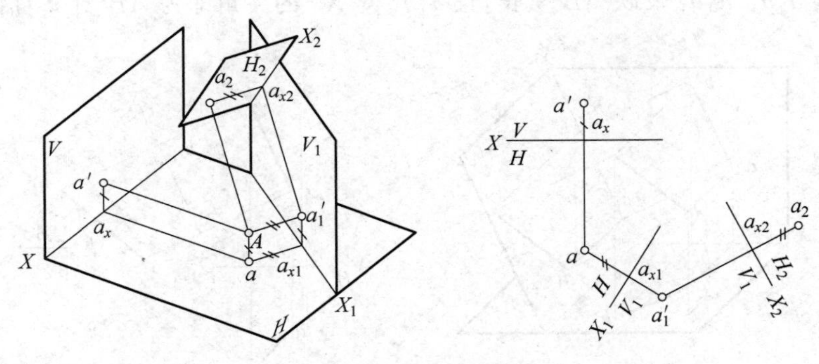

图 2-41　点的两次换面

2.5.2　四种基本变换

利用换面法解答各种作图问题可归结为下列四种基本变换。

1. 将一般位置直线变换为投影面的平行线

要使一条一般位置直线变为投影面平行线，只要设立一个新投影面，让新投影面平行于该直线并且垂直于原投影体系中的一个投影面，经过一次变换就可以实现。

如图 2-42 所示，AB 为一般位置直线，更换 V 面，使 V_1 面平行于直线 AB，并且垂直于 H 面，即可将 AB 直线变换为正平线。作图步骤如下：

(1) 作新轴 $X_1 /\!/ ab$；

(2) 过 a、b 两点分别作 $aa_1' \perp X_1$ 轴，$bb_1' \perp X_1$ 轴；并使 $a_1'a_{x1} = a'a_x$，$b_1'b_{x1} = b'b_x$；

(3) 连接 $a_1'b_1'$，$a_1'b_1'$ 反映 AB 实长，且 $a_1'b_1'$ 与 X_1 的夹角即为 AB 对 H 面的倾角 α。

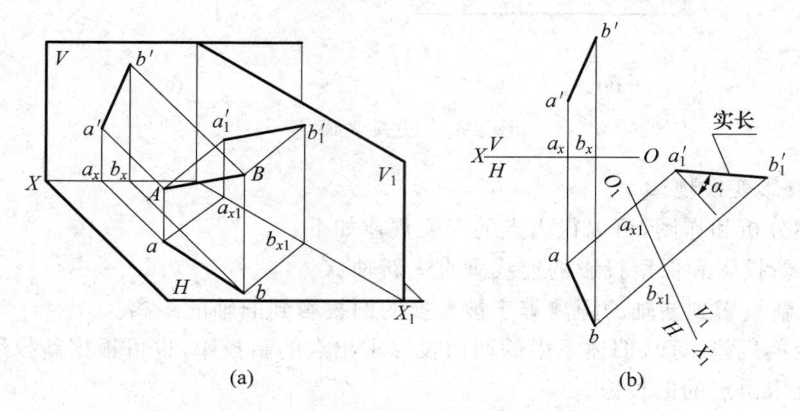

图 2-42　一般位置直线变成正平线和求倾角 α

同理，可以更换 H 面，让 H_1 面平行于直线 AB，并且垂直于 V 面，如图 2-43 所示，使一般位置直线 AB 变为水平线。作图步骤如下：

(1) 作新轴 $X_1 /\!/ a'b'$；

(2) 过 a'、b'两点分别作 $a'a_1 \perp X_1$ 轴，$b'b_1 \perp X_1$ 轴；并使 $a_1a_{x1} = aa_x$，$b_1b_{x1} = bb_x$；

(3) 连接 a_1b_1，a_1b_1 反映 AB 实长，且 a_1b_1 与 X_1 的夹角即为 AB 对 V 面的倾角 β。

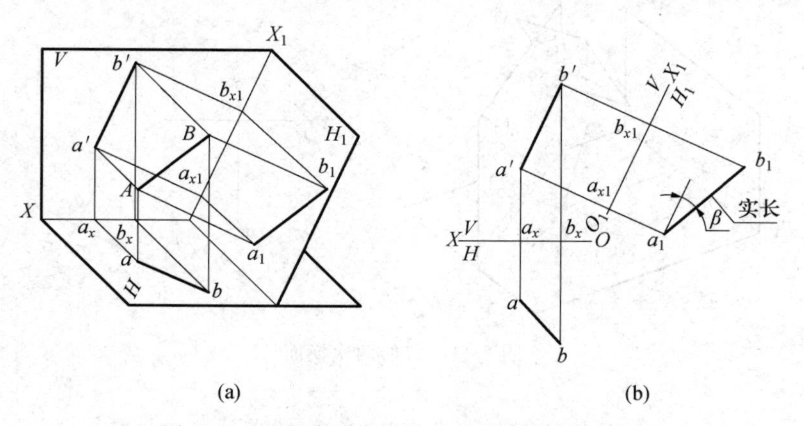

图 2-43　一般位置直线变成水平线和求倾角 β

2. 将一般位置直线变成投影面的垂直线

要将一般位置直线变成投影面的垂直线，一次换面是无法实现的，因为无法让新投影面既垂直于直线又垂直于原投影体系中的一个投影面。但是，若直线是投影面的平行线，则可以选择一个新投影面既垂直于直线又垂直于直线所平行的投影面，经过一次换面就可以变换成投影面的垂直线。所以一般位置直线变换成投影面的垂直线需经过两次换面才能实现。首先将一般位置直线变成投影面的平行线，再将投影面的平行线变成投影面的垂直线。

如图 2-44 中的一般位置直线经过一次换面变成 V_1 面的平行线，经过二次换面变成 H_2 面的垂直线。即先用 V_1 面代替 V 面，使直线 AB 变成新投影面 V_1 的平行线，再用新投影面 H_2 替换 H，让 H_2 垂直于直线 AB，并且和 V_1 面垂直，这样直线 AB 就变成了 H_2 面的垂直线。

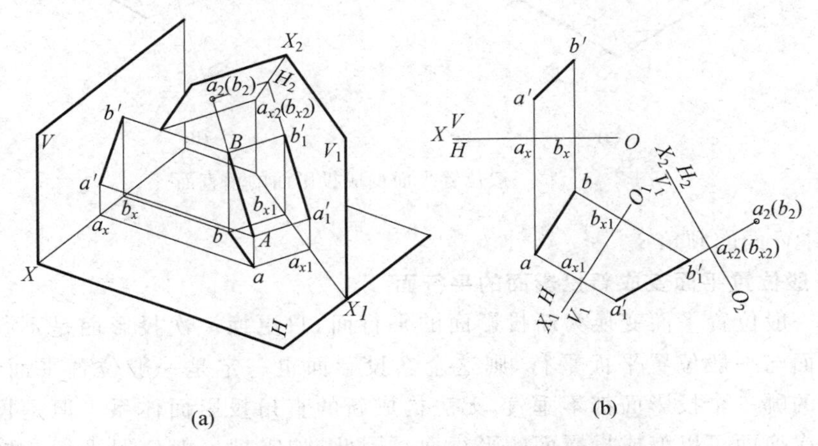

图 2-44　一般位置直线变成投影面的垂直线

作图步骤如下：

(1) 先作新轴 $X_1 // ab$，作出 AB 在 V_1 面上的新投影 $a_1'b_1'$；

(2) 作新轴 $X_2 \perp a_1'b_1'$，根据投影特性($a_2a_{x2}=aa_{x1}$，$b_2b_{x2}=bb_{x1}$)，作出 AB 在 H_2 面上的新投影 $a_2(b_2)$。

用同样的方法，可以先更换 H 面，将直线 AB 变成 H_1 面的平行线，再更换 V 面，将直线 AB 变成 V_2 面的垂直线。

3. 将一般位置平面变成投影面的垂直面

要将一般位置平面变换成投影面的垂直面，新投影面必须垂直于空间平面 ABC，同时要垂直于原投影体系中的一个投影面(H 面或 V 面)。如图 2-45 所示，变换 V 面，只需在平面 ABC 上取一条水平线，新投影面 V_1 面垂直于该水平线，则新投影面垂直于原 H 面，同时空间平面 ABC 变成了新投影面 V_1 的垂直面。作图步骤如下：

(1) 在三角形 ABC 上作出水平线 AD(ad、$a'd'$)；

(2) 作新轴 $X_1 \perp ad$，则 V_1 面垂直于平面 ABC；

(3) 作出 A、B、C 三点的新投影 a_1'、b_1'、c_1'，在一条直线上，即得到三角形 ABC 的积聚性投影。该积聚性投影与新轴 X_1 的夹角反映了空间平面 ABC 对 H 面的倾角 α。

同理，可变换 H 面，只需在平面 ABC 上取正平线，新投影面 H_1 垂直于该正平线，则平面 ABC 变成新投影面 H_1 的垂直面。在新投影面上积聚性投影(直线)与新轴的夹角就是

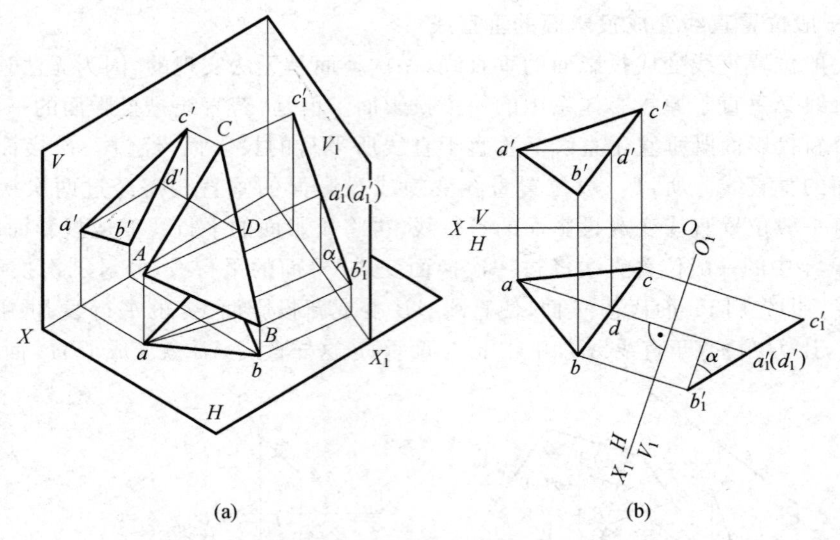

图 2-45　将一般位置平面变成投影面的垂直面

平面 ABC 对 V 面的倾角 β。

4. 将一般位置平面变成新投影面的平行面

若要把一般位置平面变换为新投影面的平行面，只更换一次投影面是不行的。因为如果新投影面与一般位置平面平行，则这个新投影面也一定是一般位置平面，它与原投影面体系中的哪一个投影面都不垂直，无法构成新的直角投影面体系。但是投影面的垂直面经过一次换面可以变成投影面的平行面。因此，如需把一般位置平面变换成投影面的平行面，必须首先将一般位置平面变成投影面的垂直面，再将投影面的垂直面变成投影面的平行面。

如图 2-46 所示，一般位置平面 ABC 要变换成投影面的平行面，首先变换 V 面，使平面 ABC 变成新投影面 V_1 的垂直面，然后变换 H 面，使平面 ABC 变成 H_2 面的平行面。作图步骤如下：

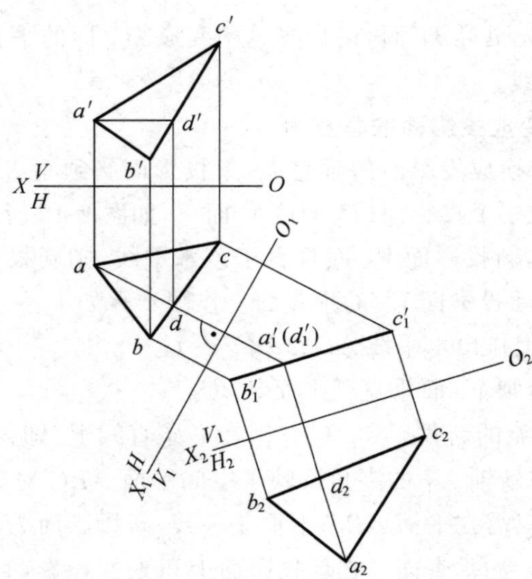

图 2-46　将一般位置平面变成投影面的平行面

(1) 在△ABC 上作出水平线 AD(ad、$a'd'$);

(2) 作新轴 $X_1 \perp ad$,作出 A、B、C 三点的新投影 a_1'、b_1'、c_1',即将平面 ABC 变成新投影面 V_1 的垂直面;

(3) 再作新轴 $X_2 // a_1'b_1'c_1'$的连线,用 H_2 面代替 H 面,作出△ABC 在 H_2 面上的新投影 $a_2b_2c_2$;△$a_2b_2c_2$ 反映△ABC 的实形。

用同样的方法,可以先更换 H 面,将平面 ABC 变成 H_1 面的垂直面,再更换 V 面,将平面 ABC 变成 V_2 面的平行面。

2.5.3　换面法解题举例

【例 2-12】　如图 2-47(a)所示,过点 A 作一直线 AK,使其与已知直线 BC 垂直相交。

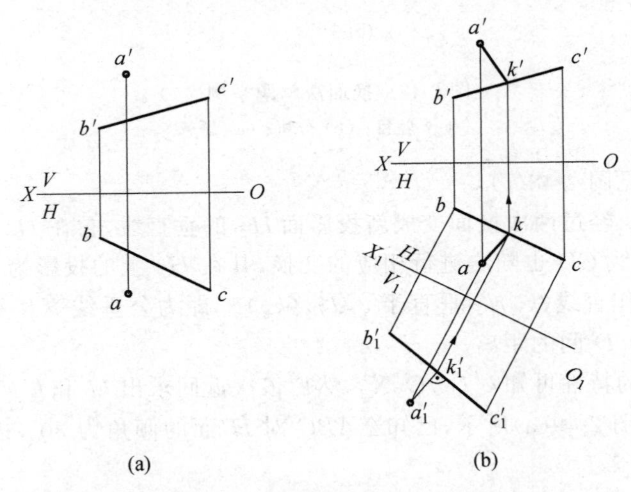

图 2-47　换面法解题举例(一)

1) 分析

由直角投影定理可知,当垂直的两直线中有一条是投影面的平行线时,则两直线在该投影面上的投影相互垂直。但是 BC 是一般位置直线,所以要先用换面法将 BC 变成新投影面的平行线,再利用直角投影定理作 AK 的投影。

2) 作图过程(如图 2-47(b)所示)

(1) 作新轴 $X_1 // bc$;

(2) 在 V_1 面作出点 A、直线 BC 的新投影 a_1'、$b_1'c_1'$;

(3) 过 a_1'作 $b_1'c_1'$的垂线,垂足为 k_1',K 在直线 BC 上;

(4) 根据 k_1'反过来找到 k、k',连 ak、$a'k'$即为所求。

【例 2-13】　如图 2-48(a)所示,求交叉两直线 AB、CD 间的距离。

1) 分析

交叉两直线的距离即为它们之间的公垂线的长度。如图 2-48(b)所示,如果使其中一条直线(如 AB)变换成新投影面的垂直线,则公垂线 KL 必平行于新投影面,所以其新投影反映实长。又根据直角投影定理,在新投影面上,KL 的投影垂直于另一直线 CD 的投影。

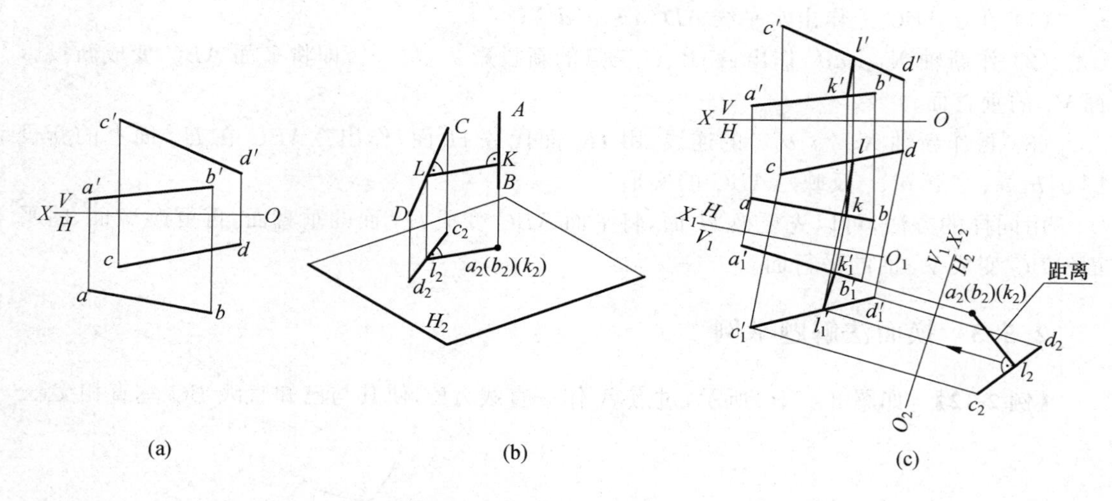

图 2-48　换面法解题举例(二)

(a) 题目；(b) 分析；(c) 题解

2）作图过程(见图 2-48(c))

(1) 将直线 AB 经过两次换面变成新投影面 H_2 的垂直线,它在 H_2 上的投影积聚成一个点 $a_2(b_2)$。将直线 CD 也随之进行相应的变换,其在 H_2 上的投影为 c_2d_2。

(2) 过 $a_2(b_2)$ 作直线 $(k_2)l_2$ 垂直于 c_2d_2,$(k_2)l_2$ 即为公垂线 KL 在 H_2 上的投影,其长即为直线 AB 和 CD 间的距离。

(3) 根据 KL 的特性可知 $k_1'l_1' /\!/ O_2X_2$,然后依次返回求出 kl 和 $k'l'$。

【例 2-14】 如图 2-49(a)所示,已知△ABC 对 H 面的倾角为 30°,边 AC 是水平线,补全△ABC 的正面投影。

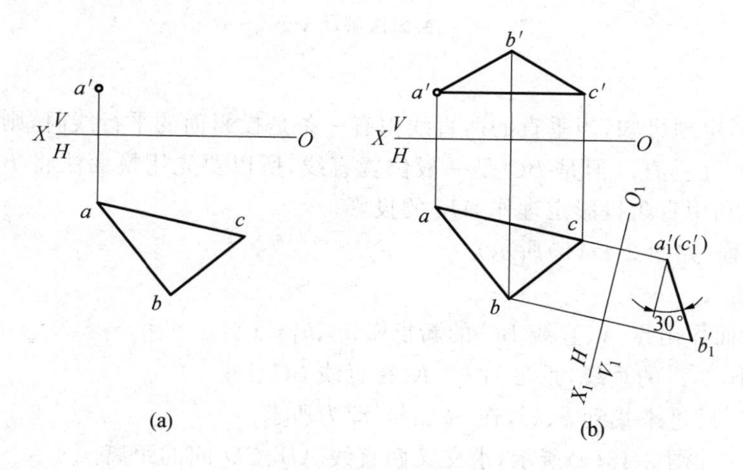

图 2-49　换面法解题举例(三)

1）分析

变换 V 面,将△ABC 变成 V_1 面的垂直面,则该面投影积聚成和新轴 X_1 成 30°的直线。又已知 AC 是水平线,则新轴的选择垂直于 ac 即可。

2）作图过程(见图 2-49(b))

(1) 作新轴 $X_1 \perp ac$，求出 a_1'；

(2) 过 a_1' 作与 X_1 轴成 30°的直线(有两个解，图中只画出一个解)，此线即为△ABC 在 V_1 面上的积聚性投影；

(3) 根据 $a_1'b_1'c_1'$ 以及△abc，求出△ABC 的正面投影△$a'b'c'$。

小　结

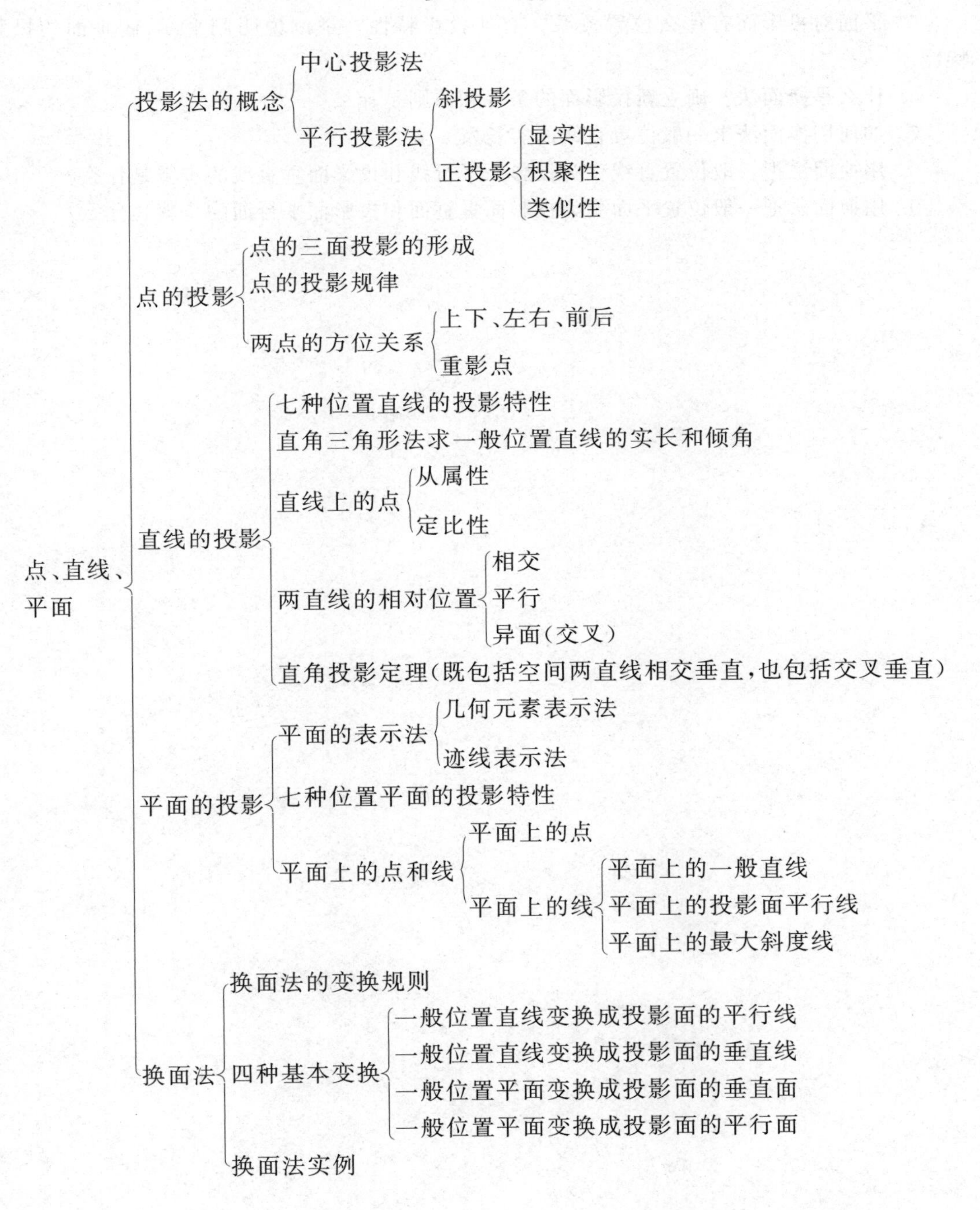

思 考 题

1. 试述点的三面投影规律和直线上的点的投影特性。

2. 作图说明产生重影点的条件,投影图上怎样表示。

3. 试述正平线、正垂线的投影特性,取任意一段直线长作其投影图。

4. 试述两直线平行、两直线相交各应满足什么条件。

5. 平面对投影面有什么位置关系?有何投影特性?举例说明侧平面、侧垂面的投影特性。

6. 什么是换面法?确立新投影面的条件和原则是什么?

7. 如何用换面法求一般位置直线的实长及 α、β 角?

8. 用换面法把一般位置直线变为投影面平行线和投影面垂直线的步骤是什么?

9. 用换面法把一般位置平面变为投影面垂直面和投影面平行面的步骤是什么?

第3章　立体及其表面交线

任何复杂的立体,都可以看成是由基本立体经切割或叠加而成。要绘制复杂立体的投影,首先必须掌握基本立体的投影,其次还得学会求解基本立体被切割或叠加所产生的表面交线的投影,如图3-1所示。

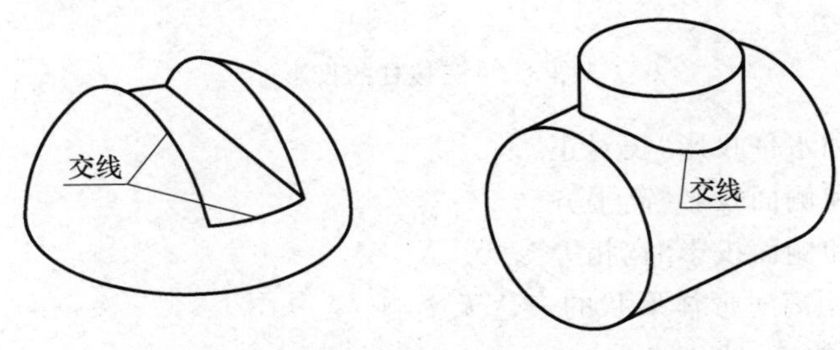

图3-1　基本立体的切割、叠加及其表面交线

3.1　基本立体的投影

求一个基本立体的投影就是求构成这个基本立体的每一个面的投影。国家标准规定,可见的线用粗实线绘制,不可见的线用虚线绘制,对称线、中心线、回转轴线用细点画线绘制。

为便于画图,立体的摆放位置必须使得表面尽可能特殊。

3.1.1　平面立体

所有表面都是平面的立体称为平面立体,主要有棱柱和棱锥。

1. 棱柱

棱柱由相互平行的两个底面和若干个侧面(棱面)组成。相邻棱面的交线称为棱线,各条棱线相互平行且相等。棱线垂直于底面的棱柱为直棱柱;棱线倾斜于底面的棱柱为斜棱柱。通常用底面的边数来区别不同的棱柱,如底面为四边形,称之为四棱柱。若直棱柱的底面为正多边形,则称之为正棱柱。

1) 棱柱的投影

如图3-2(a)所示为正三棱柱,为使作图简便,将三棱柱的上下底面水平放置,并选定后棱面为正平面,左前和右前棱面则为铅垂面。因此,上下底面的水平投影反映实形,为正三角形,投影重合;它们的正面投影和侧面投影分别积聚为直线。后棱面的正面投影反映实形,为矩形;水平投影和侧面投影积聚为直线。左前棱面和右前棱面的水平投影积聚为直线,正面投影和侧面投影反映类似形,为矩形。图3-2(b)是三棱柱的三面投影图。

为使图形清晰,在画立体的投影图时,一般不画投影轴,如图3-2(c)所示,但为了保证投影图符合投影关系,一定要做到:

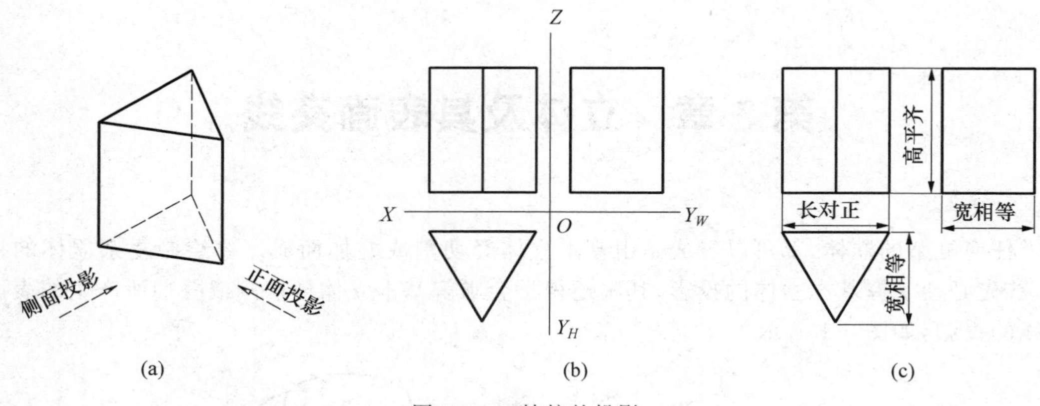

(a)　(b)　(c)

图 3-2　三棱柱的投影

(1) 正面投影和水平投影"长对正";

(2) 正面投影和侧面投影"高平齐";

(3) 水平投影和侧面投影"宽相等"。

各投影图间的距离对形体形状的表达无影响。

2) 棱柱表面上的点、线

求解棱柱表面点的投影,关键要根据给定点的投影位置和可见性正确判断出该点属于哪个面或哪条线。

【例 3-1】 如图 3-3(a)所示,已知正三棱柱表面上点的一个投影,求作点的其他投影。

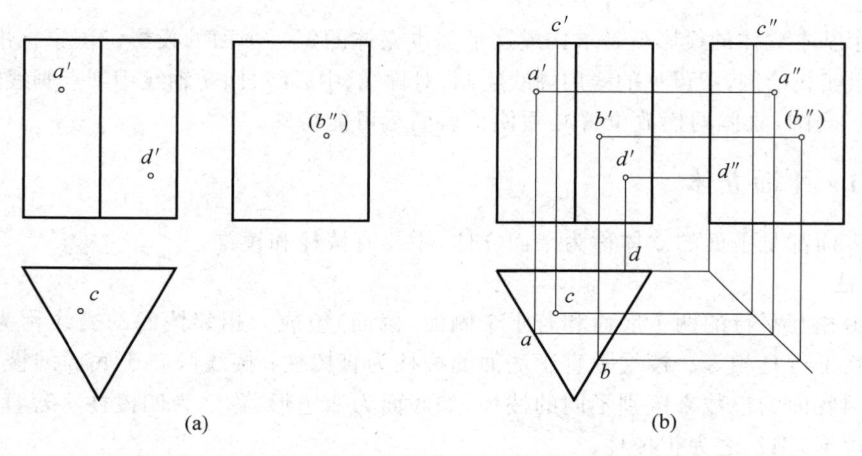

(a)　(b)

图 3-3　棱柱表面点的投影

由图 3-3(a)可知,a'可见,故 A 在左前棱面上,根据"长对正"确定出 A 点的水平投影 a 的位置。再根据"高平齐""宽相等"的投影特性即可求出 a''。A 点的水平投影在棱面所积聚的直线上,这种情况下一般不需判别可见性。A 点在左侧棱面上,所以侧面投影 a''可见。同理可以求出 B、C、D 点的水平和侧面投影,注意判别可见性,如图 3-3(b)所示。

由于没有绝对坐标系,在利用"宽相等"作图时,可在立体上取一个参考坐标系,只是这个坐标系不必画出,如图 3-3(b)所示,为了确定 a''的前后位置,选后棱面投影作为参考画出 45°辅助线。

【例 3-2】 如图 3-4(a)所示,已知正三棱柱表面的线 AB 的正面投影,求其他投影。

因为 $a'b'$可见且跨越了两个面,所以 AB 实际上是一条折线,并且在前面的两个棱面上,转折点在两棱面的交线上,如图 3-4(b)中的 K。只需求出 A、B、K 的两投影,连线并判别可见性即可。求解结果如图 3-4(b)所示。

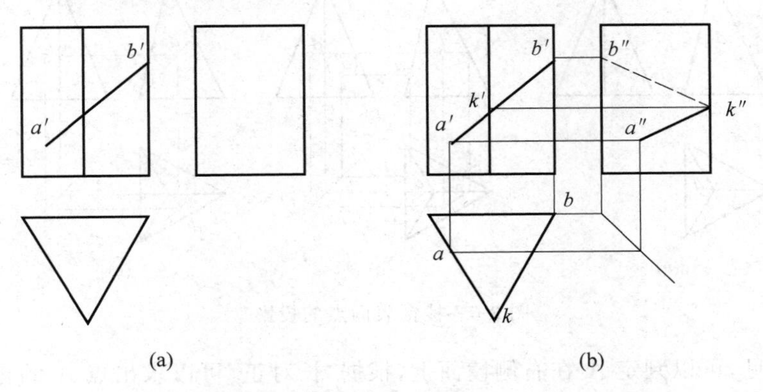

图 3-4　棱柱表面线的投影

2. 棱锥

棱锥由一个底面和若干个侧面组成。底面是多边形,侧面是三角形。通常用底面多边形的边数来区别不同的棱锥,如底面为四边形,称之为四棱锥。若棱锥的底面为正多边形,且棱锥顶点在底面上的投影与底面的形心重合,则称为正棱锥。

1) 棱锥的投影

如图 3-5(a)所示为正三棱锥,为作图简便,将三棱锥的底面水平放置,取侧面 SBC 垂面于V面,即侧面 SBC 是正垂面,则侧面 SAB、SAC 是一般位置平面。因此,底面 ABC 的水平投影反映实形,为三角形;正面和侧面投影积聚为直线。侧面 SBC 的正面投影积聚为直线;水平和侧面投影反映类似形,为三角形。侧面 SAB、SAC 的三面投影都是类似形,为三角形。图 3-5(b)是正三棱柱的三面投影图。

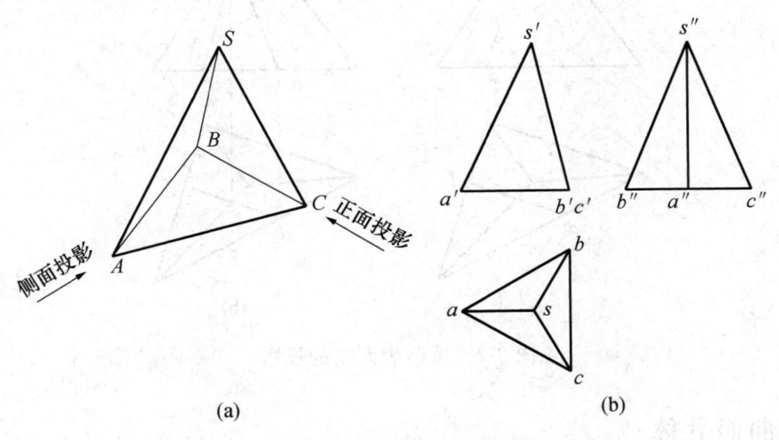

图 3-5　正三棱锥的投影

2) 棱锥表面上的点、线

求解棱锥表面点的投影,关键要根据给定点的投影位置和可见性正确判断出该点属于哪个面或哪条线。

【例 3-3】 如图 3-6 所示，已知正三棱锥表面上点 D 的正面投影和点 A 的水平投影，求它们的其他两面投影。

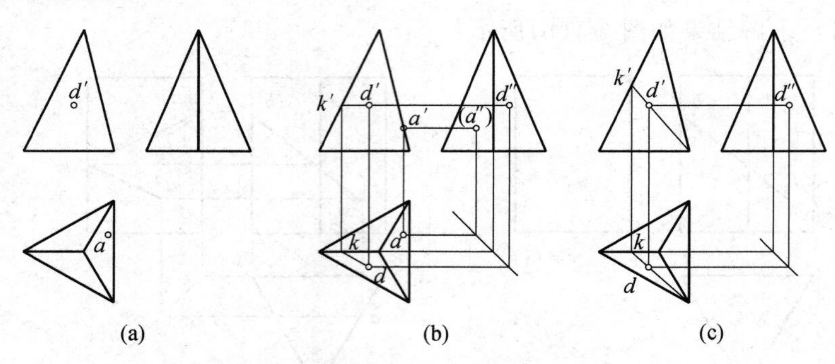

图 3-6　棱锥表面点的投影

因为 a 可见，可以判定 A 在右侧棱面上，根据“长对正”可以求出点 A 的正面投影在棱面所积聚的直线上，再根据“高平齐”“宽相等”求出侧面投影，侧面投影 a'' 不可见，如图 3-6(b)所示。

同理，因 D 的正面投影 d' 可见，故点 D 在左前棱面上。左前棱面是一般位置平面，所以 D 的水平和侧面投影用平面上求点的基本方法(辅助线法)求解，如图 3-6(b)和(c)所示是两种不同的辅助线作图方法。点 D 的正面投影 d' 和侧面投影 d'' 都可见。

【例 3-4】 图 3-7(a)是一个斜棱锥，求其表面上线 DF 的正面投影。

由图 3-7(a)可知：df 可见并且跨越了两个面，所以 DF 是一条折线，并且在左前和右侧棱面上，交点在两个棱面的交线上，如图 3-7(b)所示的 E 点。因此，只需求出点 D、E、F 的水平和侧面投影，连线并判别可见性即可，求解结果如图 3-7(b)所示。

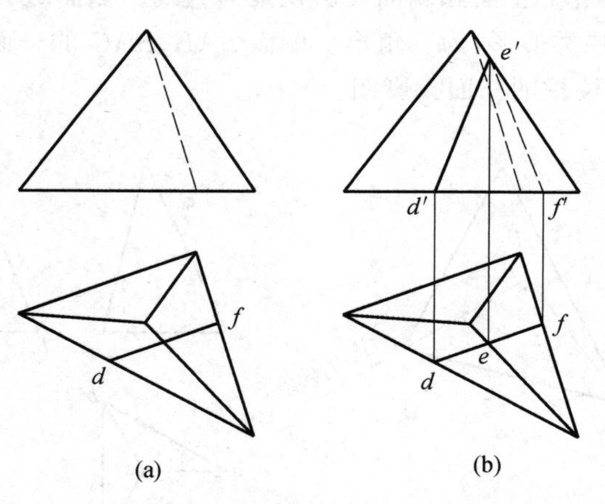

图 3-7　棱锥表面线的投影

3.1.2　曲面立体

曲面立体中最常见的是回转体。以直线或曲线为母线，绕一条轴线旋转一周，所得到的曲面称为回转面。以直线或曲线为封闭边界的平面，绕一轴线旋转一周，所形成的实体称为回转体。常见的回转体有圆柱、圆锥、球和圆环，如图 3-8 所示。母线在旋转的过程中所处的任一位置，则称为该位置的素线。

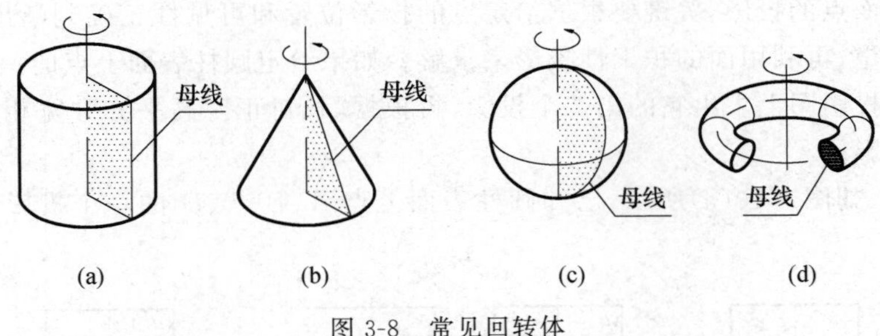

图 3-8　常见回转体

(a) 圆柱；(b) 圆锥；(c) 球；(d) 圆环

1. 圆柱

圆柱由圆柱面和两个底面组成。

1）圆柱的投影

为作图简便，在工程图中，圆柱的轴线一般都设置成投影面的垂直线。如图 3-9 所示，取圆柱的轴线为铅垂线，则上下底面为水平面，圆柱面垂直于 H 面。因此，上下底面的水平投影反映实形；正面和侧面投影积聚为直线。圆柱面的水平投影积聚为一圆；正面和侧面投影为矩形。

水平投影圆的中心线和正面、侧面投影的轴线用细点画线画出。

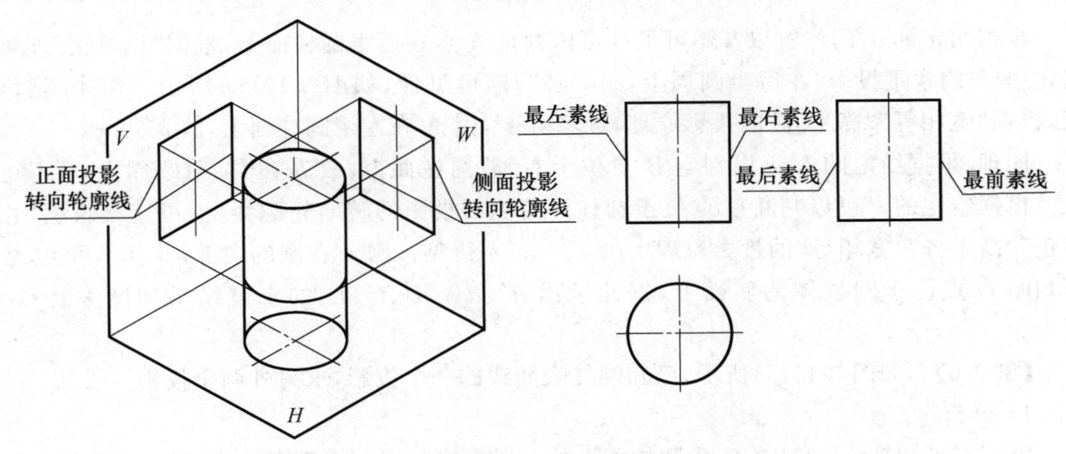

图 3-9　圆柱的投影

其中，正面投影中矩形的两条边是圆柱面上最左和最右两条素线的投影，称为圆柱体正面投影的转向轮廓线，是前半圆柱和后半圆柱的分界线。在正面投影中，前半圆柱表面可见，后半圆柱表面不可见。同理，侧面投影中矩形的两条边是圆柱面上最前和最后两条素线的投影，称为圆柱体侧面投影的转向轮廓线，是左半圆柱和右半圆柱的分界线。在侧面投影中，圆柱的左半表面可见，右半表面不可见。

如果圆柱的轴线为正垂线或侧垂线，投影图也要作相应的变化，但投影特点相似。

如果圆柱的轴线设置成投影面的平行线或一般位置直线，可用换面法将其变换成投影面垂直线后再作图。

2）圆柱表面的点、线

求圆柱表面点的投影，关键要根据给定点的投影位置和可见性正确判断出该点属于哪个面或哪个部位，再利用面的积聚性投影来求解。如果给定圆柱表面上点的一个投影，可先在有积聚性的投影图上求出它的第二个投影，再根据“长对正”“高平齐”“宽相等”的投影原理求出其他投影。

【例 3-5】 如图 3-10(a)所示，已知圆柱表面上点 A、B、C、D 的一个投影，求它们的另外两个投影。

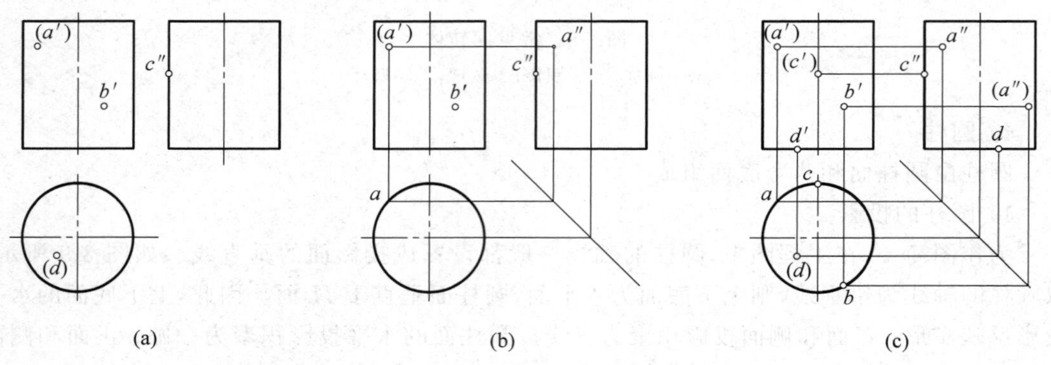

图 3-10　圆柱表面点的投影

(a) 题目；(b) 求点 A 的投影；(c)求点 B、C 和 D 的投影

根据给定的 a'的位置以及不可见性可以判定 A 点在后半圆柱面上，根据“长对正”即可确定 A 点的水平投影，在后半圆周上，a 不必判断可见性，如图 3-10(b)所示。作 45°辅助线，根据“宽相等”“高平齐”的投影原理，可求出 a''，因 A 在左半圆柱面上，故 a''可见。

同理，根据给定的 b'可以判定 B 点位于右、前圆柱面上，故 b 在右、前圆周上，b''不可见。根据给定的 c''可以判断 C 点位于圆柱面的侧面投影的转向轮廓线上，可直接根据“长对正”“高平齐”“宽相等”的投影原理求出 c、c'，c'不可见。因 d 在圆的内部，并且不可见，故可判断 D 点位于圆柱体的底面上，据此求出 d'、d''。B、C、D 的求解结果如图 3-10(c)所示。

【例 3-6】 如图 3-11(a)所示，已知圆柱表面线的一个投影，求另外两个投影。

1）分析

因 $c'd'$平行轴线，所以 CD 为圆柱面上的一段素线。因 $e'f'$垂直轴线，所以 EF 是一段平行于底圆的圆弧。

2）作图

根据点的投影特性作出 CD 两端点的水平投影和侧面投影，连线并判别可见性即可。cd 积聚为一个点，$c''d''$不可见。同理，根据点的投影特性作出圆弧 EF 两端点的水平投影和侧面投影。水平投影 ef 和圆周重合，侧面投影中 $e''1''$可见，$1''f''$不可见。求解结果如图 3-11(b)所示。

2. 圆锥

圆锥由圆锥面和底面组成。

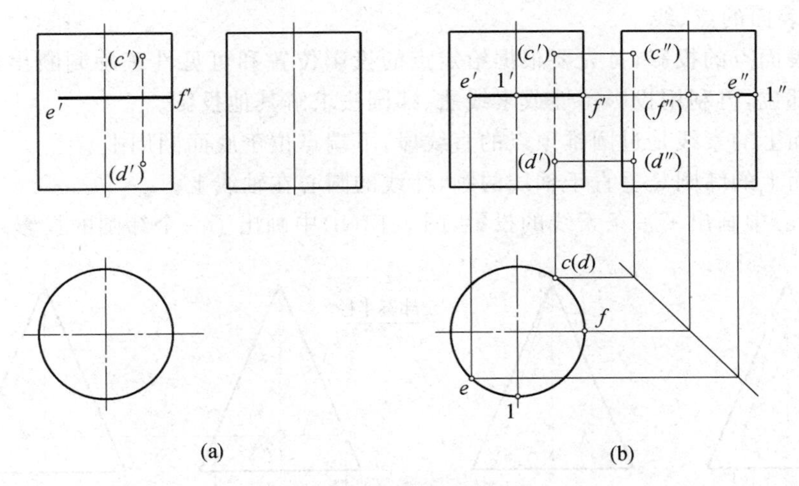

图 3-11　圆柱表面线的投影

1）圆锥的投影

为作图简便，将圆锥的底面设为水平面，如图 3-12 所示。则底面的水平投影反映实形，正面和侧面投影积聚为直线；圆锥面的正面投影和侧面投影为等腰三角形，圆锥面的水平投影与底面圆平面投影完全重合。

水平投影圆的中心线和正面、侧面投影的轴线用细点画线画出。

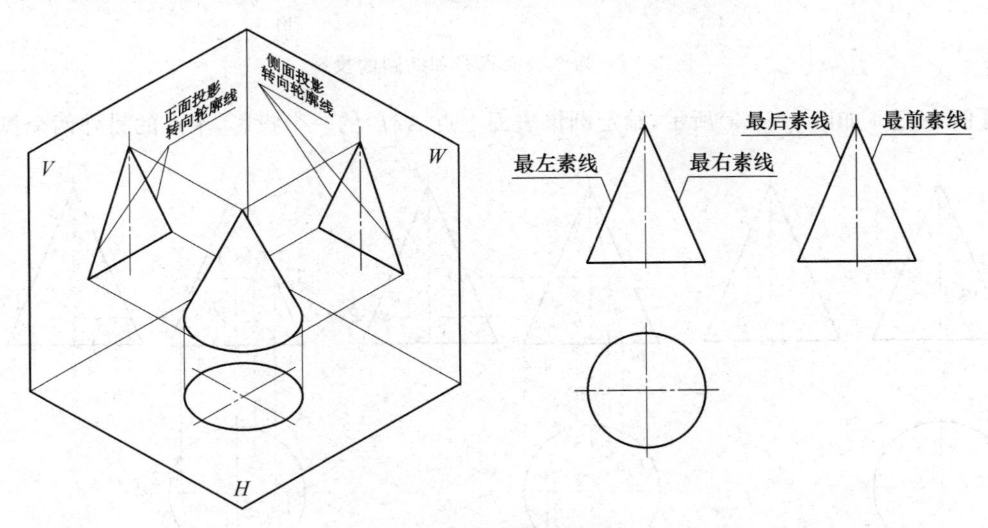

图 3-12　圆锥的投影

其中，正面投影三角形的两条腰是圆锥表面最左和最右素线的投影，是前半圆锥面和后半圆锥面的分界线，称为正面投影的转向轮廓线。正面投影中，前半圆锥表面可见，后半圆锥表面不可见。同理，侧面投影三角形的两条腰是圆锥表面最前和最后素线的投影，是左半圆锥面和右半圆锥面的分界线，称为侧面投影的转向轮廓线。在侧面投影中，左半圆锥表面可见，右半圆锥表面不可见。

如果圆锥的轴线为正垂线或侧垂线，投影图也要作相应的变化，但投影特点相似。

2）圆锥表面的点、线

求圆锥表面点的投影，首先要根据给定点的投影位置和可见性正确判断出该点属于哪个面或哪个部位，再利用投影特性或素线法、纬圆法求解其他投影。

圆锥表面上的素线是过圆锥顶点的直线段，下端点位于底面圆周上。

圆锥表面上的纬圆是垂直于轴线的圆，纬线的圆心在轴线上。

图 3-13(a)中画出了一条素线的投影，图 3-13(b)中画出了一个纬圆的投影。

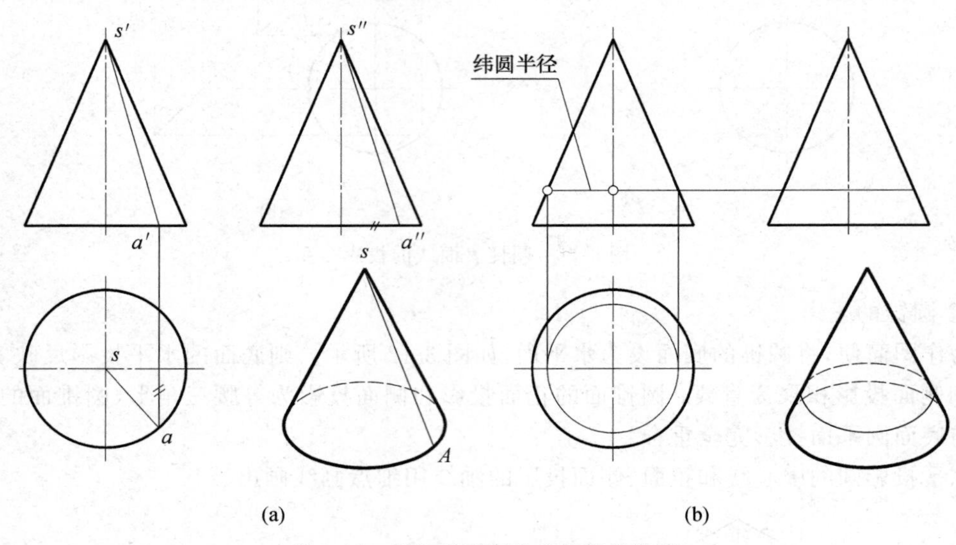

图 3-13　圆锥表面素线和纬圆的投影

【例 3-7】　如图 3-14(a)所示，给定圆锥表面上点 A、B 的一个投影，求点的另外两个投影。

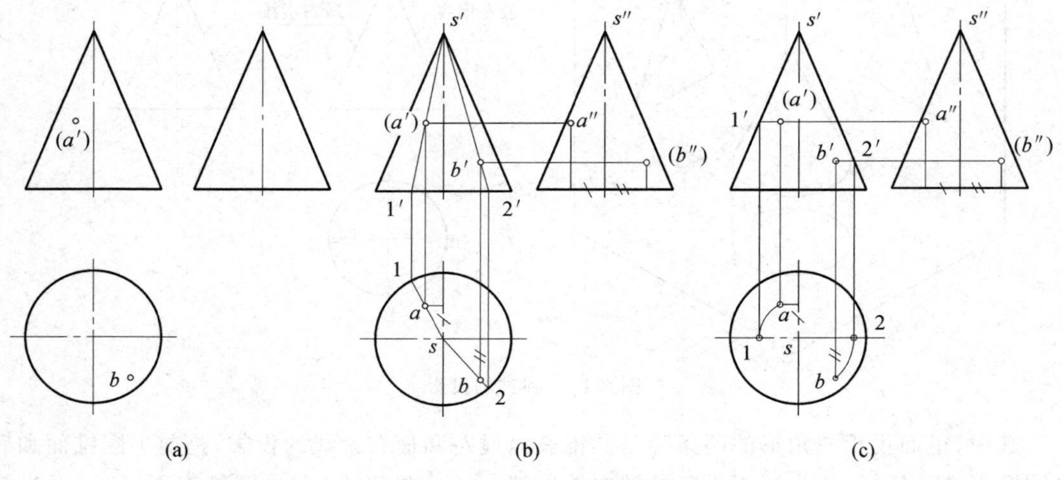

图 3-14　圆锥表面点的投影

(a) 题目；(b) 素线法；(c) 纬圆法

1）用素线法作图

如图 3-14(b)所示。连接 $s'a'$ 并延长，交底面圆的正面投影线于 $1'$。作 1 点的水平投影，连线 $s1$，$s'1'$ 和 $s1$ 即是过 A 点素线的正面和水平投影。过 a' 作投影连线 $a'a$，与 $s1$ 的

交点即是 A 点的水平投影 a。根据"高平齐""宽相等"的投影原理，在侧面投影上求出 a''。因 a' 在圆锥的左半部分，故 a'' 可见。B 点的求解方法与 A 点类似，不同之处是要先求出过 B 点的素线的水平投影 $s2$。

2）用纬圆法作图

如图 3-14(c)所示。过 a' 作垂直于轴线的辅助线，辅助线交转向轮廓线于 $1'$，求出水平投影 1。以 s 为圆心，$s1$ 为半径画圆弧，该圆弧与过 a' 投影连线的交点即是 A 的水平投影 a。再根据"高平齐""宽相等"的投影原理求出 a''。同理，以 s 为圆心，sb 为半径画圆弧，该圆弧与圆的中心线交于 2，求出 2 的正面投影 $2'$，过 $2'$ 作垂直于轴线的辅助线，该辅助线与过 b 的投影连线的交点即是 B 的正面投影 b'。再根据"高平齐""宽相等"的投影原理求出 b''。

【例 3-8】 如图 3-15(a)所示，给定圆锥表面上线 SAB 的正面投影，求 SAB 的另外两个投影。

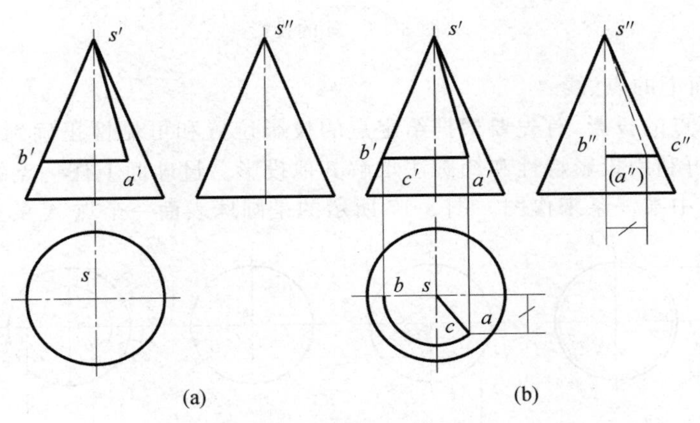

图 3-15 圆锥表面线的投影

1）分析

因 $s'a'$ 过锥顶，故 SA 为圆锥表面的一条素线。因 $a'b'$ 是直线且垂直于轴线，故 AB 为纬线圆弧。又由于 $s'a'$、$a'b'$ 可见，所以 SAB 位于前半圆锥。

2）作图

如图 3-15(b)所示，先求出 B 的水平投影 b，再以 s 为圆心，sb 为半径画圆弧，该圆弧与过 a' 投影连线的交点即是 A 的水平投影 a。连线 sa（可见）和圆弧 ab（可见）。图中 C 点是 AB 上的一个特殊点，它既是最前点，又是侧面投影转向线上的点。它分 AB 为两段，其中 BC 段在侧面投影图上可见，CA 段在侧面投影图上不可见。连线 $s''a''$（不可见），连线 $b''c''$（可见）和 $c''a''$（不可见）。

3. 圆球

圆球由单一的球面围成。球面由半圆绕着其直径旋转一周而形成。

1）圆球的投影

球的投影原理和投影图如图 3-16 所示。球的三个投影均为大小相同的圆。其中，正面投影的圆将球分为前半球和后半球，称为正面转向轮廓线。在正面投影中，前半球表面可见，后半球表面不可见。水平投影的圆将球分为上半球和下半球，称为水平转向轮廓线。在水平投影中，上半球表面可见，下半球表面不可见。侧面投影的圆将球分为左半球和右半球，称为侧面转向轮廓线。在侧面投影中，左半球表面可见，右半球表面不可见。

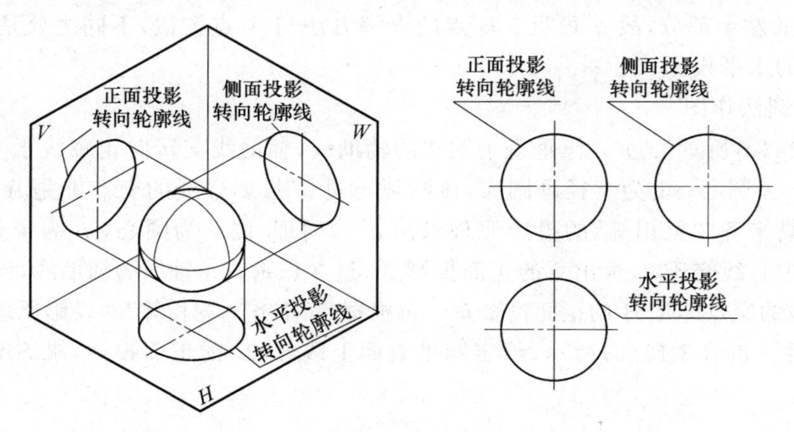

图 3-16　球的投影

2）圆球表面上的点、线

求圆球表面点的投影，首先要根据给定点的投影位置和可见性正确判断出该点属于球面的哪个部位，再利用投影特性和纬圆法求解其他投影。过球面上任一点的纬圆有三条，可以灵活地选用其中某一条来作图。图 3-17 所示的是圆球表面一个点 A 的三条纬圆。

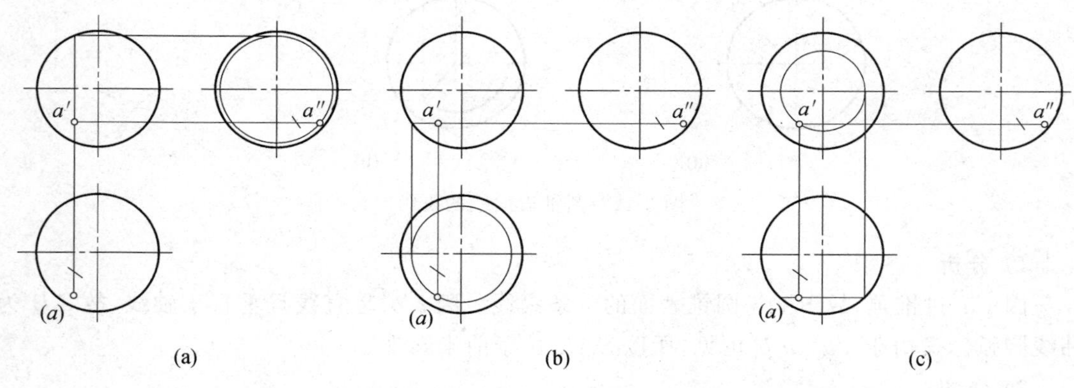

图 3-17　过球面上一点 A 的纬圆

(a) 侧平纬圆；(b) 水平纬圆；(c) 正平纬圆

【例 3-9】　如图 3-18(a)所示，已知球面上点的一个投影，求点的另外两个投影。

1）分析

根据给定的 a'、b'、c'的位置，可以判定这三点都在转向轮廓线上，利用投影特性直接求解。

2）作图

作图过程和作图结果如图 3-18(b)所示，注意可见性的判别。

【例 3-10】　如图 3-19(a)所示，求球面上线的投影。

1）分析

因 $a'b'$为直线，且平行于 H 面，故 AB 是球面上的一段水平纬圆。

2）作图

如图 3-19(b)所示，先求出 A 的水平投影 a，以 oa 为半径画圆，该圆与过 b'的投影连线

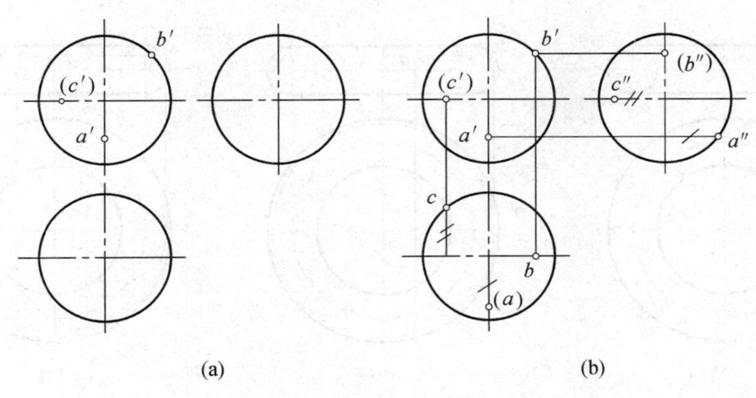

图 3-18　球面上点的投影
(a) 题目；(b) 作图过程和作图结果

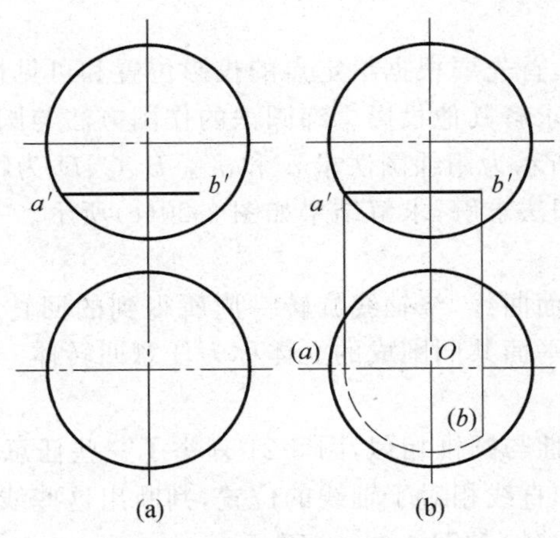

图 3-19　球面上线的投影
(a) 题目；(b) 作图过程和作图结果

的交点即为 b。因 $a'b'$可见，故 ab 在球的前半部分。又 $a'b'$在球的下半部分，故水平投影 ab 不可见。

4. 圆环

圆环由单一的圆环面所围成。以圆为母线，绕与圆共面的圆外轴线旋转一周所形成的曲面为圆环面。

球面和环面都是圆绕轴线旋转而形成的，它们之间的区别在于：球面的轴线过圆心，而环面的轴线不过圆心。

1) 圆环的投影

圆环的投影如图 3-20(a)所示。

其中，正面投影转向轮廓线为圆，共两个，外侧半圆可见，内侧半圆不可见，外半圆形成外环面，内半圆形成内环面。两圆的公切线是母线上最高、最低点形成的纬圆的投影。正面投影还画出了环的轴线、圆的中心线和上下半环的对称线。

水平投影有两条转向轮廓线，是直径最大、最小的两条纬圆。母线圆心的运动轨迹用点画线画出来，它也是外环面与内环面之间的分界线。

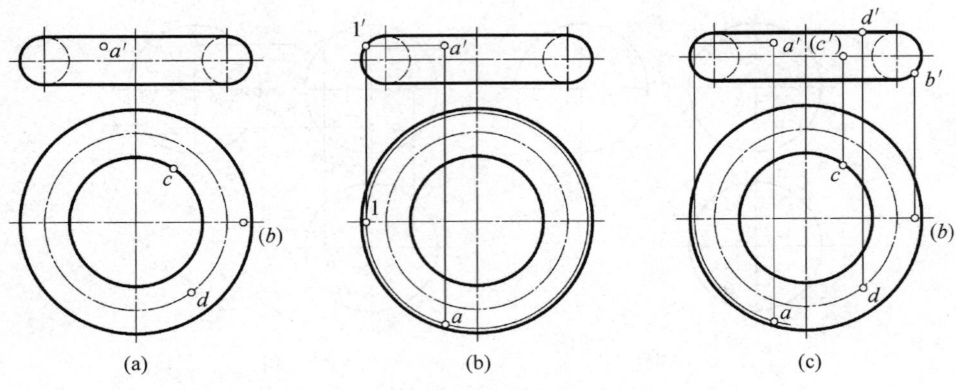

图 3-20　圆环的投影及圆环面上点的投影

(a) 侧题；(b) A 点的投影；(c) 解题结果

2）圆环表面的点

求圆环面上点的投影，首先要根据给定点的投影位置和可见性确定点所在的环面位置，再利用投影特性或纬圆法求解其他投影。纬圆法的作图方法与圆锥面上求解同样问题的纬圆法类似。如图 3-20(b)所示为用纬圆法求 a 和 a''。B、C、D 为特殊位置的点，利用投影特性直接求解，不需要用纬圆法求解，求解结果如图 3-20(c)所示。

5. 任意回转体

与轴线共面的任意平面曲线，绕轴线旋转一周所得到的回转面称为任意回转面。由任意回转面或任意回转面和平面共同围成的立体称为任意回转体。

1）任意回转体的投影

任意回转体的投影特性与圆锥相似，图 3-21 列举了一些任意回转体的投影。当母线为圆和直线时，可以根据圆和直线相对于轴线的位置，判断出这些线所形成的回转面是属于哪种性质的回转面，如图 3-21(b)和图 3-21(c)所示。

2）任意回转体表面的点

求解任意回转体表面点的投影，首先根据给定点的投影确定点所在的表面位置，再利用投影特性或纬圆法求解其他投影，如图 3-22 所示。

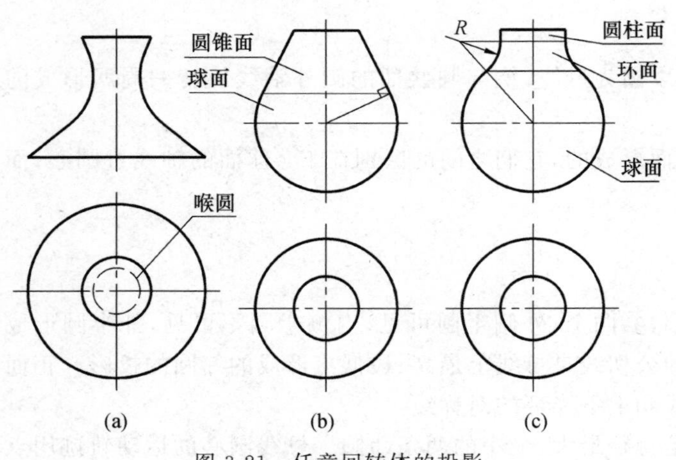

图 3-21　任意回转体的投影

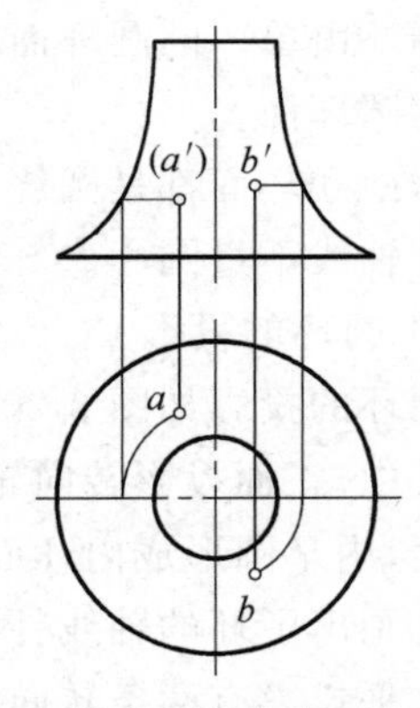

图 3-22　任意回转体表面点的投影

3.2　平面与立体相交

平面截切立体，会在立体表面产生一些交线，这些交线叫截交线，这些平面叫截平面，截切后的立体也称为截断体。如图 3-23 是用两个截平面截切圆锥体，在圆锥体表面产生了截交线。

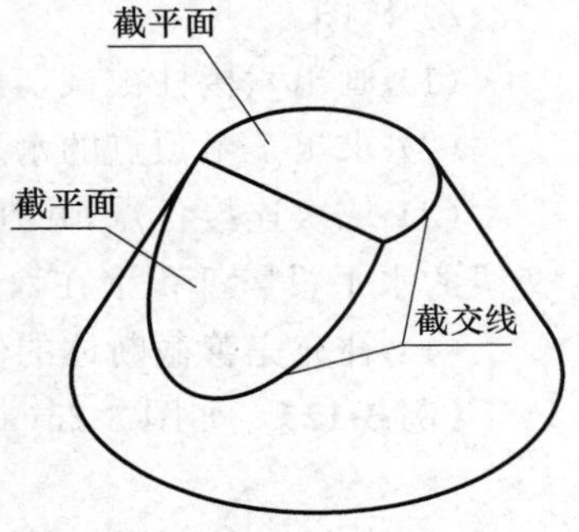

图 3-23　截交线概念

截交线的性质：

(1) 截交线是截平面和立体表面的共有线，既在立体表面上又在截平面上。一个截平面截切立体得到的截交线一定是共面的。

(2) 立体有一定的形状和大小，因此截交线一定是闭合的。

截交线的空间形状取决于被截立体的形状及截平面与立体的相对位置，截交线的投影形状取决于截平面与投影面的相对位置。

3.2.1　平面与平面立体相交

平面和平面立体相交产生的截交线一定是平面多边形。多边形的边数由截平面切割立体的表面个数决定，即截平面与立体的几个表面相交，截交线就是几边形。多边形的顶点分布在棱线或底边上。

【例 3-11】　如图 3-24(a)所示，正垂面截切正六棱柱，完成水平和侧面投影。

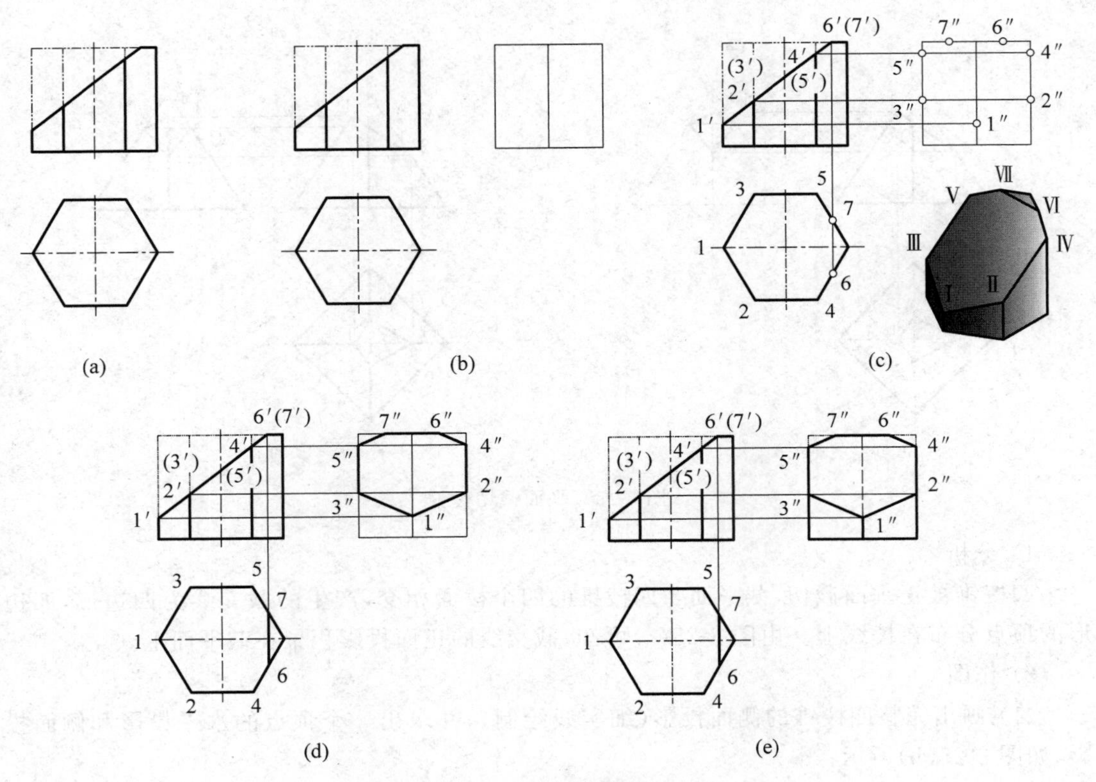

图 3-24　平面截切棱柱

1）分析

正垂面截切六棱柱，与六棱柱的6个棱面和顶面相交，因此产生的截交线为七边形，七边形的顶点分布在棱线和上底面的底边上。由图3-24(a)可知，截交线的正面投影积聚在截平面上。

2）作图

(1）画出六棱柱被截切前的侧面投影（细实线绘制轮廓），如图3-24(b)所示。

(2）求出7个顶点的水平投影和侧面投影，如图3-24(c)所示。

(3）依次连接各点，并判别可见性。其中，水平投影除了顶面上的交线以外，其余各段交线的水平投影都积聚在六边形上，如图3-24(d)所示。

(4）补充完善截断体的侧面投影，完成全图，作图结果如图3-24(e)所示。

【例3-12】 如图3-25(a)所示，完成四棱锥被截切后的水平和侧面投影。

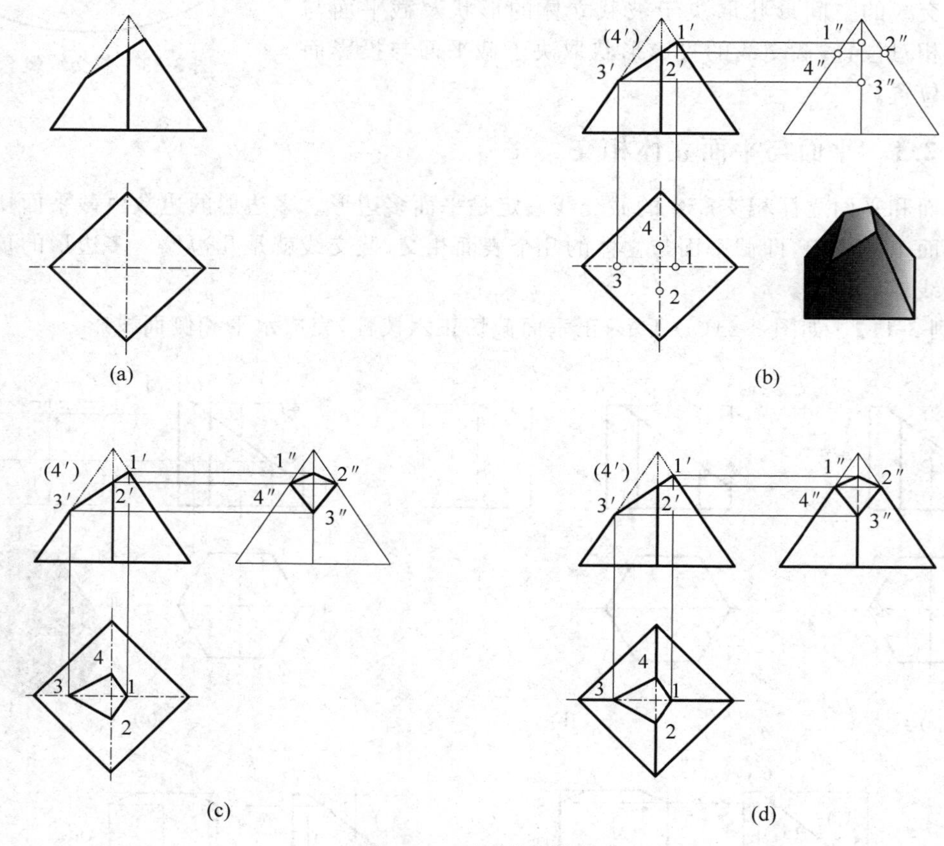

图3-25　平面截切棱锥

1）分析

四棱锥被正垂面截切，截平面与四棱锥的四个棱面相交，产生的截交线为四边形，四边形的顶点分布在棱线上。由图3-25(a)可知，截交线的正面投影积聚在截平面上。

2）作图

(1）画出完整四棱锥的侧面投影（细实线绘制），并求出4个顶点的水平投影和侧面投影，如图3-25(b)所示；

(2) 依次连接各点，并判别可见性，如图 3-25(c)所示；

(3) 补充完善截断体的水平和侧面投影，完成全图，作图结果如图 3-25(d)所示。

3.2.2　平面与回转体相交

平面与回转体相交产生的截交线有 3 种：直线、圆(圆弧)和一般平面曲线(非圆曲线)。

求解方法：

(1) 如果产生的交线是直线，只需要求解线段的端点，连线即可；

(2) 如果产生的交线是圆或者圆弧，则确定半径和圆心，用圆规绘制；

(3) 如果产生的交线是非圆平面曲线，则作出曲线上若干点的投影，然后连成光滑的曲线，即得到交线的投影。

其中，非圆曲线的求解步骤：

(1) 求交线上的特殊点：最前最后点、最左最右点、最上最下点、转向轮廓线上的点、对称曲线的顶点、开曲线的端点以及各部分间的结合点，均称为特殊点，这些点确定了交线的范围、可见性和曲线的变化趋势。

(2) 求一般点：在特殊点之间取若干个任意点，这些点称为一般点，作出其投影，进一步精确地确定交线投影的形状。

(3) 判别可见性并连接各点投影：一般转向轮廓线上的特殊点是可见与不可见的分界点，它把曲线分为几个部分，连线时先要判别各段在各投影图中的可见性。可见线段用粗实线画，不可见的线段用虚线画，分段通过各点作光滑的曲线，即完成交线的作图。

1. 平面与圆柱相交

平面与圆柱相交有 3 种位置：平面平行于圆柱的轴线、平面垂直于圆柱的轴线、平面倾斜于圆柱的轴线，如图 3-26 所示。

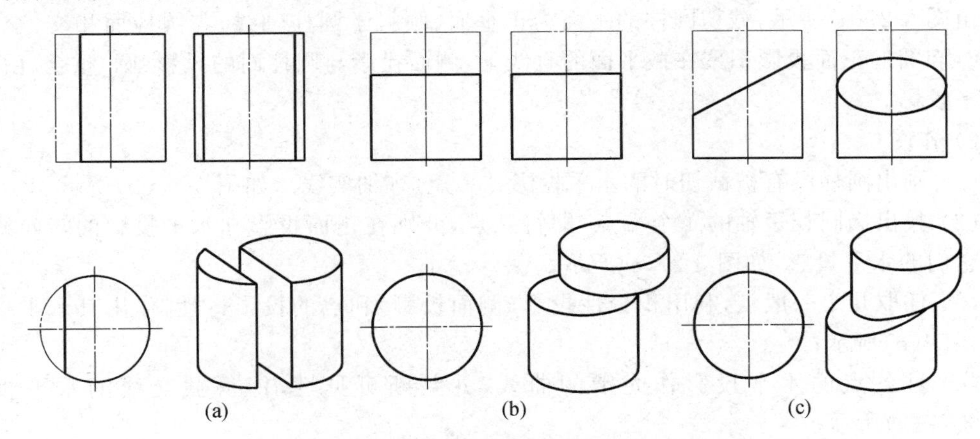

图 3-26　平面与圆柱相交

(a) 截平面平行于轴线；(b) 截平面垂直于轴线；(c) 截平面倾斜于轴线

由于平面与圆柱上下底面的交线始终是直线段，因此在这里重点考虑平面与圆柱面产生的交线：

(1) 平行于圆柱轴线的平面与圆柱面的交线是两条直线段；

(2) 垂直于圆柱轴线的平面与圆柱面的交线是圆；

(3) 倾斜于圆柱轴线的平面与圆柱面的交线是椭圆或椭圆弧。

【例 3-13】 如图 3-27(a)所示,圆柱被截切,完成水平投影。

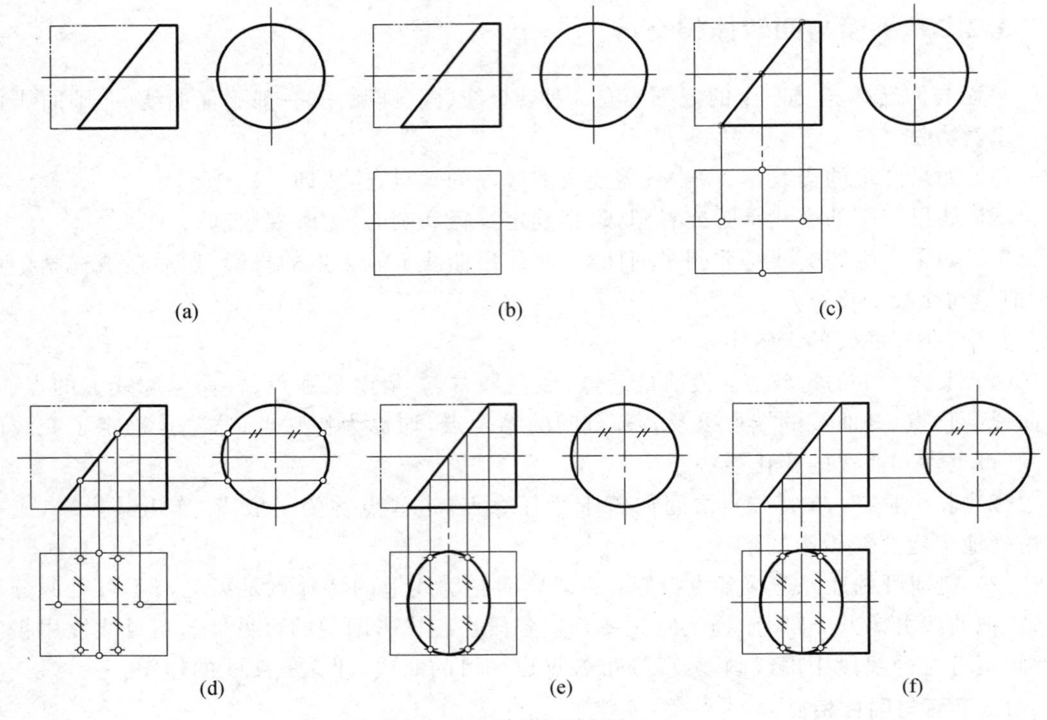

图 3-27 平面截切圆柱(一)

1) 分析

由图 3-27(a)所示,截切圆柱的平面为正垂面,倾斜于圆柱轴线,与圆柱面相交,交线是椭圆。椭圆的正面投影积聚在截平面的直线上,侧面投影与圆柱面的投影(圆)重合,由此求作水平投影。

2) 作图

(1) 画出圆柱没有被截切时的水平投影——矩形(细实线),如图 3-27(b)所示;

(2) 找出椭圆长短轴的 4 个端点,即特殊点,分别在正面投影和水平投影的转向线上,求出它们的水平投影,如图 3-27(c)所示;

(3) 任取几个一般点,利用积聚性投影(侧面投影)和点的投影特性,作出其水平投影,如图 3-27(d)所示;

(4) 过各点的水平投影作光滑的曲线,并判断可见性,即得截交线的水平投影,如图 3-27(e)所示;

(5) 补充完善截断体的水平投影,完成全图,如图 3-27(f)所示。

【例 3-14】 如图 3-28(a)所示,圆柱被截切,完成侧面投影。

1) 分析

圆柱左上角被平面 1 和平面 2 截切,右上角被对称截切。下方中间被切通槽,即三个面切割。平面 1 为侧平面,与圆柱的轴线平行,所以与圆柱面的交线为直线段;平面 2 为水平面,与圆柱的轴线垂直,所以与圆柱面的交线为圆弧,如图 3-28 的立体图。

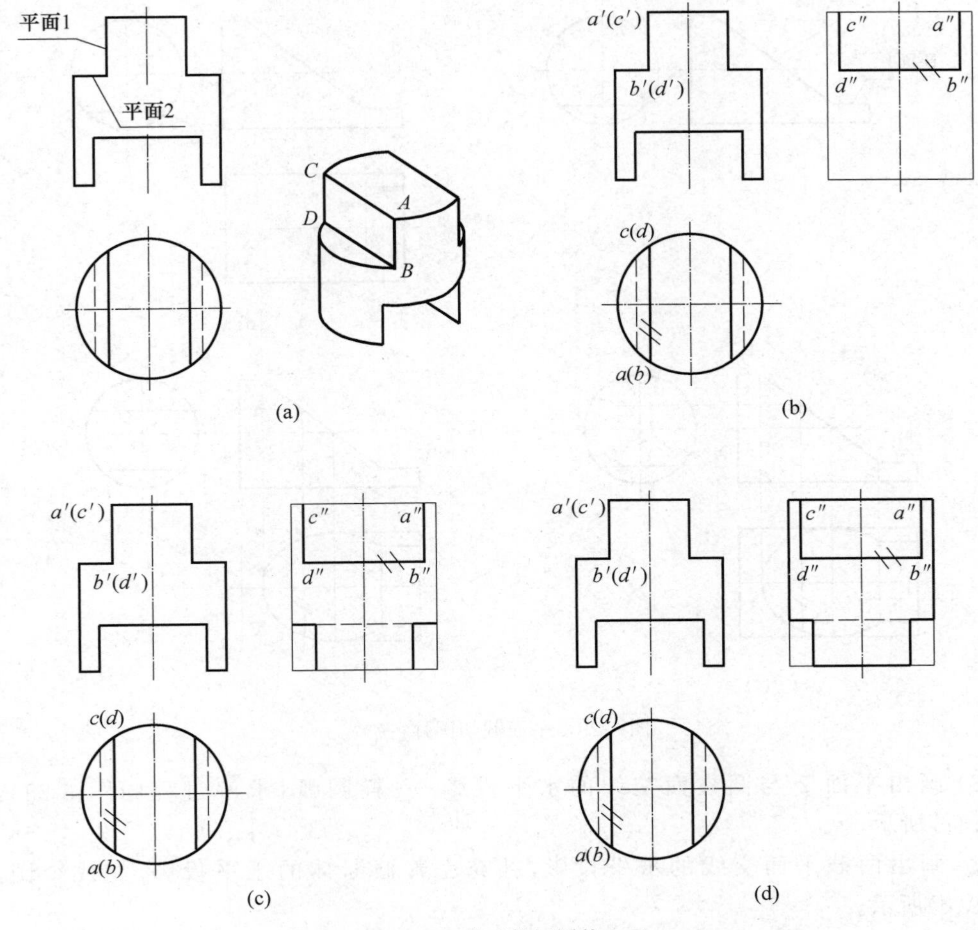

图 3-28　平面截切圆柱(二)

2）作图

(1) 画出圆柱没有被截切的侧面投影——矩形(细实线绘制),并求出平面 1 与圆柱面的交线 AB 和 CD 的侧面投影 $a''b''$和 $c''d''$。平面 2 与圆柱面的交线虽然是圆弧,但是平面 2 是水平面,它的侧面投影积聚为直线,如图 3-28(b)所示。右上角被截切所产生交线的侧面投影与左上角被截切产生交线的侧面投影重合。

(2) 同理,求出圆柱下方被切通槽的侧面投影,如图 3-28(c)所示。

(3) 补充完善侧面投影,完成全图,如图 3-28(d)所示。

【例 3-15】 如图 3-29(a)所示,平面截切圆柱,完成水平投影。

1）分析

由正面投影可知,截平面为两相交平面。其中平面 1 为平行于圆柱轴线的水平面,该平面与圆柱面的交线是两直线。平面 2 为正垂面,倾斜于轴线,与圆柱面的交线是椭圆弧。两截平面之间产生了一条交线,为正垂线。

2）作图

(1) 画出圆柱被截切之前的水平投影——矩形(用细实线绘制),并求出平面 1 与圆柱面的交线——两条直线,如图 3-29(b)所示;

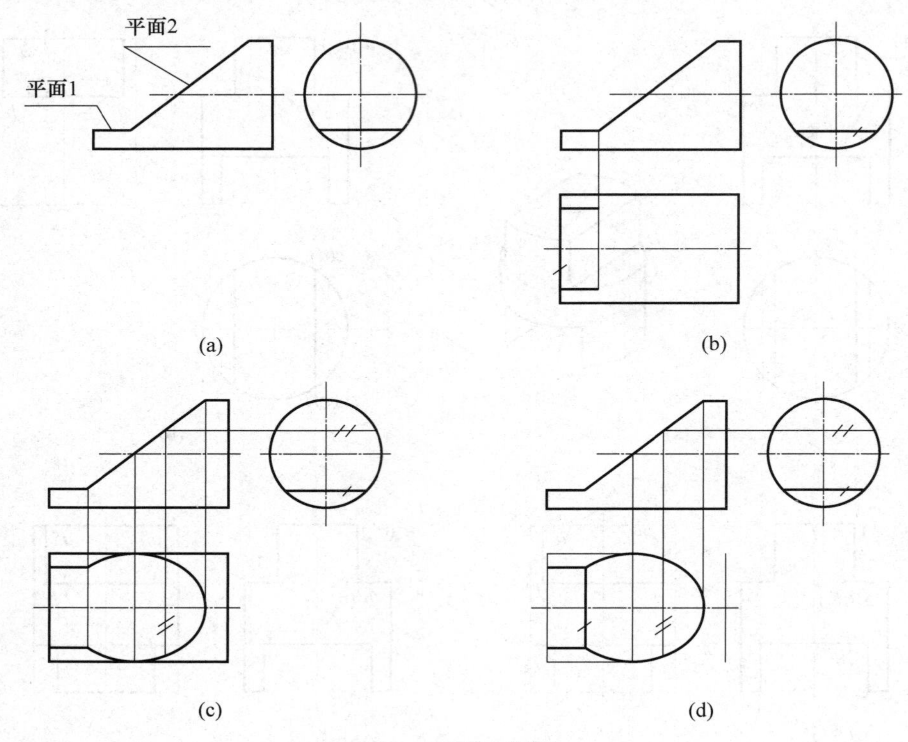

图 3-29 平面截切圆柱(三)

(2) 画出平面 2 与圆柱面交线的水平投影——椭圆弧(求解过程同图 3-28),如图 3-29(c)所示;

(3) 画出两截平面交线的水平投影,补充完善截断体的水平投影,完成全图,如图 3-29(d)所示。

【例 3-16】 如图 3-30(a)所示,平面截切圆筒,完成侧面投影。

1) 分析

圆柱筒是在圆柱体内增加了一个圆柱孔,因此截切平面与外圆柱表面产生交线的同时也与孔表面产生交线。截平面与孔表面产生交线的性质和截平面与外圆柱表面产生交线的性质是一样的。如图 3-30 的立体图所示,圆柱筒被平面 1 和平面 2 截切。平面 1 与外圆柱表面产生直线交线,与孔表面(内圆柱表面)也产生了直线交线;平面 2 与外圆柱表面产生圆弧交线,与孔表面也产生了圆弧交线。

2) 作图

(1) 画出圆柱筒没有被截切时的侧面投影,可见轮廓线用细实线绘制,如图 3-30(b)所示;

(2) 画出平面 1 与外圆柱表面和孔表面产生交线的侧面投影——4 条直线段。平面 2 与外圆柱面和孔表面的交线虽然是圆弧,但是平面 2 是水平面,所以它的侧面投影积聚为直线,如图 3-30(c)所示;

(3) 补充完善截断体的侧面投影,完成全图,如图 3-30(d)所示。

2. 平面与圆锥相交

设圆锥的母线与圆锥轴线的夹角为 α(半锥角),截平面与圆锥轴线的夹角为 β,如图 3-31(d)所示,截平面与圆锥面的相对位置有 5 种,如图 3-31 所示。

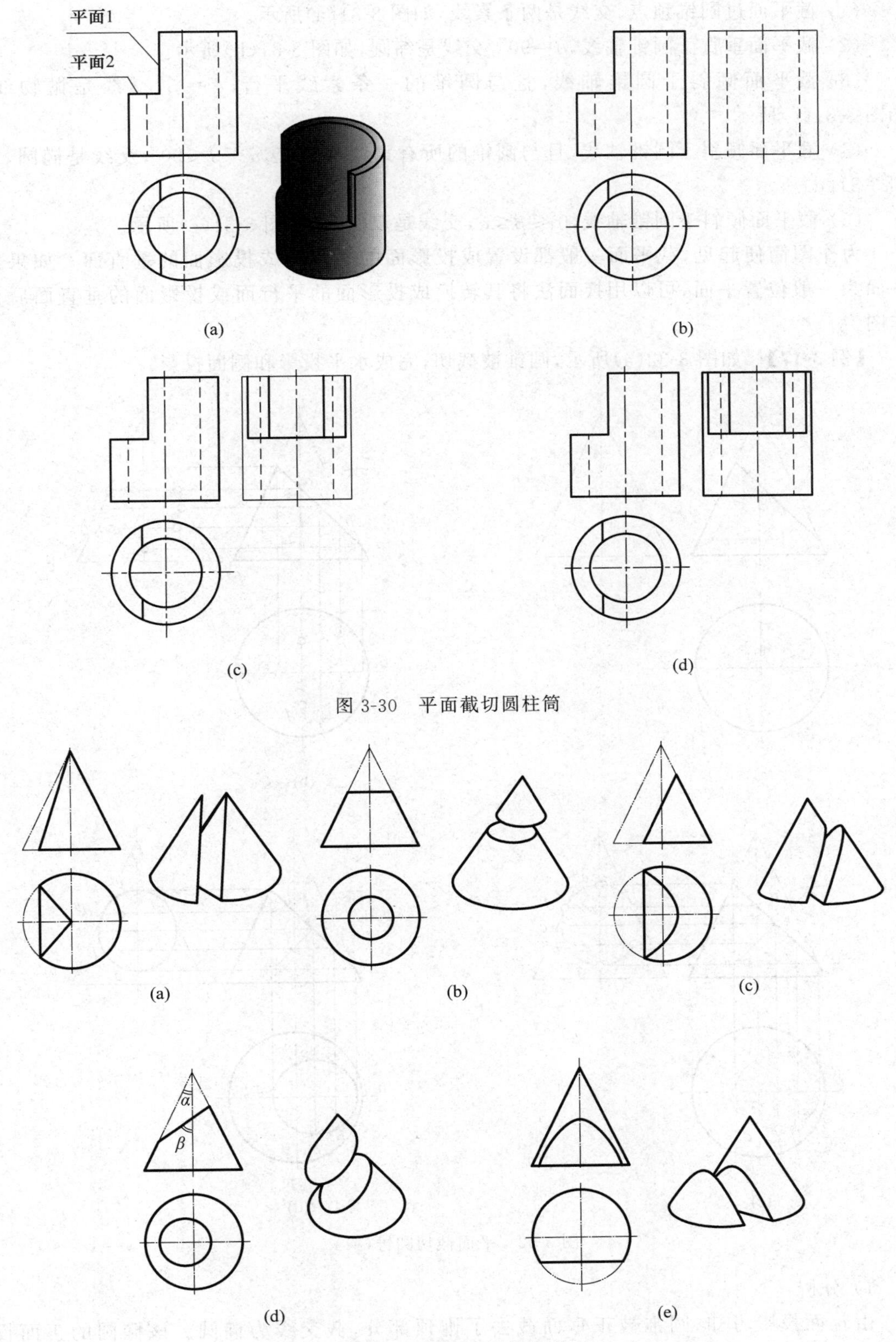

图 3-30　平面截切圆柱筒

图 3-31　平面与圆锥相交

(1) 截平面过圆锥顶点,交线是两条素线,如图 3-31(a)所示。

(2) 截平面垂直于圆锥轴线,$\beta=90°$,交线是纬圆,如图 3-31(b)所示。

(3) 截平面倾斜于圆锥轴线,且与圆锥的一条素线平行,$\alpha=\beta$,交线是抛物线,如图 3-31(c)所示。

(4) 截平面倾斜于圆锥轴线,且与圆锥的所有素线都相交,$\alpha<\beta<90°$,交线是椭圆,如图 3-31(d)所示。

(5) 截平面倾斜于圆锥轴线,$0°\leqslant\beta<\alpha$,交线是双曲线,如图 3-31(e)所示。

为作图简便起见,截平面一般都设置成投影面的平行面或投影面的垂直面。如果截平面为一般位置平面,可以用换面法将其转换成投影面的平行面或投影面的垂直面后再作图。

【例 3-17】 如图 3-32(a)所示,圆锥被截切,完成水平投影和侧面投影。

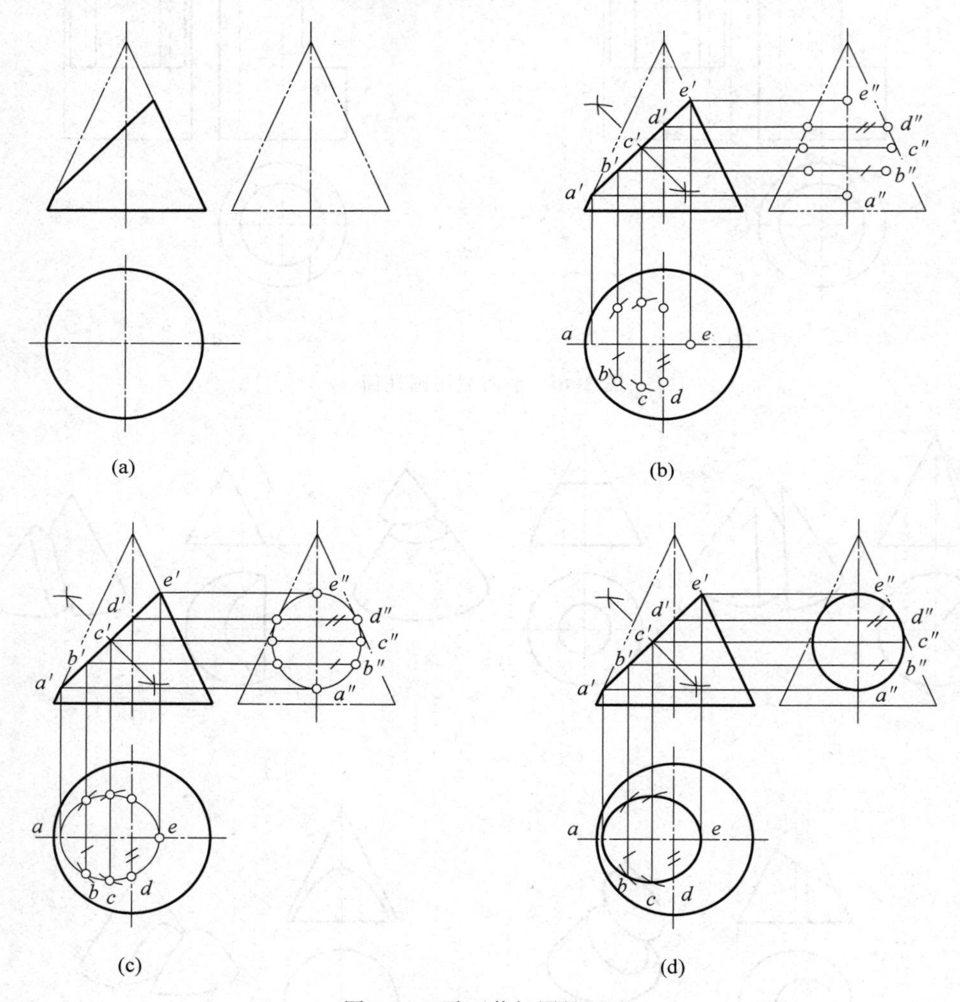

图 3-32　平面截切圆锥(一)

1) 分析

由正面投影可知,圆锥被正垂面截去了锥顶部分,截交线为椭圆。该椭圆的正面投影重合在截切面上,即投影已知,是一直线段。由此可以求出水平与侧面投影——均为椭圆。

2）作图

(1) 在截交线已知的正面投影图上找出特殊点,并求它们的水平和侧面投影,如图 3-32(b)所示的 A、D、E 和 C。其中 A、C、E 为椭圆长短轴的端点,A 也为最低、最左点;E 为最高、最右点;D 为侧面投影转向线上的点。同时取若干一般点,并求水平和侧面投影,如图中的 B 点。

(2) 光滑连接各点,并判别可见性,如图 3-32(c)所示;

(3) 补充完善截断体的侧面投影,完成全图,如图 3-32(d)所示。

【例 3-18】 如图 3-33(a)所示,圆锥被截切,完成水平和侧面投影。

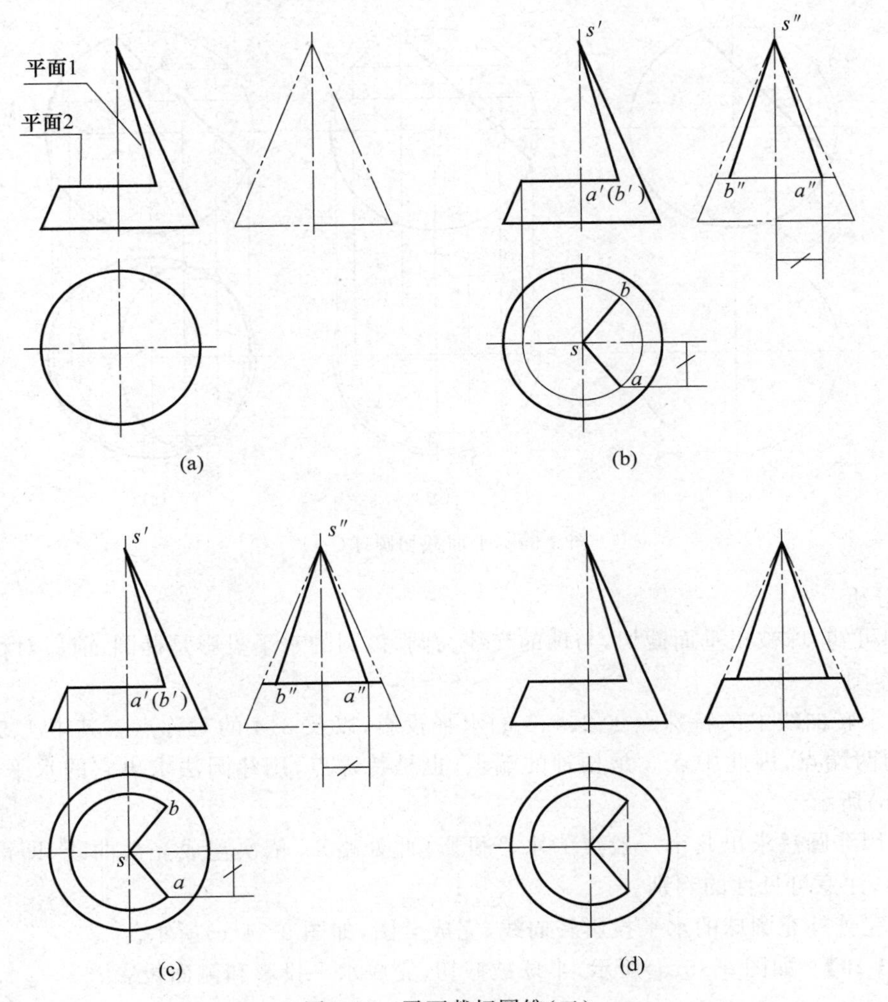

图 3-33　平面截切圆锥(二)

1）分析

圆锥被平面 1 和平面 2 截切。平面 1 过圆锥顶点,交线是直线段。平面 2 垂直于圆锥轴线,交线是纬圆。

2）作图

（1）求出平面 1 与圆锥面交线 SA 和 SB 的水平投影和侧面投影，如图 3-33(b)所示。

（2）求出平面 2 与圆锥面的交线的水平投影——圆弧。平面 2 是水平面，所以它的侧面投影积聚为直线，如图 3-33(c)所示。

（3）画出平面 1 与平面 2 的交线的水平投影，为一直线，不可见。补充完善圆锥截断后的侧面投影，完成全图，如图 3-33(d)所示。

3. 平面与圆球相交

平面与圆球相交，交线均为圆，根据平面相对投影面的位置，该圆的投影可能是圆，也可能是直线或椭圆。

【例 3-19】 如图 3-34(a)所示，圆球被截切，求水平和侧面投影。

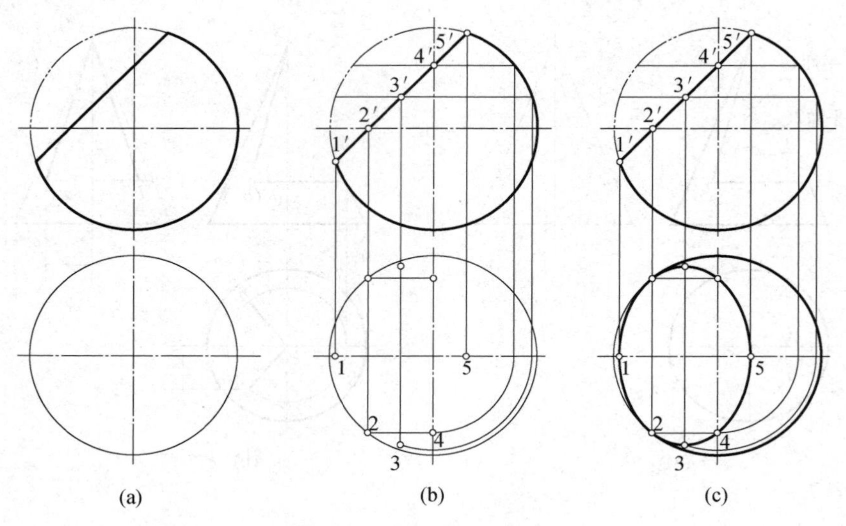

图 3-34　平面截切圆球(一)

1）分析

由图可知，球被正垂面截切，与球的交线为圆，该圆的水平投影是椭圆，前后对称。

2）作图

（1）求转向线上的特殊点 1、2、4、5 的水平投影，以及 2、4 的对称点。其中 1、5 也是椭圆短轴的两端点，因此中点 3 是长轴的端点，也是特殊点，用纬圆法求出它的水平投影，如图 3-34(b)所示。

（2）用纬圆法求出几个一般点的水平投影（此处略）。依次连成光滑曲线，即得交线的水平投影，注意可见性的判别。

（3）完善补充圆球的水平投影转向线，完成全图，如图 3-34(c)所示。

【例 3-20】 如图 3-35(a)所示，半球被截切，完成水平投影和侧面投影。

1）分析

半球前后被切通槽，即为三个面切割，其中平面 1 和平面 2 为侧平面，与球的交线是圆弧，侧面投影反映实形；平面 1，平面 2 的水平投影积聚为直线。平面 3 为水平面，与球的交线也是圆弧，水平投影反映实形；平面 3 的侧面投影积聚为直线。

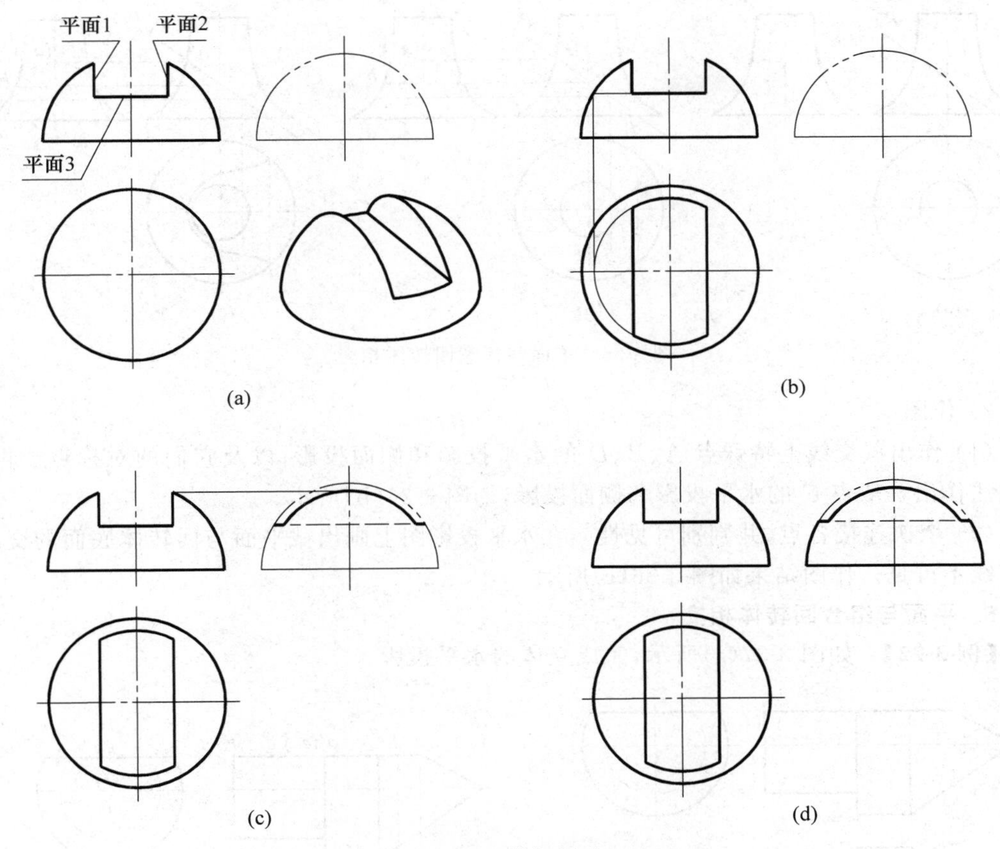

图 3-35　平面截切圆球(二)

2）作图

(1) 求平面 3 与半球交线的水平投影,反映圆弧实形；同时画出平面 1 和平面 2 的水平投影——积聚为直线,如图 3-35(b)所示。

(2) 求平面 1 与半球交线的侧面投影,反应圆弧实形；平面 2 与半球产生交线的侧面投影与平面 1 与半球产生交线的侧面投影重合。然后画出平面 3 的侧面投影——积聚为直线,注意可见性的判断,如图 3-35(c)所示。

(3) 补充完善,完成全图,如图 3-35(d)所示。

4. 平面与任意回转体相交

平面与任意回转体相交产生的交线随着回转体的结构形状不同以及截平面位置的不同而不同。但交线一定在立体表面上,同时也在截平面上。

【例 3-21】 如图 3-36(a)所示,求平面 P 与一般回转体表面的交线。

1）分析

从投影图中可以看出,平面 P 是用迹线表示的正垂面,与回转面的截交线为一般平面曲线,前后对称,正面投影为直线,重合在平面 P 上；水平投影和侧面投影反映类似形,依然是一般平面曲线。正垂面 P 与回转体底面的交线为直线,且为正垂线,正面投影积聚为一点。由此可见：正面投影已确定,由此作出水平投影和侧面投影。

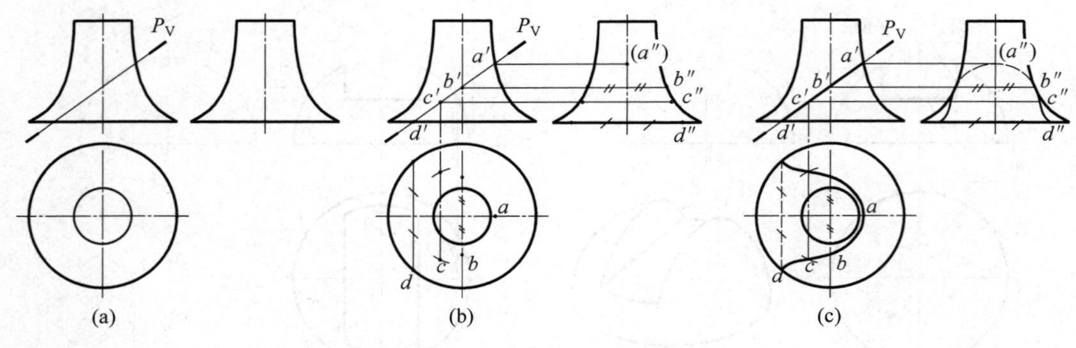

图 3-36　平面与任意回转体相交

2）作图

(1) 作出截交线上特殊点 A、B、D 的水平投影和侧面投影，以及它们的对称点。再用纬圆法作出一般点 C 的水平投影和侧面投影，如图 3-36(b)所示。

(2) 依次连接各点，并判别可见性。在水平投影图上画出截平面与回转体底面的交线，该交线不可见。作图结果如图 3-36(c)所示。

5. 平面与组合回转体相交

【例 3-22】 如图 3-37(a)所示，完成立体的水平投影。

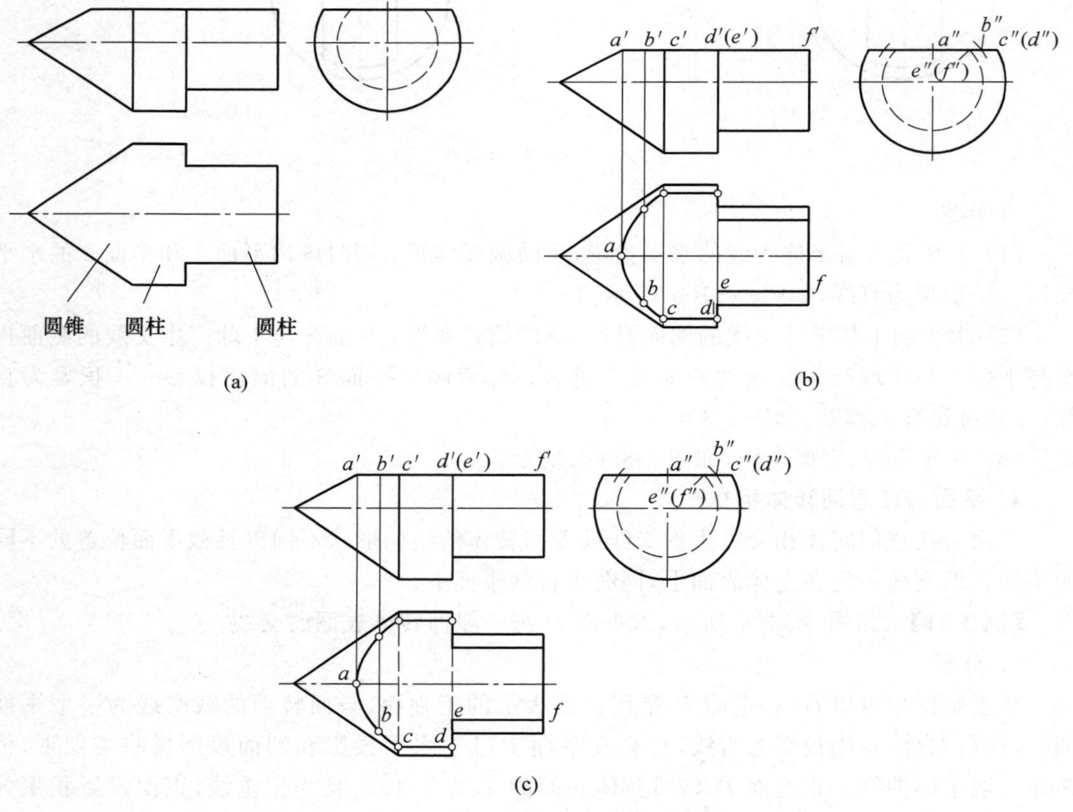

图 3-37　平面与组合回转体

1）分析

该形体依次由共轴线的圆锥和两个圆柱 3 部分组成，被一水平截面切掉了一部分，截交线由截平面与各部分的交线所组成。求截平面与立体的交线时，也要分 3 段求解。截平面为水平面，与圆锥面的交线为双曲线、与两圆柱面的交线为直线段。正面投影和侧面投影均已知，由此可以求水平投影。

2）作图

（1）作出截平面与圆锥面的交线（双曲线）的水平投影。其中特殊点是 A、C，一般点是 B，还有它们的对称点。同时求出截平面与两圆柱的交线为 CD 和 EF，以及它们的对称线，如图 3-37(b)所示。

（2）补充完善截断立体：补全圆锥与圆柱、圆柱与圆柱交界处的漏线。完成全图，如图 3-37(c)所示。

3.3　立体与立体相交

当两立体相交时会在立体表面产生交线，这些交线叫相贯线。相贯线是两立体表面的共有线。

3.3.1　平面立体与回转体相交

1. 相贯线的性质

平面立体和回转体相交产生的相贯线可以理解为若干段截交线的组合。即平面立体的几个表面和回转体相交就会产生几段截交线，求相贯线即求这几段截交线。

2. 作图方法

（1）分析平面立体与回转体表面的相对位置，从而确定相交的表面以及产生交线的形状。

（2）求出各段截交线的投影。

（3）连接各段截交线，并判断可见性。交线只有同时位于两立体的可见表面时才可见，只要被一个立体遮挡就不可见。

（4）查漏补缺，整理完善图形。

【例 3-23】　如图 3-38(a)所示，求相贯线的正面投影。

1）分析

四棱柱的 4 个棱面与圆柱筒外圆柱面相交，产生 4 段截交线。其中前后两个棱面为正平面，与外圆柱表面产生的截交线为直线，直线在正面投影中反映实形。左右两个棱面为侧平面，与圆柱面的交线是圆弧。交线虽然是圆弧，但也在侧平面上，所以圆弧的正面投影为直线。这 4 段截交线也在 4 个棱面上，所以它们的水平投影重合在 4 个棱面的水平投影——4 条直线上，侧面投影则重合在圆柱筒外圆柱面的侧面投影——圆周上。同理，四棱柱的内表面（方孔）与圆柱筒的内表面（圆孔）相交也产生 4 段截交线。这 4 段截交线的性质和四棱柱的外表面和圆柱筒外表面的截交线一样，只是内外可见性有区别。

2）作图

分别求出内外表面产生截交线的正面投影，即是相贯线的正面投影，作图结果如

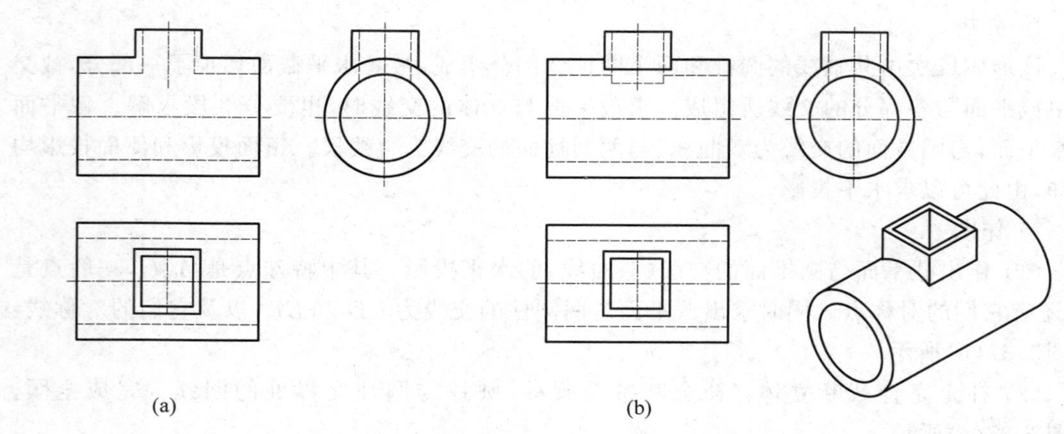

图 3-38　平面立体与回转体相贯(一)

图 3-38(b)所示。

【例 3-24】　如图 3-39(a)所示,求三棱柱与半球的相贯线。

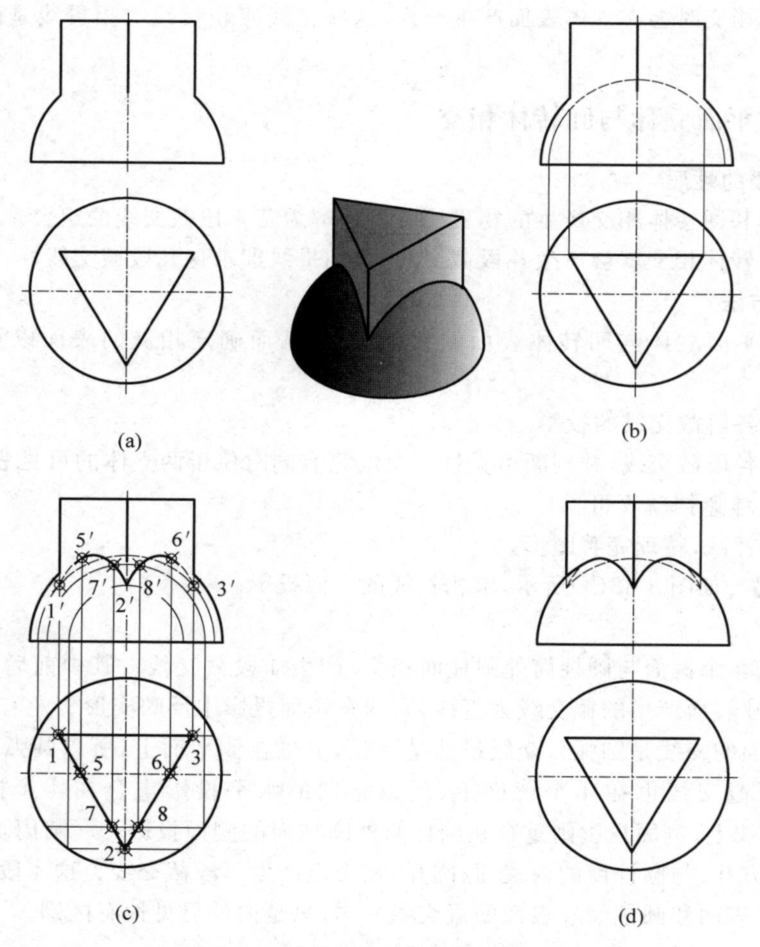

图 3-39　平面立体与回转体相贯(二)

1）分析

由图可知，三棱柱的三个棱面与半球表面相交，分别产生 3 段截交线，都是圆弧。其中后棱面为正平面，所以产生的圆弧交线在正面投影中反映实形，水平投影重合在截平面上。另外左右两侧棱面是铅垂面，产生的圆弧交线正面投影是类似形（椭圆弧），水平投影重合在棱面所积聚的直线上。即水平投影已知，由此求正面投影。

2）作图

（1）求后棱面产生的圆弧交线：正面投影反映实形，所以在正平纬圆上。在水平投影中找出该纬圆的半径，在正面投影中画圆弧，不可见，用虚线表示，如图 3-39(b)所示。

（2）求左右两侧棱面（铅垂面）产生交线的正面投影：先求特殊点的正面投影——图中的 1、2、3 点和半球转向轮廓线上的 5、6 点；再求一般点的正面投影，图中的 7、8 点，最后连线，并判别可见性，如图 3-39(c)所示。

（3）整理完善图形：正面投影中，三棱柱的 3 条棱线应分别延长到与球面的交点 1′、2′、3′，并判断可见性。半球的正面投影转向轮廓线也应该延伸到 5′和 6′，并判别可见性，作图结果如图 3-39(d)所示。

3.3.2　回转体与回转体相交

机械零件中常见的回转体有锥、柱、球等，相同回转体或不同回转体组合，可以产生不同类型的相贯线。就其形式而言，有外表面与外表面的交线，也有外表面与内表面的交线，还有内表面与内表面的交线。

回转体和回转体相贯产生的相贯线一般是封闭的空间曲线（也有可能是不封闭的），特殊情况下是平面曲线或直线。

（1）如果产生的交线是直线，找端点直接连线。

（2）如果产生的交线是圆或者圆弧，找圆心和半径，用圆规绘制。

（3）如果产生的交线是非圆曲线，不管是平面曲线还是空间曲线，都是先求两立体表面的若干共有点的投影，然后依次连成光滑曲线即可。

其中，非圆曲线的求解步骤如下：

（1）求交线上的特殊点：最前最后点、最左最右点、最高最低点、转向轮廓线上的点、对称曲线的顶点、开曲线的端点以及各部分间的结合点，均称为特殊点，这些点确定了交线的范围、可见性和曲线的变化趋势。

（2）求一般点：在特殊点之间取若干个任意点，这些点称为一般点，作出其投影，进一步精确地确定交线投影的形状。

（3）判别可见性并连接各点投影：一般转向轮廓线上的特殊点是可见与不可见的分界点，它把曲线分为几个部分，连线时先要判别各段在各投影图中的可见性。可见线段用粗实线画，不可见的线段用虚线画，分段通过各点作光滑的曲线，即完成交线的作图。

求曲线共有点的方法主要有利用积聚性求解或用辅助平面法求解。

1. 利用积聚性求相贯线

为作图简便，圆柱面的轴线一般都被设置成投影面的垂直线，在圆柱轴线所垂直的投影面上，圆柱面的投影具有积聚性。这样圆柱面与其他曲面相交时，交线在该投影面上的投影已知。利用这个已知投影，可以很方便地求出相贯线的其他投影。

因此，当相交的回转体中有一个或两个是圆柱且其轴线垂直于投影面时，就可以利用圆柱面的积聚性投影(已知投影)求解未知的其他投影。

1) 柱柱(孔)相贯

柱柱(孔)相贯主要针对圆柱面和圆柱面相交的情况，包括柱柱相贯(见图 3-40(a))、柱孔相贯(见图 3-40(b))、孔和孔相贯(见图 3-40(c))。

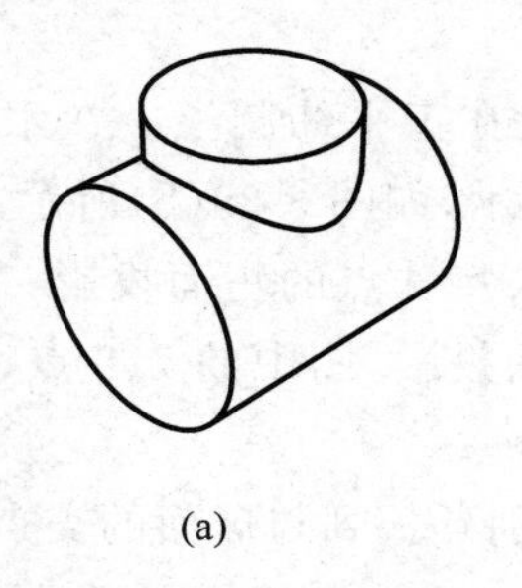

(a)

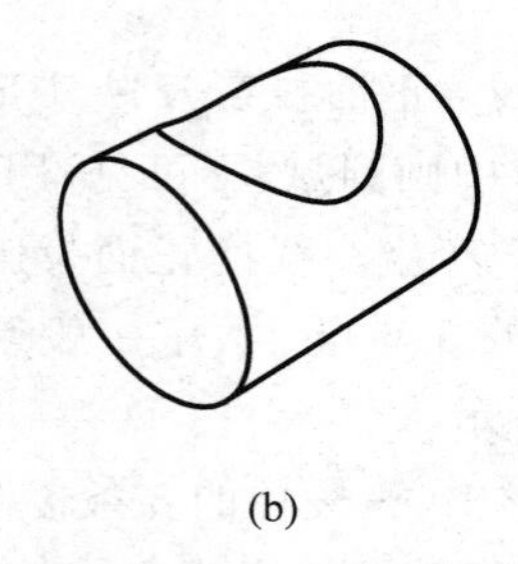

(b)

(c)

图 3-40　柱柱(孔)相贯

【例 3-25】　如图 3-41 所示，两实体圆柱正交相贯，完成正面投影。

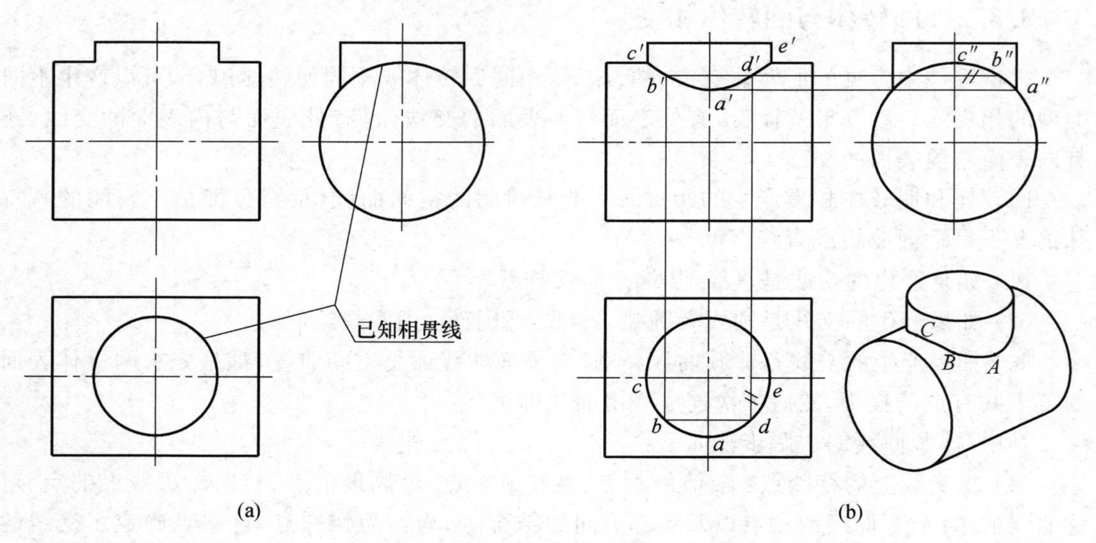

图 3-41　柱柱正贯

(1) 分析

两实体圆柱轴线垂直相交，大圆柱轴线水平放置，小圆柱轴线垂直放置，相贯线位于两圆柱体的圆柱面上，因此相贯线的水平投影重合在小圆柱的水平投影——圆周上；相贯线的侧面投影重合在大圆柱的侧面投影——圆周上，但是是和小圆柱相交部分的圆弧，如图 3-41(a)所示。由两已知投影求正面投影。相贯线是空间曲线，采用求若干点的方法求相贯线。

(2) 作图

由水平投影可知，相贯线前后对称，因此相贯线的正面投影前后重叠。为使作图线简洁清晰，只标出了前半部分的特殊点 A、C、E 和一般点 B、D。

① 求特殊点 A、C、E 的正面投影；

② 求一般点 B、D 的正面投影；

③ 依次连接各点得相贯线的正面投影，如图 3-41(b)所示。

同理，柱孔相贯、孔和孔相贯产生的相贯线的性质和求解方法、步骤同图 3-41，作图结果如图 3-42 和图 3-43 所示，作图过程略。需要注意的是内孔表面的转向轮廓线应用虚线画出。

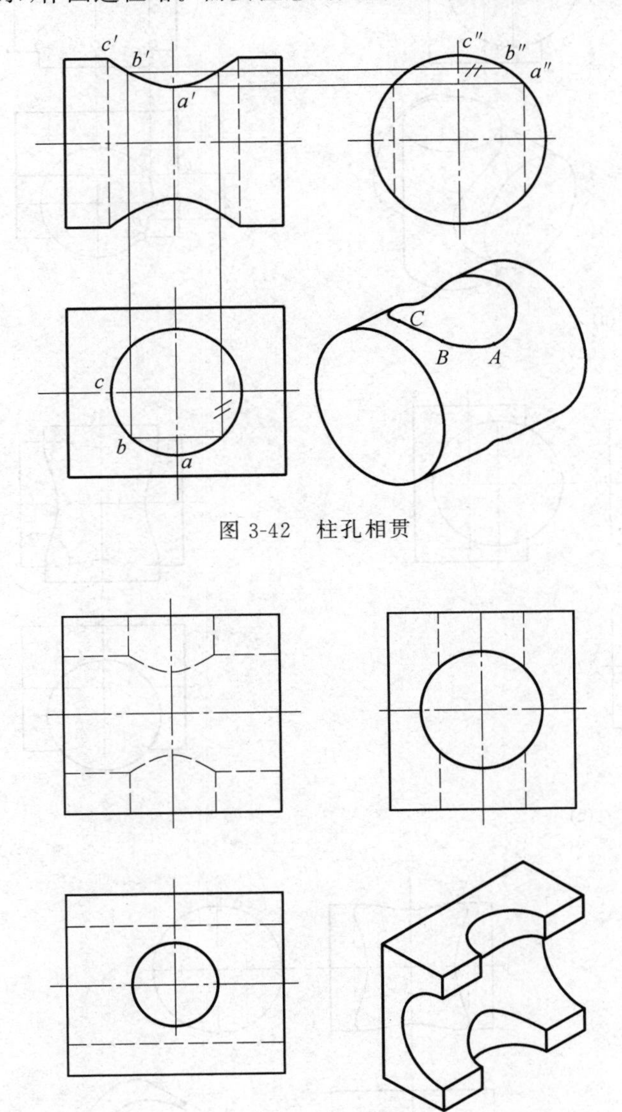

图 3-42　柱孔相贯

图 3-43　孔和孔相贯

【例 3-26】 如图 3-44 所示，两实体圆柱正交偏贯(轴线垂直但不相交)，完成正面投影。

(1) 分析

两圆柱轴线垂直但不相交，其中一圆柱垂直于 H 面，另一圆柱垂直于 W 面，相贯线处于两圆柱的圆柱面上，因此，相贯线的两面投影——水平投影和侧面投影分别重合在两圆柱所积聚的圆周上，但都是两圆柱交叉部分的圆弧。即两面投影已知，求正面投影。相贯线是空间曲线，采用求若干点的方法求相贯线。

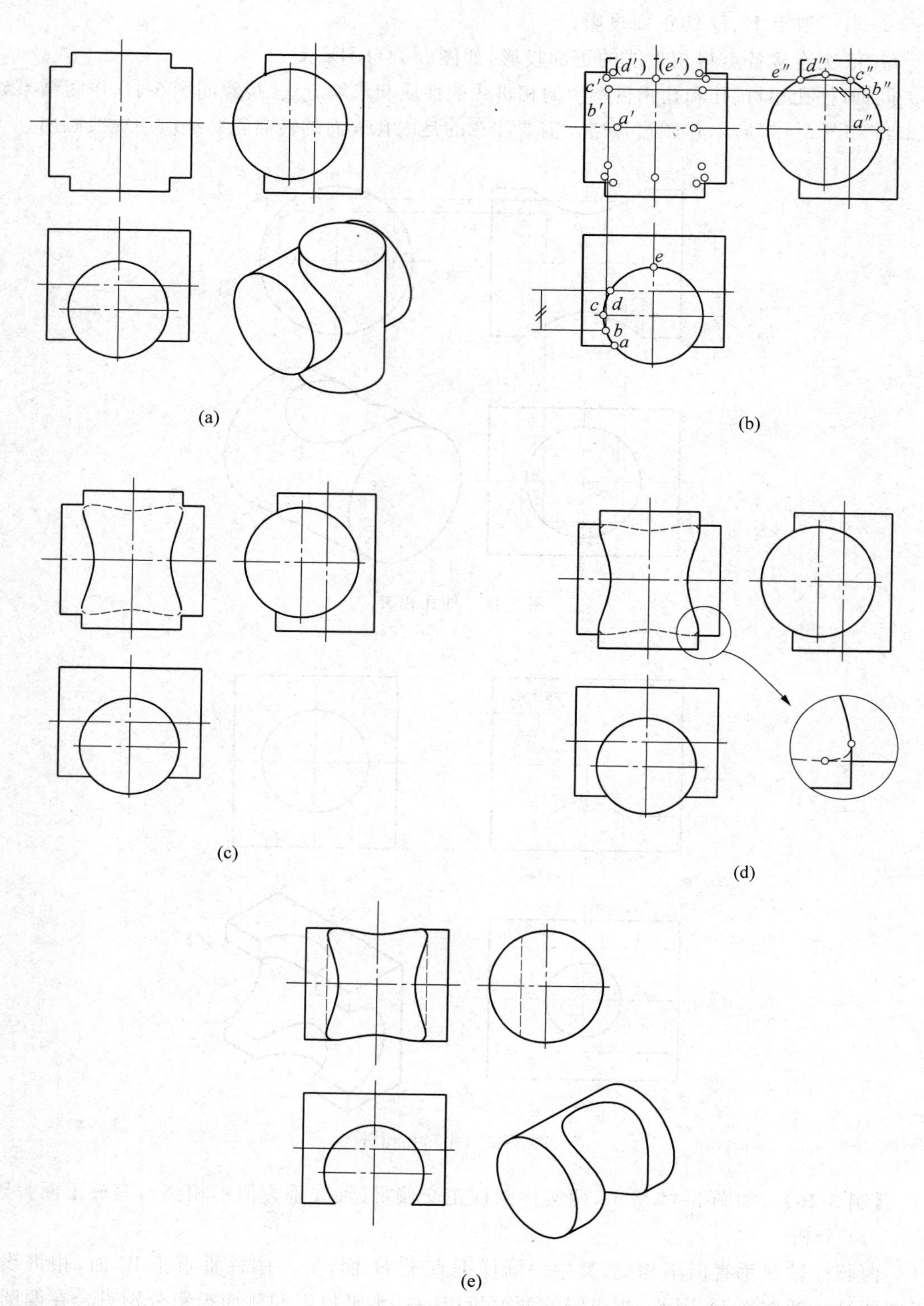

图 3-44　柱柱(孔)偏贯

(2) 作图

由水平投影和侧面投影可知，相贯线左右、上下对称。为使作图线简洁清晰，只标出了左上部分的特殊点 A、C、D、E 和一般点 B。

① 求特殊点 A、C、D、E 和一般点 B 的正面投影以及它们的对称点，如图 3-44(b)所示；

② 依次连接各点并判别可见性，如图 3-44(c)所示；

③ 补充两圆柱的正面投影的转向线到交点 c' 和 d' 以及它们的对称点处，完成全图，如图 3-44(d)所示。

为了使读者看清楚正面投影图中四个角处的图形，画出了正面投影图中右下角的局部放大图，如图 3-44(d)所示。图 3-44(e)是水平放置的圆柱抽去了垂直圆柱后的三面投影图，即实体圆柱面和柱孔表面产生相贯线的例子。从图中可以看出，相贯线除了可见性发生了变化，其形态和性质没有改变，其求解方法和步骤也不变。

2) 柱锥相贯

柱锥相贯主要指圆柱面和圆锥面相交的情况。既包括实体圆柱和实体圆锥相交，也包括实体圆锥被切圆柱孔。

【例 3-27】 如图 3-45 所示，已知圆柱圆锥正交相贯，完成相贯线的正面投影和水平投影。

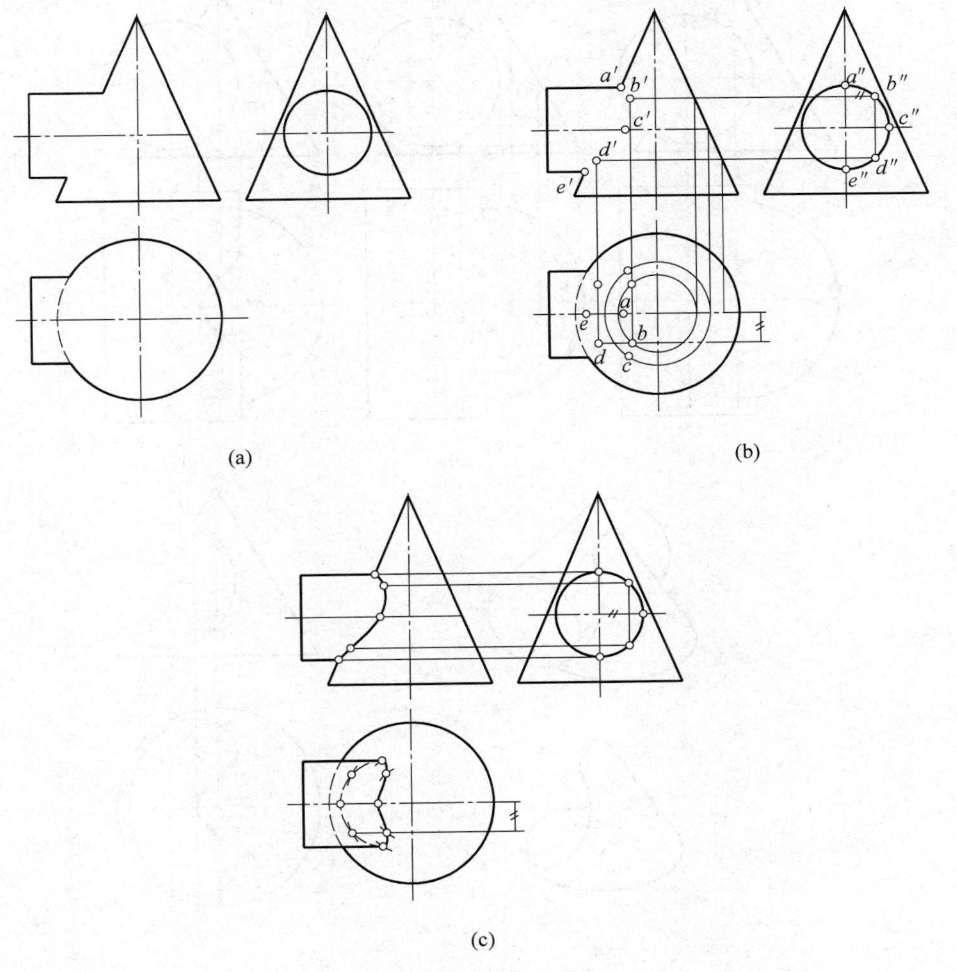

图 3-45　柱锥正贯

(1) 分析

由图 3-45 可知，圆柱与圆锥的轴线垂直相交，圆柱的轴线为侧垂线，圆锥的轴线为铅垂线。相贯线分别在两立体的圆柱面和圆锥面上。因圆柱面的侧面投影具有积聚性，所以相贯线的侧面投影就在这个圆上，由该已知投影求相贯线的正面投影和水平投影。相贯线是空间曲线，采用求若干点的方法求相贯线。

(2) 作图

由侧面投影可知，相贯线前后对称，为使作图线简洁清晰，只标出了前半部分的特殊点 A、C、E 和一般点 B、D。

① 求特殊点 A、C、E 和一般点 B、D 的正面投影以及它们的对称点，正面投影重合在一起，如图 3-45(b)所示；

② 依次连接各点并判别可见性；

③ 补充圆柱的水平投影的转向线到交点 c' 以及它的对称点处，完成全图，如图 3-45(c)所示。

【例 3-28】 如图 3-46(a)所示，圆柱和圆锥偏贯(轴线垂直但不相交)，完成水平投影。

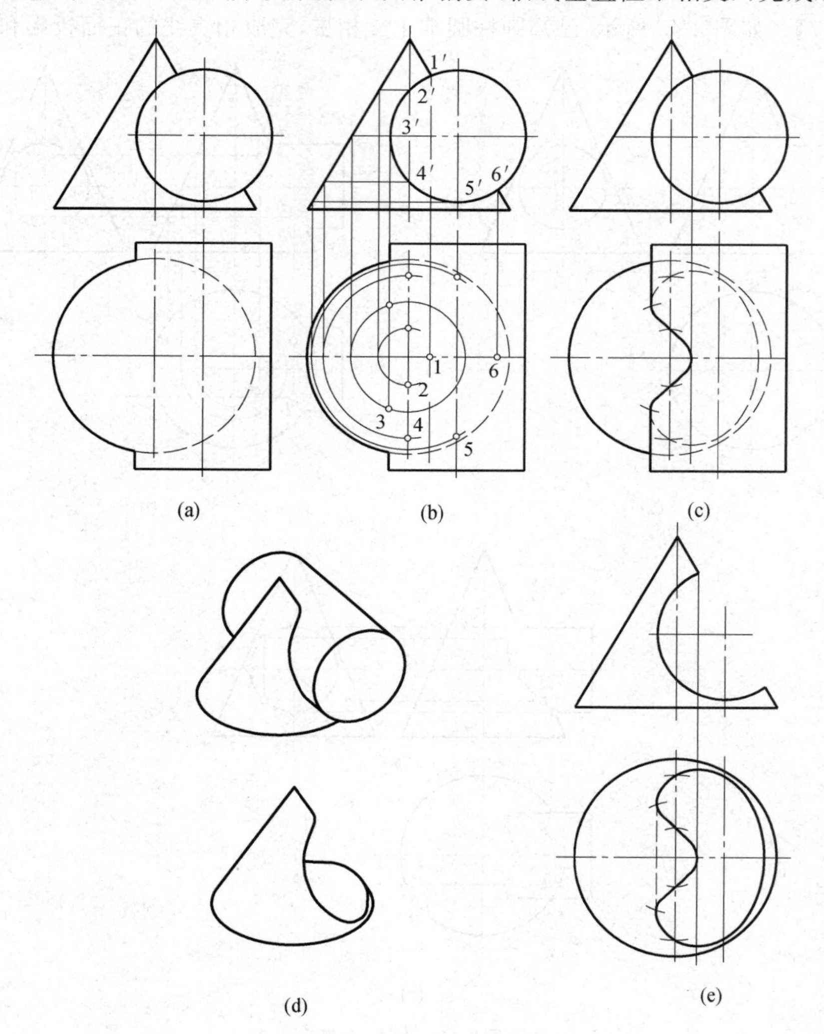

图 3-46　柱锥偏贯

(1) 分析

根据图 3-46(a)可知,圆柱和圆锥的轴线垂直但不相交,圆柱的轴线为正垂线,圆锥的轴线为铅垂线。相贯线分别处于两立体的圆柱面和圆锥面上。因圆柱面的正面投影积聚为一个圆,所以相贯线的正面投影就在这个圆上,但是是和圆锥交叉部分的圆弧。根据此已知投影求相贯线的水平投影。相贯线是空间曲线,采用求若干点的方法求相贯线。

(2) 作图

相贯线前后对称,为使作图线简洁清晰,只标出了前半部分的特殊点 1、2、3、4、5、6。

① 利用圆锥表面特殊点的投影特性或纬圆法求出特殊点 1、2、3、4、5、6 的水平投影以及它们的对称点,如图 3-46(b)所示;

② 求若干一般点,此处略;

③ 依次将这些点连成光滑曲线,并判断可见性;

④ 补充圆柱左侧转向线到与圆锥面的交点 3 以及 3 的对称点,完成全图,如图 3-46(c)所示。

图 3-46(d)是两立体实体相贯的示意图,下方的立体图是圆锥体抽去了圆柱后的示意图,即圆锥外表面和圆柱内表面相交的例子,所得的图见图 3-46(e)所示。由图 3-46(e)可知,锥和柱孔相交产生的相贯线和实体柱锥产生的相贯线的求解方法和步骤相同,区别在于可见性的不同。

【例 3-29】 如图 3-47(a)所示,完成正面和水平投影。

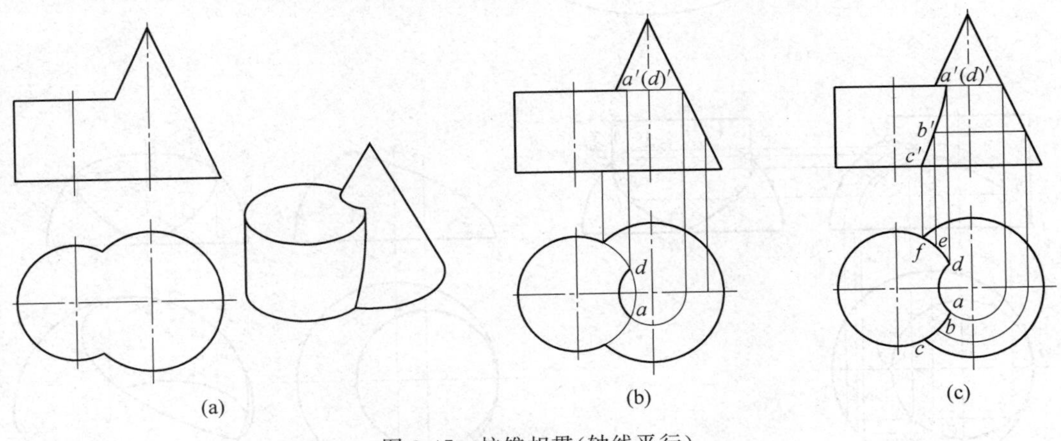

图 3-47　柱锥相贯(轴线平行)

(1) 分析

基本立体为圆柱与圆锥,圆柱与圆锥轴线平行,都为铅垂线。由图 3-47(a)可知,交线由两部分组成:一部分是圆柱面与圆锥面的交线,是空间曲线;另一部分是圆柱顶面与圆锥面的交线,是圆弧。其中,空间曲线在圆柱面上,所以该曲线的水平投影在圆柱所积聚的圆周上,是圆弧,圆弧范围有待确定。又因圆柱顶面是水平面,所以它与圆锥面产生的圆弧交线的水平投影反映实形,而正面投影积聚为直线段。

(2) 作图

① 求圆柱顶面与圆锥面的交线——圆弧:以圆柱顶面所在高度作圆锥的纬圆,纬圆水平投影与圆柱的交叉部分即为所求圆弧。根据投影特性,求出正面投影(直线段),如图 3-47(b)所示。

② 求圆柱面和圆锥面的交线——空间曲线：根据上述分析可知，空间曲线的水平投影在圆柱的水平投影——圆周上，即和圆锥的交叉部分，如图 3-47(c)的 abc 圆弧段和 def 圆弧段。由水平投影求出正面投影。其中 a'已经求出，C 点是特殊点，根据“长对正”求出 c'，然后取一般点 b，用纬圆法求出 b'，连线 $a'b'c'$ 和 $d'e'f'$ 重合。作图结果如图 3-47(c)所示。

3）柱球相贯

柱球相贯主要指圆柱面和球面相交的情况，既包括实体圆柱和实体圆球相交，也包括实体圆球被切圆柱孔。

【例 3-30】 如图 3-48(a)所示，已知圆柱与球相贯，完成正面和侧面投影。

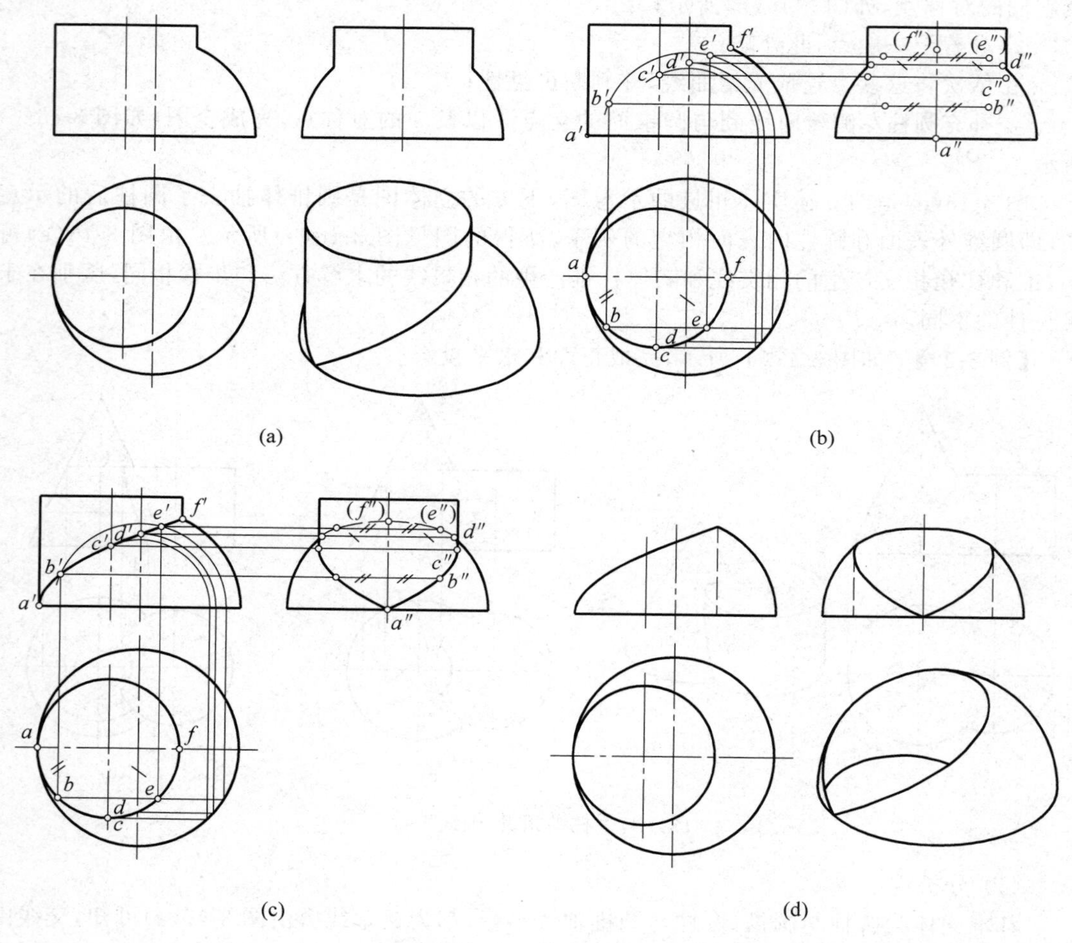

图 3-48　柱球相贯

（1）分析

圆柱垂直放置，轴线是铅垂线，相贯线处于球面和圆柱面上，因此，相贯线的水平投影在圆柱面的水平投影——圆周上。由此已知投影作相贯线的正面投影和侧面投影。

（2）作图

相贯线前后对称，为使作图线简洁清晰，只标出了前半部分的特殊点 a、c、d、f 和一般点 b、e。

① 求特殊点 a、c、d、f 和一般点 b、e 的正面投影和侧面投影，如图 3-48(b)所示。

② 正面投影和侧面投影中，分别依次连接各点，并判别可见性，得相贯线的正面投影和侧面投影；

③ 补充完善柱和球的转向轮廓线：侧面投影中，柱的转向线应延长到 c''，并且可见；圆球的侧面投影转向轮廓线应画至 d''，不可见，虚线绘制。作图结果如图 3-48(c)所示。

图 3-48(d)是球与圆柱内表面相交的图例，交线的作图方法与图 3-47 的作图方法相同，在可见性上有所不同。

2. 用辅助平面法求相贯线

圆锥面和球面都没有积聚性，因此锥球相贯时，不能利用积聚性求相贯线，可利用辅助平面法求相贯线。

辅助平面法求相贯线的作图原理：选择一些特殊的辅助面与参与相贯的回转体相交，并使得产生的交线(即截交线)都是简单的直线段或圆弧，这些简单截交线的交点就是相贯线上的点。如图 3-49(b)所示，截平面 P_{BV} 与圆锥面和球面的交线都是纬圆，两纬圆的交点 B 就是相贯线上的点。如此方法求出相贯线上若干点的投影，然后依次连线得到相贯线的投影。

【例 3-31】 如图 3-49(a)所示，已知圆锥与球相贯，完成正面与水平投影。

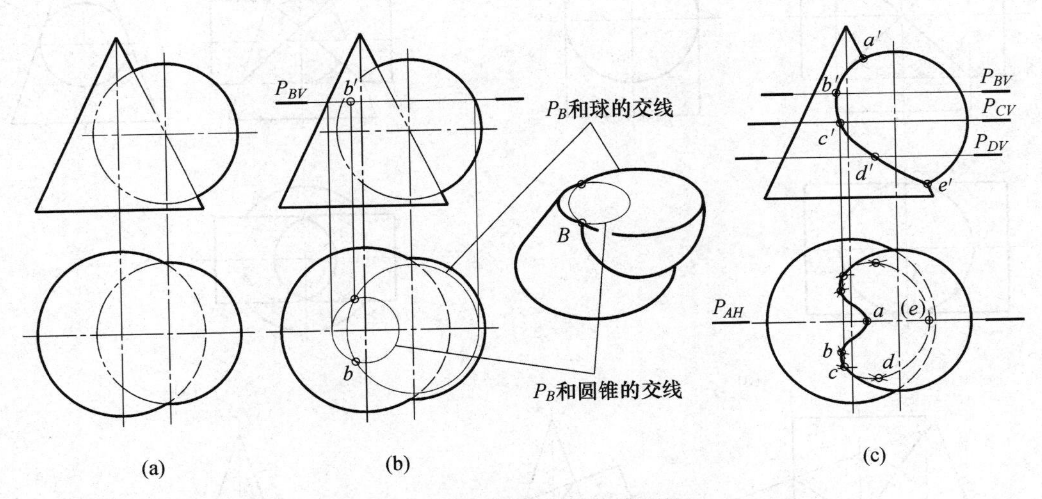

图 3-49　锥球相贯(辅助平面法)

(1) 分析

圆锥垂直放置，轴线是铅垂线，因此选择水平面为辅助平面来截切两形体，交线均为圆。两圆的交点即是相贯线上的点。如图 3-48(b)中的 B 点是辅助平面、圆锥面和球面的三面共有点。

(2) 作图

① 从水平投影可以看出，相贯线前后对称，圆锥和球的正面投影转向轮廓线相交，交于 a'、e'。A、E 即相贯线上的两特殊点。根据投影特性求出水平投影 a、e。

② 在正面投影图上选取 3 个辅助平面 P_B、P_C、P_D，其中辅助平面 P_C 是为了求出球面上水平投影转向轮廓线上的点而设置的。依照图 3-49(b)所示的方法，求出 B、C、D 及其对称点的水平和正面投影。相贯线的最左点不能用一般方法求出，可不求。

③ 依次连接各点，并判别可见性。

④ 补充完善图形：将圆球水平投影的转向轮廓线画至和圆锥面的交点，即 c 和它的对称点，完成全图，如图 3-49(c)所示。

3. 相贯线的特殊情况

两回转体的相贯线一般都是空间曲线，但在某些特殊情况下，相贯线可能是平面曲线或直线。

1）有公切球的两个二次回转面相交

二次回转面包括圆柱面、圆锥面、球面、双曲面、抛物面等。若两个二次回转面有公切球(两个二次回转面的轴线必须相交，球心在轴线的交点处)，它们的相贯线就是两条二次曲线(平面曲线)。为使作图简便，两回转体轴线所确定的平面一般都选为投影面的平行面。

图 3-50(a)～(e)中所示的是五组回转体相贯时的投影图。图中用双点画线画出的圆表示两回转面的公切球。可以看出，两回转体相贯的相贯线均为两椭圆，两椭圆所在的平面互

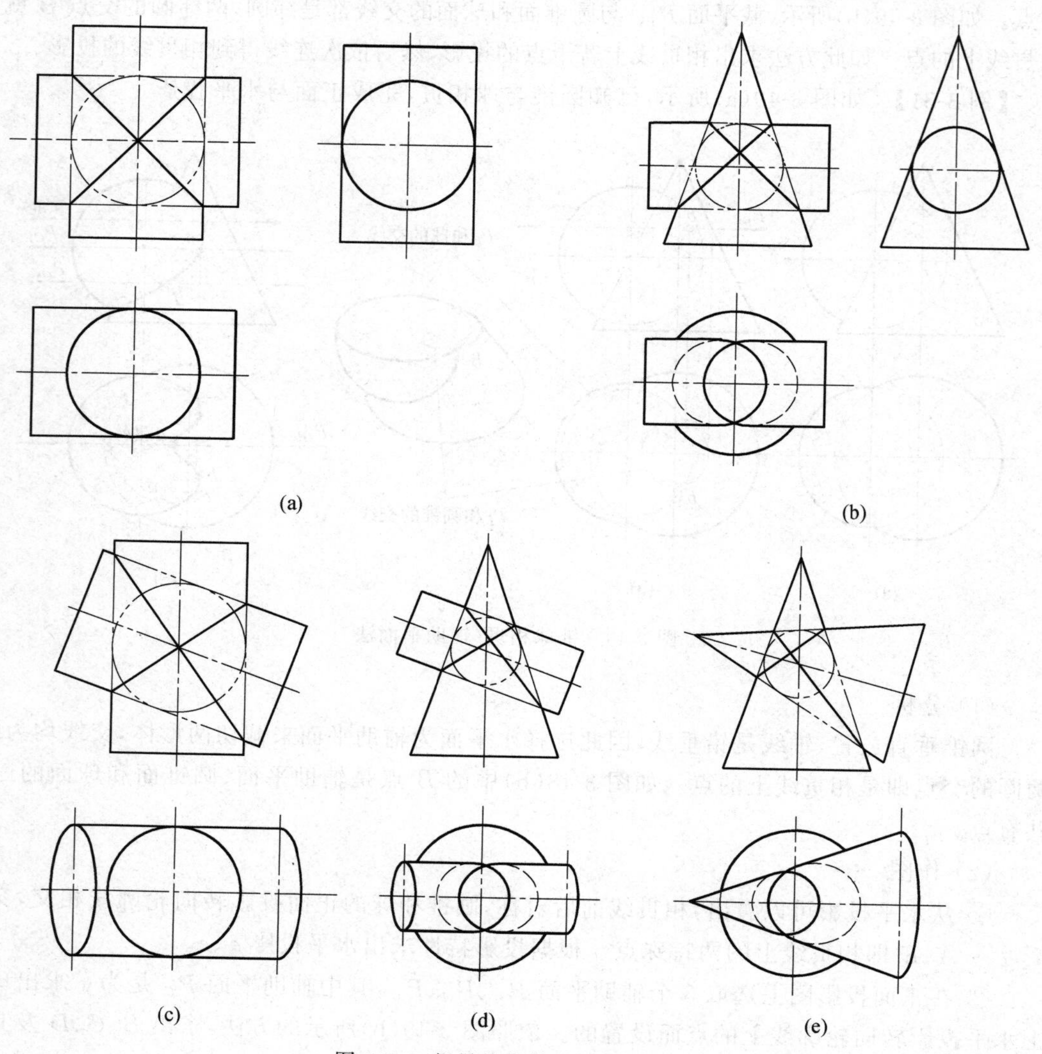

图 3-50　相贯线的特殊情况(一)

相垂直，并且同垂直于轴平面所平行的投影面（见图 3-50 中的正立投影面），投影为两条直线。作图时，只要连接转向轮廓线交点的对角点即可。其他两面投影为圆或椭圆。图中有一些显而易见的虚线未画出。

2）共轴线的两回转体相交

共轴线的两回转体相交时，交线是圆，这个圆实际上是两回转体的公共纬圆。交线在轴线垂直的投影面上的投影反映纬圆实形，在轴线平行的投影面上的投影为直线段，如图 3-51 所示。图 3-51(c)是圆球穿孔，孔和孔属于图 3-50 所示的特殊情况，所以正面投影为两条相交直线，在圆球内部，不可见，用虚线表示。

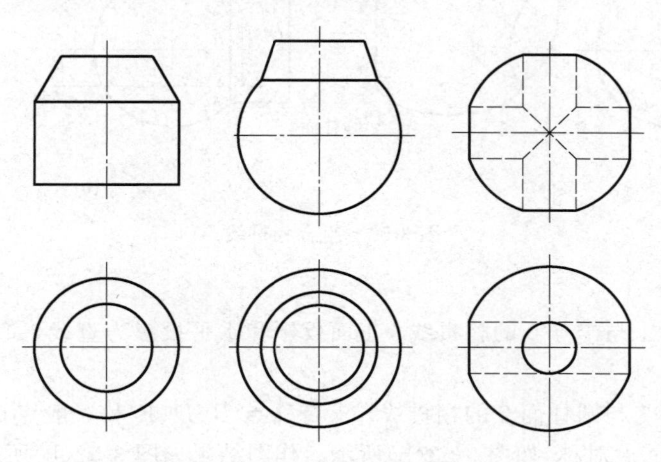

图 3-51　相贯线的特殊情况（二）

除以上介绍的常见的两种特殊相贯线外，还有其他一些类型的特殊相贯线，如轴线平行的两圆柱相贯，相贯线是素线；顶点重合的两圆锥相贯，相贯线是素线；顶角相等、轴线平行的两圆锥相贯，相贯线是抛物线等。

4. 组合相贯线

组合相贯线是几个基本立体同时相交产生的相贯线，它由几段单一的相贯线组合而成。作图的基本方法和步骤和单一的相贯线基本相同，关键要准确作出几段单一相贯线间的结合点，这些结合点属于特殊点。分别作出各段单一的相贯线的投影，即得到组合相贯线的投影。

【例 3-32】　如图 3-52(a)所示，完成相贯体的正面和水平投影。

1）分析

由图 3-52(a)可以看出，相贯体由三部分组成：右侧上部为半球 3，下部为圆柱 2。圆柱 2 垂直放置，轴线通过球心，且两者半径相等。左侧为圆柱 1，水平放置。它的上半圆柱面与半球面 3 相交，下半圆柱面与圆柱面 2 相交。因此，相贯线由两部分组成：一部分为圆柱面 1 的上半部分与半球面的交线，另一部分为圆柱面 1 的下半部分与圆柱面 2 的交线。

圆柱面 1 的轴线过球心，与半球面的交线为平行于侧面的半圆，侧面投影积聚在圆柱面 1 的侧面投影上，它的正面投影和水平投影为一直线。圆柱面 1 与圆柱面 2 正交相贯，相贯线的侧面投影在圆柱面 1 所积聚的圆周上，水平投影在圆柱面 2 所积聚的圆周上，两投影已知，由此求正面投影即可。

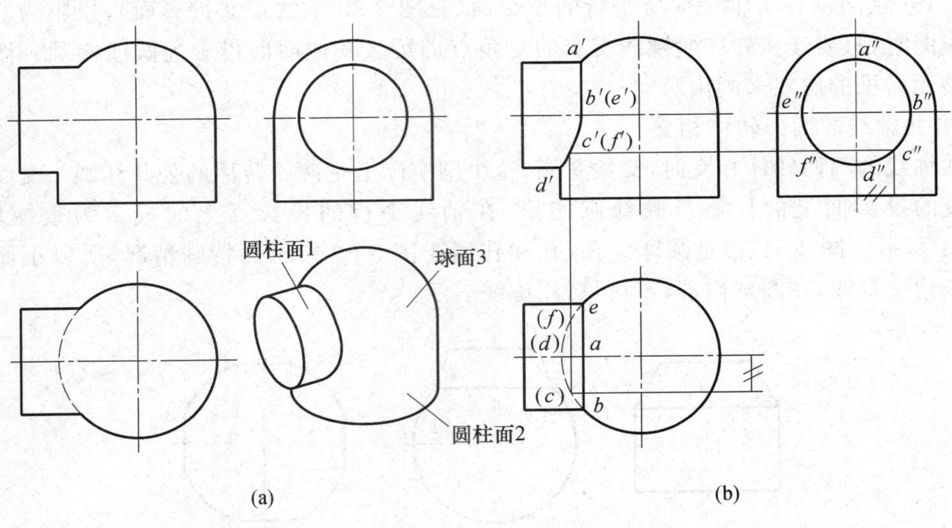

图 3-52　组合相贯线

2）作图

(1) 求圆柱面 1 与半球 3 的相贯线：正面投影和水平投影为直线，如图 3-52(b)所示的 $a'b'$ 和 bae。

(2) 求圆柱面 1 与圆柱面 2 的相贯线：求特殊点 B、D、E 和一般点 C、F 的正面投影，依次连线，相贯线前后对称，如图 3-52(b)所示。作图结果如图 3-52(b)所示。

3.4　立体表面交线的计算机实体建模

对于初学者来讲，立体被平面截切或两个立体相贯，其交线的空间形态及投影会变得很难想象。采用合适的三维软件（以 SolidWorks2016 为例），建立截切或相贯的立体模型，有助于对截交线和相贯线空间形态及投影的理解。

3.4.1　常见立体的计算机实体建模

【例 3-33】 用 SolidWorks2016 建立正六棱柱的实体模型。

正棱柱的建模，可以采用“拉伸凸台/基体”特征建模，步骤如下：

(1) 运行 SolidWorks 2016，单击“文件”→“新建”，在弹出的新建选项窗口里选择“零件(gb_part)”，单击“确定(√)”，进入系统的零件建模界面。

(2) 单击“拉伸凸台/基体”图标“ ”，选择“上视基准面”进入草图绘制模式，单击“多边形”图标“ ”，在切换出的多边形特性管理器对话框里修改有关参数（边数、内切圆或外接圆方式等），在绘图区移动鼠标到坐标原点，捕捉到原点后单击并拖动鼠标生成一个正六边形，如图 3-53 所示。

(3) 单击“确定(√)”，系统退出草图绘制模式，转入“凸台－拉伸”特征界面，在其特性管理器对话框里，调整拉伸方式和拉伸高度，如图 3-54 所示，点击“确定(√)”，即生成一个正棱柱实体模型。

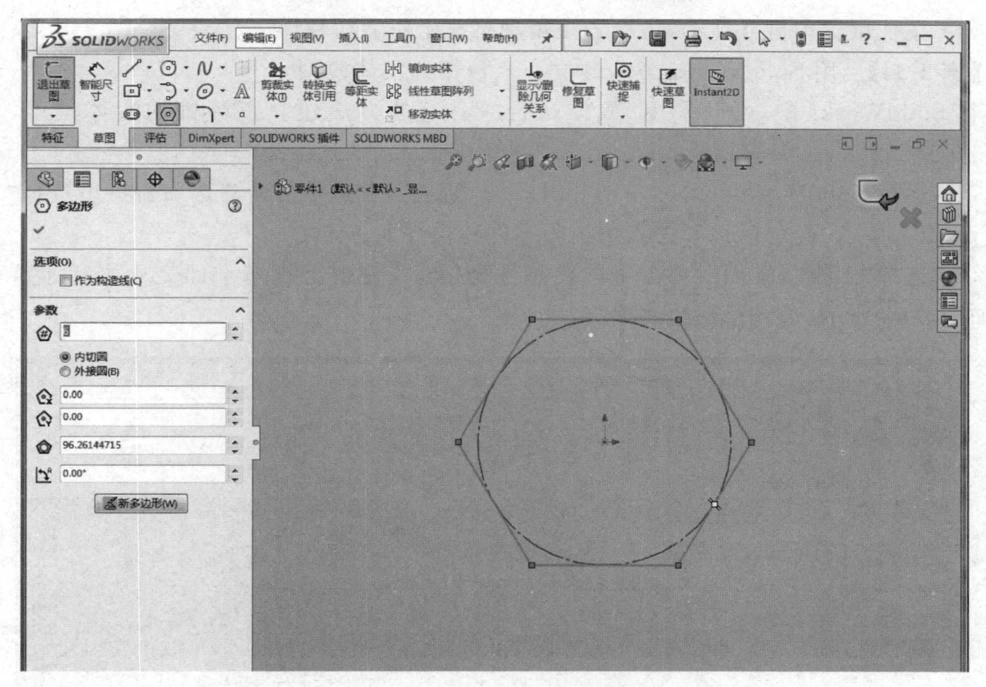

图 3-53　六棱柱草图绘制

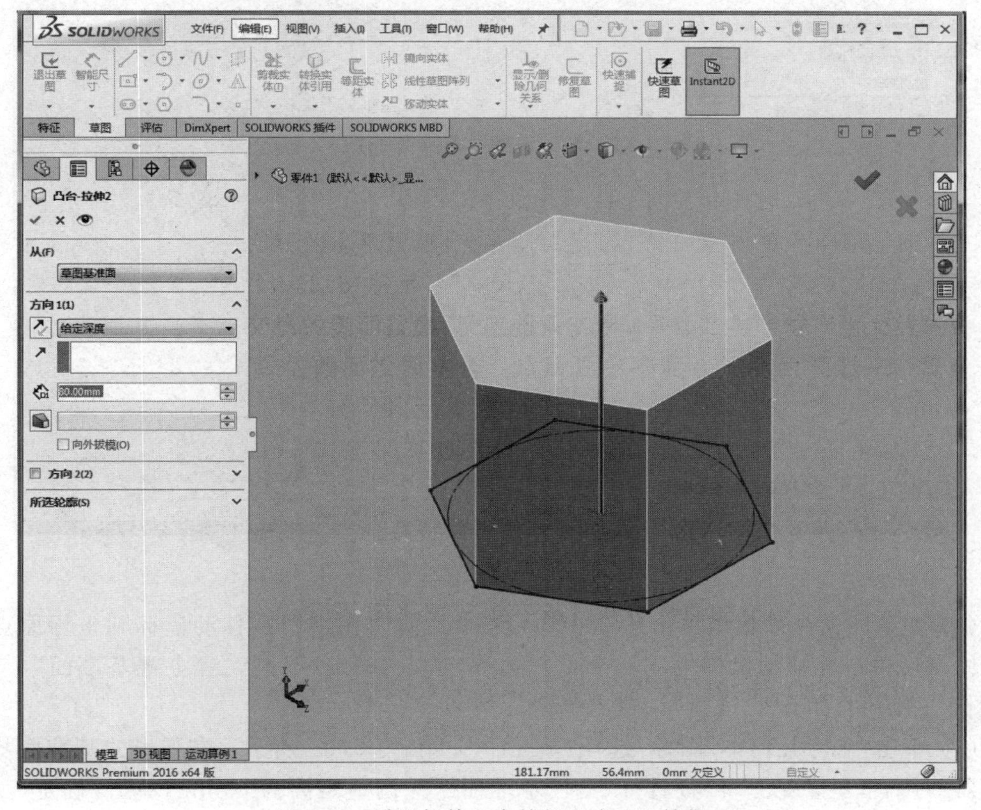

图 3-54　采用拉伸凸台特征生成正六棱柱

（4）按住鼠标中键并拖动，可以各视角动态显示正六棱柱。

【例 3-34】 用 SolidWorks2016 建立正六棱锥的实体模型。

在 SolidWorks 中，可以采用“放样凸台/基体”的方法建立正棱锥的实体模型，步骤如下：

（1）运行 SolidWorks 2016，单击“文件”→“新建”，在弹出的新建选项窗口里选择“零件(gb_part)”，单击“确定(√)”，进入系统的零件建模界面。

（2）选择“上视基准面”，单击草图绘制图标“”，使得上视基准面处于平行于屏幕位置，如图 3-55 所示，进入草图绘制模式。

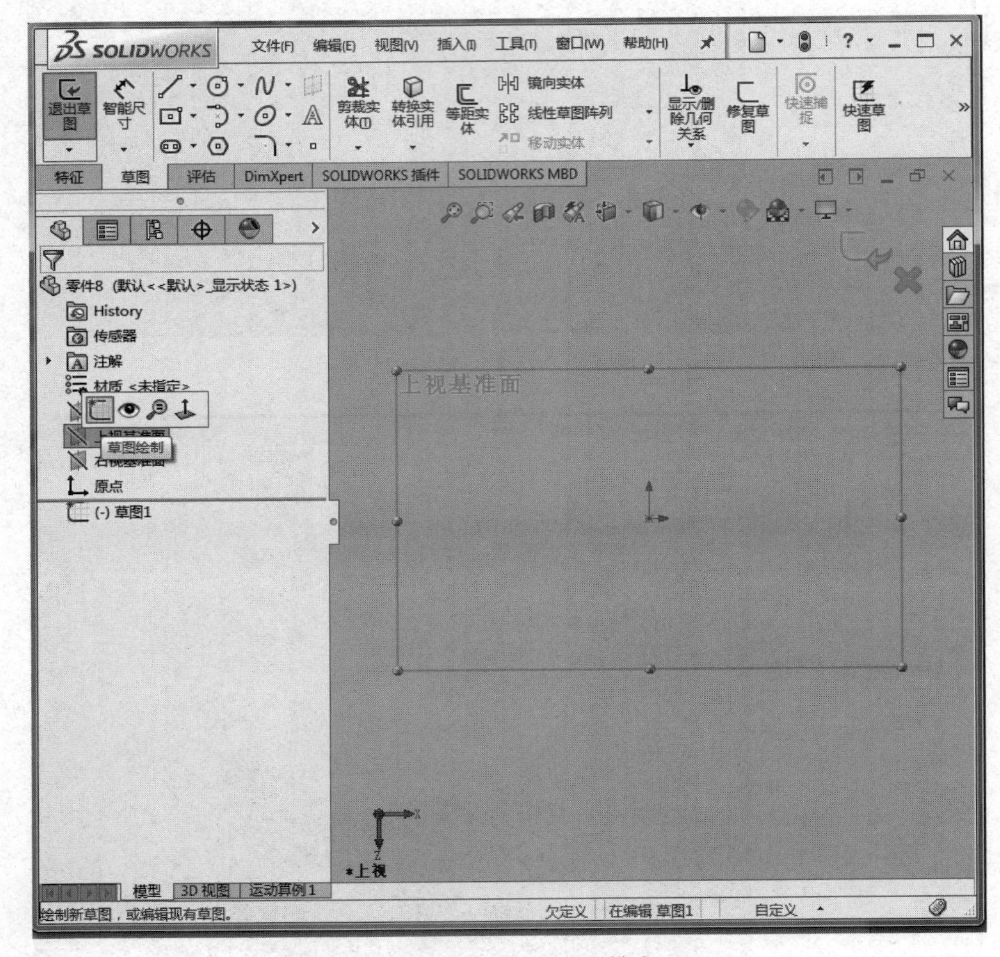

图 3-55　正六棱锥草图模式

（3）在草图命令面板里单击绘制多边形图标“”，在绘图区移动鼠标到坐标原点，捕捉到原点后单击并拖动鼠标生成一个正六边形，单击“确定(√)”，在“上视基准面”上完成“草图 1”的绘制，如图 3-56 所示，退出草图。

（4）单击“参考几何体”图标，选择“基准面”，如图 3-57(a)所示。在弹出的基准面“特性管理器”对话框里，“第一参考”选择“上视基准面”，并调整距离为 60mm，单击“确定(√)”，生成一个与“上视基准面”平行距离为 60mm 的“基准面 1”，如图 3-57(b)所示。

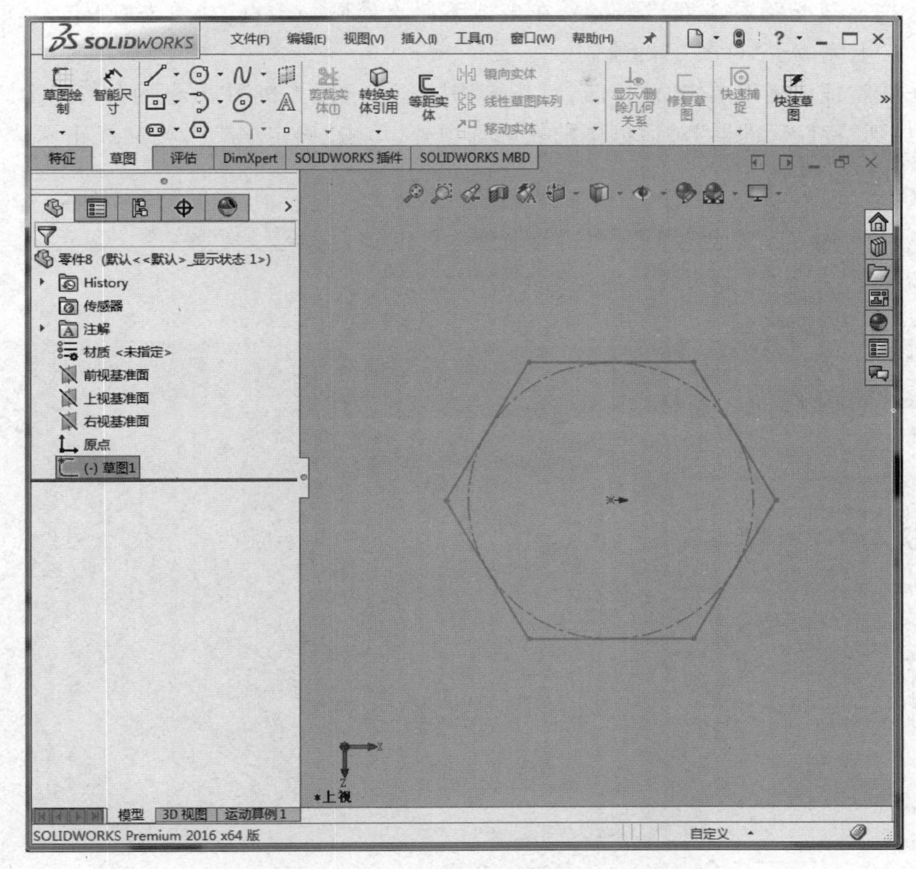

图 3-56 正六棱锥草图 1

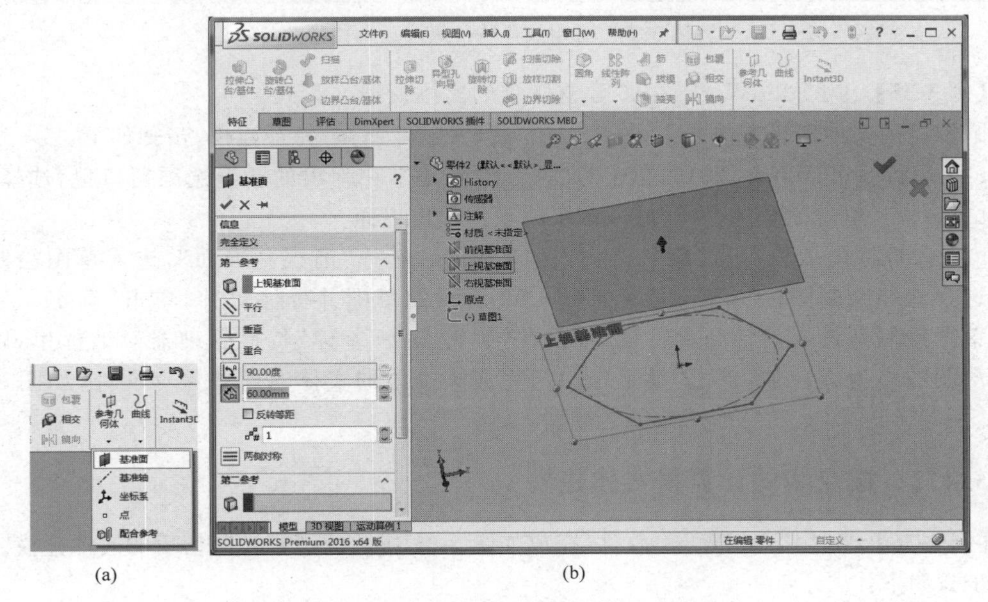

(a) (b)

图 3-57 草图 2 基准面设置

（5）选择基准面1，参照步骤（2），在坐标系原点处画一个点，并单击"确定（√）"，则在"基准面1"上完成了"草图2"的绘制。

（6）在特征面板里单击"放样凸台/基体"图标，点击图5-58中方框内的"草图1"和"草图2"添加到"特性管理器"对话框中的轮廓选项处，单击"确定（√）"，则完成正六棱锥的实体建模，如图3-58所示。

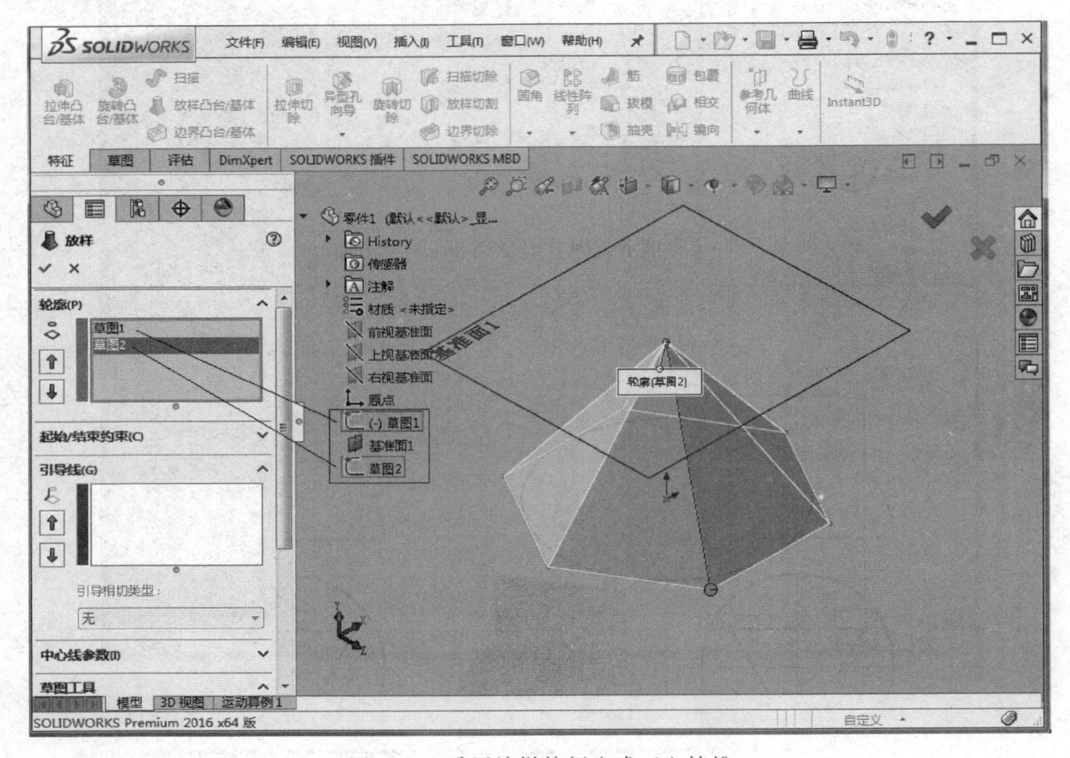

图3-58　采用放样特征生成正六棱锥

【例3-35】 用SolidWorks2016建立圆锥的实体模型。

圆锥体的实体建模方法之一，可以采用"旋转凸台/基体"特征建模，步骤如下：

（1）运行SolidWorks 2016，单击"文件"→"新建"，在弹出的新建选项窗口里，选择"零件（gb_part）"，单击"确定（√）"，进入系统的零件建模界面。

（2）在特征面板里单击"旋转凸台/基体"图标，选择"前视基准面"，进入草图绘制模式。选择直线绘制图标"／"，完成如图3-59所示的草图并标注尺寸，单击"确定（√）"，退出草图绘制并进入旋转凸台特征界面，在"旋转凸台/基体"特性管理器对话框里，以三角形草图的高为旋转轴，单击"确定（√）"，完成圆锥体的实体建模并保存文件，如图3-60所示。

3.4.2　截交线的计算机实体建模

【例3-36】 利用SolidWork软件，完成如图3-61所示的圆锥被截切后的实体建模。

步骤如下：

（1）运行SolidWorks 2016，单击"打开文档"，加载前面完成的圆锥实体模型。

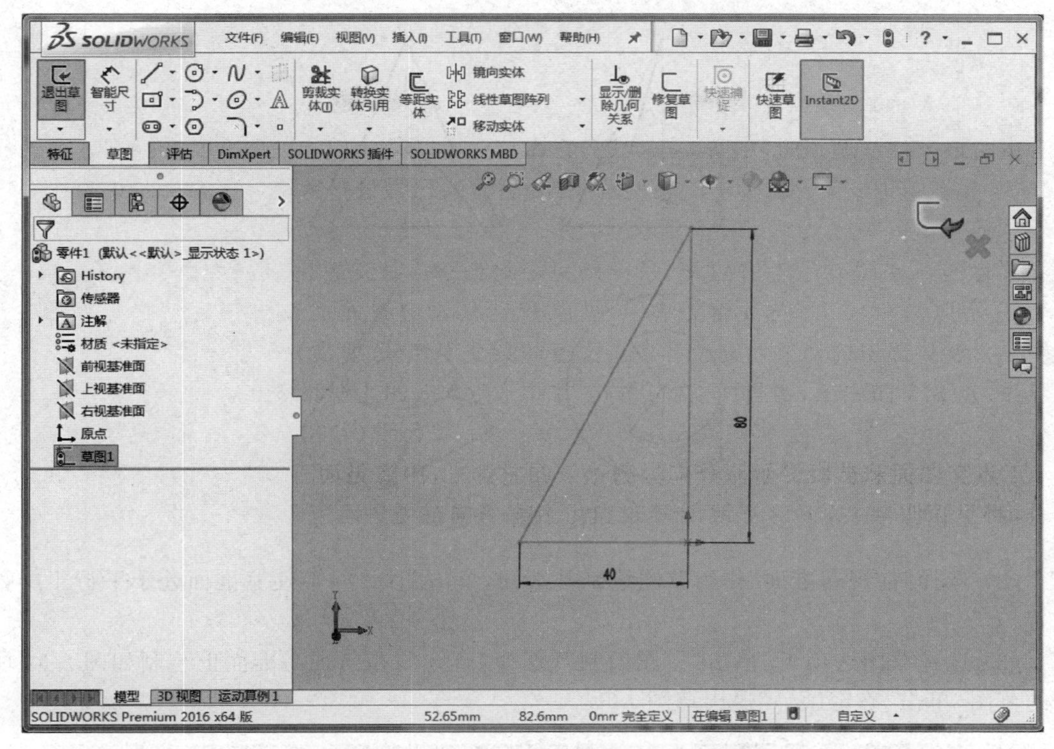

图 3-59　圆锥体草图

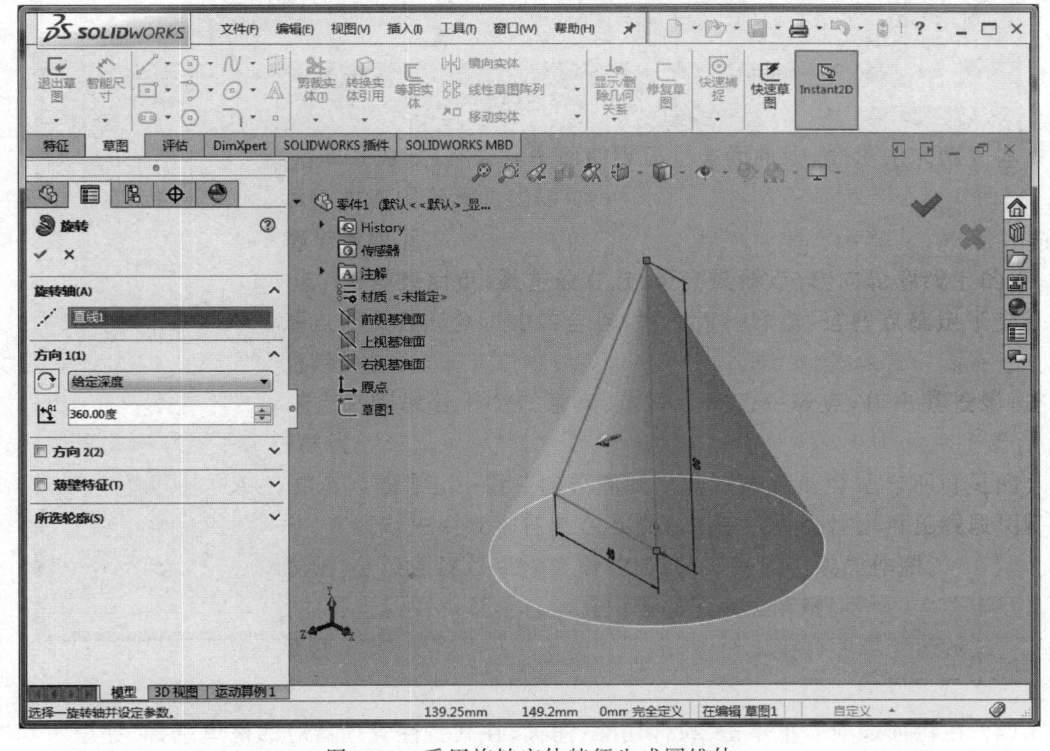

图 3-60　采用旋转实体特征生成圆锥体

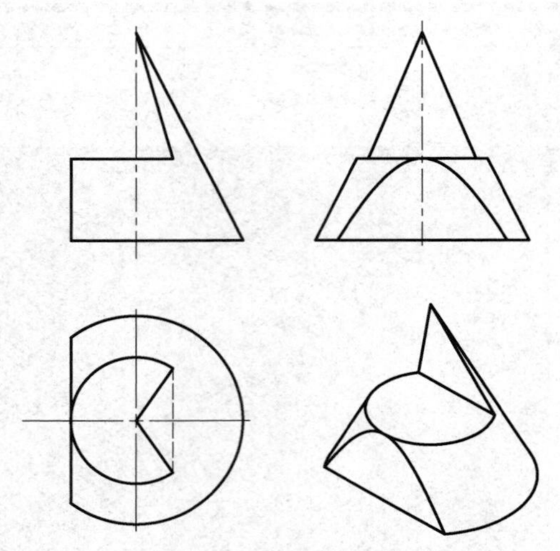

图 3-61　圆锥体截切

（2）选择“前视基准面”作为草图绘制基准面，单击图标“”，使基准面处于平行于屏幕位置。

（3）选择草图选项卡，单击“草图绘制”，选择“直线”，在前视基准面上绘制如图 3-62 所示的草图，单击“确定(√)”退出草图。

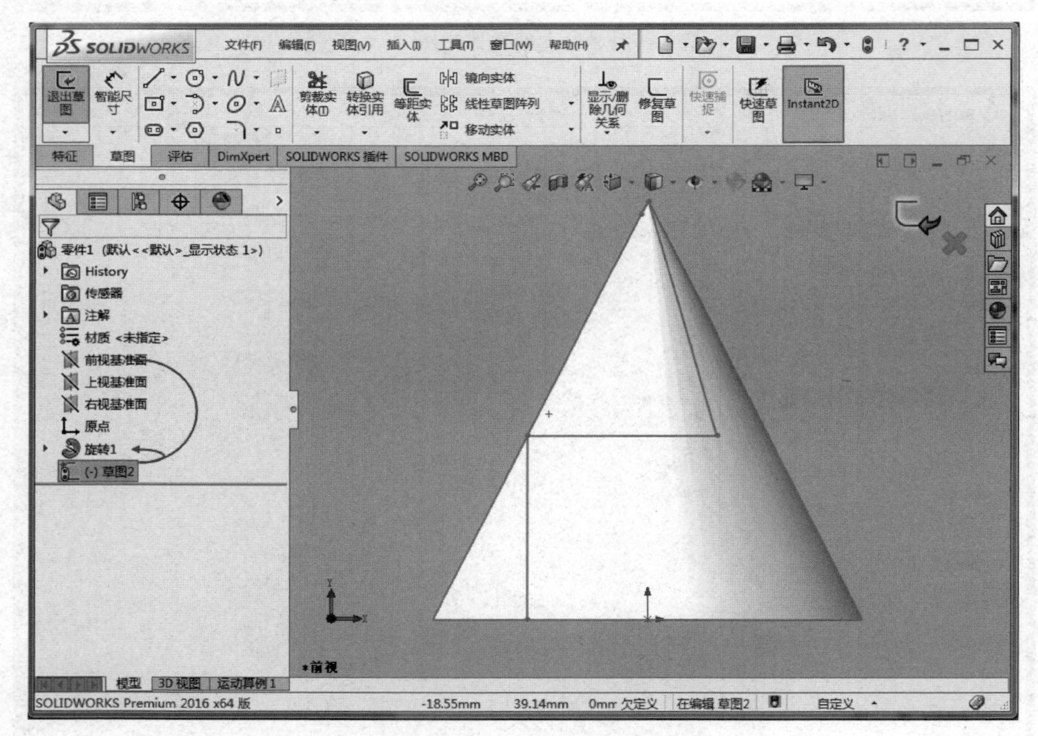

图 3-62　绘制截切平面

（4）在特征选项卡里单击“拉伸切除”图标，在其特性管理器对话框里选择“完全贯穿”，勾选反侧切除，如图 3-63 所示。

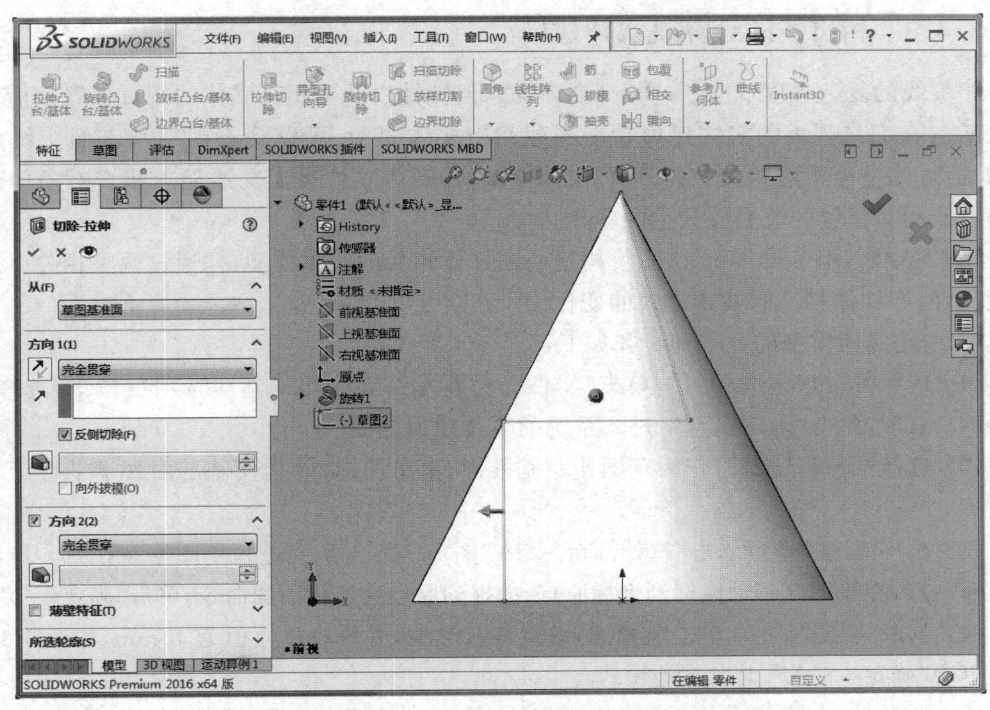

图 3-63　采用切除-拉伸特征完成锥体切割

(5) 单击“确定(√)”,完成被切割的圆锥体实体建模,如图 3-64 所示。

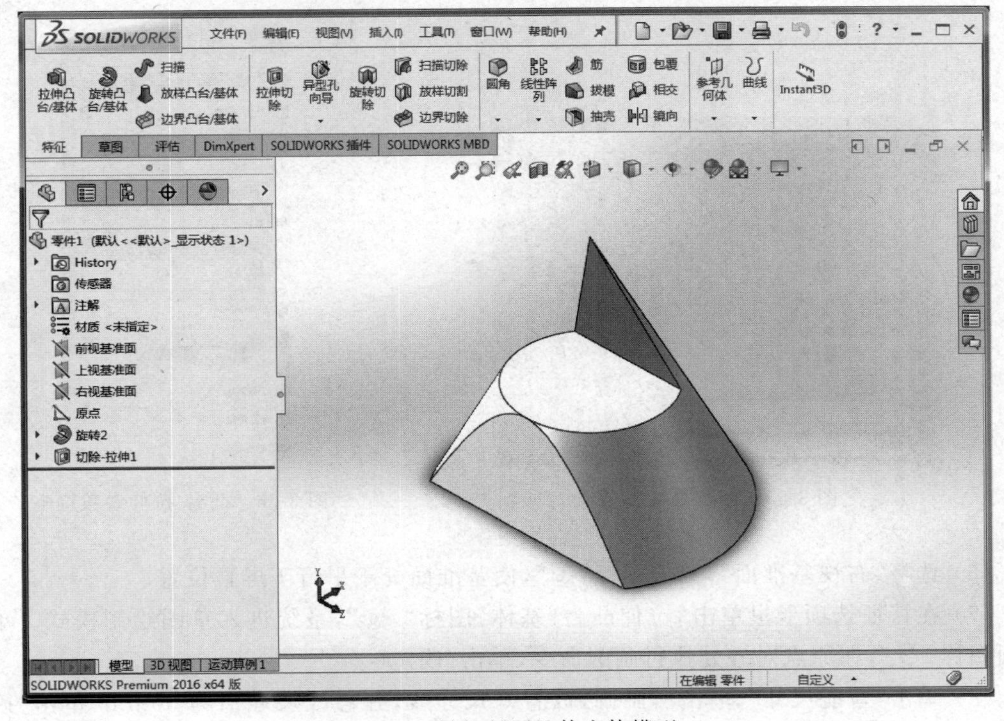

图 3-64　被切割圆锥体实体模型

3.4.3　相贯线的计算机实体建模

相贯线的复杂程度取决于两相交立体的几何特性以及两相交立体的相对位置。借助于SolidWorks 系统强大的实体建模功能构建相应实体模型，可以动态观察其表面交线的形式，并通过调整模型的相关参数，重构实体模型，再现两立体表面交线随着相交对象体量的改变以及相对位置的改变所产生的变化。

【例 3-37】 用 SolidWorks 系统构建两圆柱体相贯的实体模型，并通过调整相关尺寸参数，展示两圆柱体相交时其相贯线的变化。

1）构建实体模型的方法和步骤如下：

(1) 运行 SolidWorks 2016，单击“文件”→“新建”，在弹出的新建选项窗口里，选择“零件(gb_part)”，单击“确定(√)”，进入系统的零件建模界面。

(2) 选择“上视基准面”作为草图绘制基准面，单击图标“”，使基准面处于平行于屏幕位置。

(3) 在特征选项卡里单击“拉伸凸台/基体”图标“”，系统进入草图绘制模式。单击画圆图标“”，在绘图区移动鼠标到坐标原点，捕捉到原点后执行画圆命令，单击“确定(√)”。

(4) 单击“智能尺寸”，单击所画圆，放置好尺寸线，并修改尺寸值为 40mm，如图 3-65 所示。单击“确定(√)”后退出草图模式。

(5) 系统自动转为凸台-拉伸模式，在“凸台-拉伸”属性对话框里，修改拉伸值为 100mm，如图 3-66 所示。单击“确定(√)”，完成一个轴线垂直、直径为 40mm、长度为 100mm 的圆柱体建模，如图 3-67 所示。

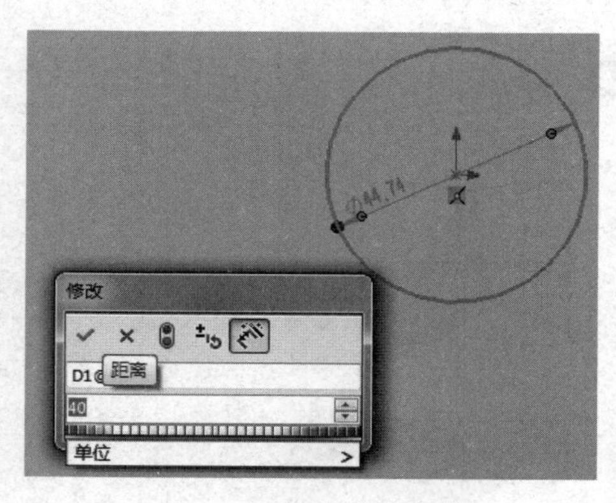

图 3-65　修改尺寸参数

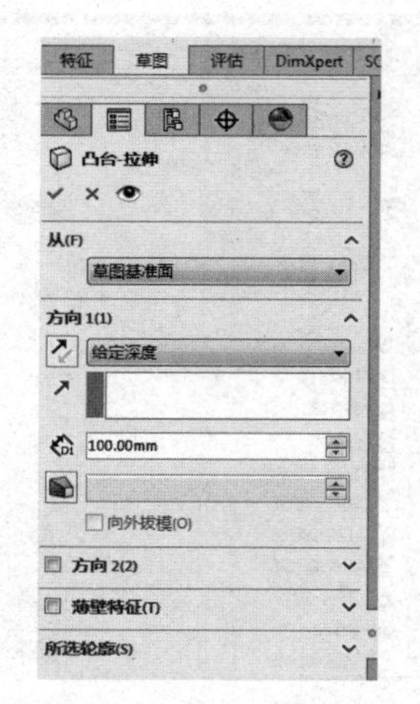

图 3-66　凸台-拉伸参数调整

(6) 选择“右视基准面”，单击图标“”，使基准面处于平行于屏幕位置。

(7) 在特征选项卡里单击“拉伸凸台/基体”图标“”，系统进入草图绘制模式。单击画圆图标“”，在原点对齐处执行画圆命令，单击“确定(√)”。

(8) 单击“智能尺寸”，单击所画圆，放置好尺寸线，并修改尺寸值为 30mm，单击“确定(√)”后退出草图模式。

(9) 系统自动转为凸台－拉伸模式，在“凸台-拉伸”属性对话框里(见图3-68)，将拉伸方向由“给定深度”改为“两侧对称”，修改拉伸值为80mm，单击“确认(√)”。完成两轴线正交的圆柱体相贯实体模型，如图3-69所示。

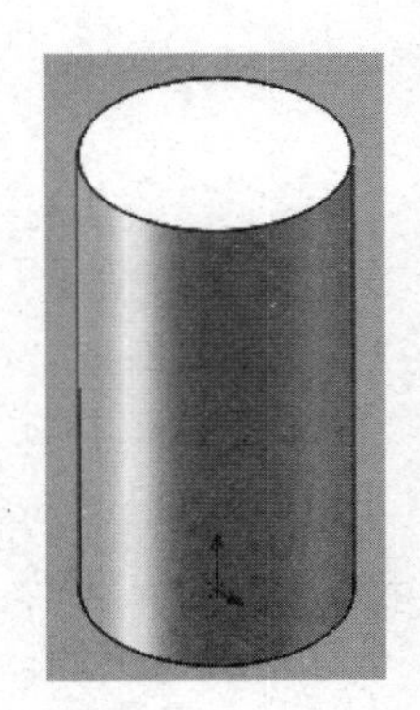

图3-67　圆柱实体模型

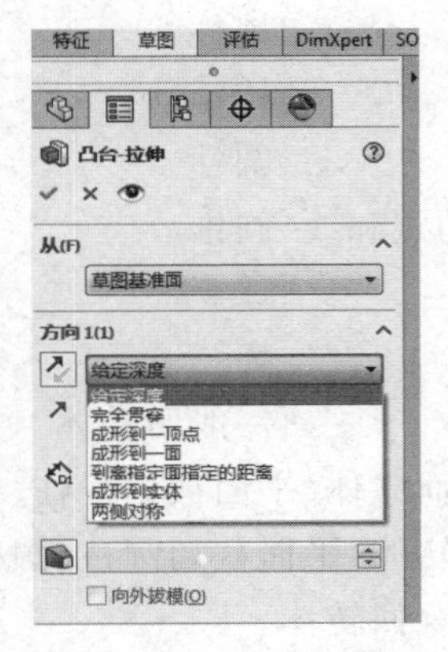

图3-68　凸台-拉伸参数调整

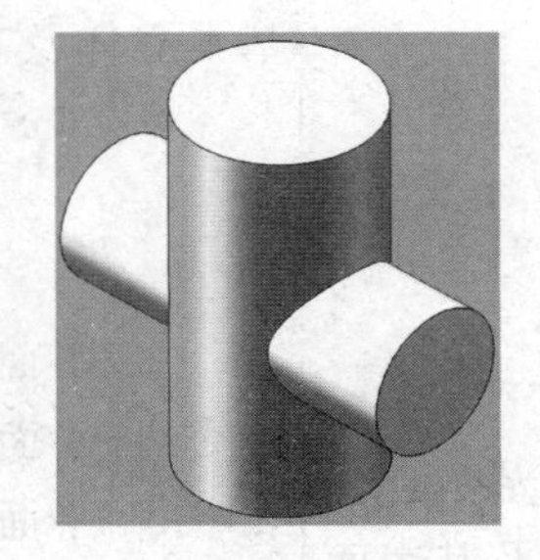

图3-69　两圆柱体相贯实体模型

(10) 按鼠标中键并拖动鼠标，可以旋转展示其相贯线的形式。单击键盘空格键，选择前视图投影方向，可以观察相贯线的投影。

2) 动态展示相贯线的变化趋势

(1) 相贯线随着直径的改变而改变

双击一个圆柱体，会显示此实体的相关尺寸，如图3-70(a)所示。双击直径尺寸，出现尺寸修改对话框，如图3-70(b)所示。修改直径尺寸，观察相贯线的变化情况。图3-70(c)是将小圆柱的直径$\phi30$改为$\phi40$，此时两圆柱体直径相等，轴线正交，呈现出柱柱相贯时产生的特殊情况。

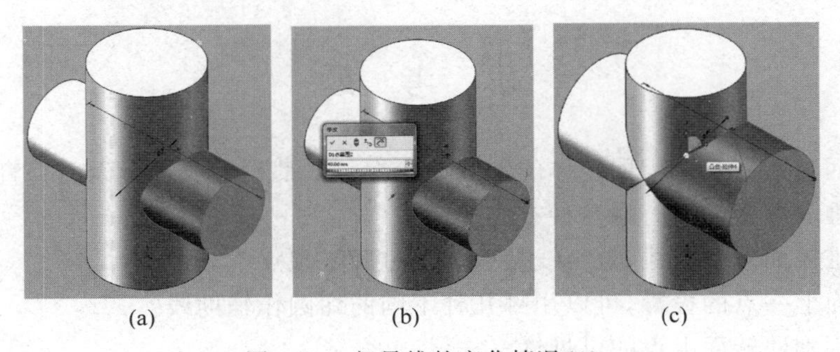

(a)　(b)　(c)

图3-70　相贯线的变化情况(1)

(2) 相贯线随着相贯体位置的改变而改变

在“特征”面板上单击“Instant3D”启用拖动控标，选择小圆柱体，会出现图3-71所示的控标。鼠标左键单击控标箭头X并沿着箭头方向拖动，则小圆柱体会随着箭头方向移动，此时可动态显示两圆柱体轴线位置变化而引起的相贯线变化。

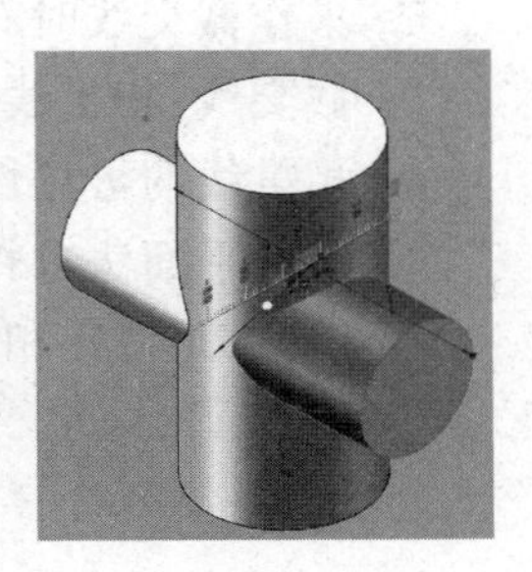

图3-71　相贯线的变化情况(2)

小　结

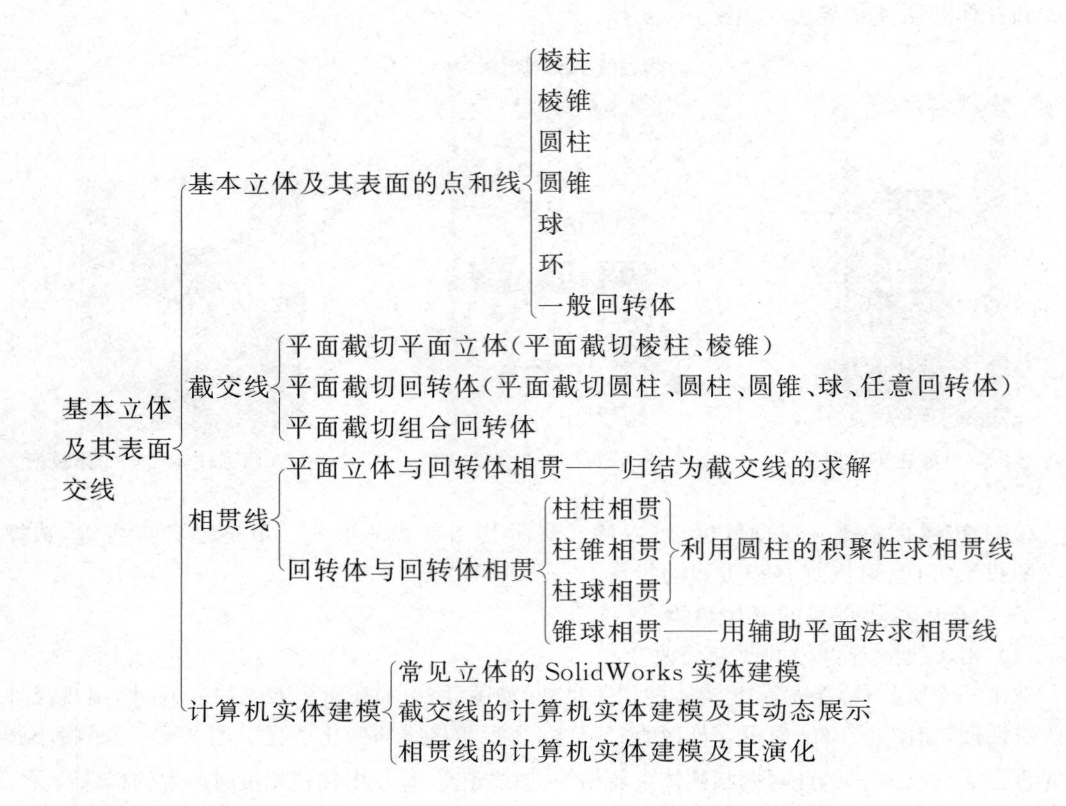

思 考 题

1. 常见回转体有几种？回转体的轴线为什么一般都设置成投影面的垂直线？
2. 求圆锥表面上的点有哪几种方法？
3. 若圆锥表面有一直线，该直线是否一定过圆锥顶点？
4. 作球面上一点的投影，可以用哪几种不同的纬圆作辅助线？
5. 怎样判别回转面上点的可见性？
6. 求作截交线时有哪些基本作图方法？
7. 截交线、相贯线上有哪些类型的特殊点？
8. 相贯线的可见性怎样判断？
9. 辅助平面法求相贯线的原理是什么？辅助平面可以是投影面的垂直面吗？
10. 什么是特殊相贯线？特殊相贯线的画法与一般相贯线有什么不同？

第4章　组　合　体

4.1　组合体概述

任何复杂立体都可以看成是由一些基本体组合(叠加或切割)而成的,将由若干基本体组合而成的物体称为组合体。

4.1.1　组合体三视图的形成及其投影特性

如图 4-1(a)所示,将组合体置于三面投影体系中,分别向三投影面投影,即得该组合体的三面投影图,如图 4-1(b)所示。

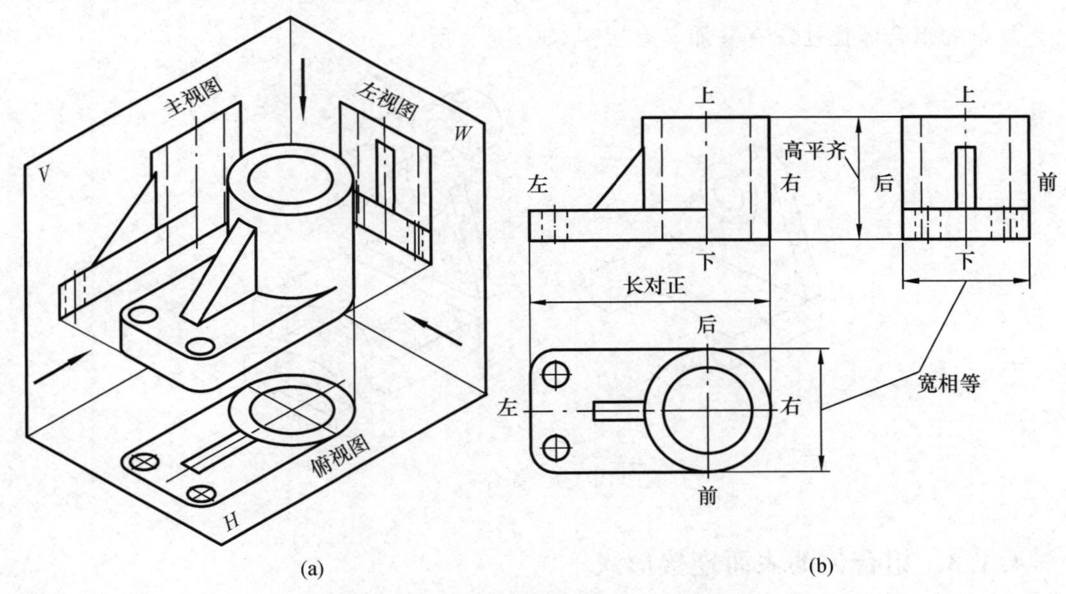

图 4-1　组合体三视图的形成及其特征
(a) 形成; (b) 三视图

习惯上,将组合体的三面投影称为三视图:正面(V 面)投影称为主视图,水平(H 面)投影称为俯视图,侧面(W 面)投影称为左视图。三视图即三面投影,仍然要符合“长对正、高平齐、宽相等”的投影特性。

4.1.2　组合体的组合方式

从形体特征上看,组合体的组合方式有叠加式、切割式和综合式。

1) 叠加式

由若干个基本体按照一定的方式堆叠相加而形成新形体,如图 4-2 所示。

2）切割式

从一个形体上切去若干基本体而形成新形体。如图 4-3 所示的组合体，可以认为先从长方体上切去形体Ⅰ、再切去Ⅱ后形成的。

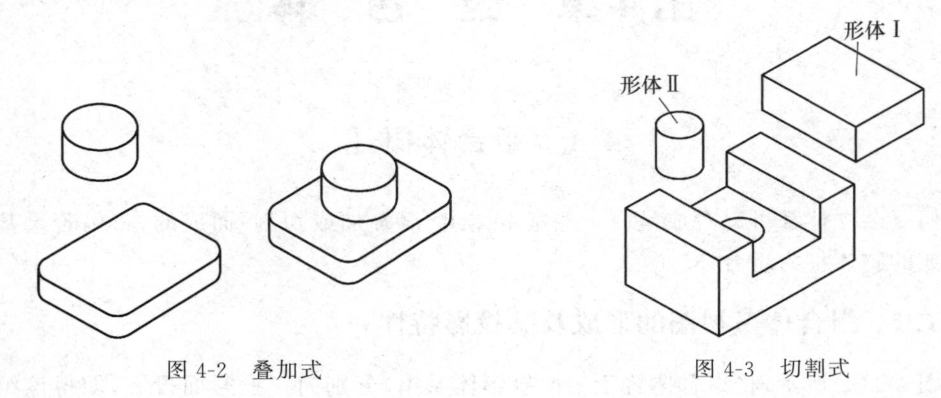

图 4-2　叠加式　　　　图 4-3　切割式

3）综合式

复杂的组合体往往既有叠加又有切割，如图 4-4 所示。

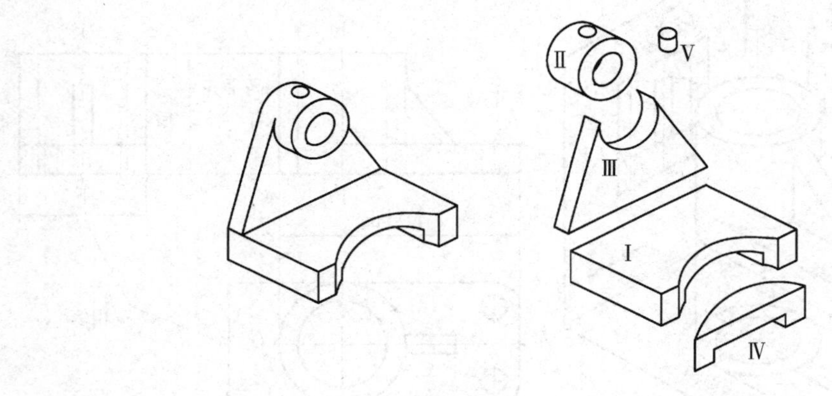

图 4-4　综合式

4.1.3　组合体的表面连接形式

组合体中的几个基本体经过叠加、切割后，相邻形体的表面存在着平齐（共面）、不平齐（不共面）、相切和相交 4 种关系。

1）平齐

平齐是指相邻形体的表面处在共面的位置，物体是一个不可分割的整体，此时结合面处无分界线，如图 4-5 所示。

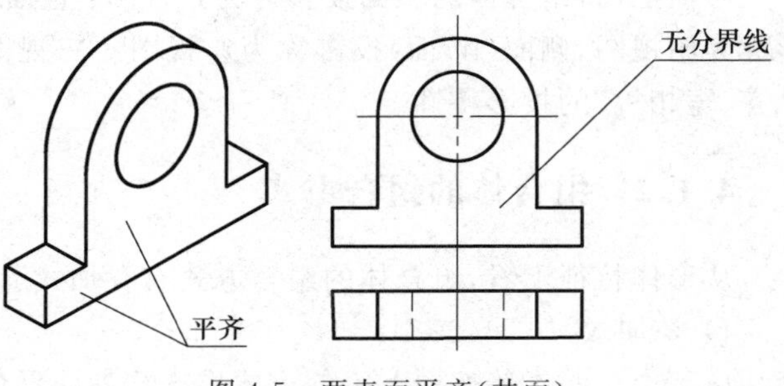

图 4-5　两表面平齐（共面）

2）不平齐

不平齐是指相邻形体的表面不共面，此时两面之间应该有分界线，如图 4-6 所示。

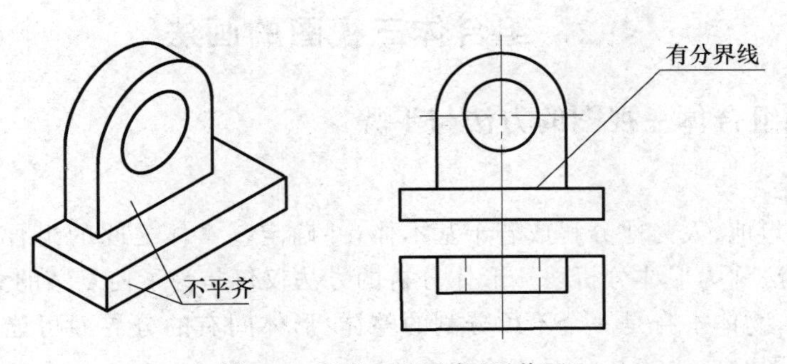

图 4-6　两表面不平齐(不共面)

3）相切

相切是指两相邻基本体的表面光滑过渡。相切的表面，在视图中均不画分界线，如图 4-7 所示。

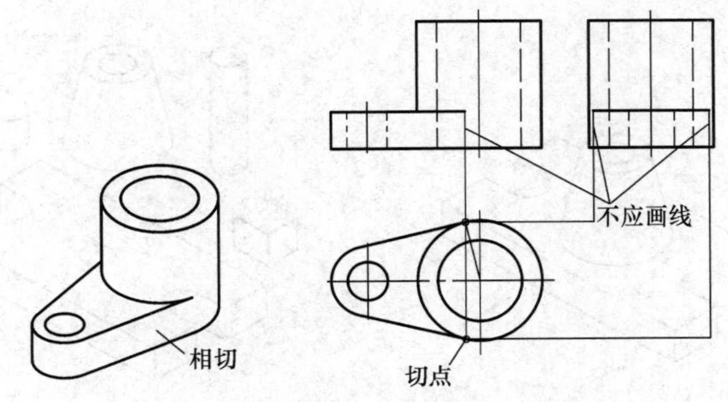

图 4-7　两表面相切

4）相交

当两个基本体表面相交时，存在着交线，交线的投影应画出，如图 4-8 所示。

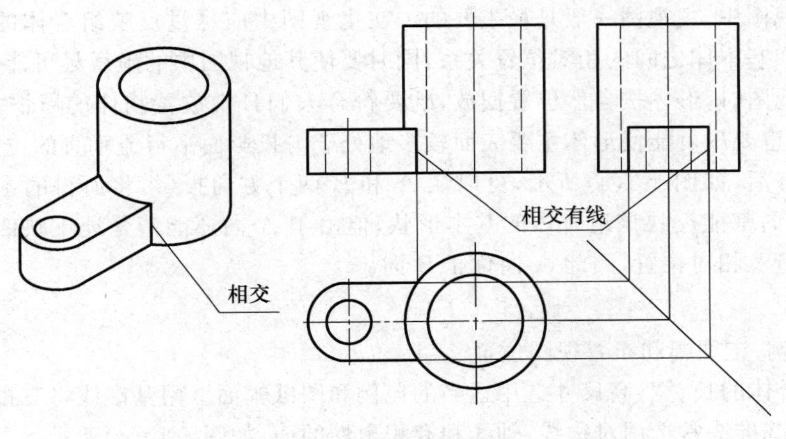

图 4-8　两表面相交

4.2　组合体三视图的画法

4.2.1　画组合体三视图的方法与步骤

1. 形体分析

将组合体假想地、人为地分解成若干基本体,并确定基本体之间的组合方式、相对位置和表面关系的方法称为形体分析法。形体分析的方法仅仅是为了使复杂的立体简化而人为进行的一种划分,物体本身是一个不可分割的整体,形体间有的分界面可能并不存在,因此画组合体的三视图时应注意结合面的轮廓。

如图 4-9 所示组合体,可以分解为图 4-9(b)所示的四棱柱、圆台、圆柱及两个 U 形柱。四棱柱上面叠加圆台且圆台轴线即为四棱柱左右及前后对称面的交线;四棱柱和圆台叠加后,以圆台的轴线为轴线,从顶面到底面,挖去一个圆柱体;在四棱柱的左右各挖掉一个 U 形柱,U 形柱的前后对称面与四棱柱的前后对称面重合。

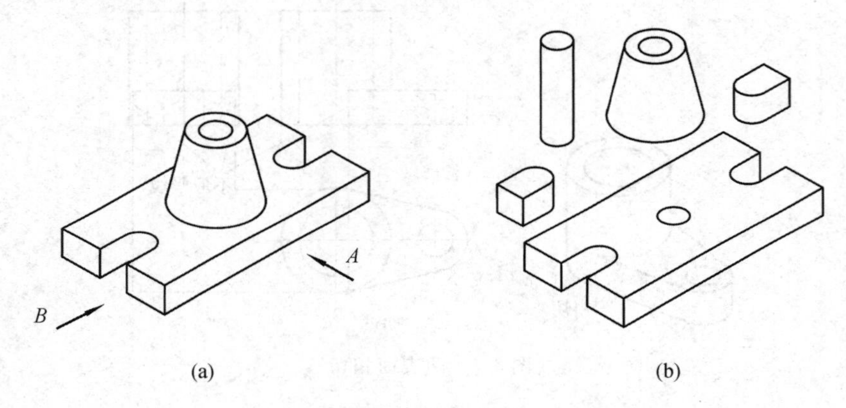

图 4-9　形体分析

2. 选择主视图

在三个视图中,主视图一般是最主要的。在主视图中应尽量反映组合体的形状特征和组成它的各个基本体之间的相对位置关系,同时要使其他视图中的虚线尽可能少出现。

选择主视图时,形体按自然位置摆放,既要符合人们日常放置物体的习惯,使物体具有稳定性,同时也要尽可能使形体主要表面较多地处于与投影面平行或垂直的位置。

形体摆好后,如图 4-9(a)所示,可以从 A 和 B 两个方向投影,将所得的主视图进行比较,这两个方向都能反映该组合体的基本形状,但由于 A 向还能清楚地反映四棱柱上挖出 U 形槽的数量及相对位置,因此 A 向优于 B 向。

3. 画图

1）选比例、定图幅和布置视图位置

根据组合体的长、宽、高尺寸选用适当的比例和图纸幅面。用基准线将三视图的位置布放在图纸上,基准线常选用对称线、轴线和有积聚性的面,如图 4-10(a)所示。

2）根据形体分析,逐个画出各基本体的三视图

画图按先实体后孔槽、先主要结构后局部细节的次序进行。对每个基本体应先画最能

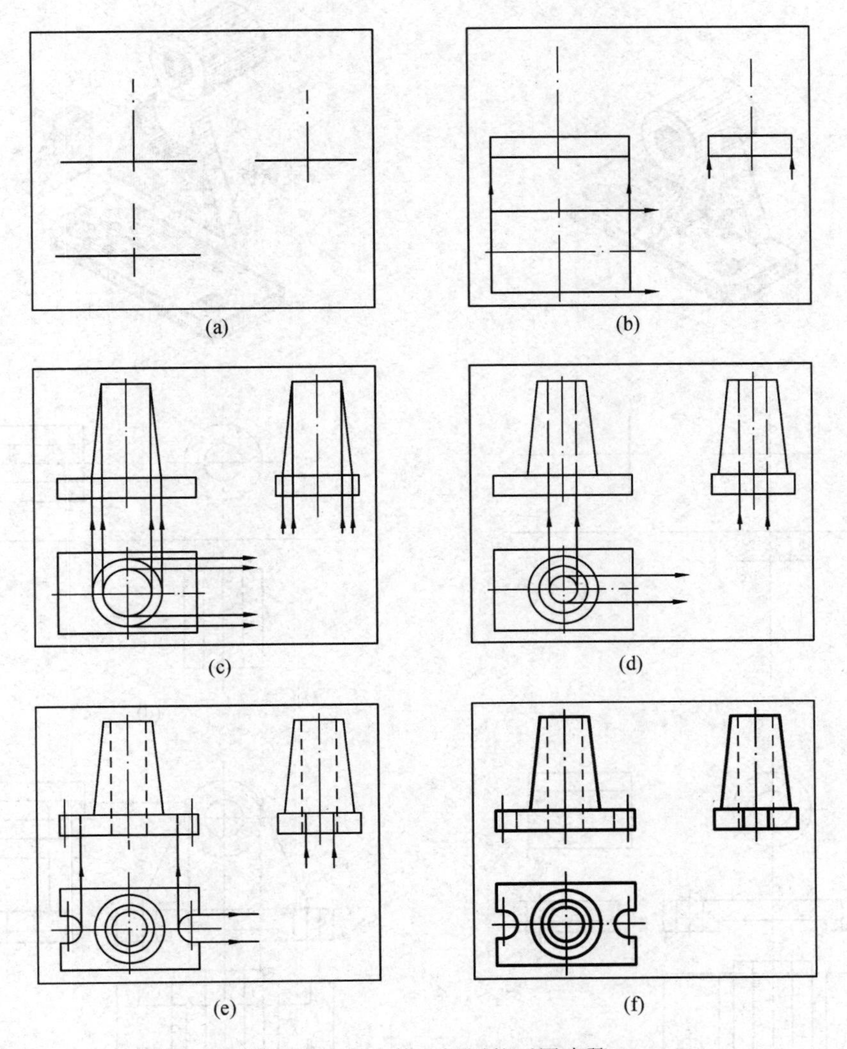

图 4-10　组合体三视图的画图步骤

反映其形状特征和所处位置的视图，然后按照“长对正、高平齐、宽相等”的投影关系画出其他两个视图，如图 4-10(b)～(e)所示。

3）检查、描深

检查视图画得是否正确，并要注意基本体之间邻接表面的相切、相交或共面的关系以及基本体之间的遮挡。去掉多余的图线，补齐漏掉的图线，判别可见性，纠正投影错误，最后按规定的线型加粗、描深图线，完成全图，如图 4-10(f)所示。

4.2.2　三视图画图举例

1. 叠加式组合体的三视图绘制

叠加式组合体一般按照组合体的组合顺序逐个画出各组成部分的视图，最后完成全图。

【例 4-1】　画出图 4-11(a)所示轴承座的三视图。

(1) 形体分析如图 4-11(b)所示，轴承座可以看成由底板、支承板、肋板和套筒叠加而成；

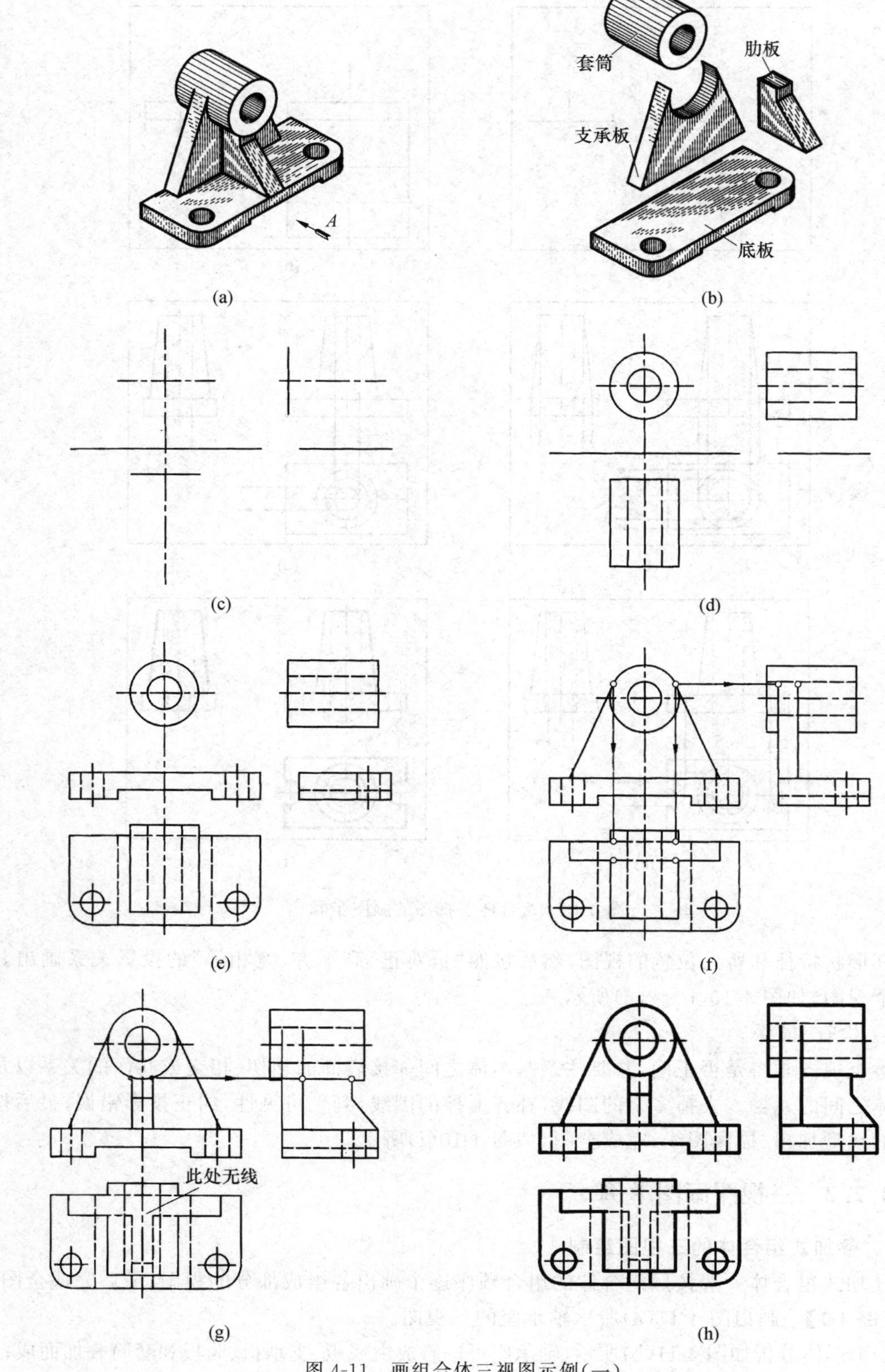

图 4-11　画组合体三视图示例(一)

(2) 主视图的选择如图 4-11(a)箭头所指方向;

(3) 画图过程如图 4-11(c)～(h)所示。

2. 切割式组合体的三视图绘制

切割式组合体一般先画出未切割之前的基本立体视图,然后按照切割顺序逐个减去被切去的部分,这里的重点是截交线的画法。

【例 4-2】 画出图 4-12(a)所示物体的三视图。

(1) 形体分析:该物体是长方体切除图 4-12(c)～(e)所示的三部分而形成的;

(2) 主视图的选择如图 4-12 箭头所指方向;

(3) 画图过程如图 4-12(b)～(e)所示。

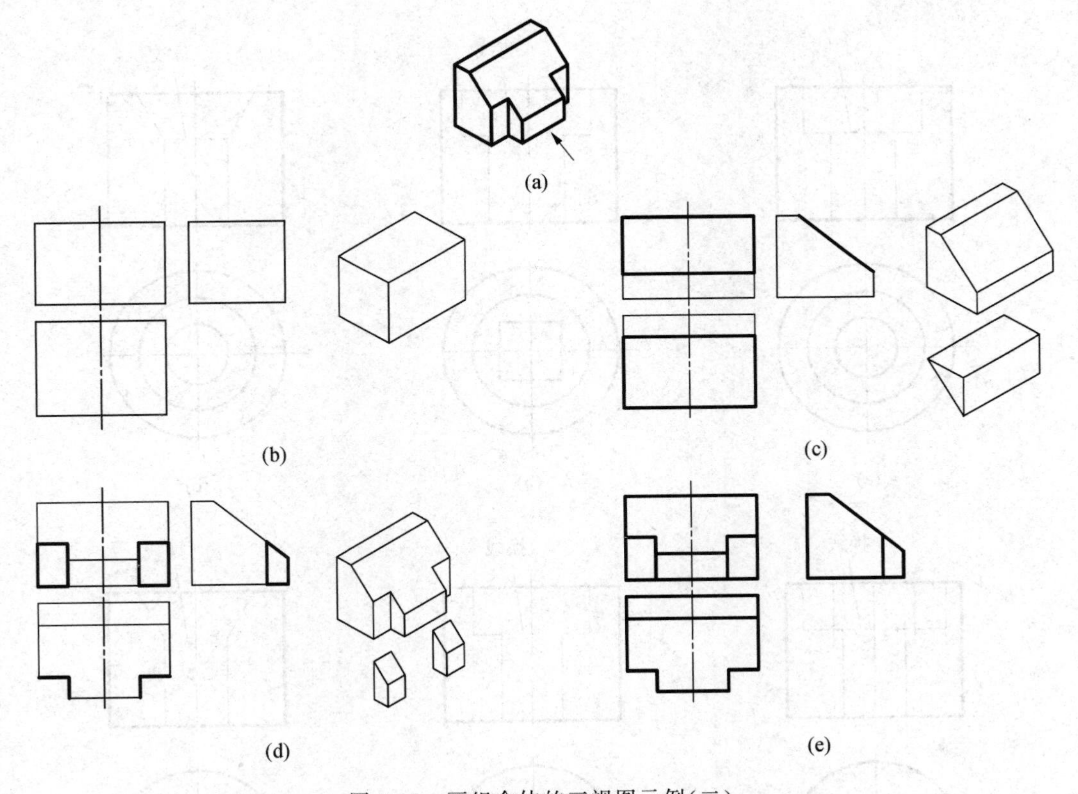

图 4-12　画组合体的三视图示例(二)

4.2.3　典型结构的画法

1. 三点法画相贯线

当两圆柱的轴线垂直相交、两圆柱的半径不相等、对相贯线形状的准确度要求不高时,允许采用近似画法,即用圆弧代替相贯线的非积聚性的投影,该圆弧的圆心位于小圆柱的轴线上,半径等于大圆柱的半径,如图 4-13 中的主视图。

2. 阶梯孔

图 4-14 所示是各种不同类型的阶梯孔,画图时应注意表面平齐、不平齐、相切和相交的情况。

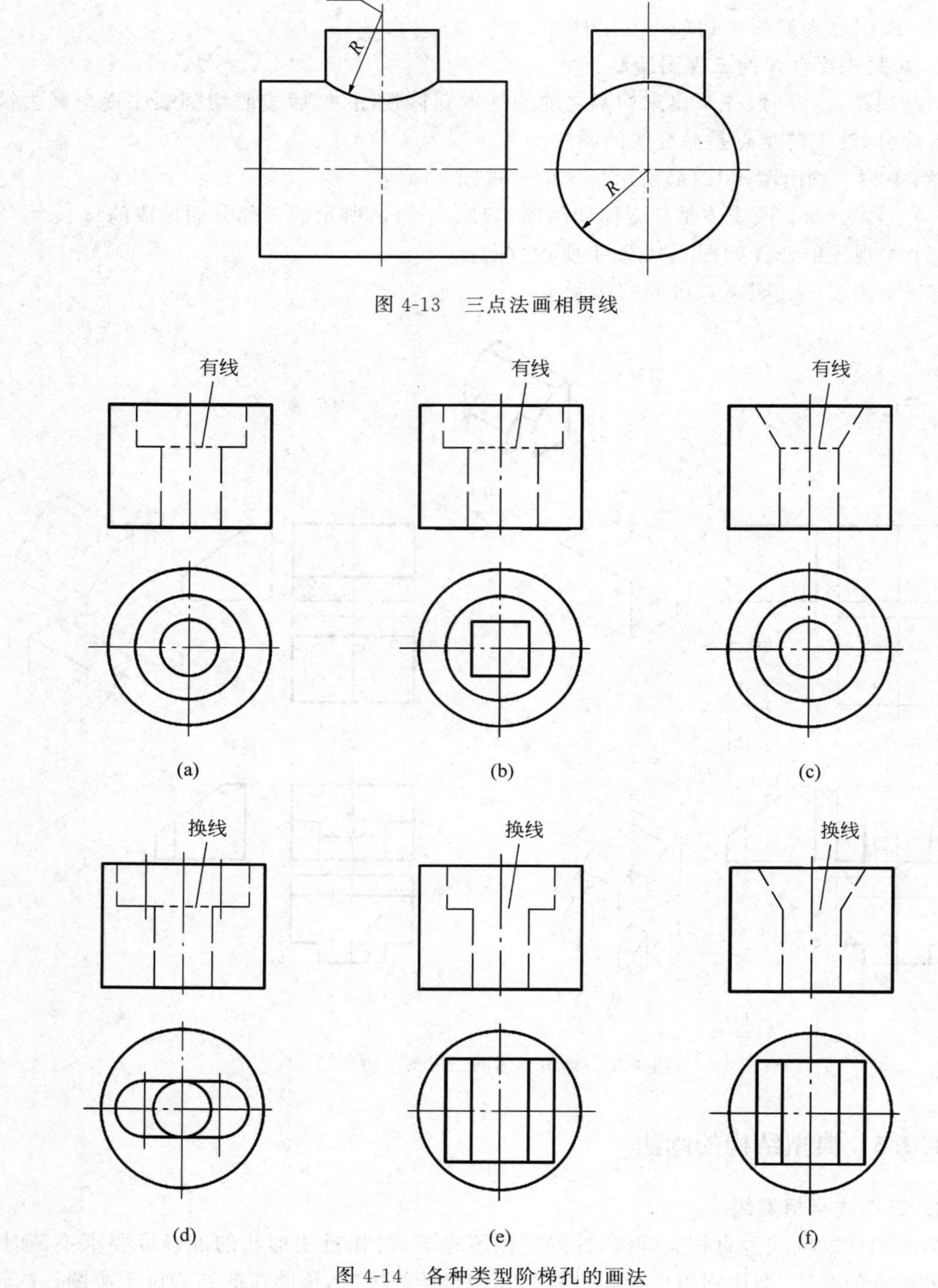

图 4-13　三点法画相贯线

图 4-14　各种类型阶梯孔的画法

3. 圆筒切口

圆筒切口由截平面切割而成，新产生的面由截平面与内外表面的交线围成，画法中应注意交线的正确位置，如图 4-15 所示。

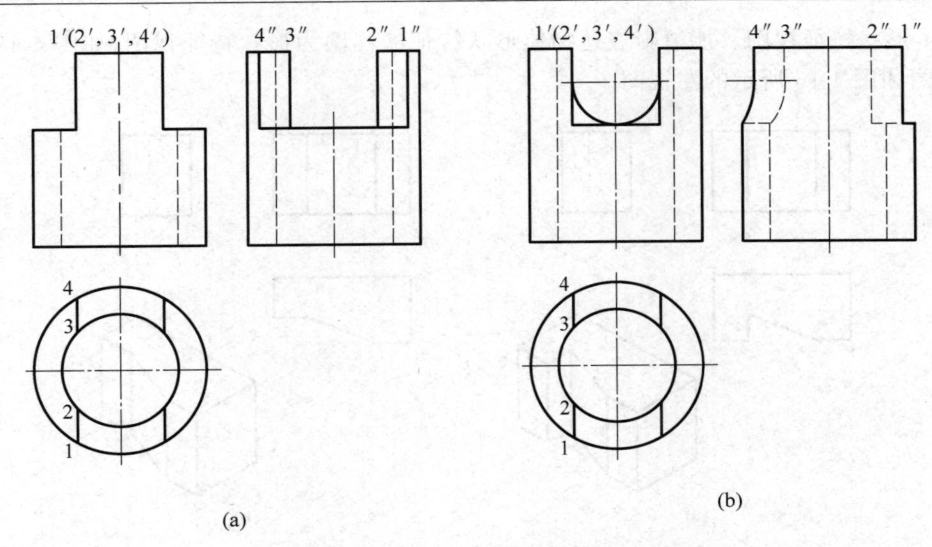

图 4-15　圆筒切口的画法

4.3　组合体读图

画图是把组合体按正投影的方法表达在平面图纸上,而读图是要依据画出的一组视图,运用投影关系和画图规则,通过形体分析和线面分析,想象出立体形状的过程,所以读图是画图的逆过程。为了正确快速地读懂视图,必须掌握读图的基本要领和方法,不断实践,提高读图能力。

4.3.1　组合体读图的要领

1. 以主视图为中心,几个视图联系起来看

一般情况下,一个视图不能确定组合体的结构形状(除了锥、柱、球等一些回转体在图中借助符号 ϕ、R、S 能用一个视图确定立体形状以外)。很多时候,两个视图也不能唯一确定形体结构。如图 4-16 中,主、俯视图相同,但是左视图不同,表达的空间形体不同。因此,在读图时,不能孤立地看一个或两个视图,要根据投影关系,几个视图联系起来一起看,全面思考。

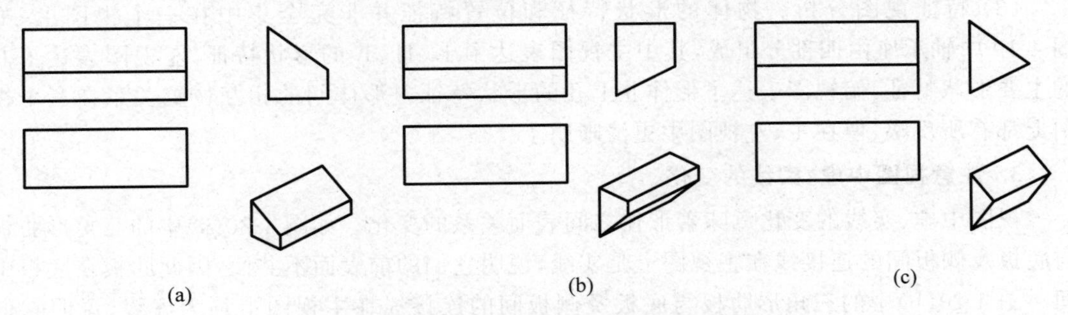

图 4-16　两个视图不能确定立体形状的图例

2. 利用特征视图确定形状和位置

特征视图包括形状特征视图和位置特征视图。

(1) 形状特征视图。能清晰表达物体形状特征的视图为形状特征视图,如图 4-17 所示的俯视图和图 4-16 所示的左视图。

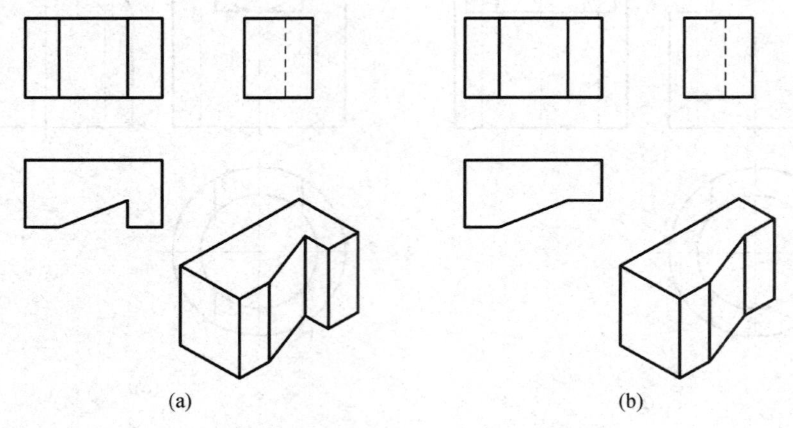

图 4-17 俯视图为形状特征视图

(2) 位置特征视图。能清晰反映各形体之间相对位置关系的视图为位置特征视图,如图 4-18 所示的左视图,清晰表达了Ⅰ、Ⅱ、Ⅲ三个形体间的位置关系。

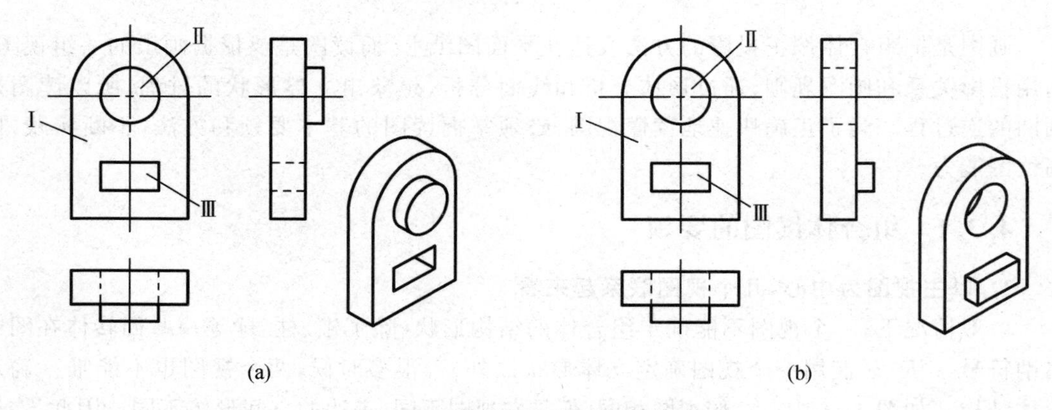

图 4-18 左视图为位置特征视图

(3) 特征视图分析。物体的形状特征和位置特征并非完全集中在一个视图上,如图 4-19 中轴承座由四部分组成,其中主视图表达了Ⅰ、Ⅲ、Ⅳ的形状特征,左视图表达了Ⅱ的主要形状特征,俯视图表达了形体Ⅱ上孔的形状特征。形体间的相互位置关系在三个视图上都有所反映,但在主、左视图中更清晰明了。

3. 注意视图中虚、实线的变化

视图中虚、实线的变化意味着形体之间表面关系的变化。如图 4-20(a)中的三角形肋板与底板及侧板间的连接线在主视图上是实线,说明它们的前表面不共面,因此肋板在底板中间。图 4-20(b)中的三角形肋板与底板及侧板间的连接线在主视图上均为虚线,说明它们的前表面共面,根据俯视图,可确定立体前后各有一块肋板。

4. 理解视图中图线和线框的含义

(1) 视图中的图线(粗实线或虚线)有三种含义,如图 4-21 所示:

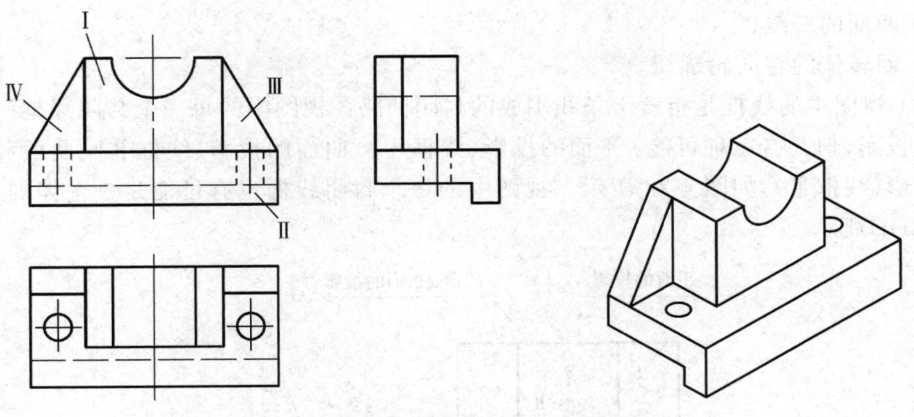

图 4-19　轴承座的特征视图分析

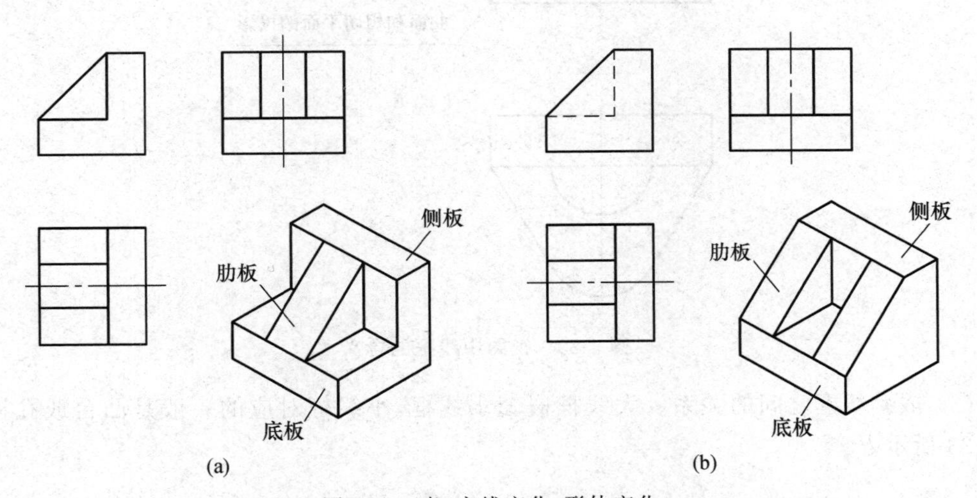

图 4-20　虚、实线变化，形体变化

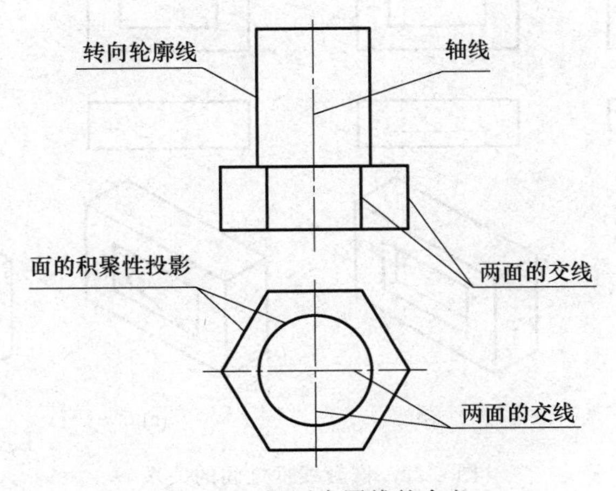

图 4-21　视图中图线的含义

① 面的积聚性投影；

② 两面的交线；

③ 回转体的转向轮廓线。

(2) 视图中的线框是指若干条线围成的封闭回路。视图中的每一个封闭线框一般是一个面的投影，但是有三种可能：平面的投影(线框Ⅰ)、曲面的投影(线框Ⅱ)、曲面和相切平面的投影(线框Ⅲ)，如图 4-22 所示。视图中的一个封闭线框也有可能是一个体的投影，如图 4-23(d)所示。

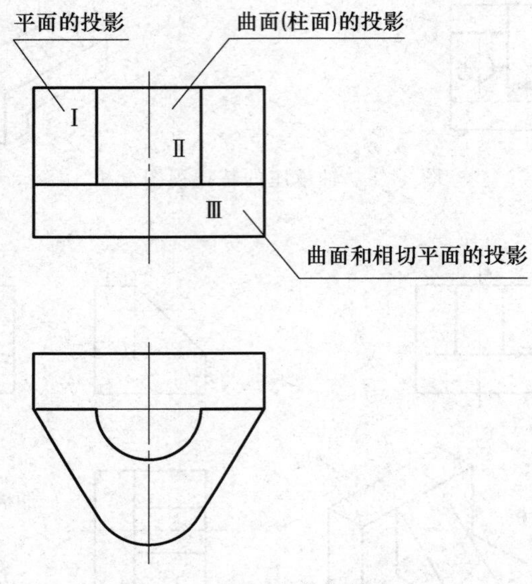

图 4-22　视图中线框的含义

(3) 嵌套线框之间的关系。大线框嵌套小线框，小线框对应的一般是凸台或孔槽，如图 4-23 所示。

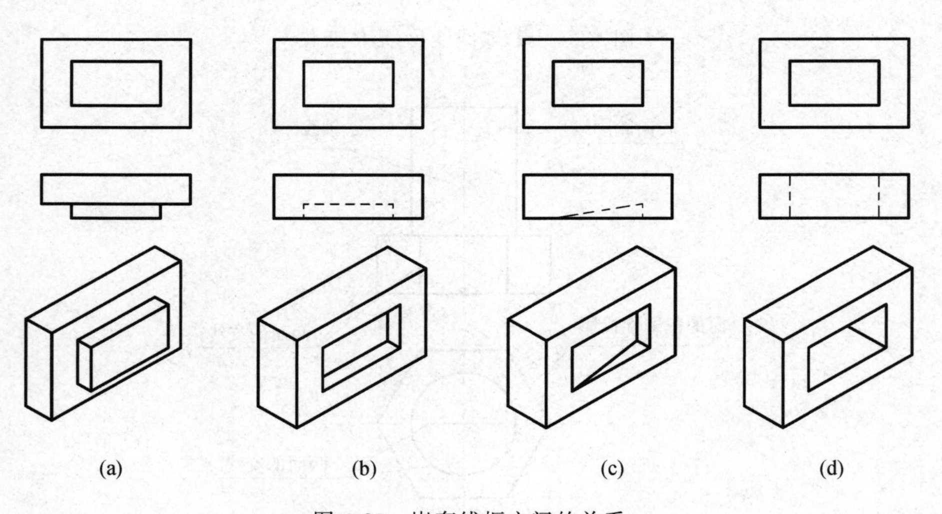

图 4-23　嵌套线框之间的关系

(4) 相邻线框之间的关系。视图中相邻线框代表的面在空间是相交的关系或错开的关系，如图 4-24 所示。

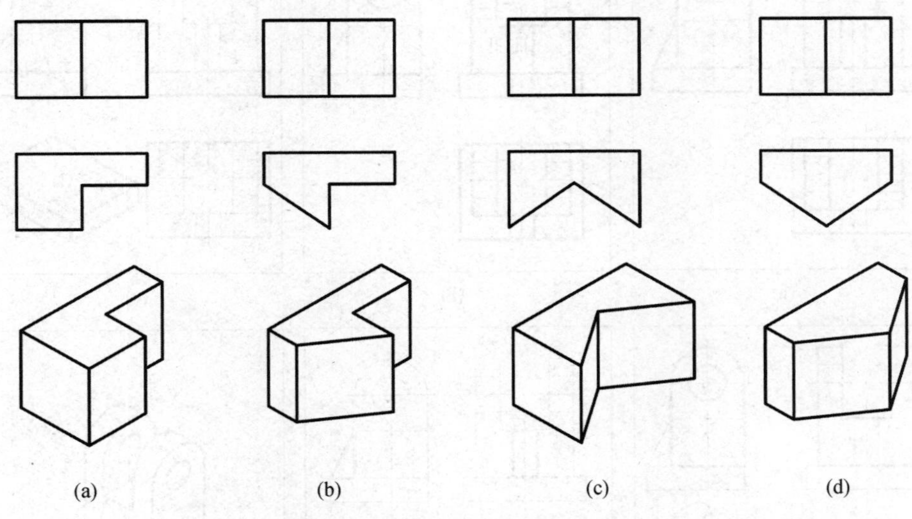

图 4-24　相邻线框之间的关系

4.3.2　形体分析法读图

将已知的组合体视图分解成若干个基本体的视图，并想象出它们所表达的形状，然后按照组合方式及相对位置将它们组合起来，从而想象出组合体的整体形状。对于明显用叠加方式构成的组合体，采用形体分析法读图较为合适。

具体步骤如下：

(1) 分线框找投影。分线框一般应从反映形状特征明显的主视图入手，但也不是固定不变的，有时也要根据具体的视图灵活处理。分了线框以后找出其他视图中对应的线框。

(2) 按投影定形体。根据各视图中对应关系的线框想象出每个线框所表示的基本体形状。

(3) 综合起来想整体。结合以上两步，分析各线框所代表的基本体之间的组合方式及相对位置，综合想象出组合体的整体形状。

【例 4-3】 读懂 4-25(a)所示的组合体视图，想象出它的空间形状。

读图过程：

(1) 如图 4-25(b)所示，将主视图分成三个线框Ⅰ、Ⅱ、Ⅲ。

(2) 如图 4-25(c)～(e)所示，找出每个线框所对应的其他视图中的投影，根据每个线框的三个投影分别想象出形体。

(3) 综合思考：三个部分相互叠加，左右对称；Ⅰ与Ⅱ两部分的后表面共面，Ⅲ在Ⅰ的上面、Ⅱ的前面。按此位置把三个部分所表示的基本体叠加起来，就是所求的组合体整体形状，如图 4-25(f)所示。

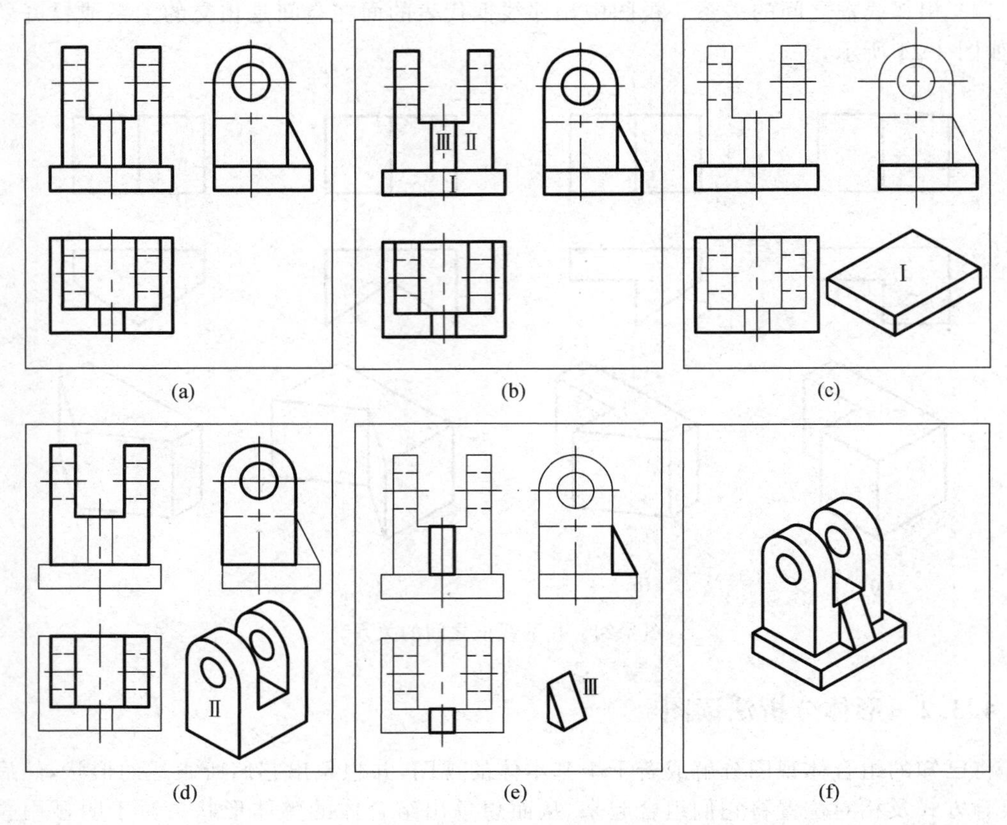

图 4-25　形体分析法读图示例(一)

(a) 题目；(b) 分线框、对投影；(c) 想出基本立体Ⅰ；(d) 想出基本立体Ⅱ；
(e) 想出基本立体Ⅲ；(f) 综合起来想整体

【例 4-4】　读懂 4-26(a)所示的组合体视图,想象出它的空间形状。

读图过程：

(1) 如图 4-26(b)所示,将主视图分成三个线框Ⅰ、Ⅱ、Ⅲ。

(2) 如图 4-26(c)～(e)所示,找出每个线框所对应的其他视图中的投影,根据每个线框的三个投影分别想象出形体。

(3) 综合思考：三个部分相互叠加,左右对称；Ⅱ与Ⅰ的左侧表面和后表面共面,Ⅲ与Ⅰ的右侧表面和后表面共面。按此位置把三个部分所表示的基本体叠加起来,就是所求的组合体整体形状,如图 4-26(f)所示。

4.3.3　线面分析法读图

对以切割为主的组合体视图,应在形体分析的基础上,利用线面分析法读图。所谓线面分析法,就是根据直线、平面的投影特性,对视图中的图线和封闭线框所表示的含义进行分析,了解直线、平面的空间位置和相对关系,从而确定立体的空间形状的方法。线面分析法读图一般应遵循由整体到局部、由简单到复杂的顺序。

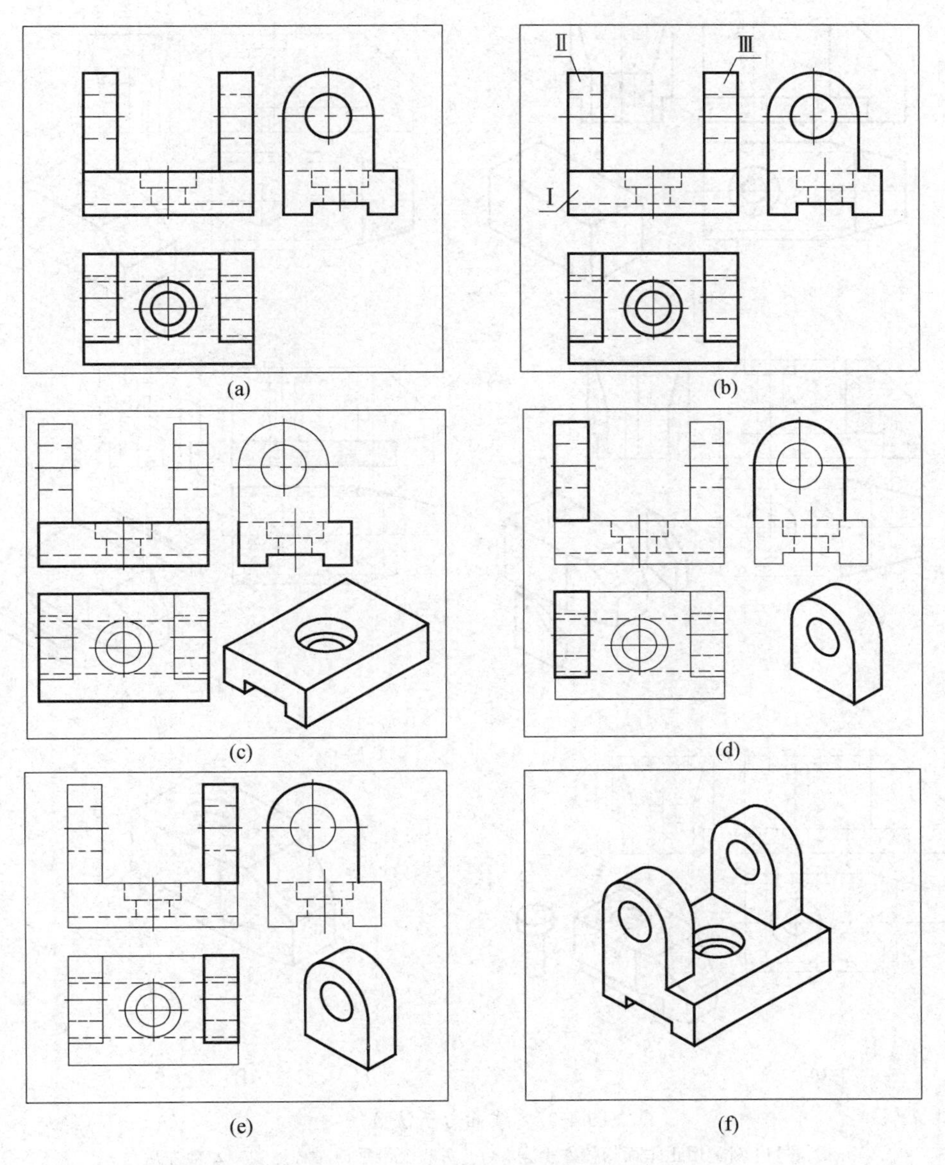

图 4-26　形体分析法读图示例(二)

(a) 题目；(b) 将主视图分为 3 个线框；(c) 读线框Ⅰ；(d) 读线框Ⅱ；(e) 读线框Ⅲ；(f) 综合起来想整体

读图步骤如下：

(1) 形体分析：确定组合体被切割之前基本体的形状；

(2) 分析切割面的特性和投影关系，逐步确立每次切割后截断体的形状；

(3) 综合想象出组合体的整体形状。

【例 4-5】　读懂 4-27(a)所示的组合体三视图，想象出它的空间形状。

读图过程：

(1) 从图 4-27(a)中可以看出，形体前后对称，三个视图的主要轮廓接近矩形，可以断定基本体为长方体，这个组合体是由长方体经切割而成的。

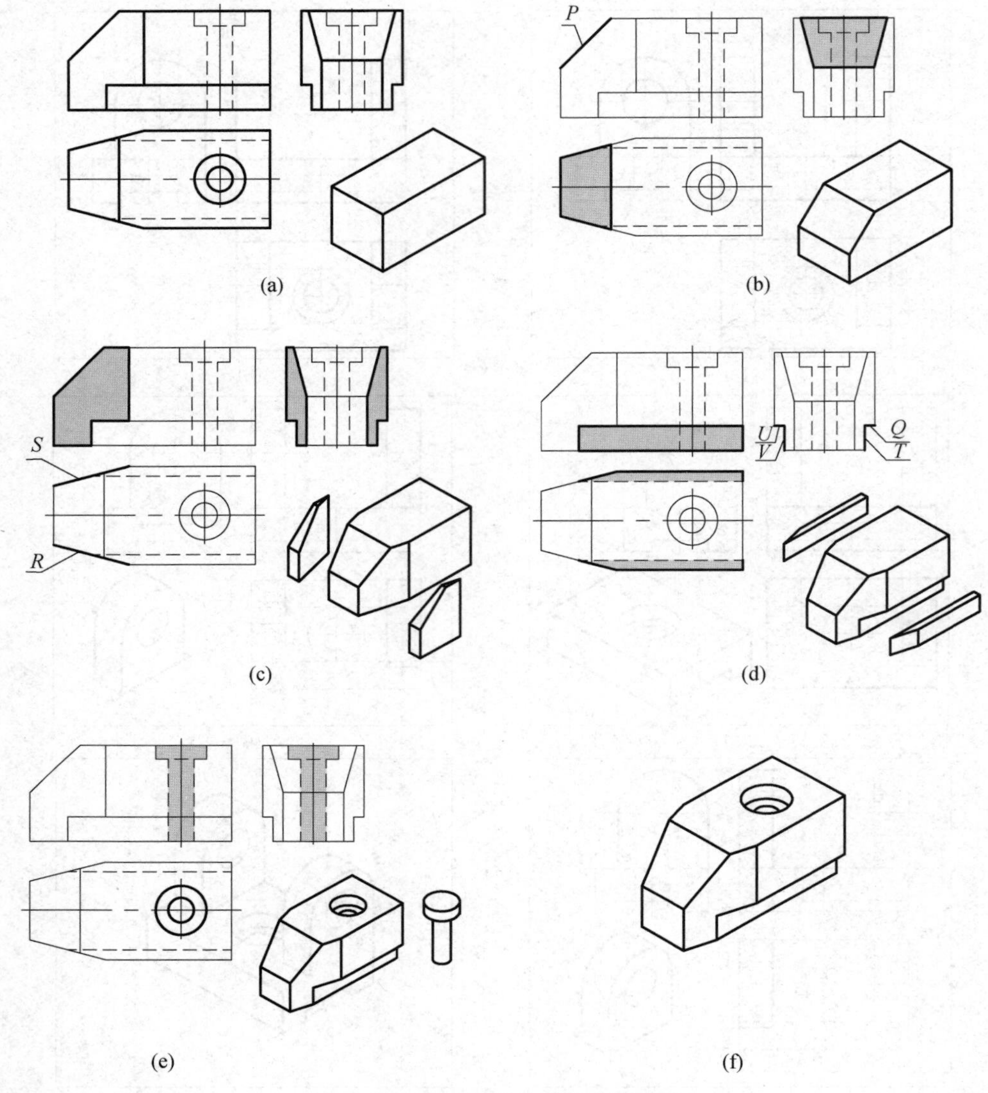

图 4-27　线面分析法读图

(a) 题目；(b) 用正垂面切侧左上角；(c) 用两个铅垂面对称地切割左前左后角；
(d) 前后底部各对称切槽；(e) 从顶部挖切阶梯孔；(f) 最终形成组合体

(2) 由主视图可知，左上角被正垂面 P 切除，正垂面 P 的正面投影积聚为一条直线，其他两面投影为类似形，如图 4-27(b)所示。

(3) 由俯视图可知，左前方和左后方被两个铅垂面 R 和 S 切去两个角，R 和 S 前后对称。铅垂面 R、S 的水平投影积聚为直线，正面和侧面投影为类似形，如图 4-27(c)所示。

(4) 由左视图可知，形体下部前方和后方分别被水平面和正平面(Q、U、T、V)切成方槽。Q、U、T、V 都是投影面的平行面，所以 Q、V 的正面投影反映实形，T、V 的水平投影反映实形，如图 4-27(d)所示。

(5) 从主、左视图中的虚线与俯视图中的两圆之间的投影关系，不难确定这个结构为阶梯孔，轴线位于对称面上，如图 4-27(e)所示。

(6) 整理形成组合体，如图 4-27(f)所示。

4.3.4　画图与读图的综合训练

1. 补画视图

由组合体的两个视图，补画出第三个视图，习惯称为"二求三"，是培养画图与读图能力的一种行之有效的方法。

读图时，首先根据组合体的已知视图想象出组合体的形状，在完全读懂已知视图的基础上，再根据投影关系画出第三视图。

1) 叠加式组合体的补画步骤

(1) 用形体分析法将组合体分解为若干个基本形体；

(2) 逐个补画出每个基本形体的第三视图，注意投影关系和相互位置；

(3) 检查，去掉多余的图线，补上漏掉的图线；

(4) 按线型要求描深图线。

【例 4-6】 读懂图 4-28(a)所示的主、俯视图，补画左视图。

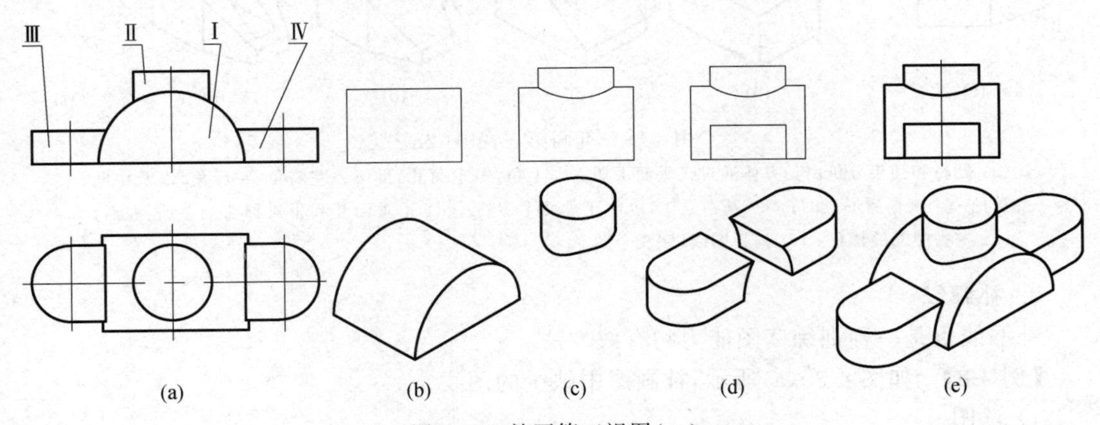

图 4-28　补画第三视图(一)

(a) 将所给题目的主视图分为四个线框；(b) 读线框Ⅰ；(c) 读线框Ⅱ；(d) 读线框Ⅲ和Ⅳ；(e) 检查、描深图线

① 读图

按照形体分析法读图，将主视图分为Ⅰ、Ⅱ、Ⅲ、Ⅳ四个线框，分别找出俯视图中对应的投影，得出四个基本形体，如图 4-28(b)～(d)所示的立体图，然后按照它们之间的关系组合成视图所表达的组合体，如图 4-28(e)所示。

② 补画视图

逐个画出每一基本形体的左视图，如图 4-28(b)～(d)所示，补画完成的左视图见图 4-28(e)。

2) 切割式组合体的补画步骤

(1) 在形体分析的基础上，用线面分析法读懂已知视图。

(2) 补出基本体的第三视图。

(3) 逐个部分切割，并画出其第三视图。对某些用垂直面切割形成的组合体，可利用垂直面的投影特性补画第三视图。

(4) 对照检查,按线型要求描深图线。

【例 4-7】 读懂图 4-29(a)所示的主、俯视图,画出左视图。

1) 读图

从主、俯视图可以看出,该形体是长方体被切割而形成的组合体。具体来讲,长方体被正垂面Ⅰ切去左上角,被铅垂面Ⅱ、Ⅲ切去左前角、左后角,中间部分被挖一个槽Ⅲ后形成了该组合体。切割过程如图 4-29(b)～(e)所示。

2) 补画视图

首先画出没有切割的长方体的左视图,如图 4-29(b)所示;然后逐步画出被切后的左视图,如图 4-29(c)～(e)所示。补画完成的左视图如图 4-29(f)所示。

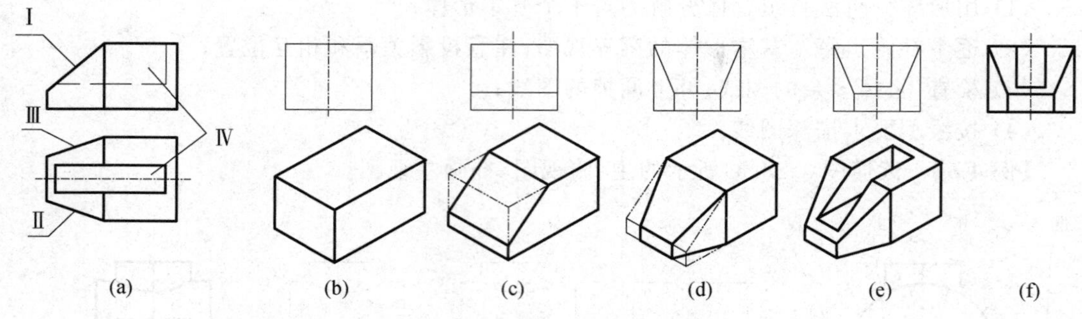

图 4-29　补画第三视图(二)

(a) 题目和初步分析由长方体通过正垂面Ⅰ切去左上角,铅垂面Ⅱ、Ⅲ切去左前角、左后角,以及中间被挖一个槽Ⅳ后形成的;(b) 基本立体;(c) 正垂面Ⅰ切割;(d) 铅垂面Ⅱ和Ⅲ对称切割左前、左后;(e) 挖去中间的槽Ⅳ;(f) 描粗图线,完成全图

2. 补漏线

补漏线也是一种训练读图能力的有效方法。

【例 4-8】 如图 4-30(a)所示,补画图中缺少的图线。

1) 读图

从图 4-30(a)的主、俯视图不难看出,该组合体由一个耳板和一个 U 形柱相切而成。耳

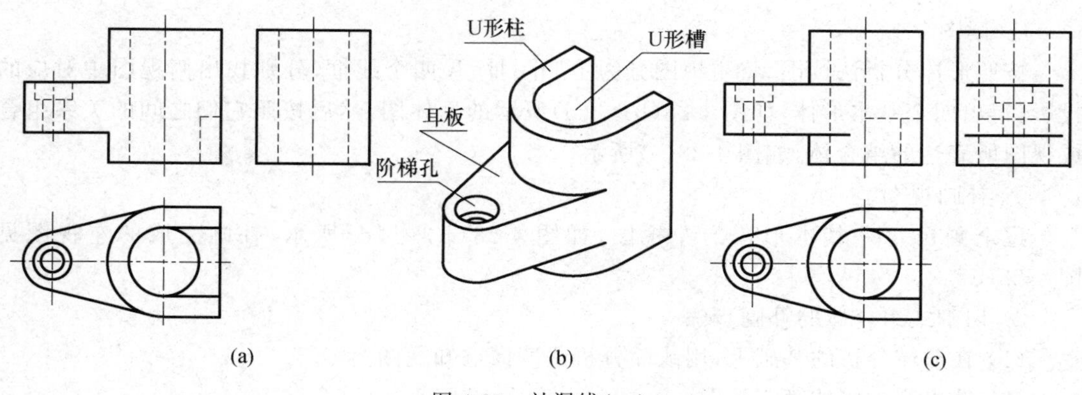

图 4-30　补漏线(一)

(a) 题目;(b) 读图得出的组合体;(c) 补线后的三视图

板上有一阶梯孔；U 形柱里挖了一个 U 形槽和圆孔，如图 4-30(b)所示。

2）补画漏线

耳板的上下底面为水平面，其主视图分别积聚为两直线，线段长应该到切点为止；同理，左视图也分别积聚为两直线，线段长为两切点之间的距离。漏画的图线还有耳板上阶梯孔的侧面投影；U 形槽底面的正面投影和侧面投影分别为两条虚线。补画结果如图 4-30(b)所示。

【例 4-9】 补画图 4-31(a)中缺少的图线。

1）读图

从图 4-31(a)所示的三视图可以看出，组合体由长方体经切割而成。由主、俯视图可知，长方体中间后方切了一个上下贯通的矩形槽，前方切了一个前后贯通的 U 形槽；从主、左视图可以看出，左侧后方切了一个半圆槽，形成的最终组合体如图 4-31(b)所示。

2）补画漏线

补画矩形槽的侧面投影和 U 形槽槽底的侧面投影，为两条虚线；补画半圆槽的水平投影，即半圆槽的转向线，为虚线。补画结果如图 4-31(c)所示。

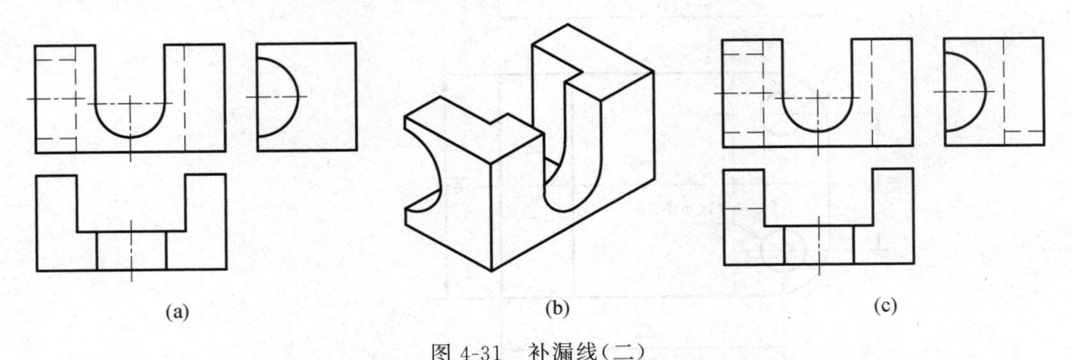

图 4-31 补漏线(二)

(a) 题目；(b) 读图得出的组合体；(c) 补线后的三视图

4.4 组合体的尺寸标注

视图只能表达形体的结构形状，其大小和相互位置关系要通过标注尺寸来确定。

4.4.1 组合体尺寸标注的要求

组合体尺寸标注要求做到正确、完整和清晰。

1. 正确

正确是指尺寸标注应严格遵守国家标准的有关规定，并准确无误。

2. 完整

完整是指组合体的尺寸必须齐全，不能缺少尺寸，一般也不能重复尺寸。尺寸按照功能分为定形尺寸、定位尺寸和总体尺寸。

(1) 定形尺寸：确定组合体中各部分形状大小的尺寸。如图 4-32 中的定形尺寸有确定底板左端圆弧半径的 $R8$，两圆柱孔的直径 $\phi 8$，右端竖板圆弧半径 $R14$，竖板上圆孔的直径

ϕ16，竖板厚度 16，底板的长度、宽度和厚度 60、44、12，底板槽的定形尺寸 28、5。

（2）定位尺寸：确定组合体中各部分之间相对位置的尺寸。如图 4-32 中的定位尺寸有决定两 ϕ8 孔中心距的 28 及孔轴距组合体右端面的 52，ϕ16 孔轴距组合体底面的 30。

（3）总体尺寸：组合体的总长、总宽和总高。如图 4-32 中的总体尺寸有总长 60、总宽 44 和总高 44(30＋14)。

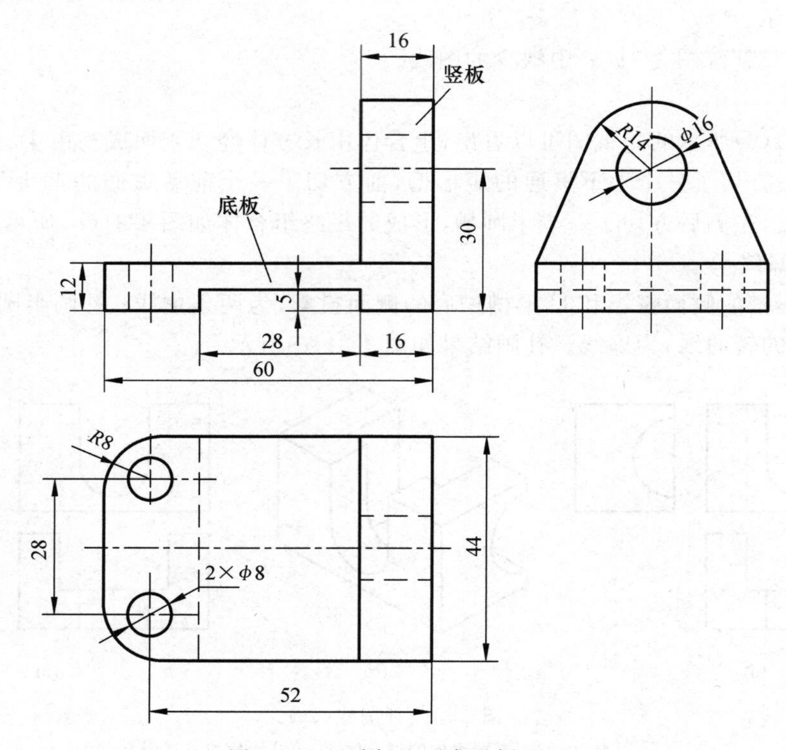

图 4-32　尺寸标注要求示例(一)

3. 清晰

清晰是在尺寸标注正确、完整的前提下，还要考虑图面清晰，便于读图时查找。为此，应注意以下几个方面：

（1）尺寸尽可能注在视图轮廓以外；与两个视图有关的尺寸，尽可能注在两个视图之间，以保持图形的清晰，如图 4-32 中主、俯视图间的 60，俯、左视图间的 44，主、左视图间的 30 等。

（2）定形尺寸应尽量注在形状特征明显的视图上，如图 4-32 主视图中的 28 和 5。

（3）回转体的半径尺寸一般注在圆弧上，如图 4-32 中的 R8 和 R14；直径尺寸一般注在非圆的视图上，如图 4-33(a)所示。

（4）同一基本体的定形尺寸及与其有联系的定位尺寸尽量集中标注，如图 4-33(b)所示；孔的定位尺寸也应集中标注，如图 4-33(c)所示。

（5）一般情况下不在虚线上标注尺寸。

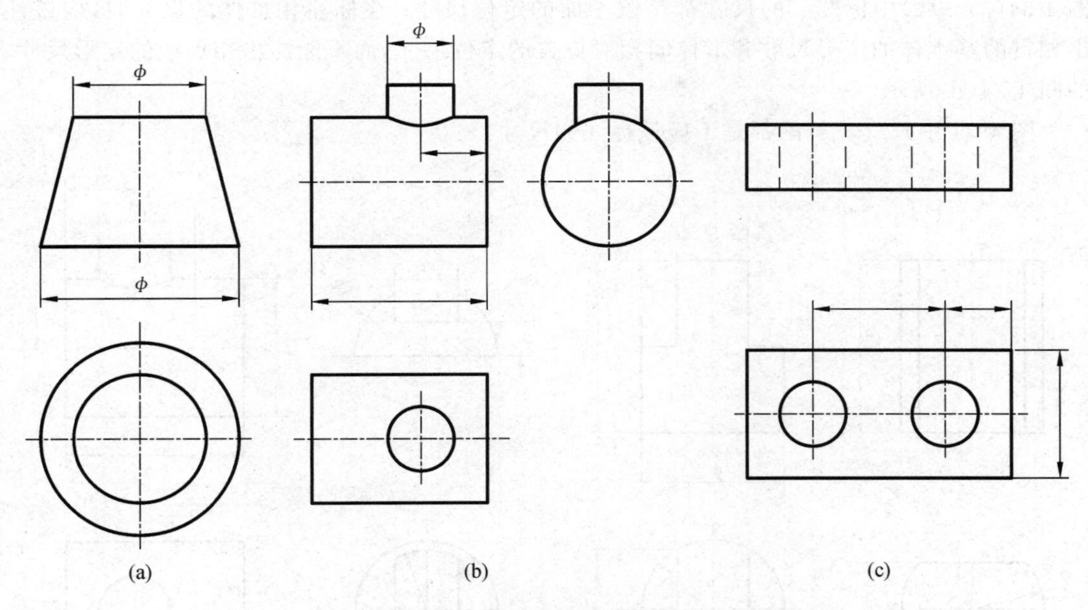

图 4-33　尺寸标注要求示例(二)

(a) 回转体直径一般注在非圆视图上；(b) 小圆柱定形尺寸和定位尺寸集中标注；(c) 孔的定位尺寸注法

4.4.2　简单形体的尺寸注法

1. 基本体的尺寸注法

基本体主要标注长、宽、高三个方向的定形尺寸。常见基本体的定形尺寸见表 4-1。

表 4-1　常见基本立体的定形尺寸

回转体	Sφ　φ　φ　φ　φ　φ　φ
平面立体	

2. 切割体、相贯体的尺寸注法

在标注切割体的尺寸时，不能标注截平面的定形尺寸，应该注出截平面的定位尺寸，如

图 4-34(a)～(c)中标“□”的尺寸都是截平面的定位尺寸；在标注相贯体的尺寸时，应该注出相贯的基本体的定形尺寸和形体间相对位置的定位尺寸，而不能注出相贯线的定形尺寸，如图 4-34(d)所示。

图 4-34 中画“×”号的都是不应该标注的尺寸。

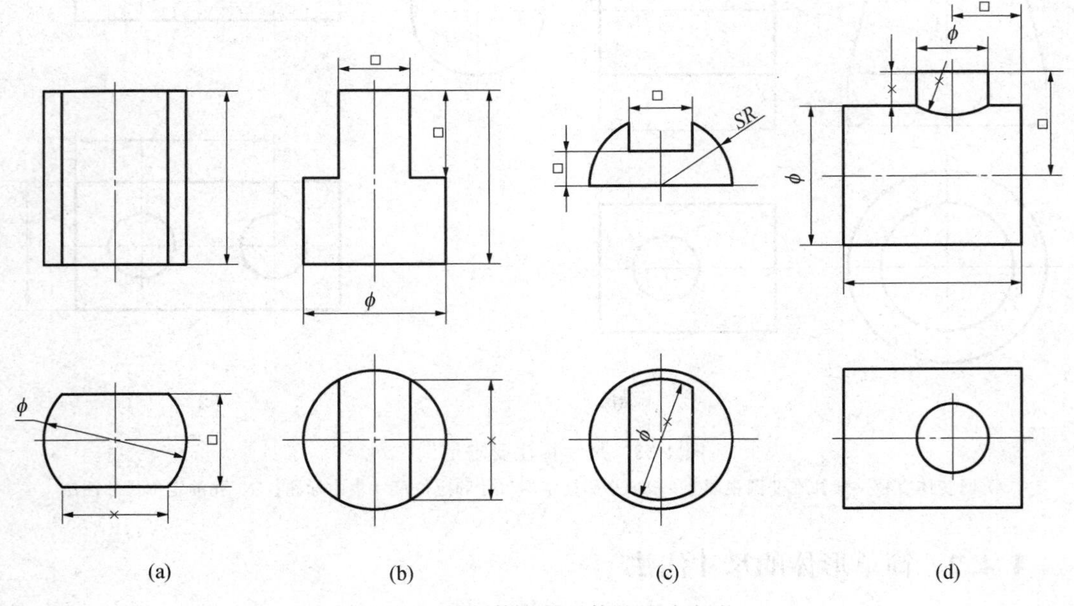

图 4-34　切割体和相贯体的尺寸注法

4.4.3　组合体的尺寸注法和步骤

为保证组合体尺寸标注的完整性，通常先进行形体分析，将组合体分解为若干个基本形体，再分别标注各基本形体的定形尺寸和基本体之间相对位置的定位尺寸，然后加注总体尺寸，最后综合完善，去掉多余尺寸，调整个别尺寸，满足正确、完整和清晰的要求。

(1) 形体分析。用形体分析法将组合体进行分解。

(2) 确定尺寸基准。所谓尺寸基准，就是度量尺寸的起点。组合体的尺寸基准通常选用组合体的对称面、回转体的轴线、底面或端面等。组合体的长、宽、高每个方向都应有一个尺寸基准。

(3) 逐一注出各个基本体的定形尺寸。

(4) 标注各基本形体的定位尺寸。

(5) 标注总体尺寸。

【例 4-10】　标注图 4-35(a)所示的组合体的尺寸。

1) 形体分析

将组合体分解为圆筒、肋板、支承板和底板四个基本体，如图 4-35(b)所示。

2) 选择基准

从总体看，组合体左右对称，选左右对称面为长度方向的基准；底板与支承板的后面共面，选该面为宽度方向的基准；选底板的底面为高度方向的基准。

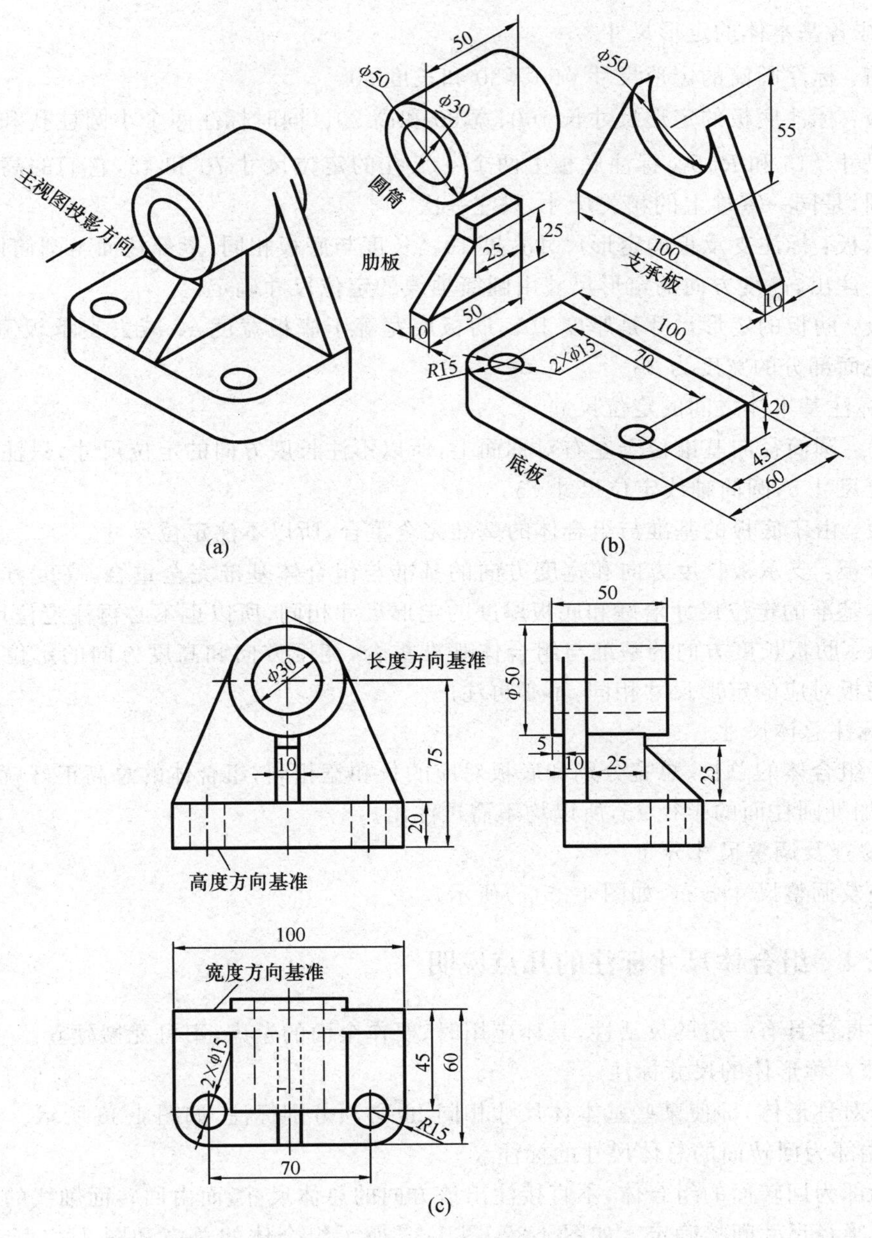

图 4-35　组合体的尺寸标注

(a) 组合体轴测图；(b) 形体分析；(c) 尺寸标注

圆筒：圆筒为回转体，选后端面为轴向基准，轴线为径向基准。

底板：选左右对称面为长度方向的基准，后面为宽度方向的基准，底面为高度方向的基准。

支承板：选左右对称面为长度方向的基准，后面为宽度方向的基准，底面为高度方向的基准。

肋板：选左右对称面为长度方向的基准，后面为宽度方向的基准，底面为高度方向的基准。

3）注各基本体的定形尺寸

圆筒：标注圆筒的定形尺寸 ϕ50、ϕ30 和长度 50。

底板：标注底板的定形尺寸长 100、宽 60 和高 20。同时标注两个小圆柱孔和两个圆角的定形尺寸 ϕ15 和 R15。标注底板上两个 ϕ15 孔的定位尺寸 70 和 45，它们的高度尺寸与底板相同，是同一零件上的相关尺寸，只注一次。

支承板：标注支承板的定形尺寸宽度 10。长度与底板相同，上部柱面与圆筒体相关，已在圆筒上注出，高度方向的定形尺寸由圆筒轴线的定位尺寸确定。

肋板：肋板的定形尺寸是厚度 10。肋板底宽等于底板宽度 60 减去支承板宽度 10，而上端圆柱面部分的宽度为 25。

4）标注基本体之间的定位尺寸

圆筒：圆筒径向基准位于左右对称面上，所以不注长度方向的定位尺寸，只注圆筒后端面的定位尺寸 5，圆筒轴线定位尺寸 75。

底板：由于底板的基准与组合体的基准完全重合，所以不注定位尺寸。

支承板：支承板长度方向和宽度方向的基准与组合体基准完全重合，高度方向的基准对组合体基准的定位尺寸恰好和底板厚度的定形尺寸相同，所以也不必再注定位尺寸。

肋板：肋板长度方向的基准与组合体基准重合，宽度方向和高度方向的定位尺寸同支承板和底板对应的定形尺寸相同，不必再注。

5）标注总体尺寸

由于组合体的总长、总宽分别和底板对应的长和宽相同，组合体的总高正好就是圆筒中心高 75 加外圆柱面的半径 25，所以均不需再注出。

6）检查及调整尺寸分布

检查及调整尺寸分布，如图 4-35(c)所示。

4.4.4　组合体尺寸标注的几点说明

尺寸标注具有一定的灵活性，具体应用时，要作全面的考虑，不可死搬硬套。

1）非对称形体的尺寸标注

对非对称形体，即使某些基本体尺寸相同，也必须分别标注，如图 4-36 所示。

2）端部为回转面的总体尺寸的标注

对端部为回转面的组合体，不直接注出该方向的总体尺寸，而由回转面轴线的定位尺寸和回转面半径尺寸间接确定。如图 4-32、图 4-35 所示组合体的总高和图 4-37 所示的垫片的总长。

3）常见板状结构的尺寸标注

对于如图 4-38 所示的各种常见板状结构，除了标注定形尺寸外，确定孔、槽中心距的定位尺寸是必不可少的。由于板的基本形状和孔、槽的分布形式不同，其中心距定位尺寸的标注形式也不一样。在类似长方形的板上按长、宽方向分布的孔、槽，其中心距定位尺寸按长、宽方向进行标注，如图 4-38(a)～(d)所示；在类似圆形板上按圆周均匀分布的孔、槽，其中心距往往用定位圆直径的方法标注，如图 4-38(e)、(f)所示。

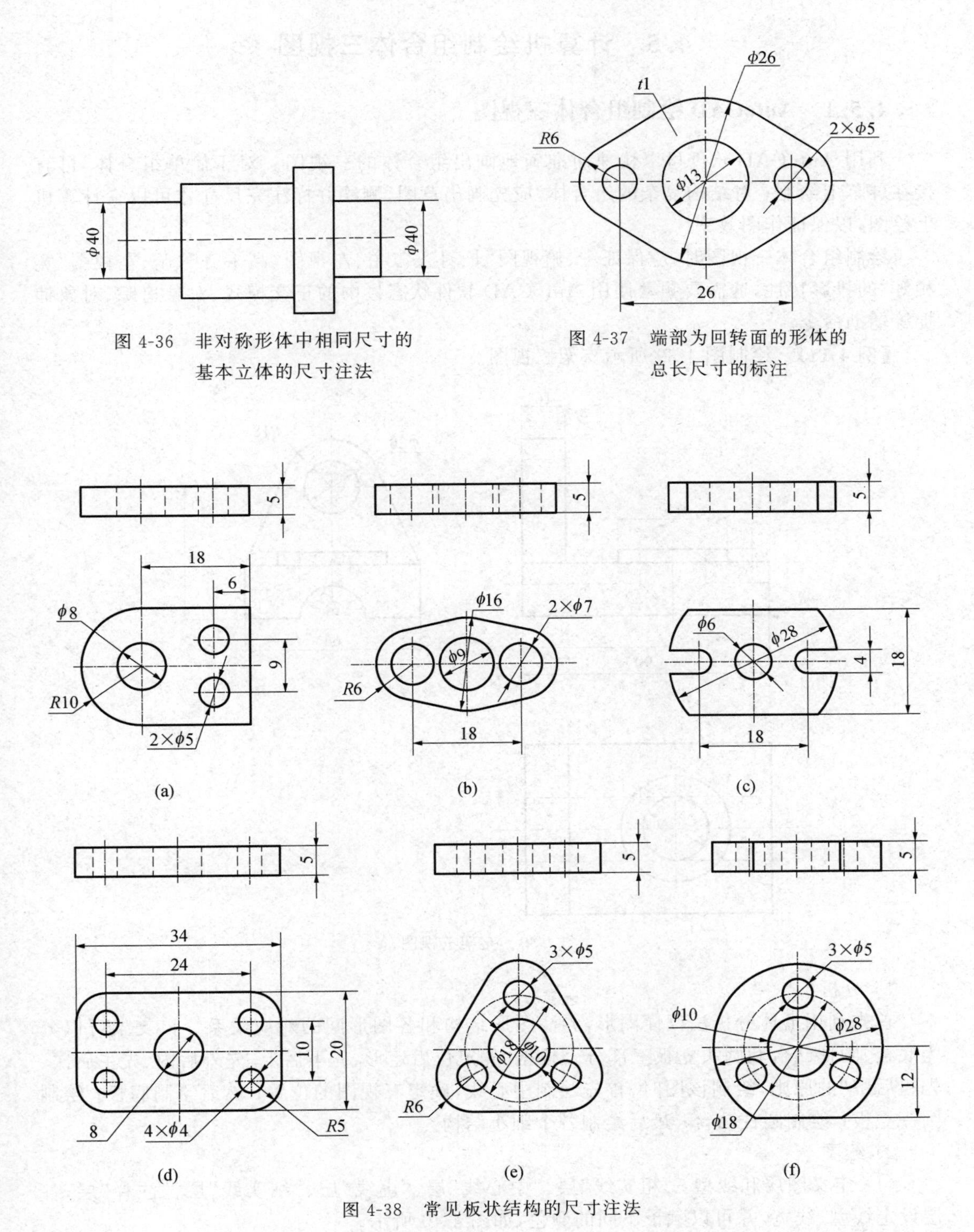

图 4-36　非对称形体中相同尺寸的基本立体的尺寸注法

图 4-37　端部为回转面的形体的总长尺寸的标注

图 4-38　常见板状结构的尺寸注法

4.5　计算机绘制组合体三视图

4.5.1　AutoCAD 绘制组合体三视图

利用 AutoCAD 软件可以快速而准确地画出组合体的三视图。对于简单组合体，可直接在屏幕上绘制；对结构复杂的组合体，应先画出草图，测绘并标注完尺寸才可以在计算机上绘图，以保证作图效率。

绘制组合体三视图时，应保证主、俯视图"长对正"，主、左视图"高平齐"，俯、左视图"宽相等"的投影特性，这需要频繁使用 AutoCAD 软件状态栏中的正交模式、对象追踪、对象捕捉等辅助命令。

【例 4-11】 绘制图 4-39 所示支架三视图。

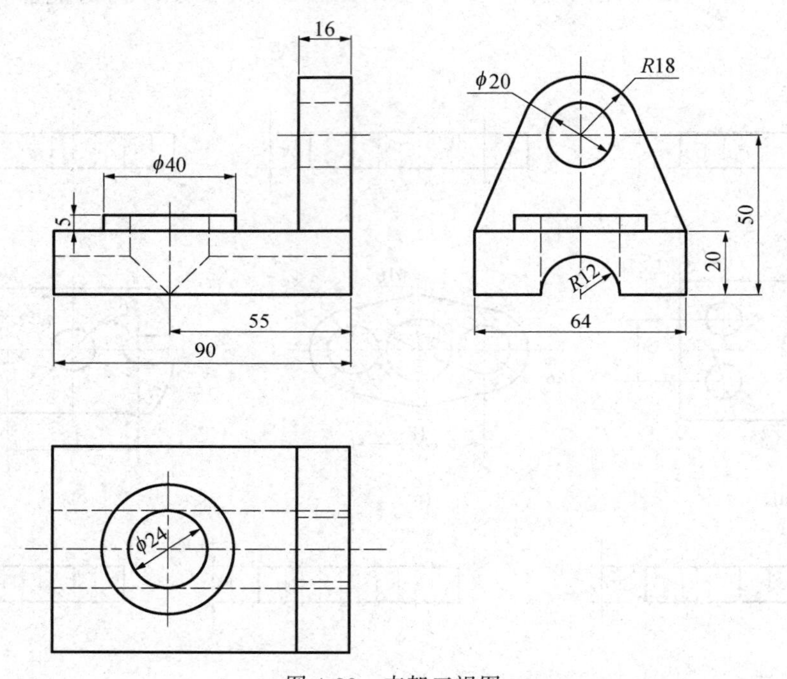

图 4-39　支架三视图

1）分析

首先利用形体分析法读懂图形，弄清图形结构和各图形间的对应关系。该支架可以分为底板、圆柱凸台和圆头立板三部分。根据"先定位后定形、先下后上、先外后内、先主后次、先粗后细"的原则，绘制该图时，首先绘制中心线，确定三视图的位置；然后绘制底板；绘制圆头立板；绘制圆柱凸台；最后绘制各个细小结构。

2）绘图

（1）定义图层和线型："粗实线"层、"中心线"层、"虚线"层、"细实线"层、"注释"层，各层设定线型、线宽，并可以赋予不同的颜色，如图 4-40 所示。

（2）打开"状态栏"中的正交模式" "，首先绘制三视图基准线及圆孔中心线，如图 4-41(a)所示。

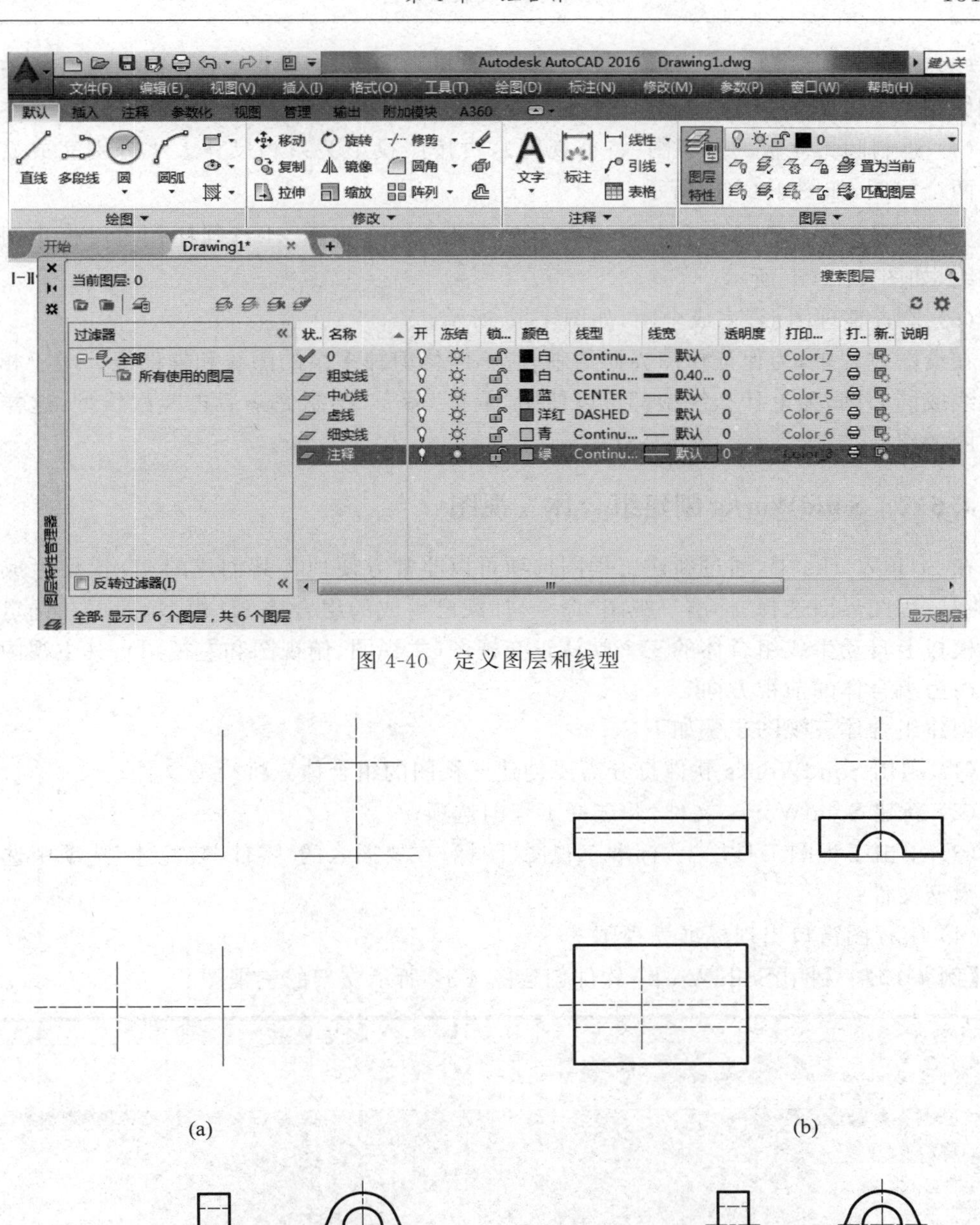

图 4-40　定义图层和线型

图 4-41　支架三视图画图步骤

(3) 绘制底板的左视图(特征视图),再按照投影关系和尺寸大小分别完成底板的主视图和俯视图,如图 4-41(b)所示。

(4) 绘制圆头立板的左视图(特征视图),再按照投影关系和尺寸大小分别完成立板的另外两个视图,如图 4-41(c)所示。

(5) 绘制圆柱凸台的三个视图和 $\phi24$ 圆柱孔的三个视图,注意圆柱孔与底板半圆孔的相贯线,如图 4-41(d)所示。

(6) 检查整理图形,完成全图,如图 4-39 所示。

在绘图过程中,为保证作图界面清晰,应不断修剪掉多余的图线和辅助线。对于相互平行的线或同心圆,无论什么线型都可以使用“偏移”命令,绘制完毕后再匹配线型,这样可提高绘图效率。

4.5.2　SolidWorks 创建组合体三视图

在 SolidWorks 中,通过新建工程图选项可以非常方便地将其创建的 3D 模型生成三视图。在工程图界面选择“标准三视图”命令,加载已生成的组合体 3D 模型,即可在选定的工程图模板上自动生成组合体的三个默认正交视图(主视图、俯视图和左视图),其主视图的投影方向为组合体的前视方向。

创建组合体三视图步骤如下:

(1) 利用 SolidWorks 软件打开需要创建三视图的组合体三维模型文件;

(2) 新建 SolidWorks 文件,并选择工程图选项;

(3) 单击工程图工具栏上“标准三视图”图标,在要插入的“零件/装配体”选项中选择组合体模型文件;

(4) 工程图窗口出现标准三视图。

【例 4-12】　利用 SolidWorks 软件创建图 4-42 所示支架的三视图。

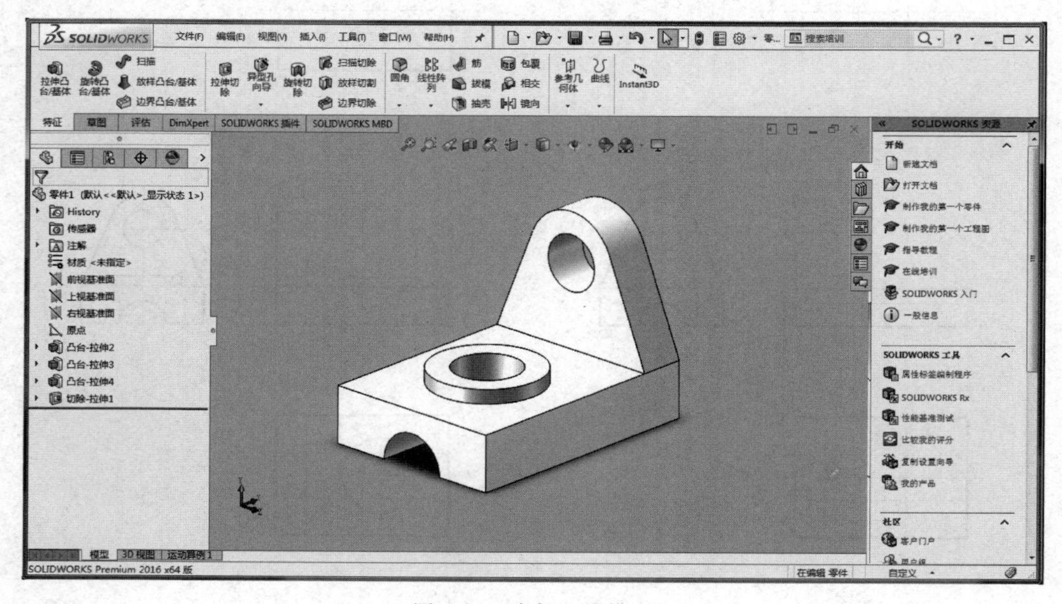

图 4-42　支架三维模型

(1) 利用 SolidWorks 软件创建图 4-42 所示支架的三维模型,支架尺寸见图 4-39。

(2) 新建工程图文件。单击标准工具栏上的“新建”图标或选择“文件”→“新建”。

(3) 在新建的 SolidWorks 文件对话框中选择“gb_a3”模板,然后单击“确定”按钮。此模板为国家标准的 A3 图框和标题栏模板。

(4) 单击工程图工具栏上的“标准三视图”图标,并在要插入的“零件/装配体”选项中选择支架模型文件,然后单击“确定”按钮,如图 4-43 所示。

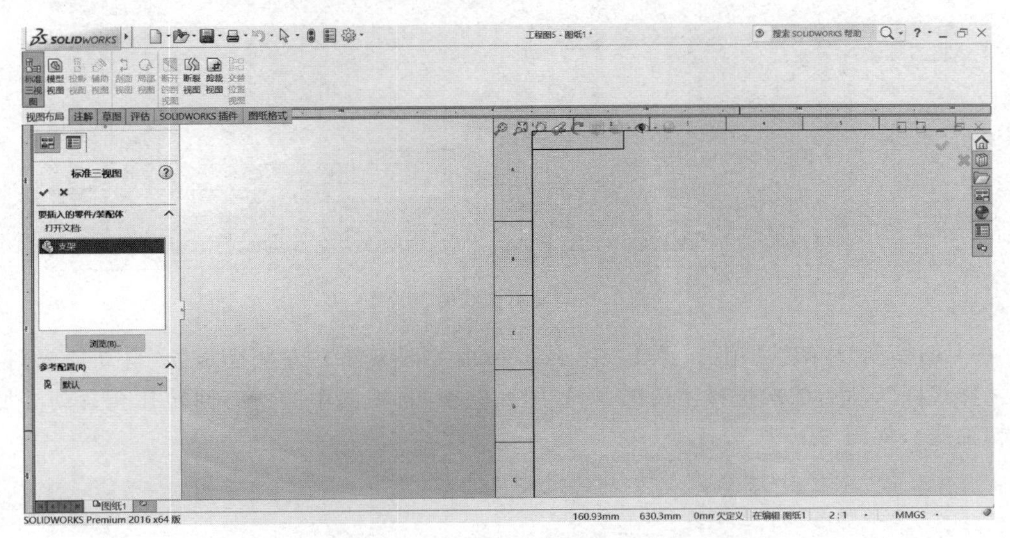

图 4-43 选择支架模型文件

(5) 工程图窗口出现标准三视图,系统默认出现的标准三视图不显示虚线,如图 4-44 所示。选中三视图中任一视图,在左侧面板中改变“显示样式”为“隐藏线可见”,可以得到显示虚线的三视图,如图 4-45 所示。

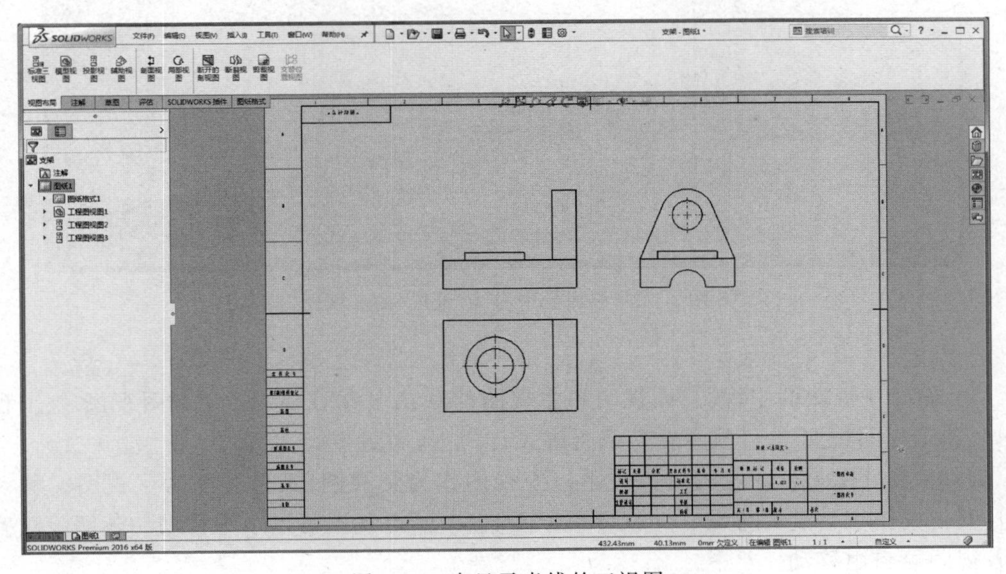

图 4-44 未显示虚线的三视图

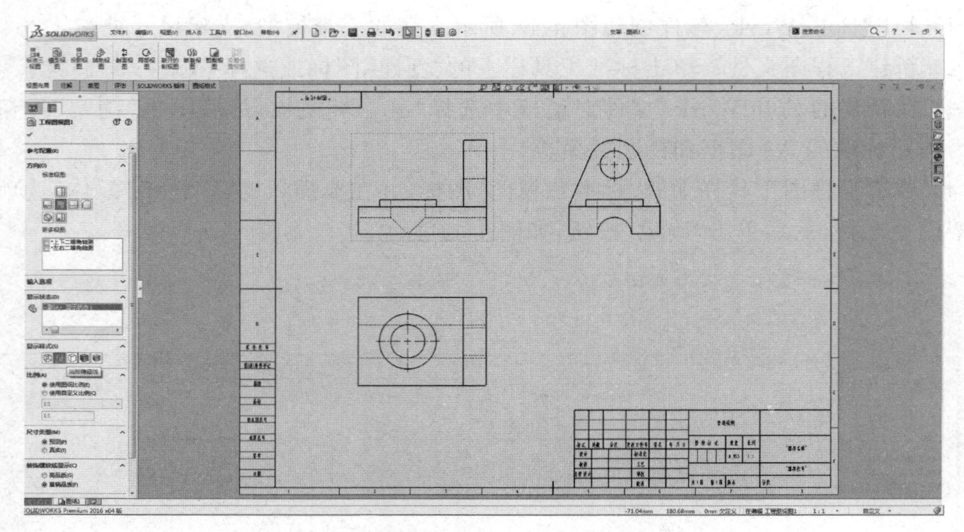

图 4-45　显示虚线的三视图

(6) 切换到“注解”选项卡，单击“中心线”命令“中心线”，在左侧面板的“自动插入”栏勾选“选择视图”，然后依次选择主视图、俯视图和左视图，视图中的所有回转孔会自动添加中心线(轴线)，如图 4-46 所示。

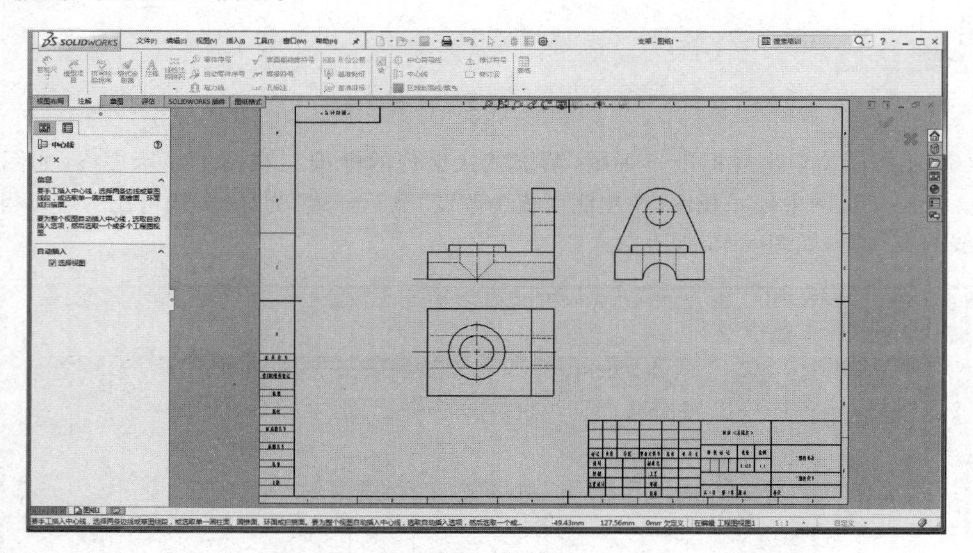

图 4-46　添加了中心线(轴线)的三视图

两点说明：

(1) 标准三视图的主视图、俯视图和左视图的默认名称分别为：工程图视图 1、工程图视图 2 和工程图视图 3，且显示在特征管理设计树中，如图 4-44 所示。

(2) 标准三视图有固定的对齐关系。主视图作为父视图，其他视图为子视图。移动主视图，其他视图也会随着移动。俯视图可以垂直移动，左视图可以水平移动。若解除对齐关系，各视图可自由移动。

小　结

- 组合体
  - 组合体概述
    - 组合体三视图的概念
    - 组合本的组合方式
      - 叠加式
      - 切割式
      - 综合式
    - 组合体的表面连接形式
      - 平齐(共面)
      - 不平齐(不共面)
      - 相切
      - 相交
  - 组合体三视图的画法和步骤
    - 形体分析
    - 确定主视图
    - 定基准线
    - 依次画各基本形体的三视图
    - 整理完善三视图
  - 组合体的读图
    - 组合体读图的要领
      - 以主视图为中心,几个视图联系起来看
      - 利用特征视图确定形状和位置
      - 注意视图中虚、实线的变化
      - 理解视图中图线和线框的含义
    - 形体分析法读图(主要针对叠加式组合体)
    - 线面分析法读图(主要针对切割式组合体)
  - 组合体的尺寸标注
    - 组合体尺寸标注要求——正确、完整、清晰
    - 组合体尺寸注法和步骤
      - 形体分析
      - 确定尺寸基准
      - 逐一注出各个形体的定形尺寸
      - 标注各基本形体的定位尺寸
      - 标注总体尺寸
    - 组合体尺寸注法的几点说明
      - 非对称形体的尺寸标注
      - 端部为回转面的总体尺寸的标注
      - 常见板状结构的尺寸标注
  - 计算机绘制组合体三视图
    - AutoCAD 绘制组合体三视图
    - SolidWorks 创建组合体三视图

思　考　题

1. 组合体三视图是如何形成的?
2. 当形体表面的平面与柱面相切或相交时在画法上有何区别?
3. 什么是形体分析法?什么是线面分析法?
4. 读组合体三视图要注意哪些问题?
5. 怎样才能做到所标注的尺寸完整、清晰、正确?

第5章　轴测投影图

前面章节所学的多面正投影最大优点是度量性好，作图简单，但直观性差，需要依靠一组视图的信息才能想象出物体的整体形状。因此，工程上常采用图形生动、富有立体感的轴测投影图（简称轴测图）作为辅助图样，用作对物体的补充表达。

5.1　轴测图的基本知识

5.1.1　轴测图的基本概念

将物体连同空间直角坐标系，选取适当的投影方向，用平行投影法将其投影到单一投影面 P 上，所得到的投影称为轴测图，P 平面称为轴测投影面（简称投影面）。

当投影方向垂直于投影面时，所得的轴测图称为正轴测图，见图5-1(a)。当投影方向倾斜于投影面时，所得的轴测图称为斜轴测图，见图5-1(b)。

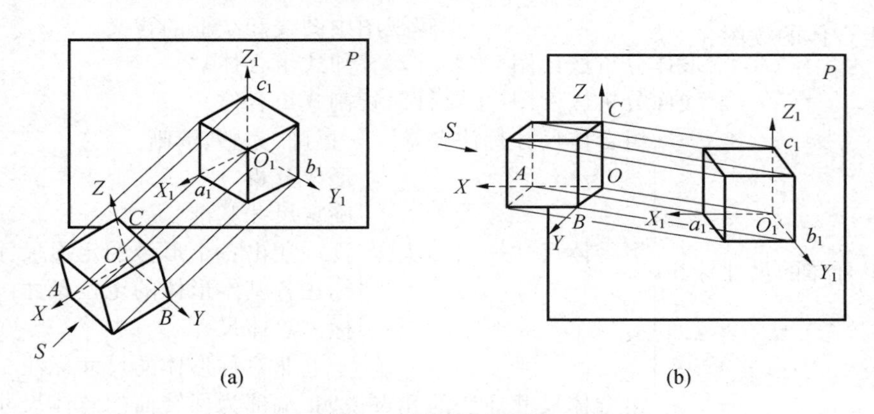

图5-1　轴测图的形成

(a) 正轴测图的形成；(b) 斜轴测图的形成

1）轴测轴

空间直角坐标轴 OX、OY、OZ 在轴测投影面上的投影 O_1X_1、O_1Y_1、O_1Z_1 称为轴测轴。

2）轴间角

两根轴测轴之间的夹角 $\angle X_1O_1Y_1$、$\angle X_1O_1Z_1$、$\angle Y_1O_1Z_1$，称为轴间角。

3）轴向伸缩系数

轴测轴上的单位长度与相应空间直角坐标轴上的单位长度的比值，称为轴向伸缩系数。O_1X_1、O_1Y_1、O_1Z_1 轴的轴向伸缩系数分别用 p、q、r 表示，即

$$p=O_1A_1/OA,\quad q=O_1B_1/OB,\quad r=O_1C_1/OC$$

5.1.2　轴测图的投影特性

由于轴测图是用平行投影法获得的，因此，它具有平行投影的全部投影特性，如图 5-1 所示。

(1) 平行性：空间相互平行的线段，其轴测投影仍相互平行；平行于坐标轴的线段，其轴测投影平行于相应的轴测轴。

(2) 定比性：立体上两平行线段或同一直线上的两线段长度之比，在轴测图上保持不变。

5.1.3　轴测图的分类

轴测图除了根据投影方向是否垂直于投影面，分为正轴测图和斜轴测图两类以外，根据轴向伸缩系数间关系的不同，轴测图又可分为以下 3 种：

(1) 正等轴测图及斜等轴测图，简称正等测及斜等测，3 个坐标轴方向的伸缩系数相等。轴向伸缩系数：$p=q=r$。

(2) 正二等轴测图及斜二等轴测图，简称正二测及斜二测，只有两个坐标轴方向的伸缩系数相等，另外一个轴的伸缩系数与其他的不同。轴向伸缩系数：$p=q\neq r$ 或 $p=r\neq q$ 或 $q=r\neq p$。

(3) 正三轴测图及斜三轴测图，简称正三测及斜三测，3 个坐标轴方向的伸缩系数都不相等。轴向伸缩系数：$p\neq q\neq r$。

综合考虑直观性和绘图方便，本章只介绍正等测和斜二测的作图方法。

5.2　正等轴测图

空间 3 根轴相对于轴测投影面处于等倾角的位置，投影方向垂直于投影面，所得到的轴测图就是正等测。可以想象一个立方体，其 3 个边分别为 X、Y、Z 轴，如图 5-2(a)所示，对角线方向矢量为 ON，ON 和 3 个坐标轴的夹角都相等。如果 ON 矢量为投影方向，所有投影轴投影到和 ON 矢量垂直的平面上，如图 5-2(b)所示，ON 积聚为一点 O_1。由于 ON 与 3 个坐标轴的夹角相等，3 个坐标轴将等分投影面，在投影面的夹角为 120°，图中的双点画线为空间的立方体。因此：

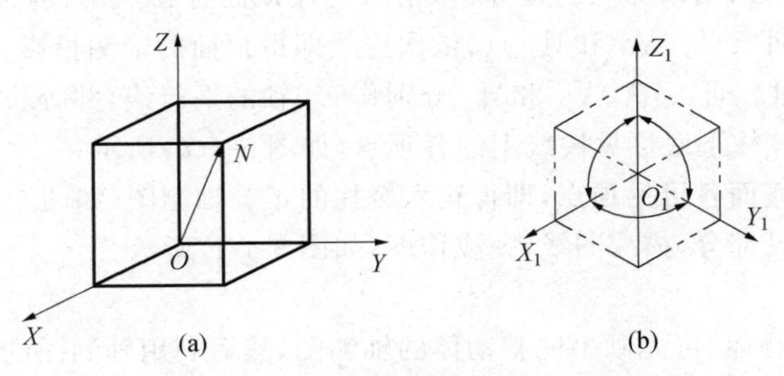

图 5-2　正等轴测图的投影方式

(1) 正等测轴间角均为 120°，即$\angle X_1O_1Y_1=\angle Y_1O_1Z_1=\angle Z_1O_1X_1=120°$。如图 5-3 所示，通常将 O_1Z_1 轴规定画成竖直方向，O_1Z_1 轴可以向上也可以向下，类似 X 轴、Y 轴可

以朝前也可以朝后。

(2) 各轴向伸缩系数都相等，即 $p=q=r\approx0.82$。作轴测图的目的不是为了度量，而是为了获得直观的立体图。因此，为了作图简便，常采用简化轴向伸缩系数(即 $p=q=r=1$)来绘图，所有轴向尺寸都可以直接用真实长度量取。

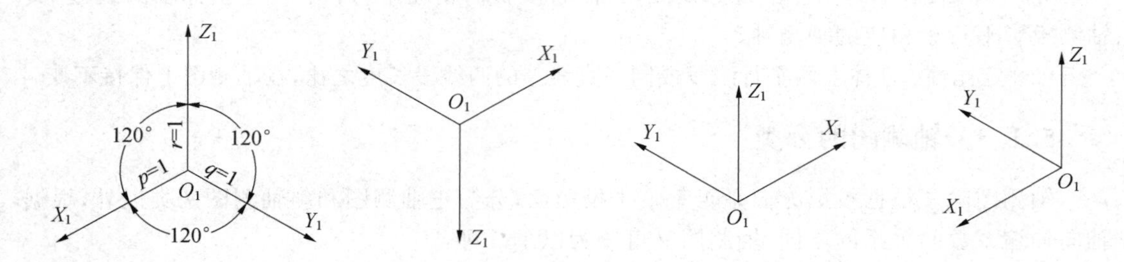

图 5-3 正等测的轴测轴

5.2.1 平面立体的正等测画法

绘制轴测图最常用的方法有坐标法、切割法。

1. 坐标法

坐标法是先在物体上选定一个合适的直角坐标系作为度量基准，根据物体上每一点的直角坐标画出各点对应的轴测投影，然后连线形成的轴测图。其步骤如下：

(1) 对物体进行形体分析，选定坐标轴，如图 5-4 所示。

(2) 作轴测轴，按照物体上各点的坐标画出其对应的轴测坐标，依次连线形成物体的正等测图。

【例 5-1】 作图 5-4(a)所示正六棱柱的正等测图。

作图过程如下：

(1) 在正六棱柱视图上确定空间直角坐标系 X、Y、Z 轴的方向，如图 5-4(a)所示；

(2) 作正等测的轴测轴 X_1、Y_1、Z_1 轴，由于 Z_1 轴朝下，因此，与另外两个轴夹角为 60°，如图 5-4(b)所示；

(3) 根据图 5-4(a)给出的点的坐标，作正六棱柱顶面各顶点Ⅰ、Ⅱ、Ⅲ、Ⅳ、Ⅴ和Ⅵ点的轴测投影Ⅰ_1、Ⅱ_1、Ⅲ_1、Ⅳ_1、Ⅴ_1和Ⅵ_1点，依次连线即得顶面的轴测投影，如图 5-4(c)所示；

(4) 过点Ⅰ_1、Ⅱ_1、Ⅲ_1、Ⅳ_1、Ⅴ_1和Ⅵ_1分别作 Z_1 轴的平行线，并等长截取六棱柱的高度 H 的线段，得正六棱柱下底可见棱线上的各顶点，如图 5-4(d)所示；

(5) 依次连接底面各可见顶点，即得正六棱柱的正等轴测图，如图 5-4(e)所示；

(6) 擦去不可见部分，描深图线，完成作图，如图 5-4(f)所示。

2. 切割法

对于不完整的物体，可先画出完整物体的轴测图，然后利用轴测图的特性对切割部分进行作图。切割法的实质还是坐标法的应用。

【例 5-2】 画出图 5-5(a)所示组合体的正等测轴测图。

1) 分析

形体经一系列的平面切割得到。轴测图就是要画出这些面及切割过程中产生的一些交线。作图时，应先作反映实形的面，即平行于坐标面的平面，再作一般位置平面。

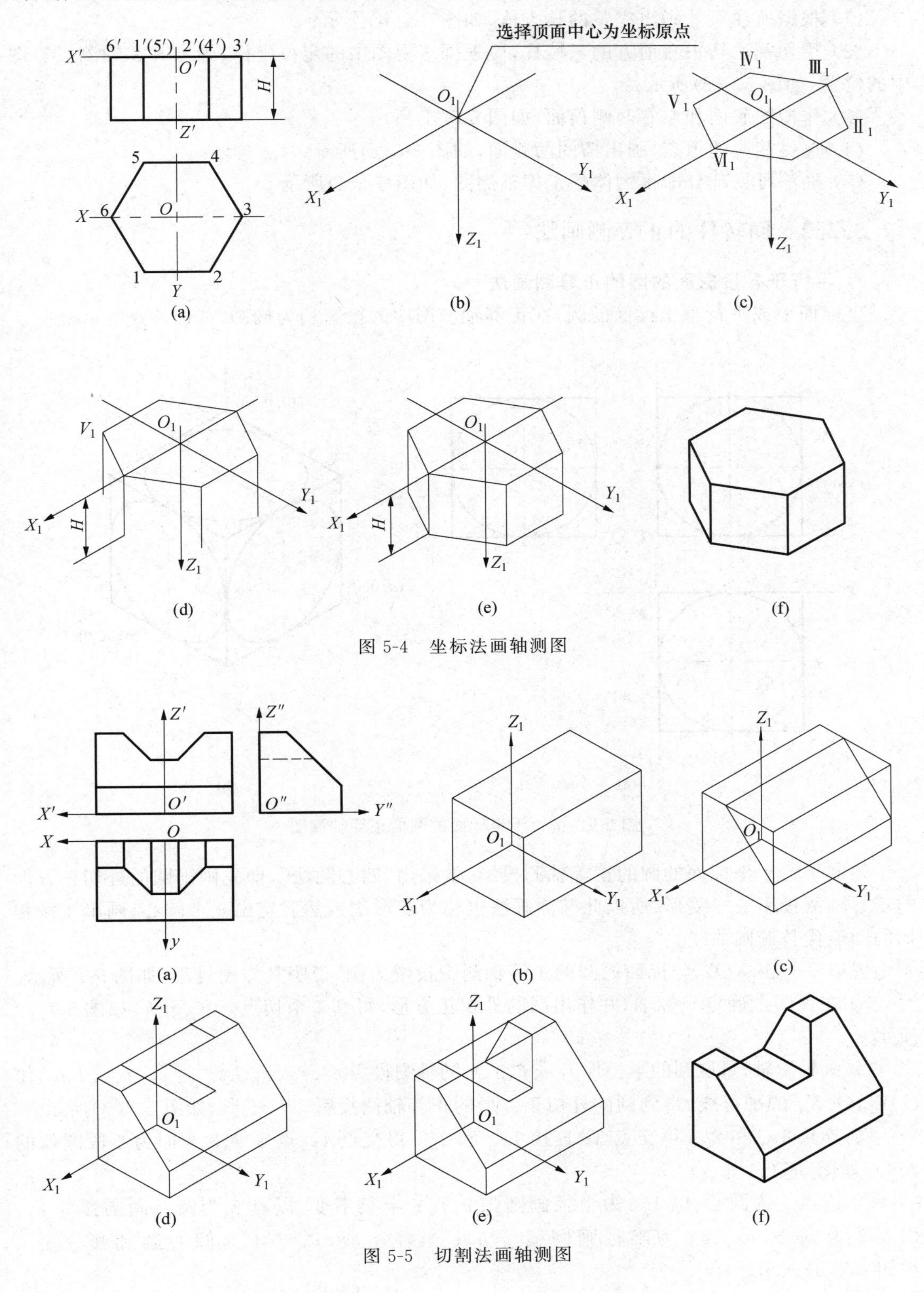

图 5-4　坐标法画轴测图

图 5-5　切割法画轴测图

2）作图过程

（1）根据所注尺寸画出完整的长方体，如图 5-5(b)所示；

（2）用切割法切去右前方的三棱柱，应根据三视图中的定位坐标，确定其在轴测投影图中的位置，如图 5-5(c)所示；

（3）作槽的底面和左右两侧顶面，如图 5-5(d)所示；

（4）连接相应的顶点，画出槽的两侧面，如图 5-5(e)所示；

（5）加深可见部分即得物体的正等轴测图，如图 5-5(f)所示。

5.2.2　回转体的正等测画法

1. 平行于各投影面的圆的正等测画法

坐标面上或平行于坐标面的圆，在正等轴测图中的投影均为椭圆，如图 5-6 所示。

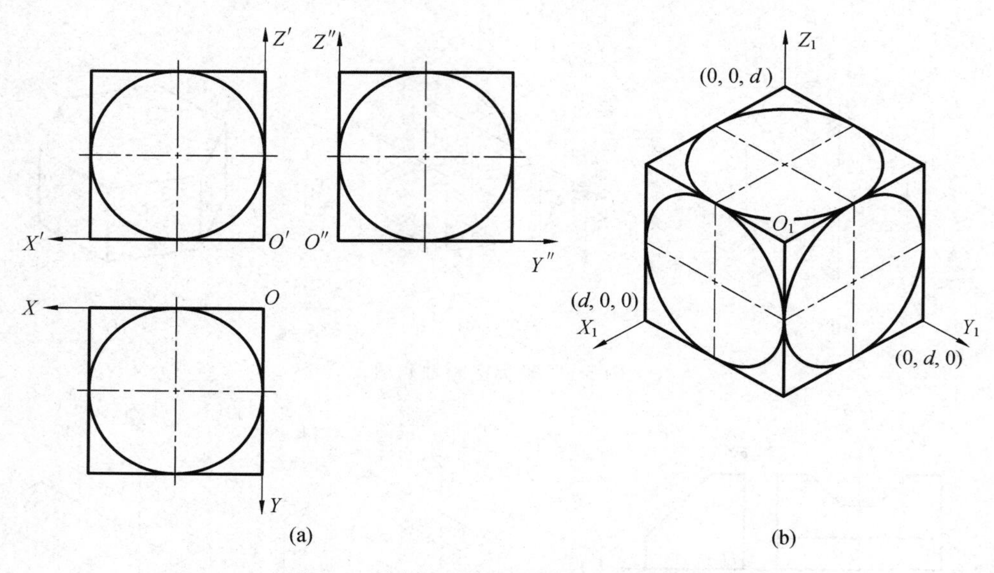

图 5-6　平行于坐标面的圆的正等轴测图

绘制平行于坐标面的圆的正等轴测投影，常采用“四心圆法”，即先画出圆的外切正方形的正等轴测投影——菱形（所以此椭圆画法也称为菱形法），然后定出 4 个圆心，画出 4 段相切的圆弧代替椭圆曲线。

现以平行于 XOY 坐标面的圆的正等轴测图投影为例，说明其作图过程，如图 5-7 所示。

① 在视图上确定坐标轴，并作出圆的外切正方形，得到 4 个切点 e、f、g、h，如图 5-7(a)所示。

② 画轴测轴，量取圆的半径作出 e、f、g、h 的轴测投影 e_1、f_1、g_1、h_1。过 e_1、f_1、g_1、h_1 作 O_1Y_1、O_1X_1 的平行线，得到圆的外切正方形的正等轴测投影——菱形，如图 5-7(b)所示。

③ 连接 $1e_1$ 和 $2h_1$ 得交点 3；连接 $1f_1$ 和 $2g_1$ 得交点 4。点 1、2、3、4 即为 4 段圆弧的圆心，如图 5-7(c)所示；

④ 以点 1 为圆心、以 $1e_1$ 为半径画圆弧 e_1f_1；半径不变，以点 3 为圆心画圆弧 h_1e_1。以点 2 为圆心、以 $2g_1$ 为半径画圆弧 g_1h_1；半径不变，以点 4 为圆心画圆弧 f_1g_1，如图 5-7(d)所示。

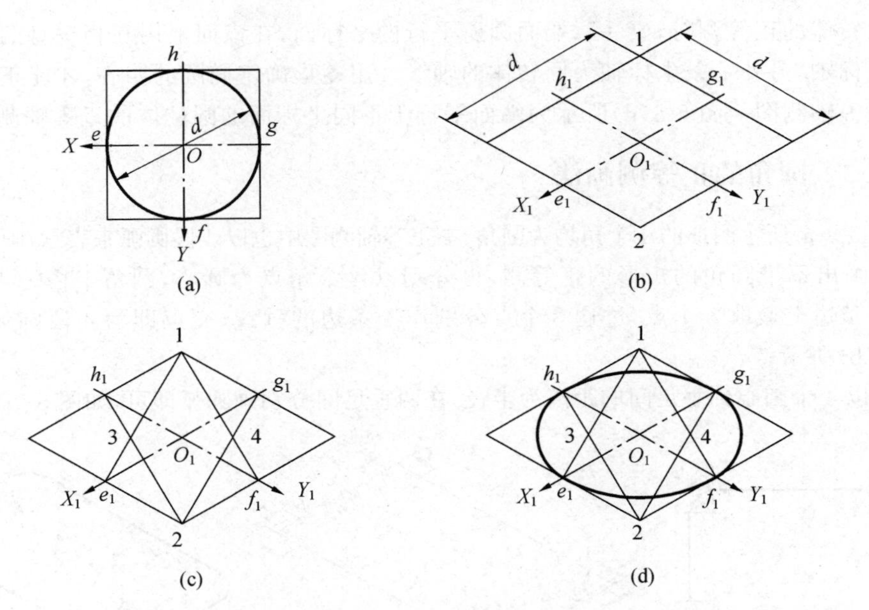

图 5-7　四心圆法画椭圆

2. 回转体的正等测画法

画回转体的正等测时，一般把坐标原点取在某个端面的圆心位置，把回转轴取为某根坐标轴，如图 5-8 所示。根据端面圆所在的坐标平面，用菱形法先画出一个端面圆的正等测——椭圆。然后将画椭圆的各圆心沿回转轴平移，长度为该回转体的轴向距离，即得另一端面椭圆的各作图圆心，作出该椭圆。作两个椭圆的公切线，去掉不可见部分即得回转体的轴测图。

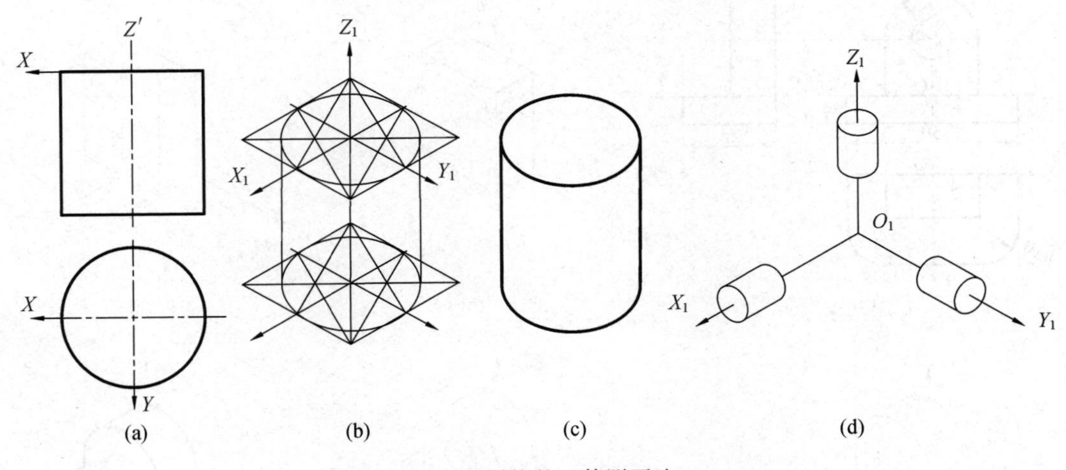

图 5-8　圆柱的正等测画法

【例 5-3】 作如图 5-8(a)所示圆柱的正等轴测图。

作图过程如下：

(1) 建立直角坐标系，如图 5-8(a)所示；

(2) 画出正等测的轴测轴，用四心圆法作顶圆和底圆的正等轴测图，如图 5-8(b)所示；

(3) 作两椭圆的公切线，去掉不可见部分，描深图线，如图 5-8(c)所示。

作回转体的正等测时，要注意端面圆所平行的坐标面，在该面上用互相垂直的两条中心线作为坐标轴，另外一条坐标轴为回转体的轴线。用菱形确定椭圆的四心，才能正确作出回转体的正等轴测图。图 5-8(d)所示为端面平行于不同坐标面的圆柱体的正等轴测图示例。

5.2.3　圆角的正等测画法

如图 5-9(a)所示图形的 4 个角均为圆角，在正等轴测图中也以 4 段圆弧来表示，画法如下：

(1) 画出不带圆角的矩形的正等测，再分别以 4 个角点为圆心，圆角半径为半径，在四边形的 4 条边上截取 8 个点，过这 8 个点分别作 4 条边的垂线，交点即为 4 段圆弧的圆心，如图 5-9(b)所示；

(2) 以 4 个圆心到垂足间的距离为半径，在两垂足间分别画圆弧即可，如图 5-9(c)所示。

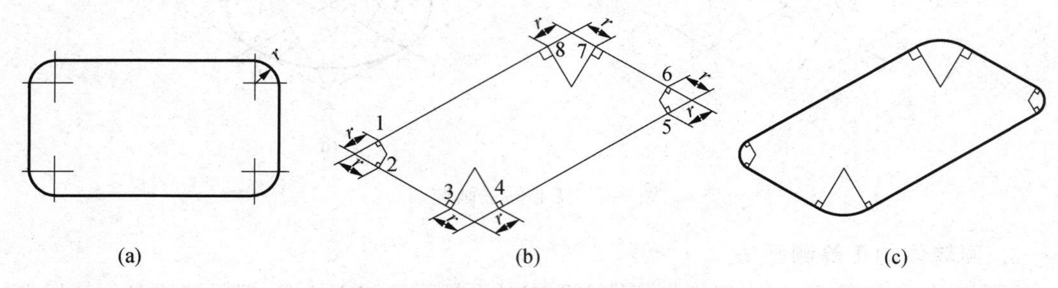

图 5-9　圆角的正等测画法

【例 5-4】　根据图 5-10(a)所示的三视图，画出其正等轴测图。

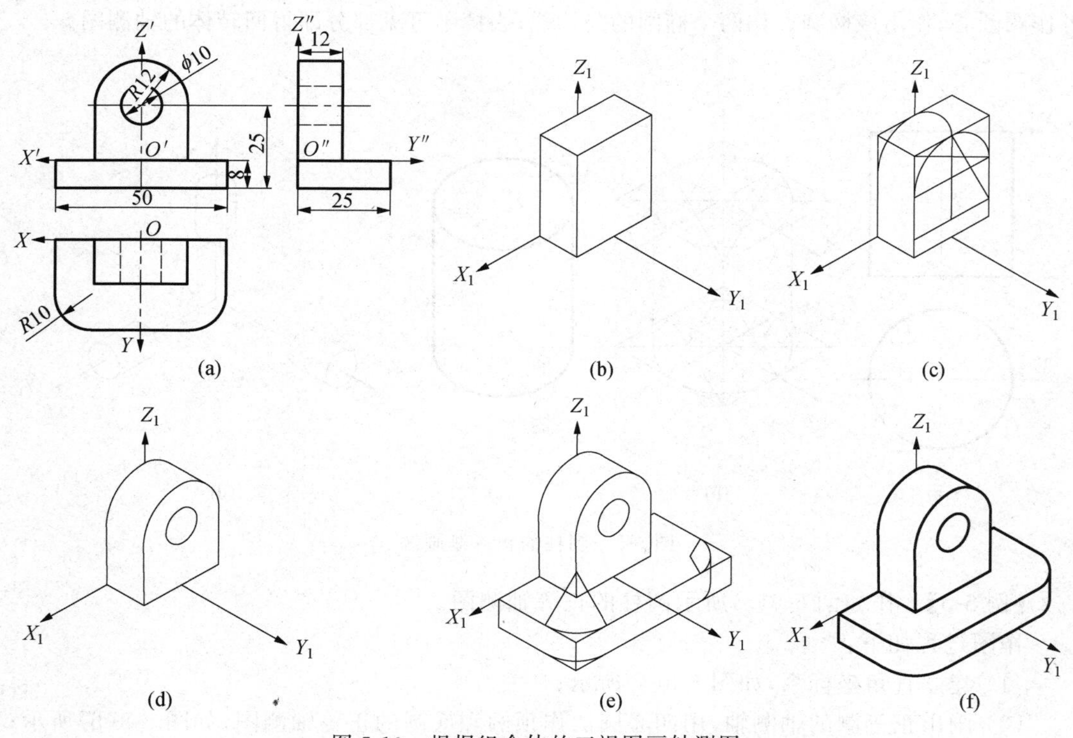

图 5-10　根据组合体的三视图画轴测图

1）分析

该组合体由上、下两部分组成，上部分的圆及圆弧平行于 V 面，下部底板上的圆弧平行于 H 面。

2）作图过程

（1）在三视图上建立空间坐标系，如图 5-10(a)所示；

（2）作轴测轴，画上部竖板，如图 5-10(b)所示；

（3）画竖板前后面上的两个半圆(轴测投影为两椭圆弧)，如图 5-10(c)所示；

（4）画椭圆切线，去除多余和不可见图线，画上中间圆孔的投影(椭圆)，完成竖板的绘制，如图 5-10(d)所示；

（5）画底板，并按圆角的轴测画法绘制底板左右两侧的圆角，画圆角切线，如图 5-10(e)所示；

（6）擦除多余和不可见图线，描粗可见轮廓线，完成全图，见图 5-10(f)。

5.3 斜二等轴测图

5.3.1 轴间角与轴向伸缩系数

将坐标面 XOZ 设置为轴测投影面，投影方向与投影面倾斜所形成的轴测图称为斜二测，所以斜二测是一种斜投影法。在这种情况下，X_1、Z_1 仍然为水平和垂直方向，其轴间角 $\angle X_1O_1Z_1=90°$，轴向伸缩系数 $p=r=1$。轴测轴 O_1Y_1 的方向和轴向伸缩系数 q 随投影方向的变化而变化，为了绘图简便，取 O_1Y_1 轴与水平方向成 45°夹角，$q=0.5$。图 5-11 所示为两种常用的斜二等轴测图坐标系。

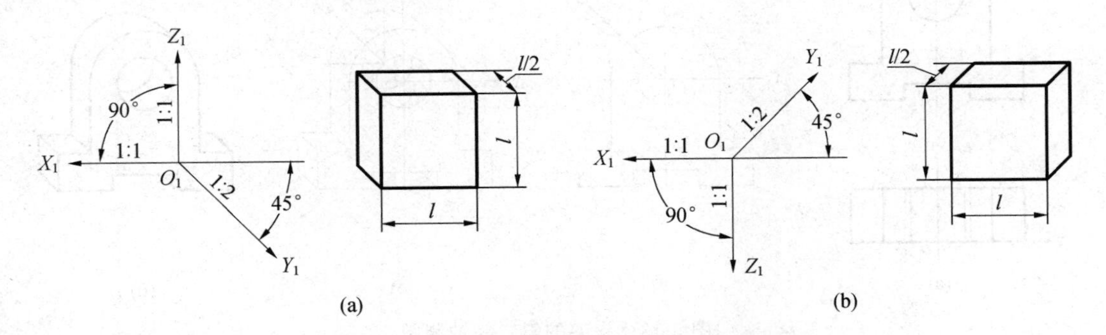

图 5-11 斜二等轴测图的轴间角和轴向伸缩系数

5.3.2 斜二等轴测图的画法

因为 $\angle X_1O_1Z_1=90°$，轴向伸缩系数 $p=r=1$，所以物体上与 XOZ 坐标面平行的直线、曲线和平面图形在斜二测上均反映实形。而平行于 Y 轴的线段，对应斜二测为其原长度的 1/2。

如图 5-12 所示的圆柱体，在 $X_1O_1Z_1$ 坐标面上的圆反映圆实形，先画出圆柱的前表面，将圆心沿 Y_1 方向移动 1/2 圆柱的长度画一个同样的圆，最后回转面的侧面轮廓线(两条切线)为两圆的公切线，因此，斜二测作图方便。

在斜二测中，平行于 $X_1O_1Y_1$、$Y_1O_1Z_1$ 两个坐标面的圆仍为椭圆。因此，斜二测一般用来表达只在一个方向上平面内有圆或圆弧的结构，此时只要把这些平面选为平行于

$X_1O_1Z_1$ 坐标面即可。

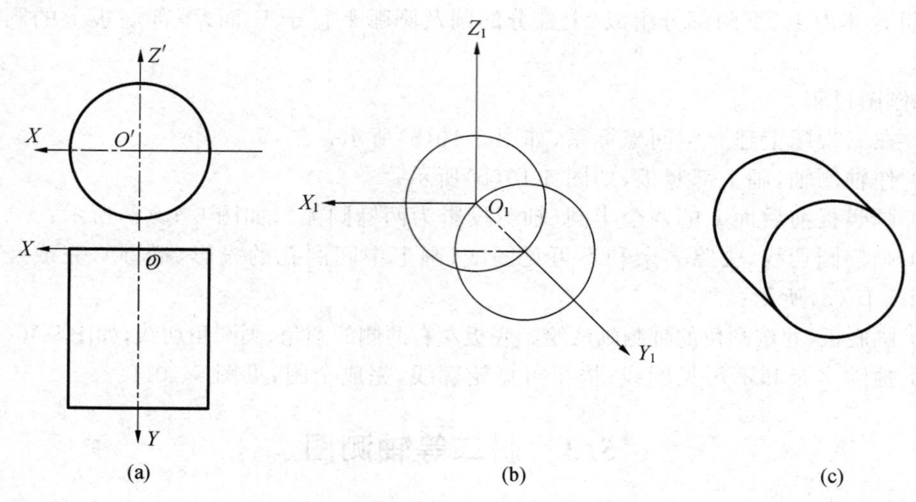

图 5-12　圆柱的斜二等轴测图画法

(a) 圆柱的两视图，在两视图上的坐标轴；(b) 作图过程；(c) 作图结果

【例 5-5】 作图 5-13(a)所示支架的斜二等轴测图。

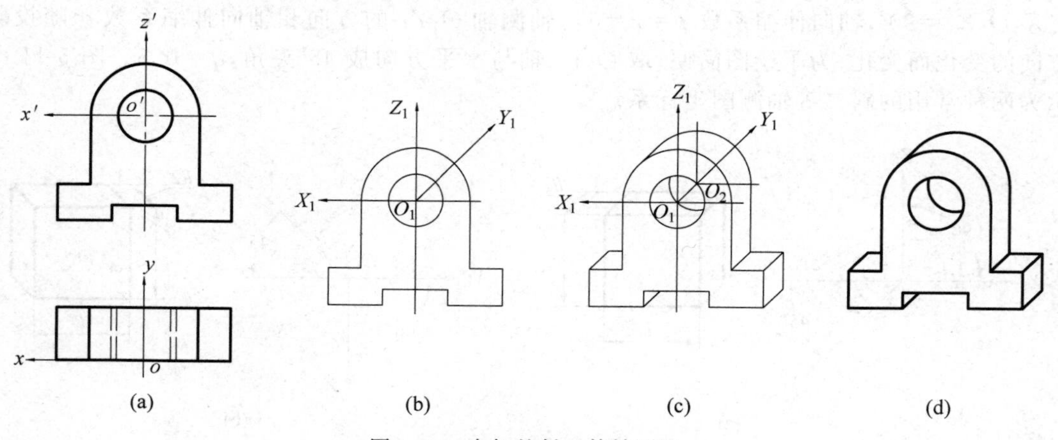

图 5-13　支架的斜二等轴测图

作图过程：

(1) 将半圆面和圆孔面选择为 XOZ 坐标面，建立如图 5-13(a)所示的坐标系；

(2) 画轴测轴 O_1X_1，O_1Y_1，O_1Z_1，画主视图，如图 5-13(b)所示；

(3) 在 Y_1 轴上定 $O_1O_2=a/2$(a 为支架的厚度)，将前面的形状平移 $a/2$，画出后面的形状，将前后面对应的点连线(只画可见部分)，并作出两半圆的公切线，如图 5-13(c)所示；

(4) 整理图线，描深全图，如图 5-13(d)所示。

【例 5-6】 作图 5-14(a)所示组合体的斜二等轴测图。

作图过程：

(1) 建立如图 5-14(a)所示的直角坐标系；

(2) 先画下半部分前面的形状，与主视图完全一样，如图 5-14(b)所示；

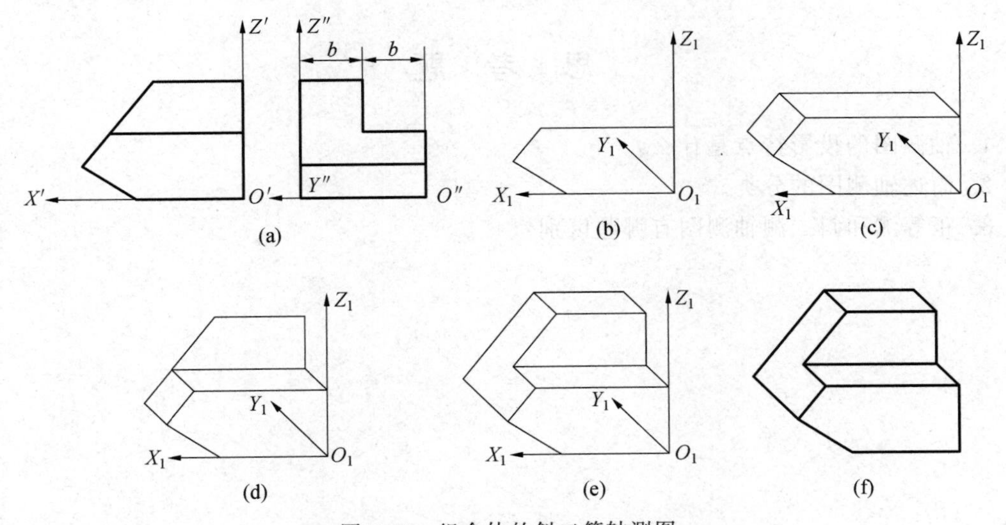

图 5-14　组合体的斜二等轴测图

(3) 将各点在 Y_1 轴上延伸 $b/2$(b 见图中尺寸),如图 5-14(c)所示;

(4) 画出上面部分的形状,如图 5-14(d)所示;

(5) 再将各点沿 Y_1 轴延伸 $b/2$(b 见图中尺寸),如图 5-14(e)所示;

(6) 整理图线,描深全图,如图 5-14(f)所示。

小　　结

- 轴测图
  - 轴测图的基本知识
    - 轴测图的概念
      - 轴测图的定义
      - 轴测轴
      - 轴间角
      - 轴向伸缩系数
    - 轴测图的投影特性
      - 平行性
      - 定比性
    - 轴测图的分类
      - 正等测、斜等测
      - 正二测、斜二测
      - 正三测、斜三测
  - 正等轴测图
    - 轴间角 120°,轴向伸缩系数约 0.82
    - 平面立体的正等测画法
      - 坐标法
      - 切割法
    - 回转体的正等测画法(平行于投影面的圆的正等测画法)
    - 圆角的正等测画法
  - 斜二等轴测图
    - 轴间角和轴向伸缩系数
    - 斜二等轴测图画法

思 考 题

1. 轴测图的投影特点是什么？
2. 简述轴测图的分类。
3. 正等测和斜二测轴测图有哪些区别？

第 6 章　机件的表达方法

机械图样表达的对象是机械零件、部件或机器。零件、部件、机器习惯上统称为机件。国家标准规定：绘制机件的图样时，应首先考虑看图方便，根据机件的结构特点，选用适当的表达方法，在完整、清晰地表达机件各部分形状的前提下，力求制图简便。由此，国家标准规定了 5 类常用的表示方法：视图、剖视图、断面图、局部放大图和简化画法。

6.1　视　　图

视图主要用来表达机件的外部结构形状。区别于组合体三视图，在用视图表达机件时，一般只画机件的可见部分，必要时才用虚线画出其不可见部分。国家标准规定的视图表达方法包括：基本视图、向视图、局部视图和斜视图。

6.1.1　基本视图

机件向基本投影面投影所得的视图称为基本视图。按国家标准规定，在原有 3 个投影面的基础上，再增设 3 个投影面，组成一个正六面体方盒，机件向这 6 个基本投影面投影，得到 6 个基本视图，如图 6-1(a)所示。除了前面已介绍的主、俯、左 3 个视图以外，还增加了：由右向左投影所得的右视图，由下向上投影所得的仰视图，由后向前投影所得的后视图。

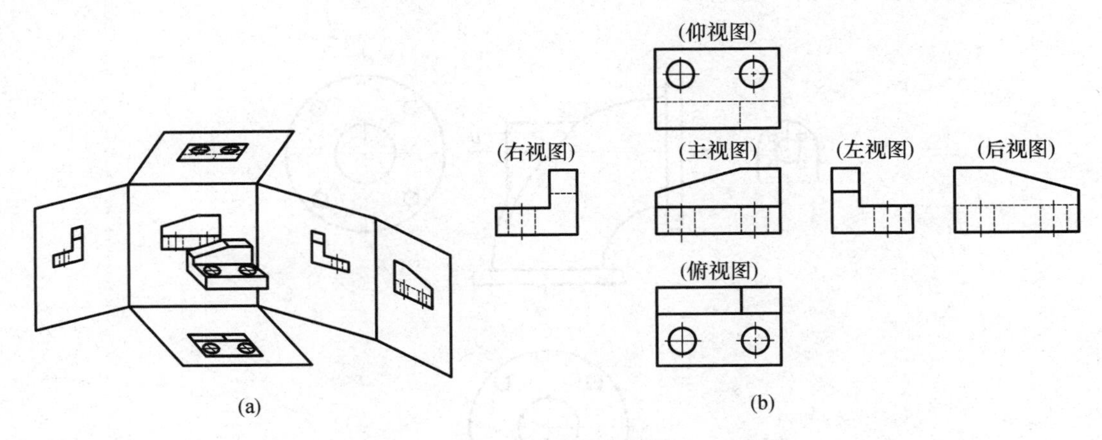

图 6-1　6 个基本视图

投影面按图 6-1(a)展开后得到如图 6-1(b)所示的 6 个基本视图的配置关系。6 个基本视图按照此位置摆放时，每个视图不需要标注出视图名称。

基本视图选用的数量与机件的复杂程度和结构形式有关，而基本视图的选用次序，一般是先选用主视图，其次是俯视图或左视图，然后再考虑其他视图的选用。在清晰表达机件外部结构形状的前提下，使得视图的数量最少。

6.1.2 向视图

如图 6-2 所示，6 个基本视图若不按图 6-1(b)配置时，则应在视图上方标注视图名称“×”(×用大写英文字母表示)，在相应的视图附近用箭头指明投影方向，并标注同样的字母“×”。这种自由配置的视图称为向视图。

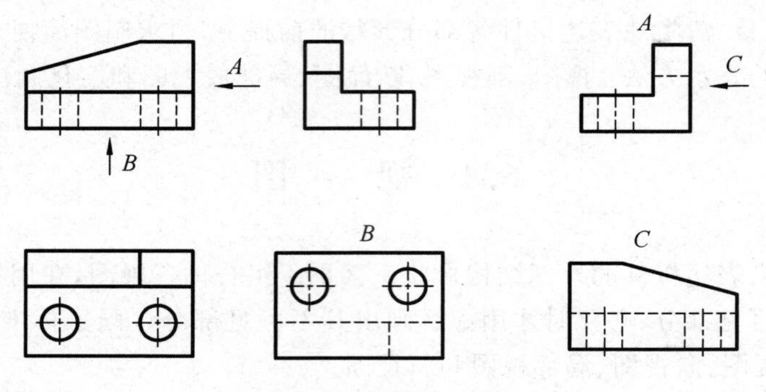

图 6-2　向视图及其标注

6.1.3 局部视图

当机件的某部分形状未表达清楚，又没有必要画出整个基本视图时，可以只将机件的某一部分向基本投影面投影，所得的视图称为局部视图。如图 6-3 中的“*A*”“*B*”“*C*”视图，用 3 个局部视图替代了左视图、俯视图和右视图，清晰地表达了凸台外形和法兰端面形状，从而使得视图的表达清晰简洁并重点突出。

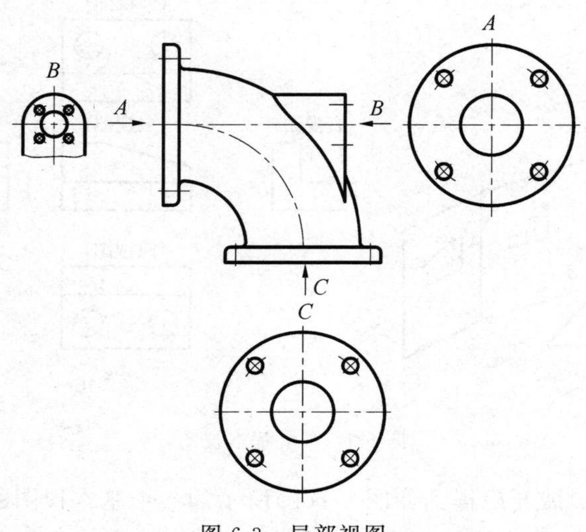

图 6-3　局部视图

画局部视图时应注意：

（1）在局部视图的上方标注视图的名称“×”（×用大写英文字母表示），并在相应的视图附近用箭头指明投影方向，并写上相应的字母“×”，字母一律水平书写；当局部视图按投影关系配置，中间又没有其他图形隔开时，可省略标注，如图 6-3 中 A 局部视图和 B 局部视图的标注可以省略。

（2）局部视图的断裂边界通常用波浪线表示，如图 6-3 中的 B 视图。用波浪线作断裂边界时，波浪线应画在机件的实体部分，不可画在机件的中空处或超出实体外。

（3）当局部视图所表示的局部结构是完整的，且外轮廓线又成封闭时，波浪线可省略不画，如图 6-3 中的 A、C 局部视图。

6.1.4　斜视图

机件向不平行于基本投影面的平面投影所得的视图称为斜视图。

由图 6-4 所示的主视图可以看出，其上部表面为正垂面，所以它的俯视图和左视图都不能反映该部分实形。为了清晰地表达该倾斜结构的实形，可以设置一个平行于倾斜结构的正垂面作为新投影面，然后将倾斜结构按垂直于新投影面的方向 A 投影，视图 A 即可得到倾斜结构的实形，如图 6-4(a)所示的 A 视图即为斜视图。

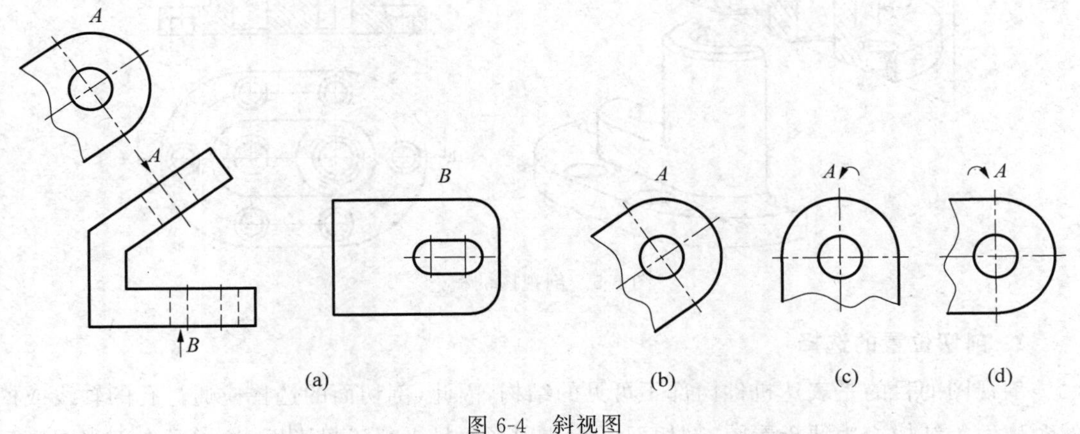

图 6-4　斜视图

画斜视图时应注意的要点：

（1）必须在视图的上方标出视图的名称“×”（×用大写英文字母表示），在相应的视图附近用箭头指明投影方向，箭头须垂直于倾斜结构，并注上同样的字母“×”，字母始终水平书写。

（2）斜视图一般按投影关系配置，如图 6-4(a)所示，必要时也可配置在其他适当的位置，如图 6-4(b)所示。

（3）在不致引起误解时，允许将图形旋转，但需加注旋转符号“↷”或“↶”，如图 6-4(c)、(d)所示。一般将斜视图向小于 45°的方向旋转摆正。

（4）斜视图的断裂边界通常用波浪线表示。当斜视图所表示的结构是完整的，且外轮廓线又成封闭时，波浪线可省略不画。

6.2 剖　视　图

剖视图主要用于表达机件在视图中不可见的内部结构形状，有利于看图和标注尺寸。

6.2.1 剖视图的概念和画法

1. 剖视图的概念

假想用剖切面（平面或柱面）剖开机件，移去观察者和剖切面之间的部分，将余下部分向投影面投影所得的图形称为剖视图，简称剖视，如图 6-5 所示的主视图为剖视图。

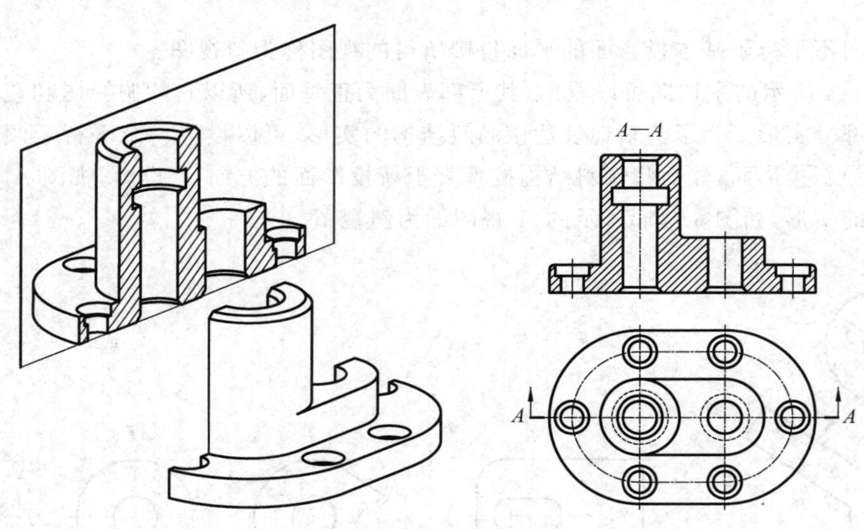

图 6-5　剖视图的概念

2. 剖切位置的选择

剖视图的目的是表达机件内部不可见的结构，因此，剖切面的选择应通过孔的轴线或槽的对称面等结构。为便于看图，剖切面一般选用平面且平行于投影面，这样可在剖视图中反映出剖切部分的实形。

3. 剖面区域的填充

剖切面与机件接触的部分，称为剖面区域，也称为断面区域。国家标准(GB/T 4457.5—2013)中规定，在剖面区域内要画出剖面符号。不同的材料采用不同的剖面符号。各种材料的剖面符号见表 6-1。其中，金属材料的剖面符号用与水平方向成 45°且间隔均匀的细实线画出，左右倾斜均可，但同一金属零件在不同的视图中，剖面线方向和间隔必须一致。当图形中的主要轮廓线与水平成 45°时，该图形的剖面线应画成与水平方向成 30°或 60°的平行线，其倾斜的方向仍与其他图形的剖面线一致。

表 6-1　剖面符号

材料		剖面符号	材料	剖面符号
金属材料(已有规定剖面符号者除外)			木制胶合板	
线圈绕组元件			基础周围的泥土	
转子,电枢,变压器和电抗器等的迭钢片			混凝土	
非金属材料(已有规定剖面符号者除外)			钢筋混凝土	
型砂,填沙,粉末冶金,砂轮,陶瓷刀片,硬质合金刀片等			砖	
玻璃及供观察采用的其他透明材料			格网(筛网、过滤网等)	
木材	纵剖面		液体	
	横剖面			

不需在剖面区域中表示材料类别时,可用通用剖面线表示。通用剖面线应以适当角度的细实线绘制,最好与主要轮廓或剖面区域的对称线成45°。同一机件的各个剖面区域其剖面线画法应一致,相邻机件的剖面线必须有区别。

4. 剖视图的标注

剖视图需标注,如图6-5所示。标注内容包括剖切符号、投影方向和字母。剖切符号表示剖切平面的位置,实际上是剖切平面的迹线,用短粗实线(长约5~10mm)表示,尽可能不与图形的轮廓线相交。投影方向用箭头表示,画在剖切符号的外侧,与剖切符号垂直。字母(大写的英文字母)表示剖视图的名称,在剖视图的上方注出"×—×"。

当剖视图按投影关系配置,中间又没有其他图形隔开时,可省略箭头。在此基础上,如果是单一剖切面,且剖切平面通过机件的对称面或基本对称面时,可省略所有标注,如图6-6所示。同理,图6-5中的标注可全部省略。

5. 画剖视图时的注意事项

(1) 画剖视图时,在剖切面后的可见轮廓线用粗实线画出;不可见轮廓线,如在其他视图已经表达清楚,则虚线应该省略,如图6-5所示;没有表达清楚的轮廓线,虚线必须画出,如图6-6所示。

(2) 由于剖视图是假想剖开机件后画出的,因此,当机件的一个视图画成剖视后,其他视图不受影响,仍应完整画出。

(3) 对于机件的肋、轮辐及薄壁等结构,若按纵向剖切(剖切面与肋板的对称面重合或

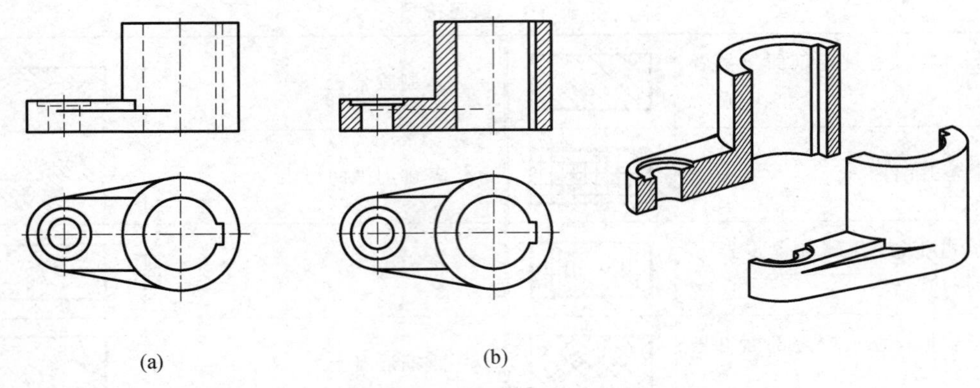

图 6-6　剖视图中虚线的处理

平行)，这些结构按不剖处理，不画剖面符号，而用粗实线将它与邻接部分分开，如图 6-7 所示。这些结构如果是其他方向剖切，按正常剖切处理。

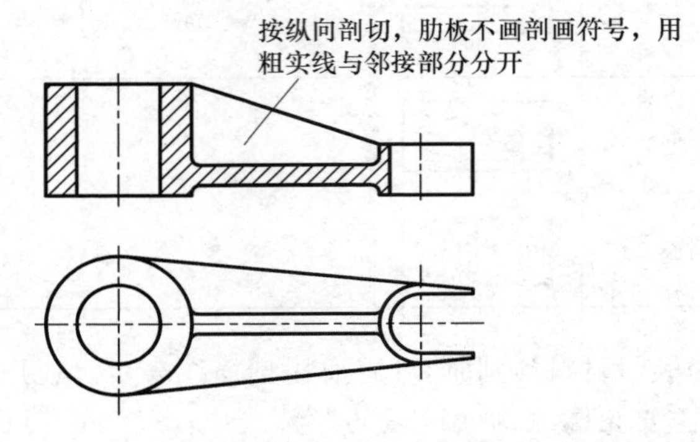

图 6-7　剖视图中肋板的表示方法

(4) 未剖开的孔的轴线在剖视图中应该画出，如图 6-9(c)所示。

6.2.2　剖视图的种类

按照剖切机件的范围不同，剖视图分为全剖视图、半剖视图和局部剖视图。

1. 全剖视图

用剖切面(平面或柱面)完全地剖开机件，将剖切面和观察者之间的部分全部拿走，将剩下部分投影所得的剖视图，称为全剖视图。图 6-5～图 6-7 所示的主视图都是全剖视图。

全剖视图用于表达内部结构复杂、外形相对简单的机件，如图 6-8 所示。

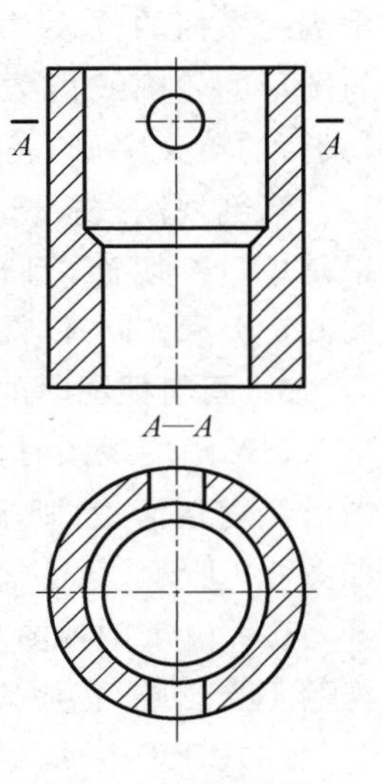

图 6-8　全剖视图

2. 半剖视图

当机件具有对称面时，在垂直于对称面的投影面上，以图形的对称中心线(细点画线)为界，一半画成剖视图，另一半画成视图，这种剖视图称为半剖视图。

半剖视图通常用于内、外结构都需要表达，且机件对称或接近对称,不对称部分已在其他视图中表达清楚的机件。

如图 6-9(a)所示的机件,如果将主视图画成全剖视,如图 6-9(b)所示,则前面的凸台、小孔都被剖切掉了,故其形状和位置不能确定。显然,主视图不适宜采用全剖视。但其主视图左右对称,所以可采用半剖视图,如图 6-9(c)所示。

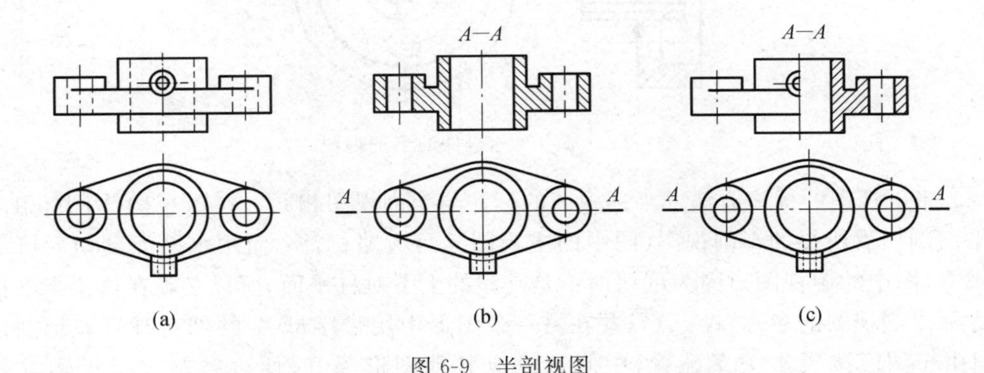

图 6-9 半剖视图

半剖视图的画图要点:

(1) 在半剖视图中,外形视图部分和剖视图部分的分界线(即对称线)应是细点画线,不能是其他任何图线。如果在对称中心线处存在可见或不可见的轮廓线与中心线重合的情况,此时机件即使对称也不适合作半剖视,需选用其他表达方法。

(2) 由于图形对称,当机件的内部结构已在剖视图部分表示清楚时,在视图部分的虚线应该省略。如果机件的某些内部结构在剖视图部分没有表达清楚,则在表达外部形状的视图中,仍应用虚线画出,如图 6-10(b)中顶板上的圆柱孔、底板上的阶梯孔在视图部分仍用虚线画出。

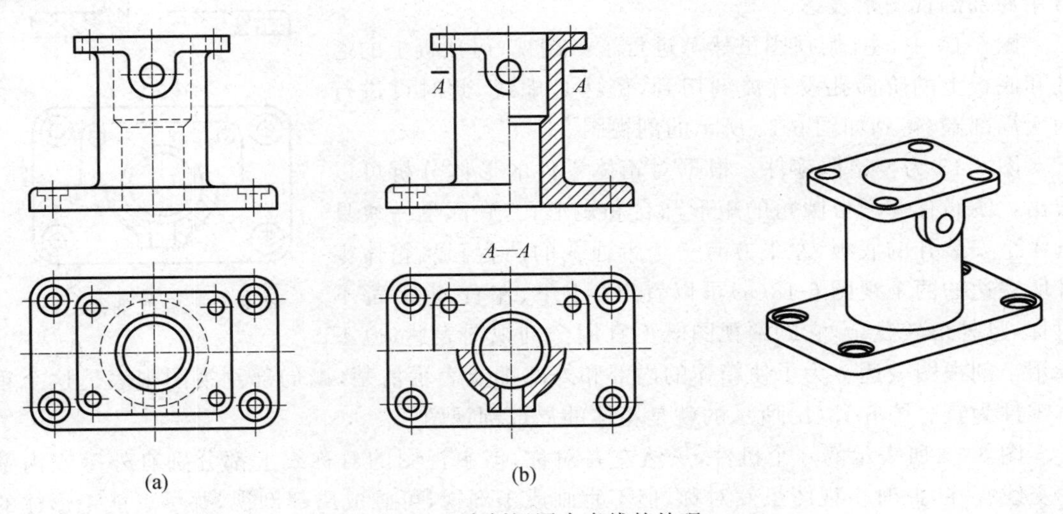

图 6-10 半剖视图中虚线的处理

(3) 当机件接近于对称,且不对称部分已另有图形表达清楚时,也可以画成半剖视。如图 6-11 所示的带键槽的轮盘,由于轮盘的上下不对称的局部只是在轴孔的键槽处,而轴孔和键槽已由左视图表达清楚,所以也可将主视图画成半剖视图,但要注意,应剖到不对称结构。

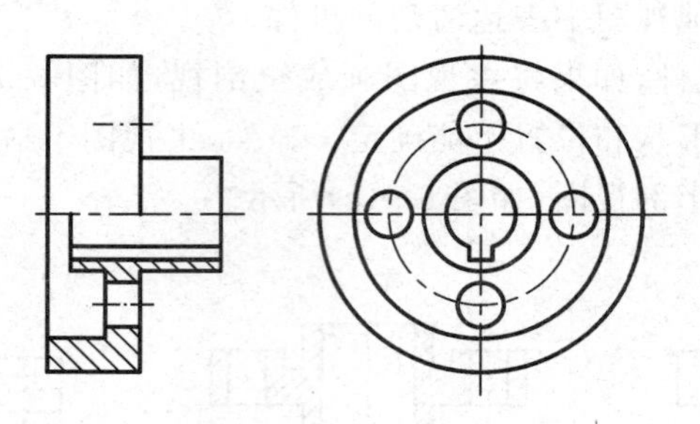

图 6-11　基本对称机件的半剖视图

(4) 半剖视图的标注方法。半剖视图的标注与全剖视图相同。在图 6-10(b)中,用前后对称平面剖切后所得的半剖视图(图中的主视图),可省略标注;而用水平面剖切后所得的半剖视图(图中的俯视图),因为剖切面不是支座的上下对称平面,所以必须在这个半剖视图的上方标出剖视图的名称“$A—A$”,并在另一个图形中用带字母 A 的剖切符号表示剖切位置;但由于图形按投影关系配置,中间又没有其他图形隔开,便可省略表示投影方向的箭头。

(5) 画半剖视图时,习惯上将剖视部分画在对称中心线的右边或前面,如图 6-9(c)和图 6-10(b)所示。

3. 局部剖视图

用剖切面局部地剖开机件后画出的剖视图,称为局部剖视图。

局部剖视图主要用于表达机件上的局部结构,对于那些需要表达内、外形状的不对称机件或不宜作半剖的对称机件,也可用局部剖视图来表达。

图 6-10 中,主、俯视图虽然都进行了半剖视,但顶板上的通孔和底板上的阶梯孔没有被剖切到,依然是虚线,此时可进行两次局部剖,得到如图 6-12 所示的剖视图。

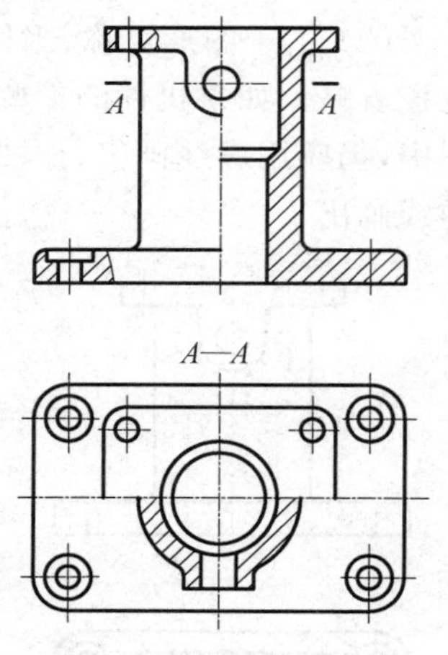

图 6-12　局部剖视(一)

图 6-13 为一箱体零件。根据对箱体零件的形体分析可以看出:顶部有一个带圆角的矩形凸台和矩形孔,底部是一块具有 4 个安装孔的底板,左下方有一个带通孔的凸台。从箱体零件所表达的两个视图 6-13(a)可以看出:上下、左右、前后都不对称,且外形较复杂,它的两视图既不宜用全剖视图表达,也不能用半剖视图表达。为了使箱体的内部和外部都能表示清楚,以局部剖视图来表达这个箱体零件为宜。图 6-13(b)所示的就是箱体的局部剖视图。

图 6-14 所表示的 3 个机件,虽然左右对称,但主视图的对称线上都分别有外壁或内壁的交线存在,此时主视图虽然对称,但不宜画成半剖视,可画成局部剖视,并尽可能把形体的内壁或外壁的交线清晰地显示出来。

画局部剖视图时应注意:

(1) 局部剖视图的标注与全剖视图相同。对于剖切位置明显的局部剖视图,一般省略标注,如图 6-12～图 6-14 所示。

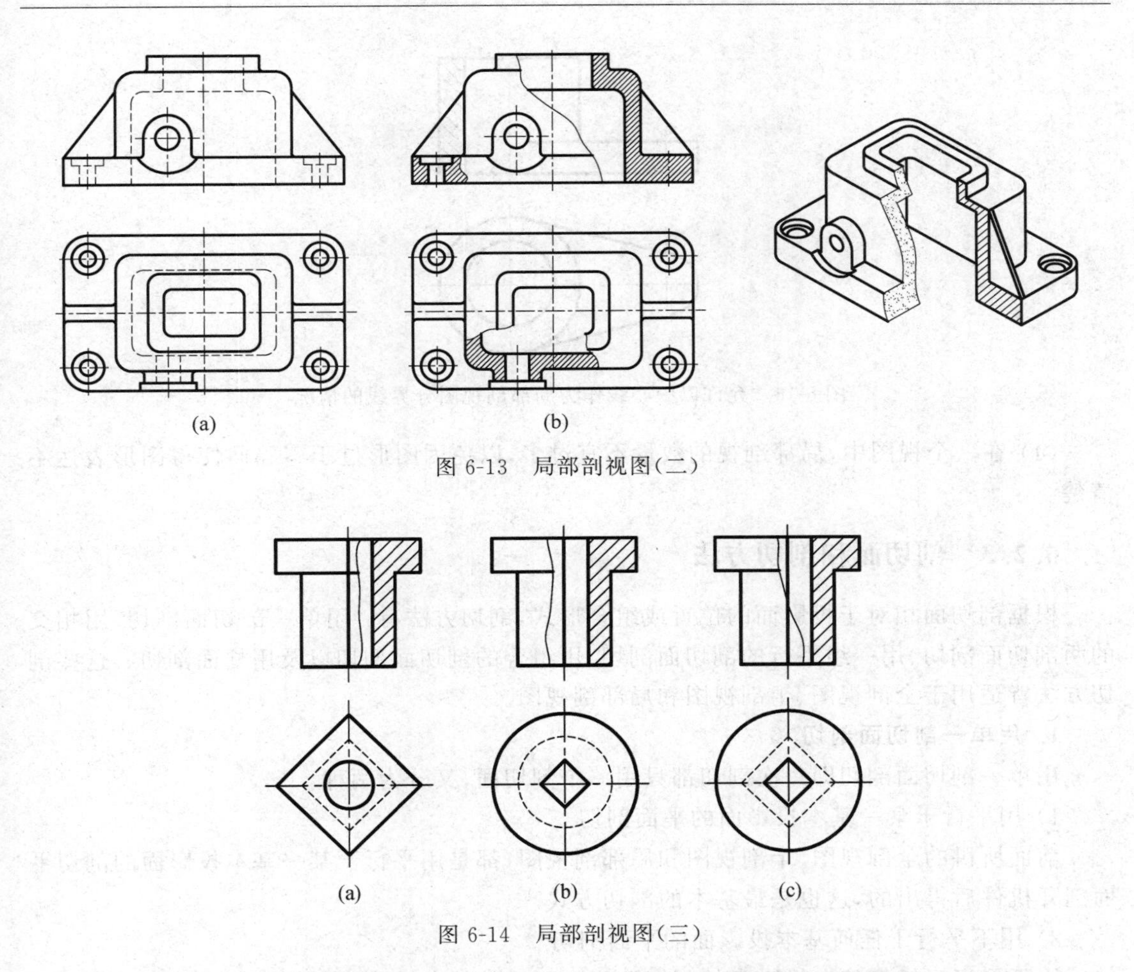

图 6-13　局部剖视图(二)

图 6-14　局部剖视图(三)

(2) 局部剖视图用波浪线分界。波浪线可看作机件实体表面的断裂线，应画在机件的实体上。波浪线既不能超出机件的轮廓线，也不可画在机件的中空处；波浪线不应与图样上其他图线重合，也不要画在其他图线的延长线上，如图 6-15 所示。

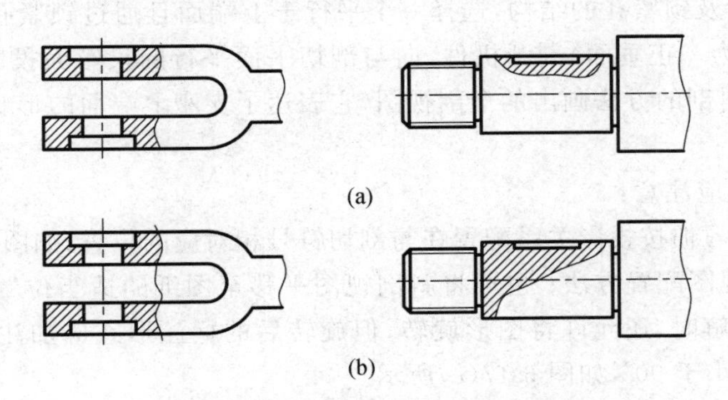

图 6-15　局部剖视图中波浪线的画法

(3) 当被剖切结构为回转体时，允许将该结构的中心线作为局部剖视与视图的分界线，如图 6-16 中主视图右边的局部剖视。

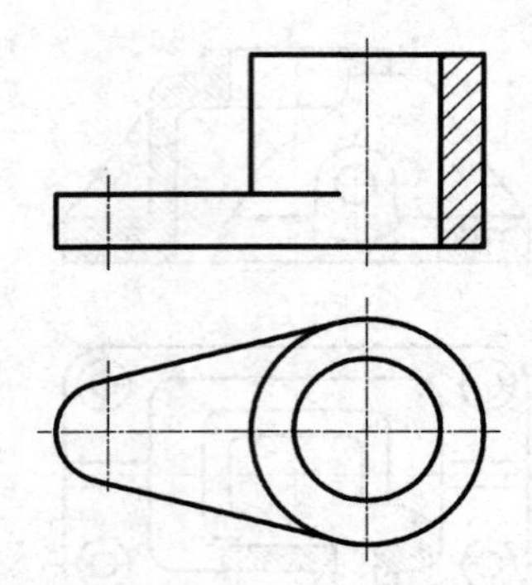

图 6-16　允许以中心线作为局部剖视图分界线的情况

(4) 在一个视图中，局部剖视的数量不宜过多，以免因图形过于零碎而使得图形表达不清楚。

6.2.3　剖切面和剖切方法

根据剖切面相对于投影面的位置或组合形式，剖切方法有：用单一剖切面剖切、用相交的两剖切面剖切、用一组平行的剖切面剖切、用组合的剖切面剖切以及用柱面剖切。这些剖切方法皆适用于全剖视图、半剖视图和局部剖视图。

1. 用单一剖切面剖切

用单一剖切面剖切即每次剖切都只用一个剖切面，又分为两种：

1) 用平行于某一基本投影面的平面剖切

前面所讲的全剖视图、半剖视图和局部剖视图，都是用平行于某一基本投影面的剖切平面剖开机件后得出的，这也是最基本的剖切方式。

2) 用不平行于任何基本投影面的平面剖切

用不平行于任何基本投影面的剖切平面剖开机件的方法称为斜剖。

如图 6-17(a)所示，支座的主体结构为圆柱体，主视图采用全剖视图表达了其内部结构。下端为连接板，主视图中表达了其厚度，*A* 向局部视图表达了其形状和孔的分布。为了表达其上端面的形状及锁紧孔的结构，选择一个平行于上端面且通过锁紧孔的轴线的假想剖切平面(此剖切面为一正垂面)剖开机件，向与剖切平面平行的投影面投影，所得到的“*B*—*B*”剖视图就是用斜剖的方法画出的全剖视图，它表达了支座上端面的形状及用于锁紧的孔的结构。

画斜剖视图时应注意：

(1) 斜剖视图习惯按投影关系配置在与剖切符号相对应的位置，如图 6-17(a)中的 *B*—*B*，这是最常用的视图配置方法；也可将斜剖视图平移至图纸的适当位置，如图 6-17(b)所示；在不会引起误解时，还允许将图形旋转，但旋转后的标注形式应加注旋转方向“↷”或“↶”，旋转角度应小于 90°，如图 6-17(c)所示。

(2) 由于剖切平面是斜的，所以表示剖切平面位置的符号自然应是斜的，但标注的字母必须水平书写。

2. 用相交的两剖切面剖切

用相交的两剖切平面(交线垂直于某一基本投影面)剖开机件的方法称为旋转剖。

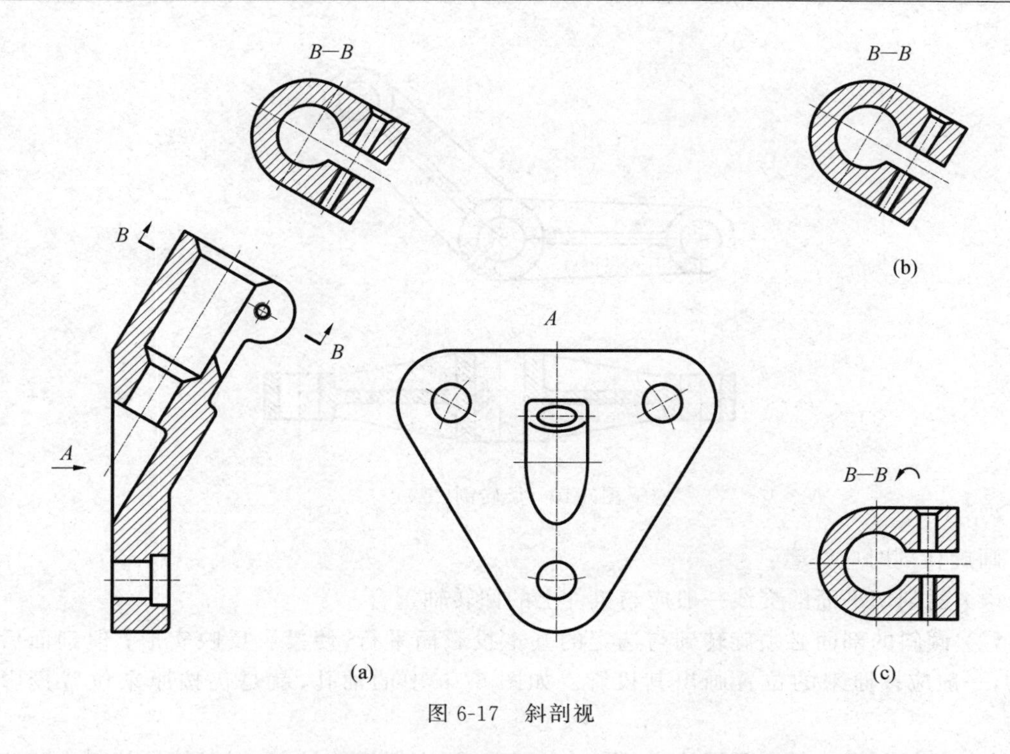

图 6-17　斜剖视

旋转剖的适用范围：当机件的内部结构形状用一个剖切平面剖切不能表达完全，且此机件在整体上又具有回转轴时，可采用旋转剖。

如图 6-18 所示，为了将轮盘的结构和各种孔、槽的形状都表达清楚，采用了旋转剖的方法：先假想用图中剖切符号所表示的、交线垂直于正面的两个平面剖开轮盘，将处于观察者与剖切平面之间的部分移去，并将被倾斜的剖切平面剖开的结构及有关部分旋转到与选定的基本投影面（在图 6-18 中为侧立投影面）平行，然后再投影到基本投影面上，使剖视图既反映实形又便于画图。

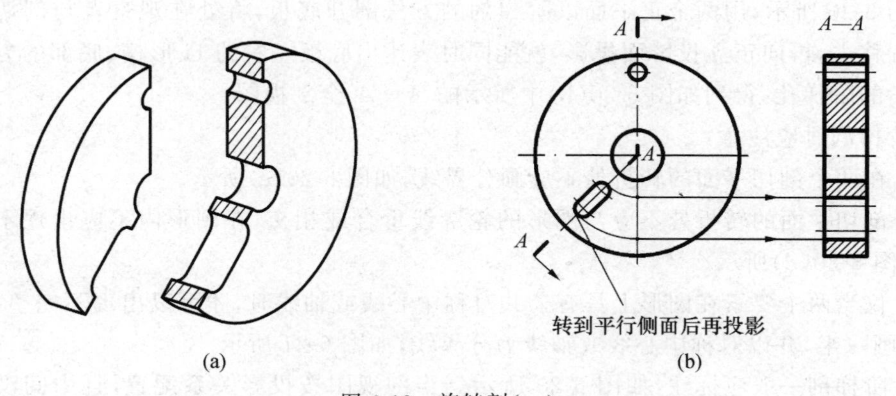

图 6-18　旋转剖（一）

如图 6-19 所示的摇杆，用一个水平面和一个正垂面（交线垂直于正立面）剖开机件，移去上面部分，然后将倾斜剖切面剖开的结构及有关部分旋转到与水平投影面平行，再进行投影得到 $A—A$ 剖视图。

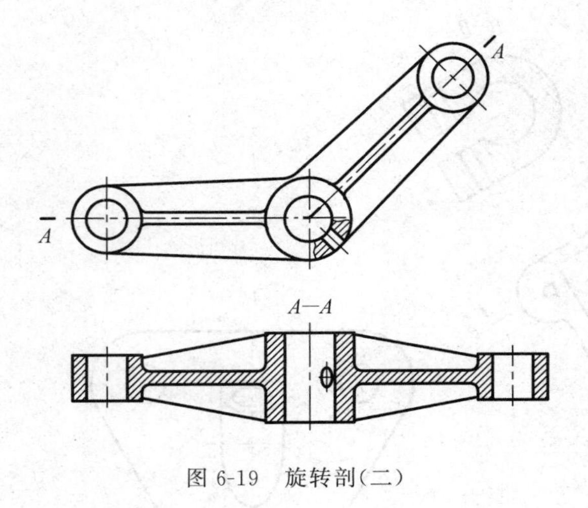

图 6-19　旋转剖(二)

画旋转剖时应注意:

(1) 两剖切平面的交线一般应与机件上的回转轴重合。

(2) 倾斜的剖面必须旋转到与选定的基本投影面平行,使投影反映实形;但剖面后的结构,一般应按原来的位置画出其投影。如图 6-19 中的油孔,就是仍按原来位置投影画出的。

(3) 旋转剖视一般需要标注,如图 6-18 所示,画出剖切符号,在剖切符号的起讫和转折处标注字母"×",在剖切符号两端画表示投影方向的箭头,并在剖视图上方注明剖视图的名称"×—×"。但当转折处位置有限又不致引起误解时,也可省略转折处的字母,如图 6-19 所示。剖视图按照投影关系配置,且两者之间没有第三图形时,则可以省略箭头,如图 6-19 所示。

3. 用一组平行的剖切面剖切

用一组平行的剖切平面剖开机件的方法称为阶梯剖。

如图 6-20 所示,用两个正平面以阶梯剖的方法剖开底板,将处在观察者与剖切平面之间的部分移去,再向正立投影面投影,就能同时表达出底板左右的 U 形槽、底部的方形凹槽和 4 个角的阶梯孔,得到如图 6-20(b)中所示的 $A—A$ 全剖视图。

画阶梯剖时应注意:

(1) 在两个剖切平面的转折处不应画分界线,如图 6-20(c)所示。

(2) 剖切平面的转折处不应与图形的轮廓线重合或相交,在图形内不应出现不完整的要素,如图 6-20(d)所示。

(3) 仅当两个要素在图形上具有公共对称中心线或轴线时,才可以出现不完整要素,这时,应各画一半,并以对称中心线或轴线为分界线,如图 6-21 所示。

(4) 阶梯剖一般应标注,如图 6-20 所示。当剖视图按投影关系配置,且中间没有其他图形隔开时,可以省略箭头和字母,如图 6-21 所示。

4. 用组合的剖切面剖切

除了旋转剖、阶梯剖以外,用组合的剖切平面剖开机件的方法,称为复合剖,如图 6-22 所示。

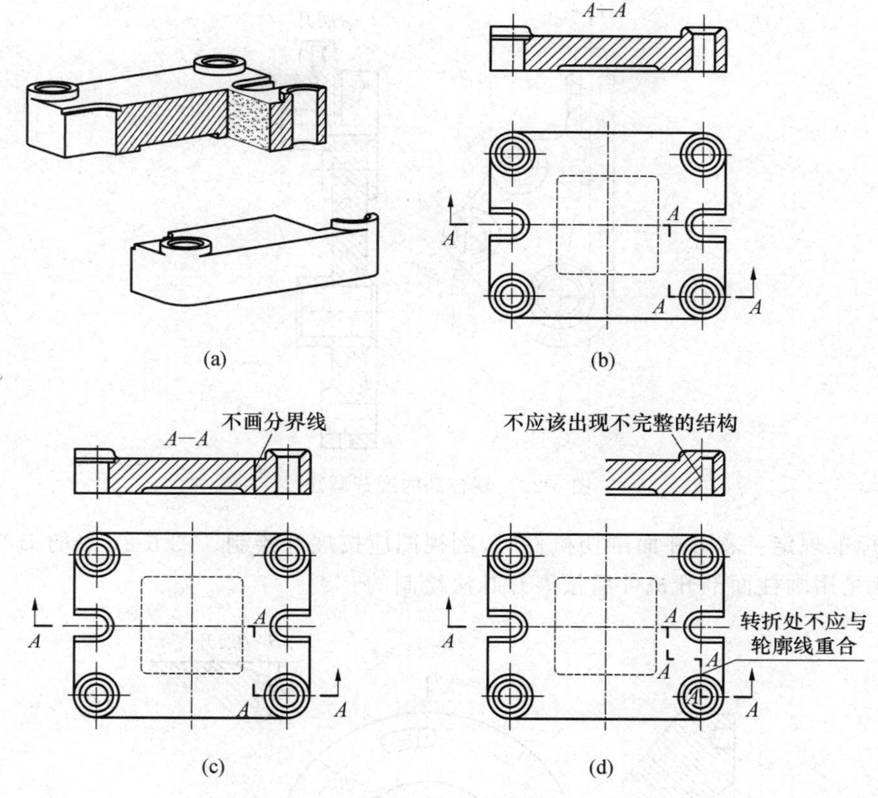

图 6-20　阶梯剖

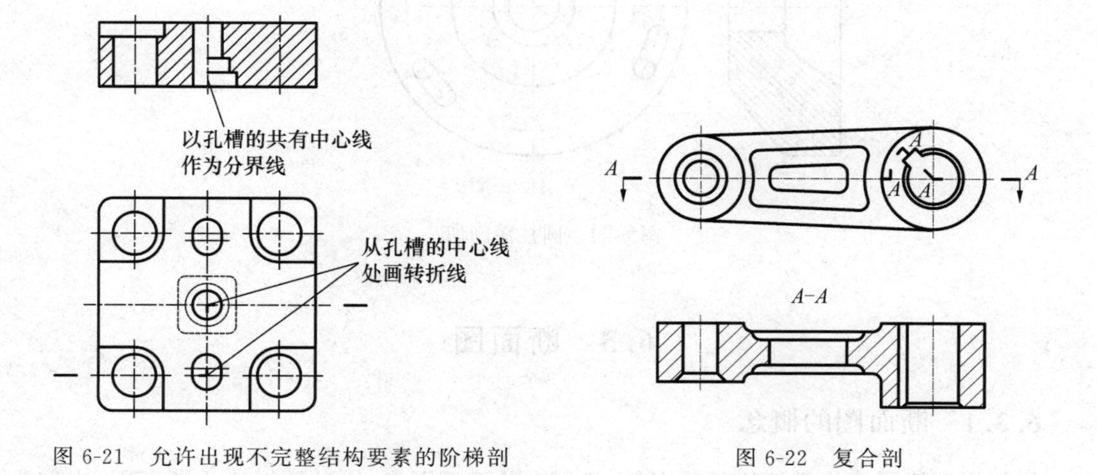

图 6-21　允许出现不完整结构要素的阶梯剖　　图 6-22　复合剖

复合剖的剖切符号的画法和标注，与旋转剖和阶梯剖相同。

当采用连续几个旋转剖的复合剖时，一般用展开画法，如图 6-23 所示。当用展开画法时，在剖视图上方中央应标注“×—×展开”。

5. 用柱面剖切

在剖视图中，一般用平面剖切机件，但有时也可用柱面剖切机件，如图 6-24 所示。

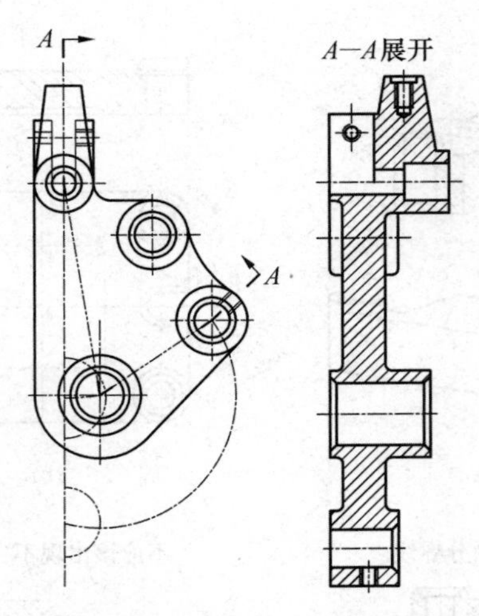

图 6-23　复合剖的展开画法

国家标准规定：采用柱面剖切机件时，剖视图应按展开绘制。图 6-24 中的 B—B 局部剖视图，就是用圆柱面剖开机件后按展开画法绘制的。

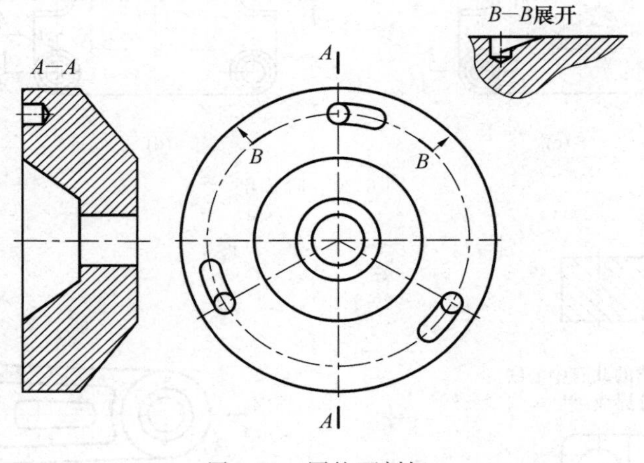

图 6-24　圆柱面剖切

6.3　断面图

6.3.1　断面图的概念

假想用剖切平面将机件的某处切断，仅画出断面的图形，这种图形称为断面图，也称为剖面图。

图 6-25(a)所示为一轴类零件，轴段上有键槽。主视图反映了各轴段的长度和键槽的形状和宽度，左视图画出了各段轴径的圆和键槽的深度，如图 6-25(b)所示。很显然，左视图很不清楚。为了表达同轴圆柱及大小，可在主视图中标注各段直径。而键槽的深度则可用图 6-25(c)所示的断面图来反映。断面图和剖视图一样，也需要在断面上画剖面符号。

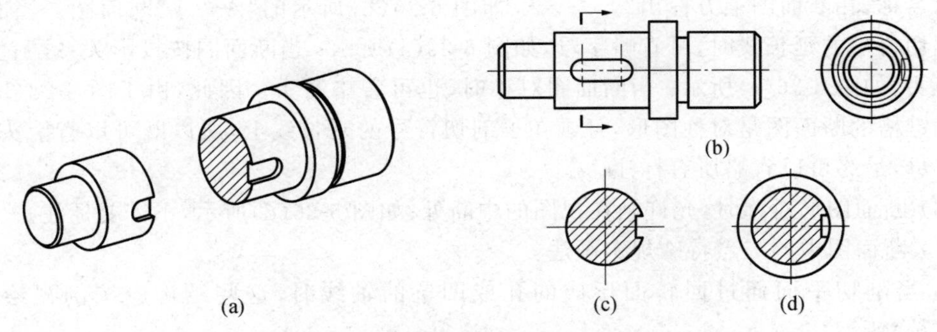

图 6-25　断面图概念及画法

断面图与剖视图的区别是：

断面图只画出机件的断面形状，而剖视图除了画出断面形状以外，还要画出断面后面所有可见部分的投影，如图 6-25(d)所示。除此以外，断面图的剖切平面要求垂直于轮廓线。

6.3.2　断面图的种类及画法

断面图分移出断面图和重合断面图。

1. 移出断面图

画在视图之外的断面图，称为移出断面图，如图 6-26 所示。

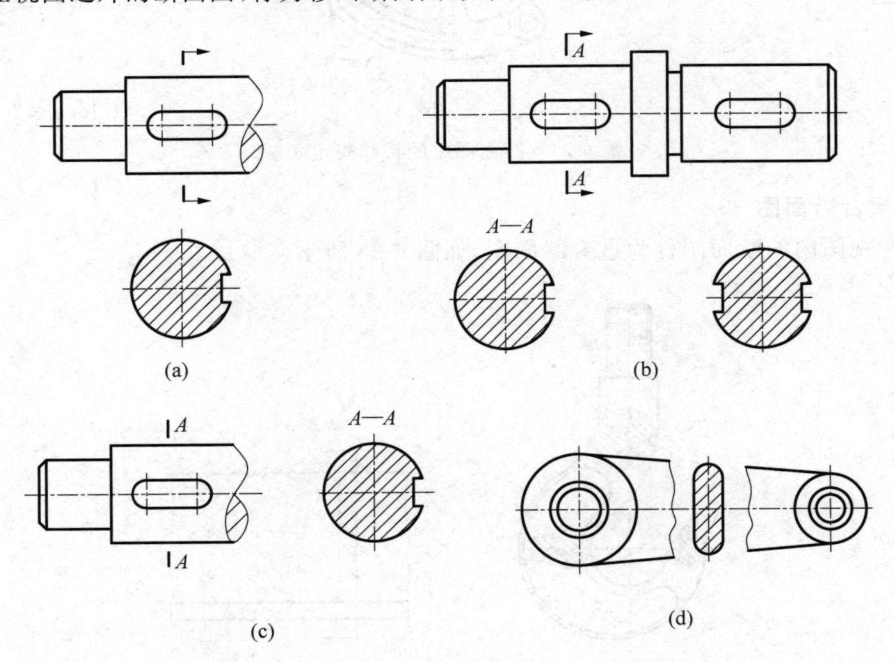

图 6-26　移出断面

画移出断面图时应注意：

(1) 移出断面的轮廓线用粗实线绘制，并尽量画在剖切符号的延长线上，如图 6-26(a)所示。

(2) 通常情况下，移出断面图需用剖切符号表示剖切位置，用箭头表示投影方向，用字母表示名称，在断面图上方标出"×—×"，如图 6-26(b)所示的"A—A"断面图。当断面图画在剖切符号的延长线时，可省略字母，如图 6-26(a)所示；当断面图按投影关系配置时，可省略箭头，如图 6-26(c)所示；当断面图对称时，也可省略箭头。因此，由于图 6-28(b)中表达双侧键槽的断面图是对称图形，且画在了剖切符号的延长线上，所以既可以省箭头，又可以省字母，最终可以省略所有标注。

(3) 断面图形对称时，允许画在视图的中断处，如图 6-26(d)所示，不需要标注。

(4) 断面图中的三点特殊规定画法：

① 当剖切平面通过回转面形成的孔或凹坑的轴线时，这些结构应按剖视绘制，如图 6-27(a)所示。

② 当剖切平面通过非圆孔，会导致出现完全分开的两个断面时，这些结构应按剖视绘制，如图 6-27(b)所示。在不致引起误解时，允许将图形旋转，其标注形式见图 6-27(b)。

③ 由两个或多个相交的平面剖切所得的移出断面，通常画在一个剖切平面的延长线上，中间一般应断开，如图 6-27(c)所示。

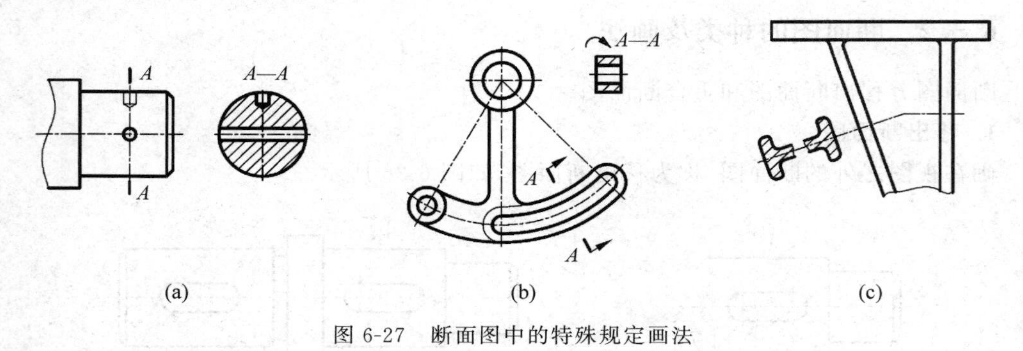

图 6-27　断面图中的特殊规定画法

2. 重合断面图

画在视图内的断面图称为重合断面图，如图 6-28 所示。

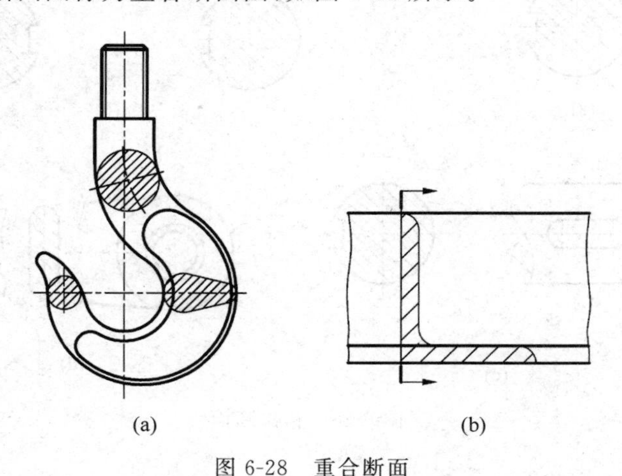

图 6-28　重合断面

画重合断面图时应注意：

(1) 重合断面的轮廓线用细实线绘制。当视图中的轮廓线与重合断面图形重叠时，视图中的轮廓线仍应连续画出，不可间断，如图 6-28(b)所示。

(2) 当断面图形简单，且在不影响原图形清晰的条件下，断面图才可按投影关系画在视图之内。

(3) 对称的重合断面，不必标注，如图 6-28(a)所示；配置在剖切符号上的不对称重合断面，不必标注字母，但仍要在剖切符号处画出表示投影方向的箭头，如图 6-28(b)所示。

6.4　局部放大图和简化画法

6.4.1　局部放大图

将机件的较小局部结构，用大于原图形所采用的比例画出的图形，称为局部放大图，如图 6-29 所示。局部放大图可以更清晰地表达机件上较小的结构，以方便读图、标注尺寸和相关技术要求。

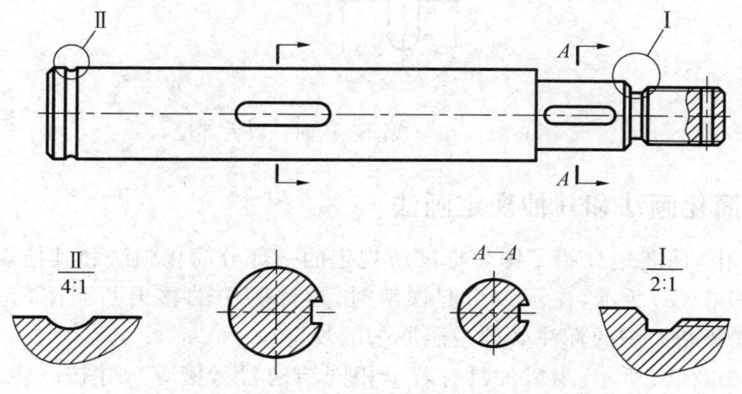

图 6-29　局部放大图

画局部放大图时应注意：

(1) 局部放大图可画成视图、剖视、断面，它与被放大部分的原表达方法无关。

(2) 局部放大图应尽量配置在被放大部位的附近，如图 6-29 所示。

(3) 绘制局部放大图时，除螺纹牙型、齿轮和链轮的齿型外，应用细实线圈出被放大的部位，并在局部放大图的上方注明所采用的比例。当同一机件上有几个被放大的部分时，必须用罗马数字依次标明被放大的部位，并在局部放大图的上方标出相应的罗马数字和所采用的比例，以便将局部放大图和被放大部位对应起来，如图 6-29 所示。

(4) 同一机件上不同部位的局部放大图，当图形相同或对称时，只需要画出一个，如图 6-30 所示。

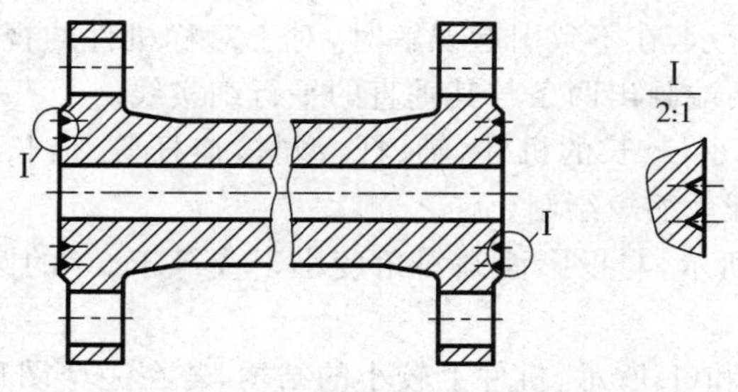

图 6-30　不同部位相同结构的局部放大图

(6) 必要时可用几个图形表达同一被放大部分的结构,如图 6-31 所示。

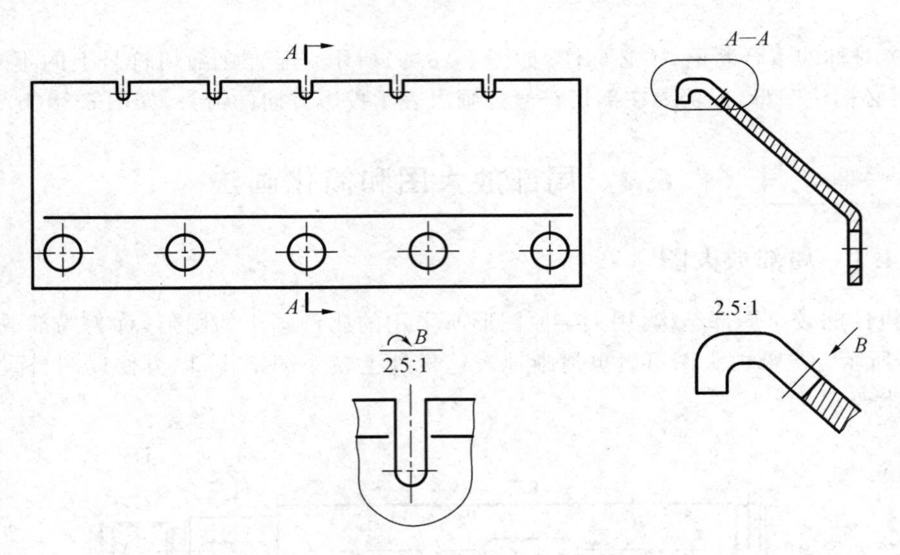

图 6-31　几个视图表达同一放大部位

6.4.2　简化画法和其他规定画法

在图 6-32 中,简要地介绍了国家标准所规定的一部分简化画法和其他规定画法。

(1) 如图 6-32(a)所示,在不致引起误解时,零件图中的移出断面图,允许省略剖面符号,但剖切位置和断面图的标注必须遵照原来的规定。

(2) 如图 6-32(b)所示,当机件具有若干相同结构(齿、槽等),并按一定规律分布时,只需画出几个完整的结构,其余用细实线连接起来,在零件图中注明该结构的总数。

(3) 如图 6-32(c)所示,若干直径相同且呈规律分布的孔(圆孔、螺孔、沉孔等),可以仅画出一个或几个,其余只需用细点画线表示其中心位置,在零件图中注明孔的总数即可。

(4) 如图 6-32(d)所示,网状物、编织物或机件上的滚花部分,可在轮廓线附近用细实线示意画出,并在零件图上或技术要求中注明这些结构的具体要求。

(5) 如图 6-32(e)所示,当回转体上均匀分布的肋、轮廓、孔等结构不处于剖切平面上时,可将这些结构旋转到剖切平面上画出。

(6) 如图 6-32(f)所示,当图形不能充分表达平面时,可用平面符号(相交的两细实线)表示。

(7) 圆柱形法兰和类似零件上均匀分布的孔可按图 6-32(g)所示的方法(由机件外向该法兰端面方向投影)表示。

(8) 如图 6-32(h)所示,在不致引起误解时,对于对称机件的视图可只画一半或四分之一,并在对称中心线的两端画出两条与其垂直的平行细实线。

(9) 如图 6-32(i)所示,较长的机件(轴、杆、型材、连杆等)沿长度方向的形状一致或按一定规律变化时,可断开后缩短绘制。

(10) 如图 6-32(j)所示,与投影面倾斜角度小于或等于 30°的圆或圆弧,其投影可用圆或圆弧代替。

(11) 如图 6-32(k)和(l)所示,机件上较小的结构,若在一个图形中已表示清楚时,其他图形可简化或省略。

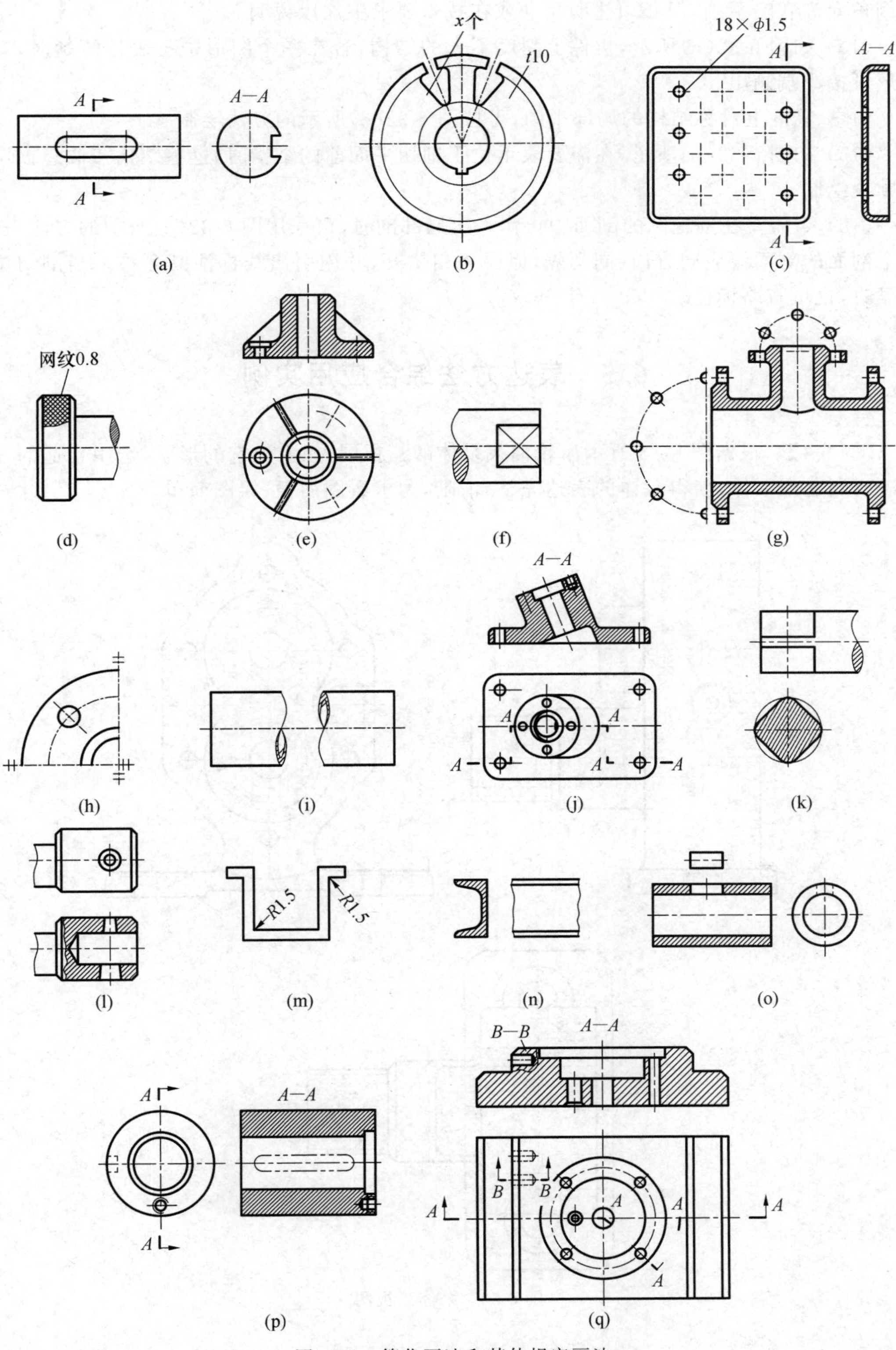

图 6-32　简化画法和其他规定画法

(12) 如图 6-32(m)所示,在不致引起误解时,零件图中的小圆角、锐边的小倒圆或 45°小倒角允许省略不画,但必须注明尺寸或在技术要求中加以说明。

(13) 如图 6-32(n)所示,机件上斜度不大的结构,若在一个图形中已表达清楚时,其他图形可按小端画出。

(14) 零件上对称结构的局部视图,可按图 6-32(o)所示的方法绘制。

(15) 如图 6-32(p)所示,在需要表示位于剖切平面前的结构时,这些结构按假想投影的轮廓线绘制。

(16) 当需要在剖视图的剖面中再作一次局部剖时,可采用图 6-32(q)所示的方法表达,两个剖面的剖面线应同方向、同间隔,但要互相错开,并用引出线标注其名称。当剖切位置明显时,也可省略标注。

6.5 表达方法综合应用实例

【例 6-1】 根据图 6-33 所示齿轮油泵泵体的三视图,想象出它的形状,选用合适的表达方法改画这个泵体,使得泵体的表达完整、清晰,力求看图简便、绘图简单。

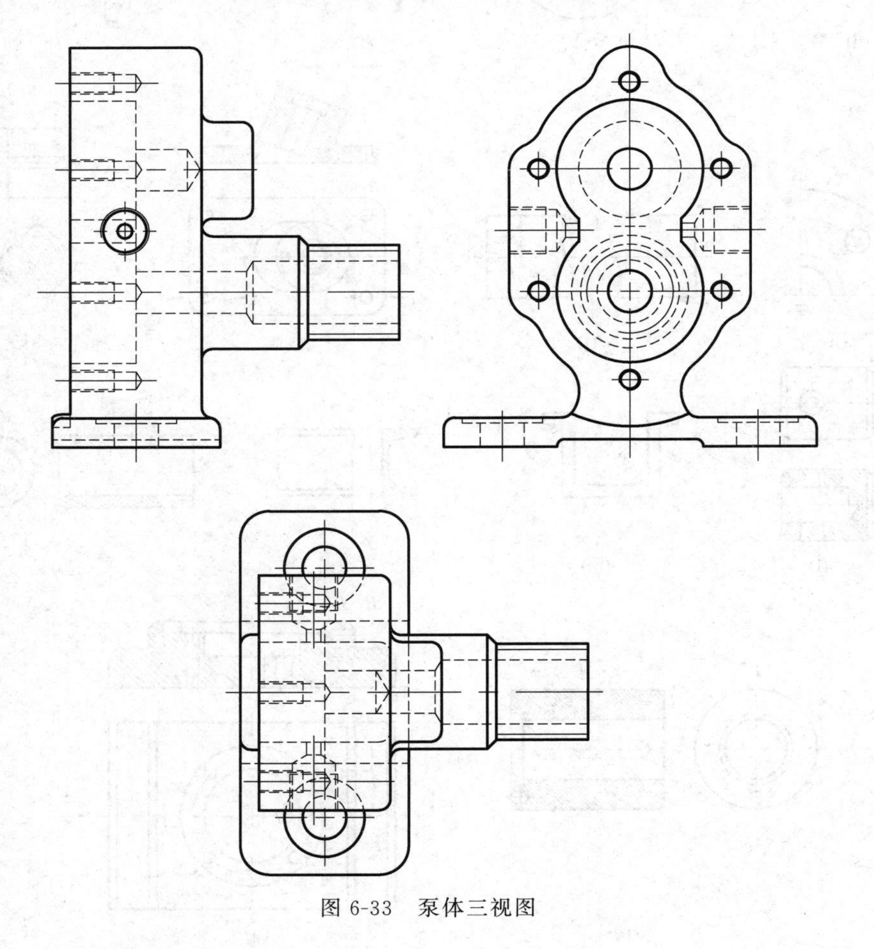

图 6-33　泵体三视图

1）读图

根据投影关系想象出泵体的结构形状如图 6-34 所示。泵体的主体是一个带空腔的长圆形柱体(两端是半圆柱,中部是与两端半圆柱相接的长方体)。这个空腔由两个圆柱孔拼成。主体的左侧端面分布着一些螺纹孔和销孔。主体的上端有一个凸缘。主体的右侧有两个圆形凸台,下部凸台有一同轴圆柱孔与主体空腔相通。主体的前后两侧分别伸出一方形凸台并加工有进出油孔,孔与空腔相通。泵体底部是一块有凹槽的带圆角的矩形板,板的两边有两个安装孔。

图 6-34　泵体模型图

2）选择适当的表达方法重新表达泵体

泵体内部结构的孔、槽较多,所以三视图中的虚线较多,影响看图读图,也不便于后续标注尺寸和技术要求;而且俯视图和左视图的表达有冗余,不够简洁。因此,需要应用所学的多种表达方法重新表达泵体,如图 6-35 所示。

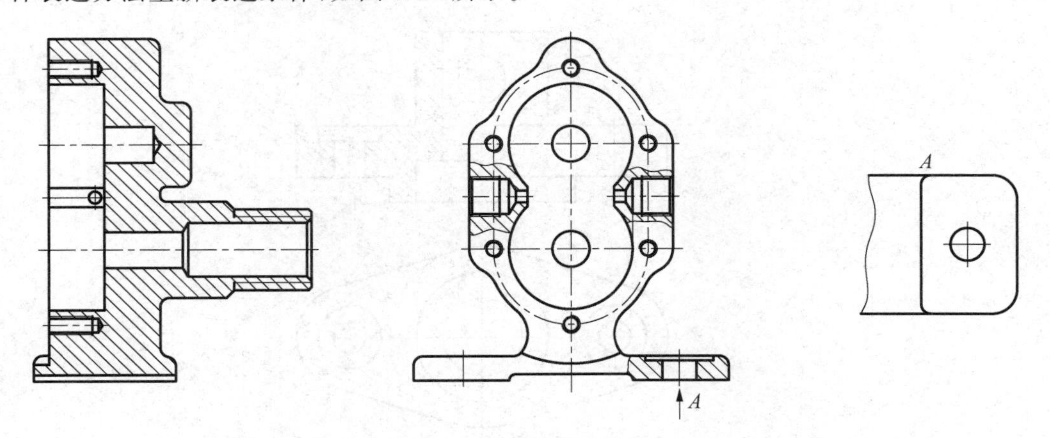

图 6-35　重新表达后的泵体

主视图因为上下、左右都不对称,所以采用了全剖视。除了前后的进出油孔以及底板的安装孔没有剖到以外,8 字内腔和凸台里的孔都已表达清楚。左视图虽然是对称图形,但内部不可见结构主要是进出油孔和底板的安装孔,进出油孔和安装孔不在同一个剖切面上,所以左视图选择局部剖视图更合适。全剖的主视图和局部剖的左视图把图 6-34 所示的泵体结构基本表达清楚,只要另加一个仰视方向的 A 向局部视图来表达底板的形状及底板上孔的分布,俯视图便可省略不画,由此就能完整、清晰地表达这个泵体形状了。通过上面的分析和选择适当的表达方式,显然,后者比前者要清晰得多,简洁得多。

6.6　计算机绘制剖视图

本书前面章节介绍了 AutoCAD 绘制机械图样的基本操作方法，以及平面图形和组合体三视图等的绘制实例。剖视图实际上是在组合体三视图的基础上的改画。

【例 6-2】　在 AutoCAD 中，将图 6-36(a)所示的主视图改画为半剖视图。

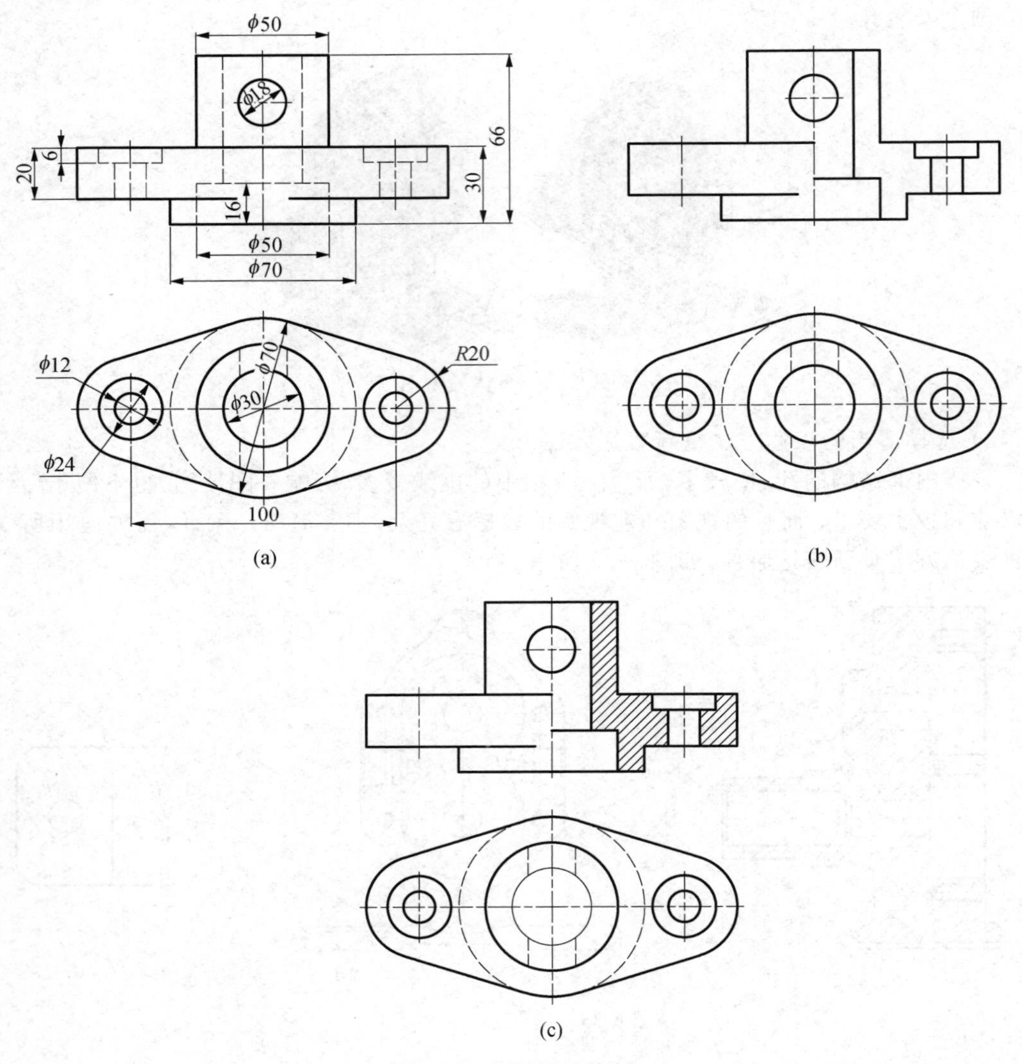

图 6-36　剖视图的绘制

1）分析

半剖视图是以对称中心线为分界线，一半画成视图，另一半画成剖视图。因此，只需要在原视图基础之上修改。

2）步骤

(1) 将对称中心右边的虚线变成粗实线：可以有多种方法来实现，其中方法之一是用特性匹配命令“ ”来实现。

（2）用擦除“ ”、修剪“ ”等方法，将剖视部分多余的可见轮廓线去掉。

（3）用擦除命令“ ”将对称中心左边所有的虚线去掉，如图 6-36(b)所示。

（4）在这个零件的剖视部分有两个断面，按国家标准要求，需在断面上画出剖面符号。单击填充命令“ ”，会弹出“图案填充和创建”选项卡，如图 6-37 所示。选择填充图案“ANSI31”，然后将鼠标光标移到断面中并左击，剖面符号即填充在断面处了。可以通过修改选项卡中的比例和角度值来调整剖面符号的间距和角度，完成后的半剖视如图 6-36(c)所示。

使用填充命令时需要注意：每个断面必须是一个封闭的轮廓，如果轮廓不封闭，则不能完成断面符号的填充。

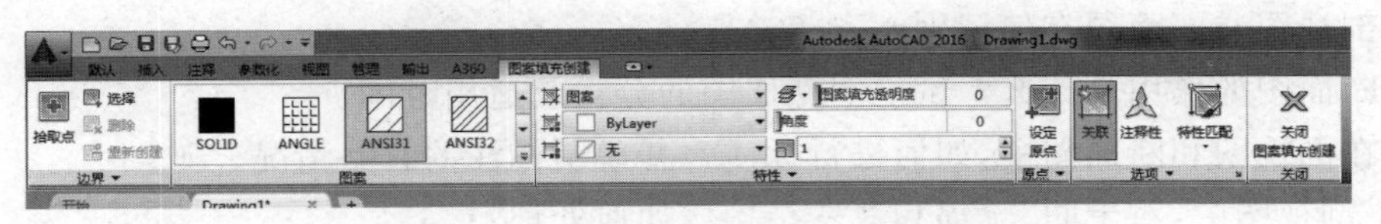

图 6-37　图案填充与创建

小　　结

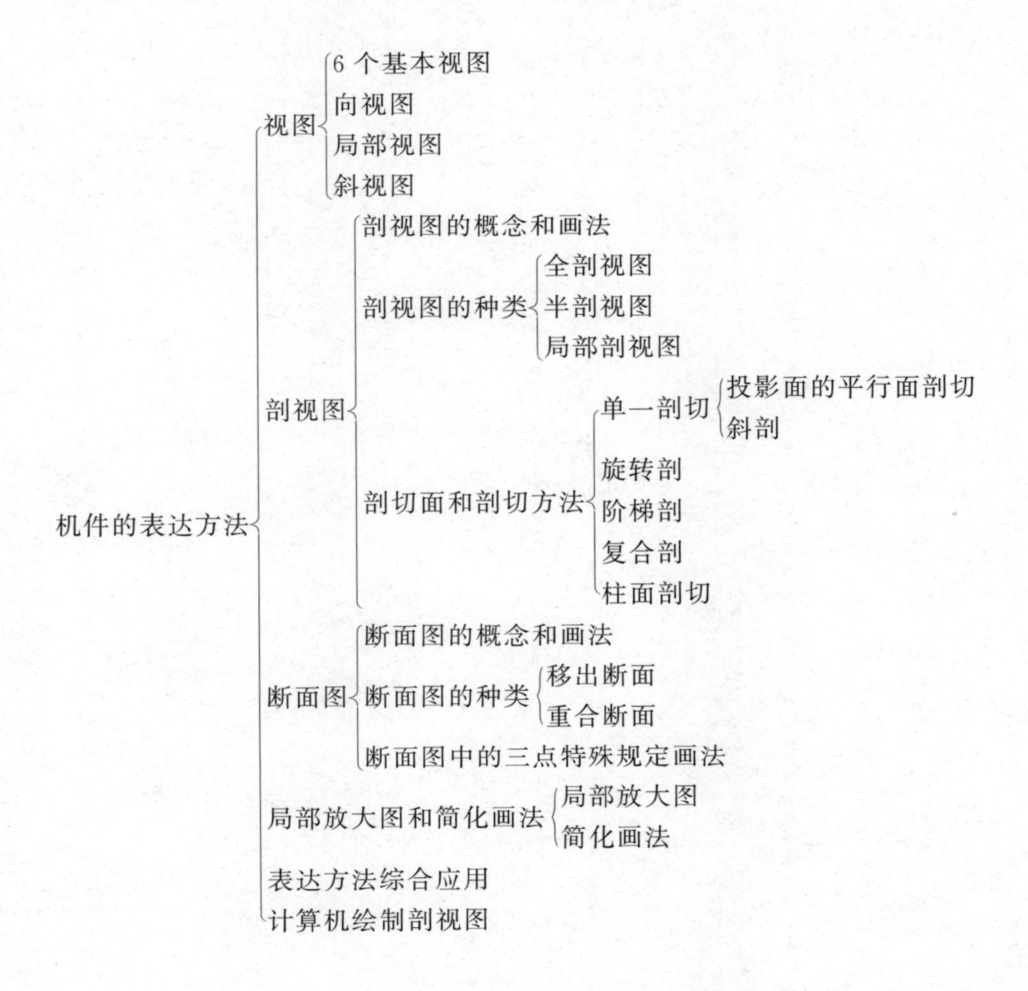

思 考 题

1. 机件的主要表达方法有哪些?
2. 视图分为哪几种? 每种视图各有什么特点,如何表达,如何标注?
3. 试解释剖视图的作用,并说明剖视图的作图方法。
4. 作剖视图时,假想剖切平面的位置如何选择? 按国家标准规定有哪些剖切方法?
5. 试说明剖视图的分类及其适用范围。
6. 在局部剖视图中如何处理波浪线?
7. 剖视图与断面图有何区别?
8. 断面图的作用是什么? 试说明断面图的分类及适用范围。
9. 在剖视图和断面图中,如何进行标注? 并说明标注的省略情况。
10. 剖视图中,对于肋、轮辐和薄壁结构该如何处理?

第7章　标准件与常用件

在机器或部件的装配和使用中，经常用一些零件来起连接紧固、传递运动和动力、支承、减振等作用。这些零件应用广泛，需求量大。为了提高生产效率，降低成本，国家标准总局把这些零件的结构、尺寸、质量均进行了标准化，称为标准件(常见的有螺纹紧固件、键、销、滚动轴承等)；有的已将部分参数标准化、系列化，称为常用件(常见的有齿轮、弹簧等)。

7.1　螺纹及螺纹紧固件

7.1.1　螺纹的形成、定义和要素

1. 螺纹的形成及定义

圆柱面上的一点绕其轴线作匀速旋转运动，同时沿母线作匀速直线运动，所形成的复合运动轨迹称为圆柱螺旋线，如图7-1所示。

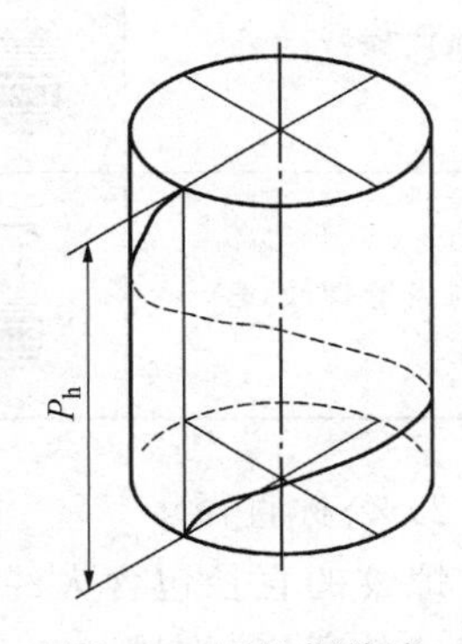

图7-1　圆柱螺旋线

螺纹是指在圆柱或圆锥表面上，沿着螺旋线所形成的具有相同剖面的连续凸起和沟槽(实为一平面图形作螺旋运动形成的螺旋体)。

在外表面加工的螺纹称为外螺纹，如图7-2(a)、(c)所示；在内表面加工的螺纹称为内螺纹，如图7-2(b)、(d)所示。

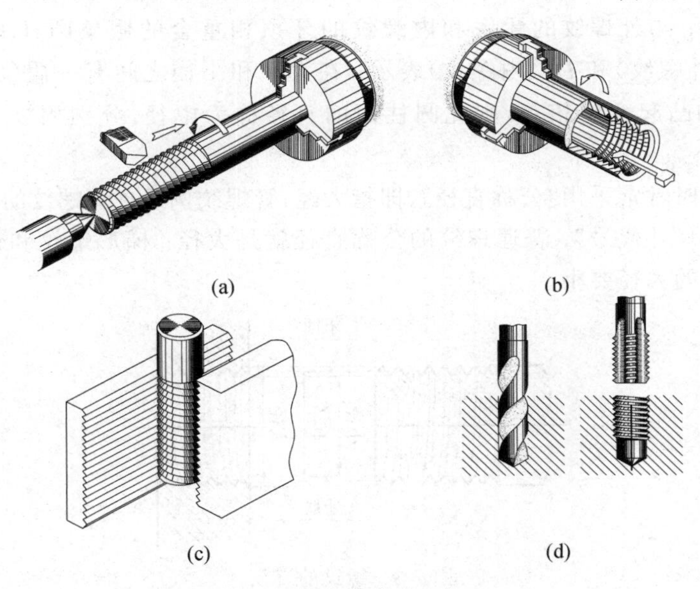

图7-2　螺纹的形成和加工

2. 螺纹的五要素

1）牙型

过轴线纵向剖切时螺纹的轮廓形状称为牙型，相邻两牙侧间的夹角称为牙型角。常见标准螺纹的牙型有三角形、梯形、锯齿形等，如表 7-1 所示。

表 7-1　螺纹牙型

螺纹名称及代号	外形图例	牙　　型	牙　型　角
普通螺纹(M)		等边三角形	60°
管螺纹(G)		等腰三角形	55°
梯形螺纹(Tr)		等腰梯形	27°
锯齿形螺纹(B)		锯齿形 (不等腰梯形)	3°　30°

2）公称直径

螺纹的直径包含大经、小径和中径。如图 7-3 所示，与外螺纹的牙顶（凸起的顶端）或内螺纹的牙底（沟槽的底部）相重合的假想圆柱面的直径称为大经，分别用 d（外螺纹）和 D（内螺纹）表示；与外螺纹的牙底和内螺纹的牙顶相重合的假象圆柱面的直径称为小径，分别用 d_1（外螺纹）和 D_1（内螺纹）表示；在大经和小径之间有一假象圆柱面，其母线上牙型的沟槽和凸起宽度相等，则此圆柱面的直径称为中径，分别用 d_2（外螺纹）和 D_2（内螺纹）表示。

在表示螺纹时常常采用"公称直径"，即指大经，管螺纹例外。管螺纹的公称直径以管子的通径命名，称"尺寸代号"；普通螺纹的公称直径就是大径；梯形螺纹和锯齿形螺纹的公称直径比内螺纹的大径要小。

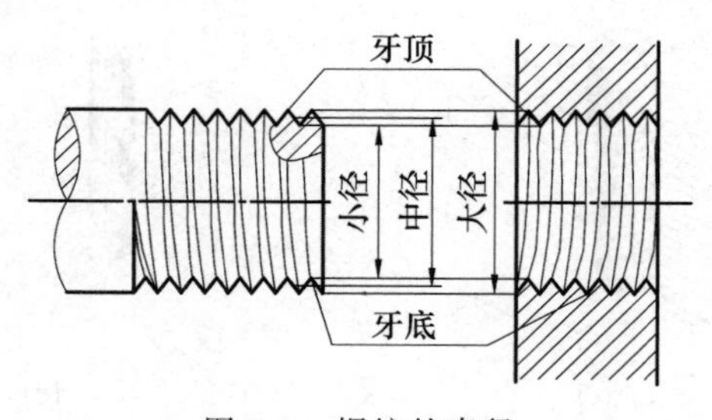

图 7-3　螺纹的直径

3）线数(n)

在同一回转面上加工的螺纹数量为线数，用 n 表示。加工一条螺纹的称为单线螺纹，加工两条螺纹的称为双线螺纹，加工两条以上螺纹的称为多线螺纹，如图 7-4 所示。

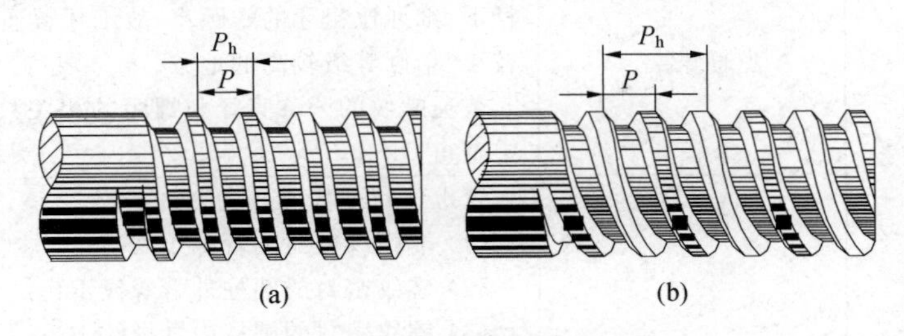

图 7-4　螺纹线数、螺距和导程

(a) 单线数；(b) 双线数

4）螺距(P)、导程(P_h)

螺距(P)：相邻两牙在中径线上对应两点之间的轴向距离，如图 7-4(a)和(b)所示。

导程(P_h)：同一条螺纹上相邻两牙在中径线上对应两点之间的轴向距离，如图 7-4(a)和(b)所示。

导程与螺距之间的关系为 $P_h=n\times P$。

5）旋向

螺纹分左旋和右旋。沿轴线方向看，顺时针旋入的为右旋，逆时针旋入的为左旋。工程上大多用右旋，如图 7-5 所示。

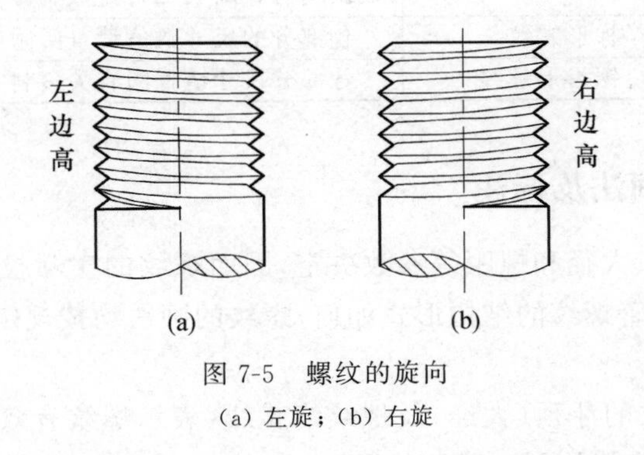

图 7-5　螺纹的旋向

(a) 左旋；(b) 右旋

内、外螺纹是成对配合使用的，只有内、外螺纹要素全部相同，内、外螺纹才能旋合在一起。

3. 螺纹的种类

凡螺纹的牙型、大经、螺距符合国家标准的称为标准螺纹。

凡螺纹牙型符合标准，大径或螺距不符合国家标准的称为特殊螺纹。

凡螺纹的牙型不符合国家标准的称为非标准螺纹。

本章只介绍标准螺纹。进一步按用途分为两类，起连接作用的螺纹称为连接螺纹(普通螺纹和管螺纹)；起传递运动或动力作用的螺纹称为传动螺纹(梯形螺纹和锯齿形螺纹)，如表 7-2 所示。

表 7-2　螺纹分类

螺纹分类	螺纹种类	说　明
连接螺纹	普通螺纹	普通螺纹又有粗牙与细牙之分，其区别为在相同的大径下，细牙比粗牙的螺距小，故细牙普通螺纹多用在受力较小、精度等级较高的地方。 普通螺纹的公称直径与螺距的相关数据可在附表 A-1 中查得
	管螺纹	管螺纹特征代号较为多样： (1) 非螺纹密封的管螺纹 G； (2) 螺纹密封的圆柱外管螺纹 R1； (3) 螺纹密封的圆柱内管螺纹 Rp； (4) 螺纹密封的圆锥外管螺纹 R； (5) 螺纹密封的圆锥内管螺纹 Rc。 55°非螺纹密封的管螺纹一般用于低压管路的连接中；55°螺纹密封的管螺纹一般用于密封性要求高一些的水管、油管、煤气管等和高压的管路系统中。 从附表 A-2 中可查得非螺纹密封的管螺纹的尺寸代号、每英寸牙数等相关数据。例如，非螺纹密封的管螺纹尺寸代号 1in，每 1in 牙数为 11。尺寸代号是指管子的通径为 1in(1in=25.4mm)，它不是指管螺纹的大径，其大径查表为 33.249mm，管螺纹的螺距是以每英寸螺纹的牙数来表示的，换算成 mm，$P=25.4\div11=2.309$。其他数据均可在附表 A-2 中查得
传动螺纹	梯形螺纹	各部分的尺寸数值请查阅附表 A-3
	锯齿形螺纹	各部分尺寸请查阅有关资料

7.1.2　螺纹的画法及标注

螺纹的形状由牙型、大径和螺距等参数决定，因而螺纹的实际投影较为复杂，为了简化作图，国家标准规定，不管螺纹的结构形式如何，螺纹的画法均按规定绘制。

1. 外螺纹的画法

如图 7-6 所示，螺纹的牙顶(大经)及螺纹终止线(表示螺纹有效长度的界线)用粗实线绘制；牙底(小径)用细实线绘制(画图时可取 $d_1=0.85d$)。小径应画入倒角，即与倒角轮廓线接触，与倒角的大小无关。在投影为圆的视图中，小径圆只画约 3/4 圈，倒角圆省略不画。在剖视图中，剖面线应画到粗实线处，螺纹终止线只画大小径之间的部分。

2. 内螺纹的画法

如图 7-7 所示，当螺纹孔未作剖切时，螺纹不可见，大径、小径和螺纹终止线均用虚线绘制。

在剖视图中，螺纹小径、螺纹终止线用粗实线绘制(画图时可取 $D_1=0.85D$)；螺纹的大径用细实线绘制；在投影为圆的视图上，大径圆只画约 3/4 圈，倒角圆省略不画。剖面线画到粗实线为止。

在绘制不穿通的螺纹孔时，一般应将螺纹孔深与钻孔深分别画出，钻孔底部锥面角画成 120°。

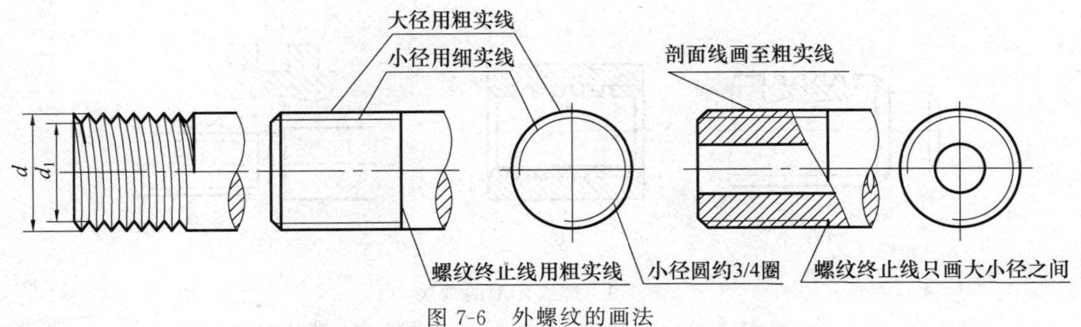

图 7-6　外螺纹的画法

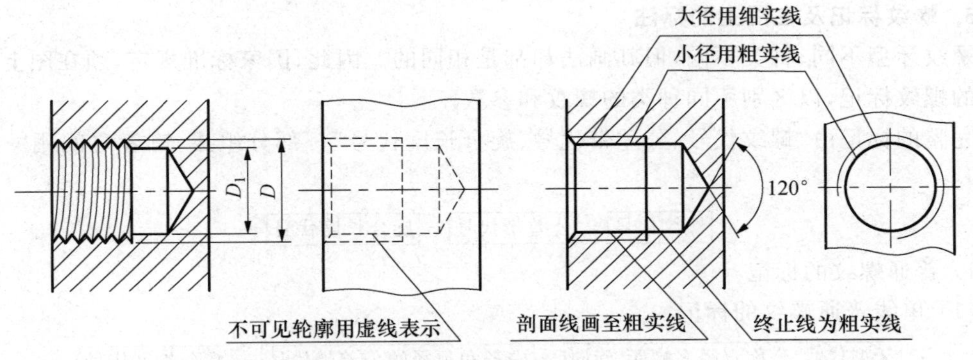

图 7-7　内螺纹的画法

3. 内外螺纹的旋合画法

当内外螺纹旋合在一起时,国家标准规定,在剖视图中表示螺纹连接时,其旋合部分应按外螺纹的画法绘制,其余部分仍按各自的画法绘制,如图 7-8 所示。

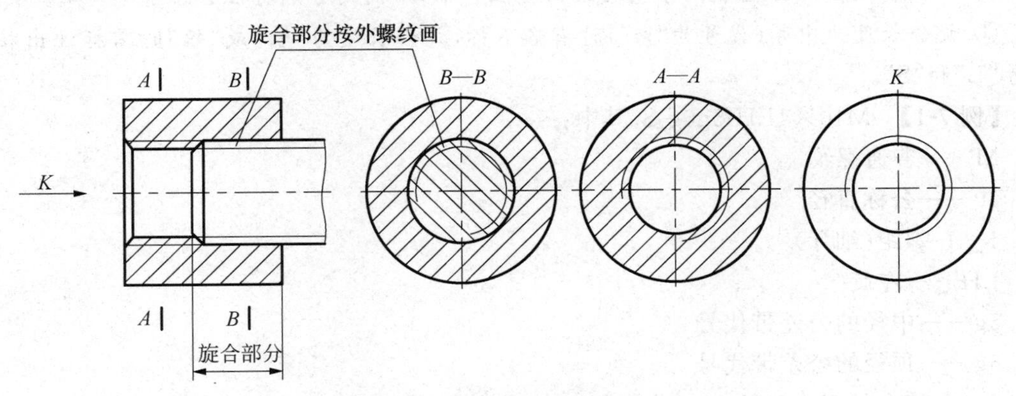

图 7-8　内外螺纹旋合的画法

当剖切平面通过螺杆的轴线时,螺杆若为实心杆件则按不剖绘制；剖切平面垂直于螺杆的轴线剖切时,螺杆按正常剖切绘制。

因相互旋合的内外螺纹要素相同,因此内外螺纹的大小径应该对齐。

4. 螺纹牙型的画法

当需要在图中表示螺纹牙型时,可按图 7-9 的画法画出。

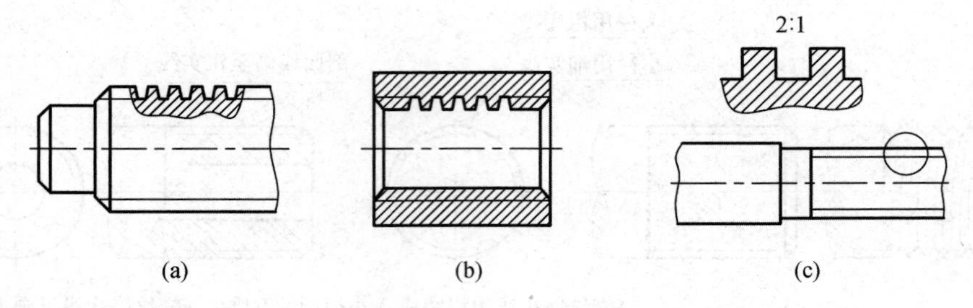

图 7-9　螺纹牙型的画法

(a) 梯形外螺纹；(b) 梯形内螺纹；(c) 方形螺纹(非标准螺纹)

5. 螺纹标记及在图上的标注

螺纹牙型不同、种类不同,但其画法却都是相同的。因此,国家标准规定,须在图上注出相应的螺纹标记,以区别不同种类的螺纹和参数。

完整的标记由“螺纹代号、公差带代号、旋合长度代号”三部分组成,三者之间用“－”隔开,即:

螺纹代号 － 公差带代号 － 旋合长度代号

1) 普通螺纹的标记

(1) 单线普通螺纹的标记

牙型代号 公称直径×螺距 旋向 － 中径和顶径的公差带代号 － 旋合长度代号

注意:

① 粗牙螺距不标注,细牙螺距需标出;

② 旋向为左旋时标注代号“LH”,右旋不用标注;

③ 中径和顶径的公差带代号相同时只标注一个,不同则分别标注;

④ 旋合长度为中等(代号为“N”)时省略不标,旋合长度为“长”或“短”时需标注出相应代号“L”和“S”。

【例 7-1】 M10×1LH-5g6g-S,其中:

M——普通螺纹

10——公称直径

1——螺距(细牙)

LH——左旋

5g——中径的公差带代号

6g——顶径的公差带代号

S——旋合长度为“短”

另外,螺纹标记中公差带代号中的字母“g”为小写,则表明此螺纹为外螺纹;反之,若是大写字母,则表示是内螺纹。

【例 7-2】 M10-6H,其中:

M——普通螺纹

10——公称直径

6H——中径和顶径的公差带代号(两者相同),“H”大写表明是内螺纹省略的含义有：粗牙螺距，右旋，中等旋合长度。

(2) 多线普通螺纹的标记

牙型代号 公称直径×P_h 导程 P 螺距 旋向	－	中径和顶径的公差带代号	－	旋合长度代号

注意：多线普通螺纹的标记除了在螺纹代号部分增加了导程 P_h 以外，其他同单线普通螺纹标记。

【例 7-3】 M10×P_h2.5P1.25LH，其中：

P_h2.5——导程为 2.5

P1.25——螺距为 1.25

则线数为 2。

2) 梯形螺纹和锯齿形螺纹的标记

牙型代号 公称直径×导程(P 螺距) 旋向	－	中径的公差带代号	－	旋合长度代号

梯形螺纹和锯齿形螺纹的书写格式除了牙型代号不同以外，其他相同。

注意：

① 单线螺纹只标导程，(P 螺距)不标注；

② 旋向为左旋时标注代号“LH”，右旋不标注；

③ 只标注中径的公差带代号；

④ 旋合长度为中等时省略不标注。

【例 7-4】 Tr32×12(P6)LH-6g-L，其中：

Tr——梯形螺纹

32——公称直径

12——导程

P6——螺距

LH——左旋

6g——中径的公差带代号

L——旋合长度为“长”

另外，导程是 12，螺距是 6，表明线数为 2。

3) 管螺纹的标记

管螺纹的标记书写格式完全不同于普通螺纹、梯形螺纹和锯齿形螺纹。

螺纹特征代号 尺寸代号	公差等级代号	－	旋向

注意：

① 特征代号有 G、R1、Rp、R、Rc(见表 7-2)；

② 尺寸代号为管子的孔径，单位为英寸(in)；

③ 非螺纹密封的管螺纹的外螺纹公差带等级有 A、B 两级，内螺纹只有一级，所以只有外螺纹需要标注，内螺纹不标注；55°密封管螺纹不标注公差等级；

④ 旋向为左旋时标注代号“LH”，右旋不标注。

例如 G1/2A-LH，其中：

G——非螺纹密封的管螺纹

1/2——尺寸代号(单位“in”)

A——公差等级代号

LH——左旋

4）螺纹标记在图上的标注

如图 7-10 所示，普通螺纹、梯形螺纹和锯齿形螺纹标注在大径上，按尺寸标注的形式进行标注；管螺纹一般用指引线的方式标注，标注在大径上。

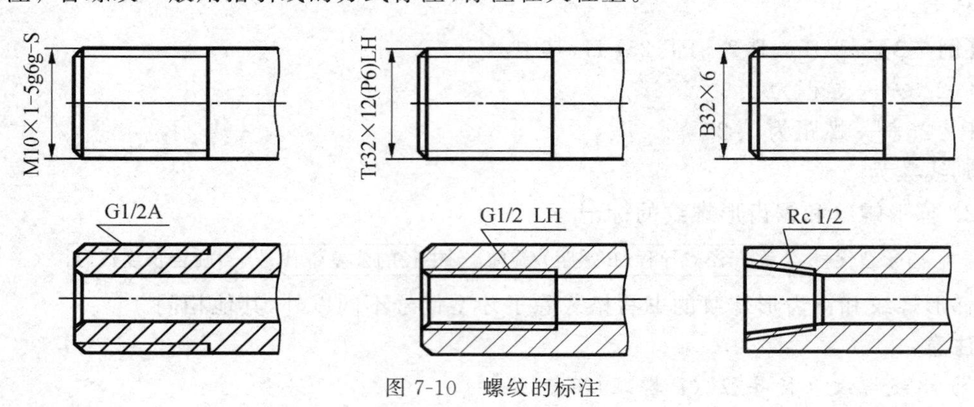

图 7-10　螺纹的标注

7.1.3　螺纹紧固件及连接画法

螺纹紧固件就是运用一对内、外螺纹将两个或两个以上的机件连接、扣紧在一起的零件。常用的螺纹紧固件有螺栓、螺柱、螺钉、螺母和垫圈等，如图 7-11 所示。这类零件的结构、形式、尺寸已标准化，均为标准件，在设计时无需画出它们的零件图，只要在装配图中注明其标记即可。

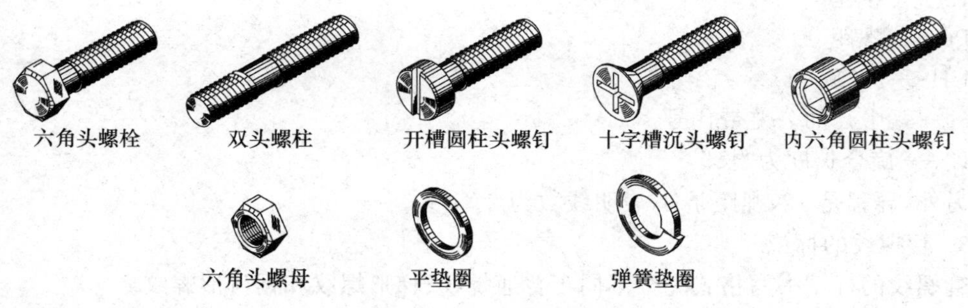

图 7-11　常用螺纹紧固件

1. 螺纹紧固件的标记

螺纹紧固件的标记分为完整标记和简化标记两种。

完整标记一般按下列内容和顺序表示：

名称 标准代号—尺寸规格—产品型号—机械性能或材料—产品等级—表面处理

简化标记形式一般为：

名称　国家标准代号　规格尺寸

简化标记中，采用现行标准时，国家标准代号中的年号可以省略。

1）螺栓

螺纹规格：粗牙普通螺纹，大径 $d=10$，公称长度 $l=80$，性能等级为 10.9 级，表面氧化，产品等级为A级的六角头螺栓。

完整标记：螺栓 GB/T 5782—2016—M10×80—10.9—A—O

简化标记：螺栓 GB/T 5782 M10×80

2）螺柱

螺纹规格：两端均为粗牙普通螺纹，大径 $d=10$，公称长度 $l=50$，性能等级为4.8级，不经表面处理，$b_m=1.25d$ 的B型双头螺柱。双头螺柱旋入端 b_m 的长度不同，则国家标准代号不同。螺纹有A、B两种结构形式，A型在M前加注A，B型则省略不注。

完整标记：螺柱 GB/T 898—1988—M 10×50—B—4.8

简化标记：螺柱 GB/T 898 M10×50

3）螺钉

螺纹规格：粗牙普通螺纹，大径 $d=10$，公称长度 $l=30$，性能等级为4.8级，不经表面处理，产品等级为A级的开槽圆柱头螺钉。

完整标记：螺钉 GB/T 65—2016—M 10×30—4.8—A

简化标记：螺钉 GB/T 65　M 10×30

4）螺母

螺纹规格：粗牙普通螺纹，大径 $D=10$，性能等级为8级，不经表面处理，产品等级为A级1型的螺母。

完整标记：螺母 GB/T 6170—2015—M 10—8—A

简化标记：螺母 GB/T 6170　M 10

5）垫圈

标准系列，螺纹的规格 $d=10$，性能等级为200HV级，表面氧化，产品等级为 A 级的平垫圈。

完整标记：垫圈 GB/T 97.1—2002—10—200HV—A—O

简化标记：垫圈 GB/T 97.1　10

2. 常用螺纹紧固件的比例画法

常用螺纹紧固件的各部分尺寸见附表C-1～附表C-9。绘制螺纹紧固件的装配图时，可按标记在有关标准中查得绘图所需的数据进行绘图。但为了作图的简便，通常可按各部分尺寸与螺纹大径 d 的近似比例绘制，如图7-12所示为螺母的比例画法。表7-3为常用螺纹紧固件的比例画法。

3. 螺纹紧固件的连接画法

1）装配图画法中的基本规定

用一组螺纹紧固件连接若干零件的结构形式其图样为一简单的装配图。在画装配图时，应遵循以下几点基本规定：

(1) 相接触的两零件表面只画一条轮廓线，且不得随意加粗。

(2) 不接触的表面，按各自的尺寸画出，间隙太小时，应夸大画出。

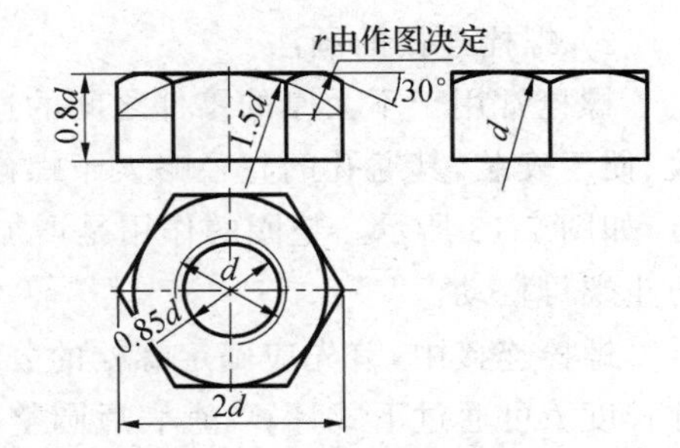

图7-12　螺母的比例画法

(3) 在剖视图中，两相邻零件的剖面线应有区别，可以是方向上的区别，也可以是间距上的区别；而同一个零件在同一张图纸上，各个剖视图中的剖面线方向、间距应相同。

表 7-3　常用紧固件的比例画法

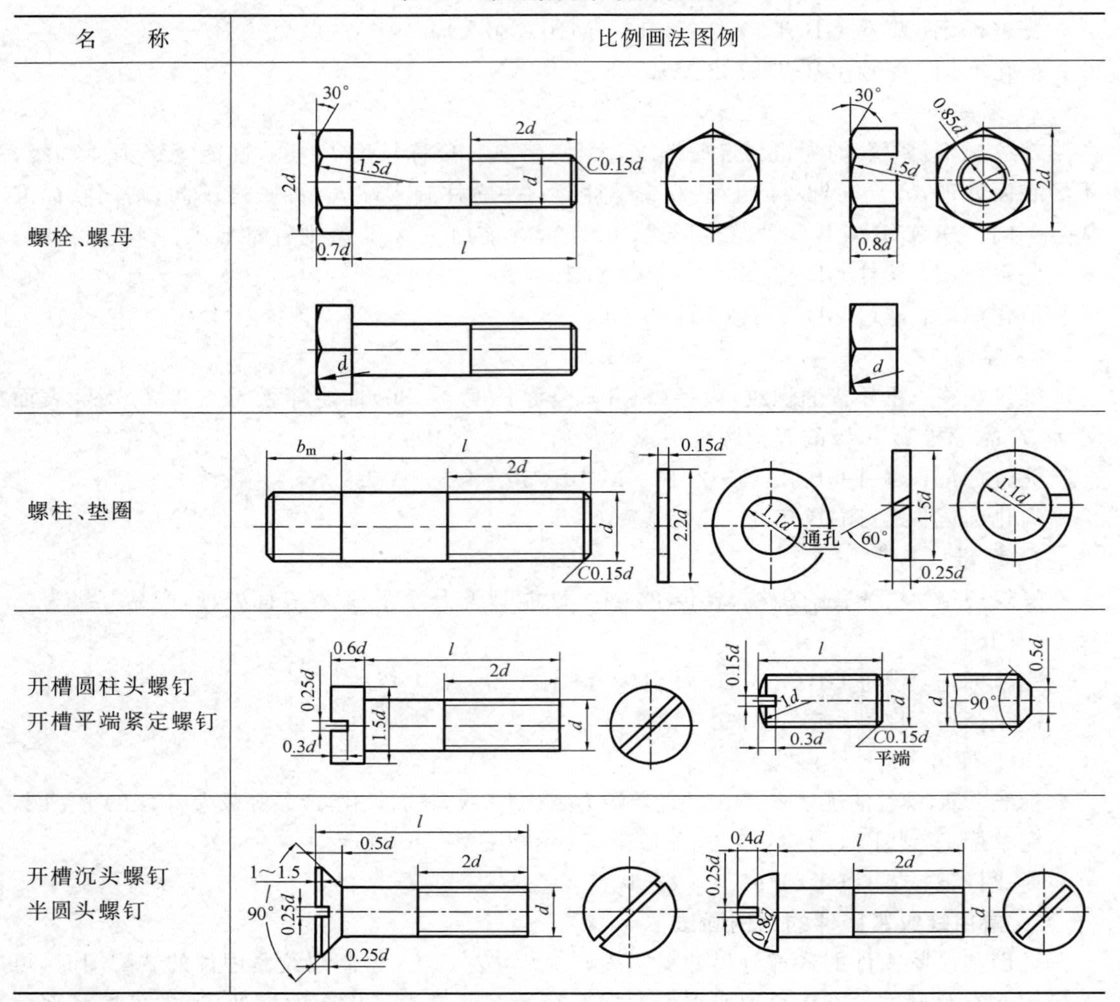

名　　称	比例画法图例
螺栓、螺母	
螺柱、垫圈	
开槽圆柱头螺钉 开槽平端紧定螺钉	
开槽沉头螺钉 半圆头螺钉	

(4) 在剖视图中，当剖切平面通过实心轴或标准件的轴线时，这些零件按不剖画出，即只画其外形。

2）螺栓连接的画法

螺栓常用于不太厚的零件之间的连接。被连接件上钻有通孔，装配时，为了避免碰伤螺纹、便于安装，其通孔的直径略大于螺栓大径(约取 $1.1d$)，螺栓装入后，套上垫圈，再拧紧螺母，如图 7-13 所示。垫圈的作用是增加接触面，避免损伤被连接件表面。若用弹簧垫圈，可防止螺母松动。

螺栓连接中，首先应确定螺栓的公称长度 l(螺杆的长度，不包括螺栓头部)。螺栓的公称长度 l 可通过下式计算，查表后圆整确定：

$$l \geqslant \delta_1 + \delta_2 + h + m + a = 30 + 35 + 1.5 + 8 + 3 = 77.5$$

式中，δ_1、δ_2 为被连接件厚度；h 为垫圈厚度；m 为螺母厚度；a 为螺栓伸出长度，一般取 $a = 0.2 \sim 0.3d$。

假设螺栓螺纹的公称直径 $d = 10$，由图 7-13 和表 7-3 可知：

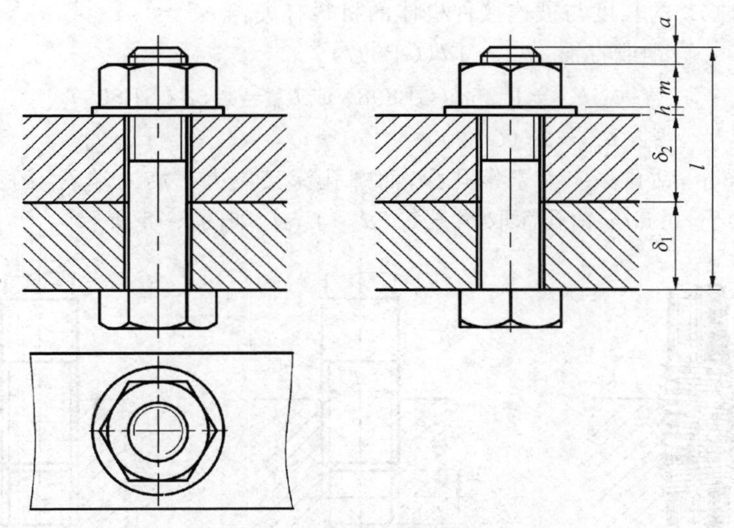

图 7-13　螺栓连接的画法

$$l \geqslant \delta_1 + \delta_2 + h + m + a = 30 + 35 + 1.5 + 8 + 3 = 77.5$$

查阅附表 C-1，螺栓的长度系列 l 为 6，8，10，12，16，20，25，30，35，40，50，55，60，65，70～160，取与其最接近的数值 $l=80$。标记为：螺栓 GB/T 5782 M10×80。

3）螺柱连接的画法

螺柱常用在被连接零件中有一个较厚不允许钻成通孔，或因拆卸频繁不宜用螺钉的场合。在较厚的机件上加工螺孔，在较薄的零件上加工通孔（孔径约 1.1d）。螺柱的两端都有螺纹，螺柱旋入螺孔中的一端称为旋入端，为保证连接的可靠性，旋入端应全部旋入机体内，一般不再旋出。另一端套上垫圈并拧紧螺母的，称为紧固端。

螺柱连接的画法如图 7-14 所示，图中为弹簧垫圈，注意斜口方向应与旋转方向一致。

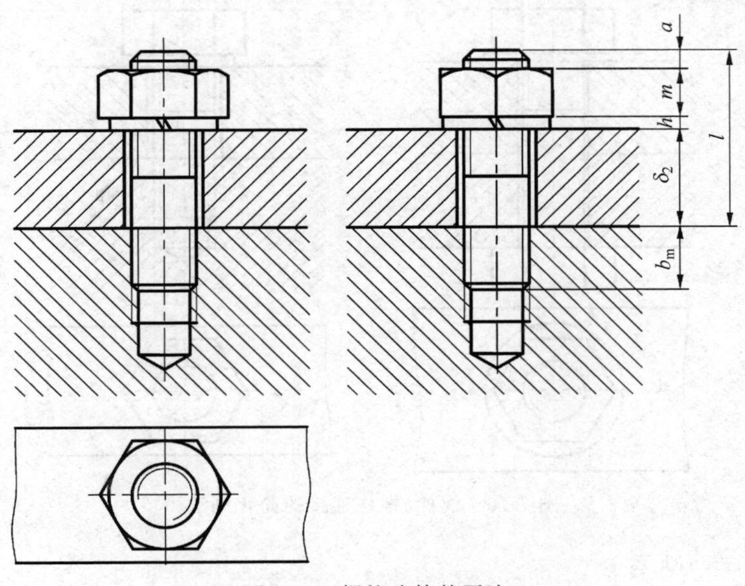

图 7-14　螺柱连接的画法

螺柱旋入端 b_m 的长度与被连接件机体的材料有关：

钢或青铜：$b_m=1d$（GB897）

铸铁：$b_m=1.25d$（GB898）或 $b_m=1.5d$（GB899）

铝：$b_m=2d$（GB900）

螺柱连接图中，钻孔深应大于螺孔深，而螺孔深又应大于旋入端 b_m 的深度。画图时，螺孔深一般取 $b_m+0.5d$；钻孔深取 $b_m+0.5d+0.5d$，如图 7-15 所示。

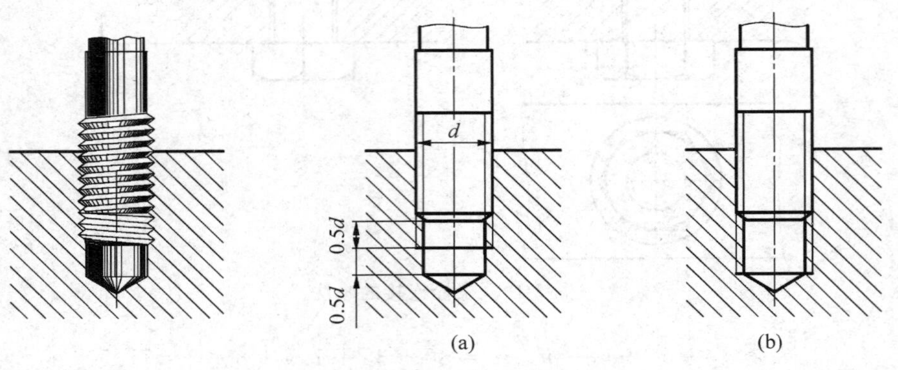

图 7-15　钻孔和螺孔的深度

（a）钻孔和螺孔；（b）装配图中可用的简化画法

螺柱的公称长度 l 是除去旋入端长度以外的螺杆长度。$l\geqslant\delta+h+m+a$，通过计算，在标准中查表圆整得出。

4）螺栓、螺柱连接的简化画法

在装配图中，可将螺栓、螺柱、螺母的倒角、截交线等省略不画；螺孔中的钻孔深度也可以省略不画，仅按螺孔深画出，如图 7-16 所示。

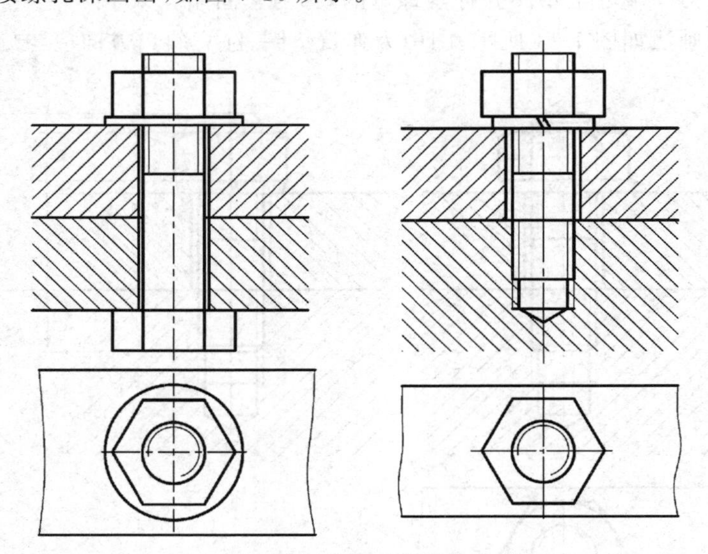

图 7-16　螺栓、螺柱连接的简化画法

5）螺钉连接的画法

螺钉种类很多，按用途可分为连接螺钉和紧定螺钉两类。

（1）连接螺钉

连接螺钉常用在受力不太大且不经常拆卸的地方。螺钉穿过一零件的通孔（孔径约 $1.1d$），而与另一零件的螺孔旋合，它不需要螺母，靠自身的螺钉头与螺纹将零件连接起来。图 7-17 为沉头螺钉和圆柱头螺钉的连接画法。

螺钉旋入螺孔的深度 b_m 与螺柱旋入端 b_m 的长度确定方法相同，它与被连接件的材料有关。为了保证连接的可靠性，螺钉上螺纹的长度 b 应大于螺孔的深度。

螺钉头部的起子槽在主视图中画在中间位置，在俯视图中画成与水平方向成 45°角。

螺钉的公称长度 l 因螺钉的种类不同而所指的长度范围不同，图 7-17 中 $l \geqslant \delta + b_m$，计算后再圆整。

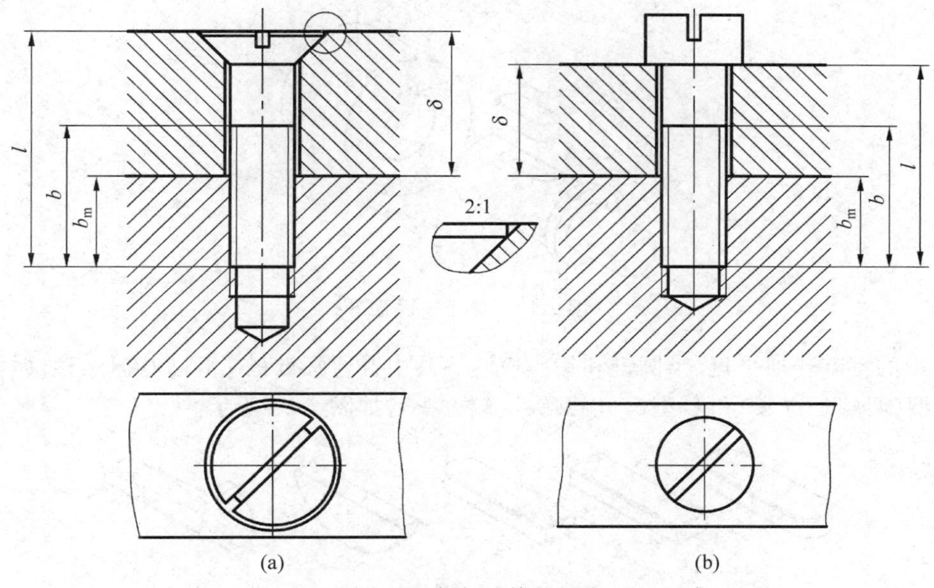

图 7-17　螺钉连接的画法

（a）沉头螺钉连接；（b）圆柱头螺钉连接

（2）紧定螺钉

紧定螺钉可以用来防止两个零件之间产生相对运动，起定位的作用。图 7-18 所示的紧定螺钉旋入轮毂的螺孔，使螺钉尾部 90°锥面与轴上 90°的锥坑压紧，从而固定了轴和轮子的相对位置，使它们之间不能产生相对运动。

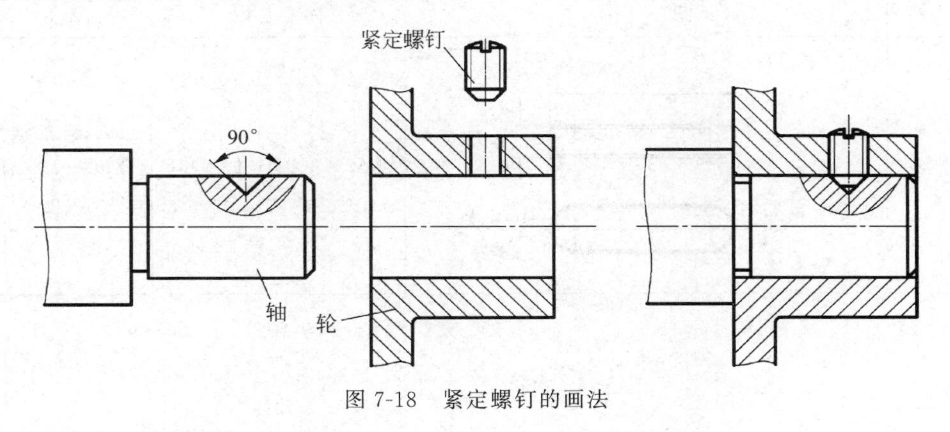

图 7-18　紧定螺钉的画法

7.2　其他标准件及标准要素

键、销和滚动轴承都是标准件，它们的结构形式和尺寸都有规定，可查阅有关标准。

7.2.1　键及键连接

1. 键的作用、种类和标记

键用来连接轴和安装在轴上的齿轮、皮带轮等传动零件，起传递扭矩的作用。如图 7-19 为键连接示意图。

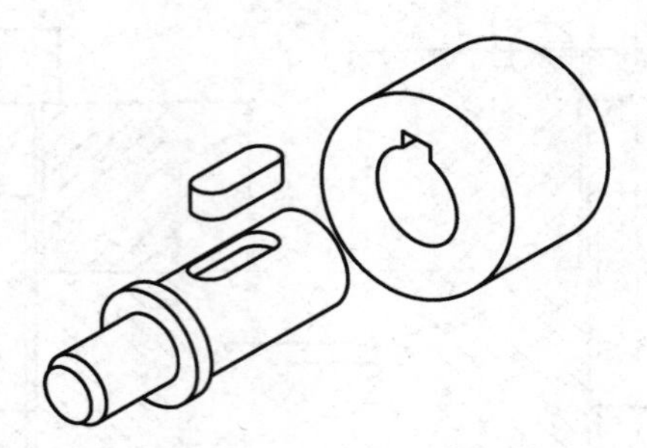

图 7-19　键连接示意图

常用的键有普通平键、半圆键和钩头楔键。其中普通平键最常用，又分 A 型（两端是圆头）、B 型（两端是方头）和 C 型（一端圆头一端方头），如图 7-20 所示。

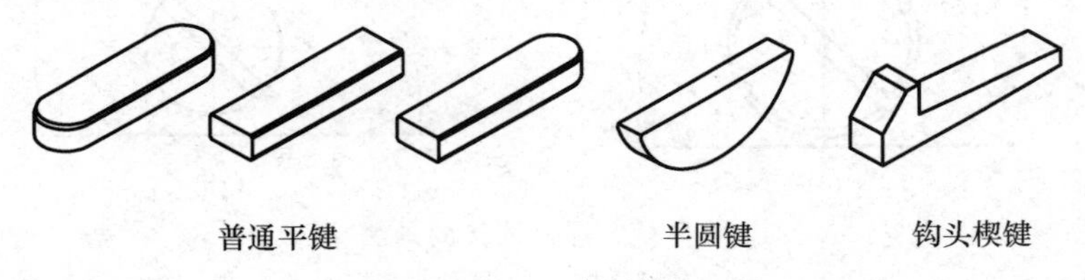

图 7-20　常用键

键的标记由**国家标准代号、名称、型式与尺寸**三部分组成，各种键的标记如表 7-4 所示。若是 B 型和 C 型普通平键，需在尺寸之前加注 B 和 C，如：键 B10×36 GB/T 1096。

表 7-4　常用键的标记

名　称	图　例	标　记	含　义
普通平键		键 10×36 GB/T 1096	A 型普通平键，宽 $b=10$，有效长度 $l=36$

续表

名　称	图　例	标　记	含　义
半圆键	l b d	键 6×25 GB/T 1099.1	半圆键，宽 $b=6$，直径 $d=25$
钩头楔键	h 1:100 h b b l	键 10×40 GB/T 1565	钩头楔键，宽$b=10$，有效长度$l=40$

2. 键槽及键连接的画法

如图 7-19 所示，采用普通平键连接时，要在轴、轮毂处各开一键槽，将键嵌入。普通平键的两侧面是工作面，因此，它的两侧面应与轴和轮毂上的键槽两侧面紧密接触；键的顶面为非工作面，应与轮毂键槽的顶面有一定的间隙。

轴、轮毂上的键槽是标准结构要素，它们的表达方法见图 7-21(a)，它们的尺寸应根据键槽所在的轴径查阅相应标准或书本附表 C-10、附表 C-11。

如图 7-21(a)所示，假设键槽所在轴段的直径 $d=28$，则从附表 C-11 中查得键的公称尺寸为 8×7，即键宽 $b=8$，键厚 $h=7$。同时可以查得键槽的宽度 $b=8$，轴上的键槽深 $t=4$，轮毂的键槽深 $t_1=3.3$。再从附表 C-10 中，根据 8×7 确定键的公称长度 L。键槽的长度等于键的长度。

在零件图中，轴上的键槽深度用 $d-t$ 标注，轮毂的键槽深度用 $d+t_1$ 标注。

普通平键连接的画法见图 7-21(b)。主视图为全剖视图，剖切平面通过了轴(实心杆件)、键(标准件)的轴线，按照装配图画法的规定不剖。为清楚表明键和键槽处的装配情况，轴采用了局部剖视。左视图为全剖视图，所有零件正常剖切。

图 7-21(c)是半圆键的连接画法。半圆键的工作面也是两侧面，连接情况与平键类似。

图 7-21(d)是钩头楔键的连接画法。钩头楔键的顶部有 1∶100 的斜度，连接时沿轴向将键敲入键槽内，直至敲紧为止。因此键的上、下两面为工作面，两侧面为非工作面。

7.2.2　销及销连接

1. 作用、种类和标记

销主要用于连接和定位。常用的有圆柱销、圆锥销和开口销，如图 7-22 所示。

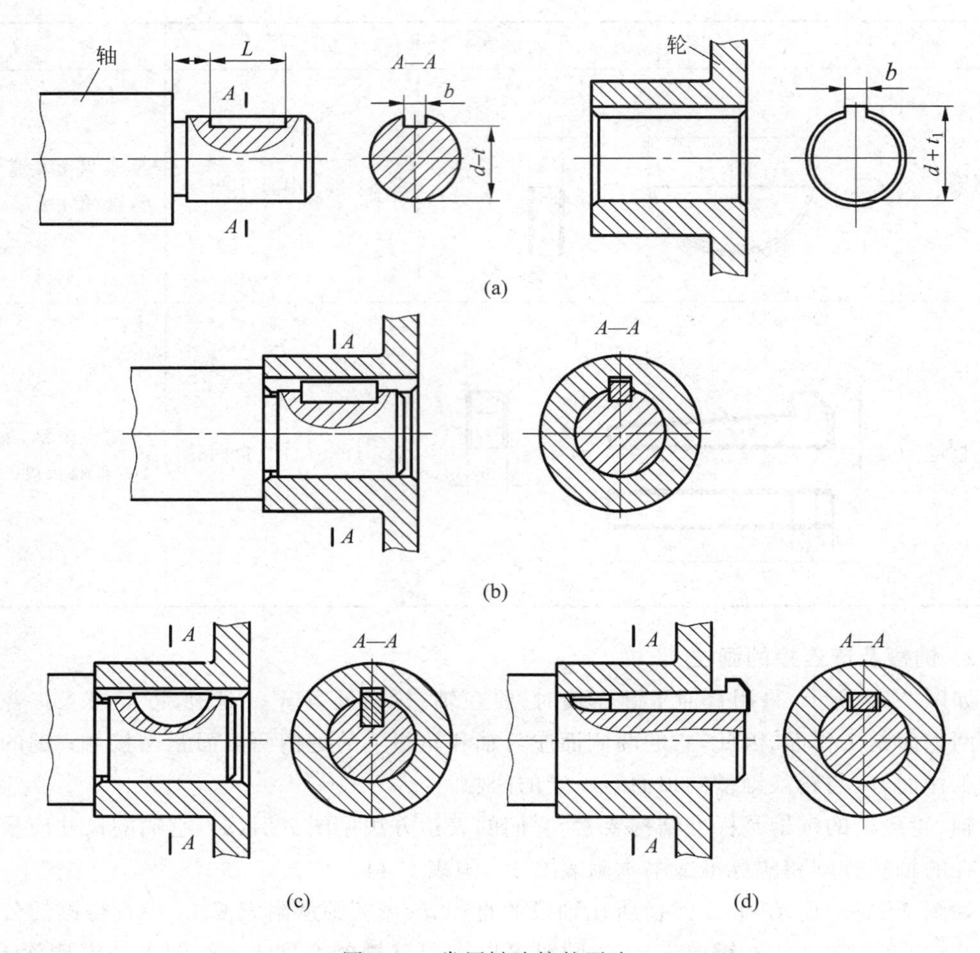

图 7-21　常用键连接的画法

(a) 普通平键的键槽画法；(b) 普通平键的连接画法；(c) 半圆键的连接画法；(d) 钩头楔键的连接画法

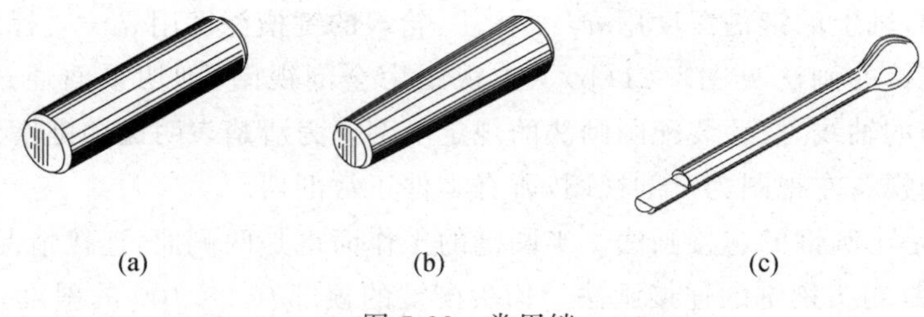

图 7-22　常用销

(a) 圆柱销；(b) 圆锥销；(c) 开口销

销的标记分为完整标记和简化标记两种，完整标记的内容和形式与螺纹紧固件相同，简化标记形式见表 7-5。

表 7-5　常用销的简化标记

名称	图　　例	标　　记	含　　义
圆柱销		销 GB/T 119.1 8m6×30	圆柱销，公称直径 $d=8$mm，长度 $l=30$mm，公差为 m6，材料为 35 钢，不经淬火，不经表面处理
		销 GB/T 119.1 8m6×30-A1	公称直径 $d=8$mm，长度 $l=30$mm，公差为 m6，材料为 A1 组奥氏体不锈钢，表面简单处理的圆柱销
圆锥销		销 GB/T 117 A6×30	圆锥销，材料为钢，热处理硬度 (28～38)HRC，表面氧化处理，A 型，公称直径为 $d=6$mm，公称长度 $l=30$mm
开口销		销 GB/T 91 5×32	开口销，材料为低碳钢，不经表面处理，公称直径 $d=5$，公称长度 $l=32$mm

2. 销连接的画法

销在连接和定位零件时，有较高的装配要求，所以加工销孔时，一般将两零件一起加工，并在图上注写“装配时加工”或“与××件配作”。销的侧表面为工作面，与零件的销孔面接触，如图 7-23 所示。剖视图中，销为标准件，按不剖处理。

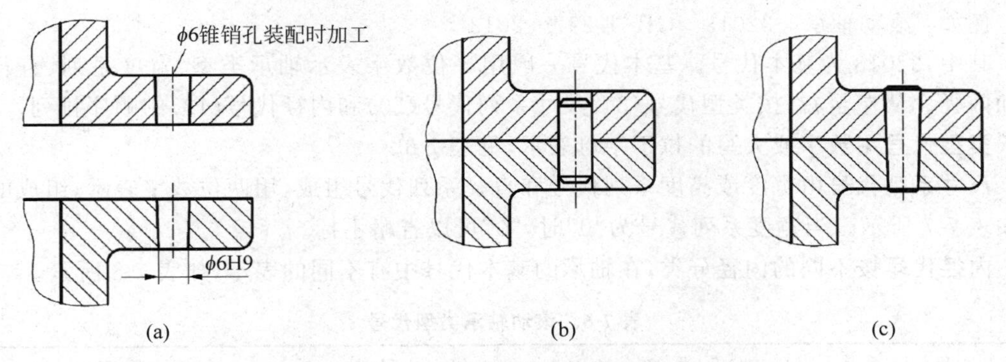

图 7-23　销孔及销连接的画法

(a) 销孔；(b) 圆柱销连接；(c) 圆锥销连接

7.2.3　滚动轴承

1. 作用、种类和标记

滚动轴承是支承传动轴的组件，它具有结构紧凑、摩擦阻力小和能量损耗少等优点，因而被广泛使用。滚动轴承一般由外圈、内圈、滚动体和保持架 4 部分组成。滚动轴承是标准部件，不必画出其零件图，根据需要确定型号即可。

滚动轴承的种类很多，按结构和承受的载荷方向分为 3 类，如图 7-24 所示。

(1) 向心轴承：主要承受径向载荷，如深沟球轴承；

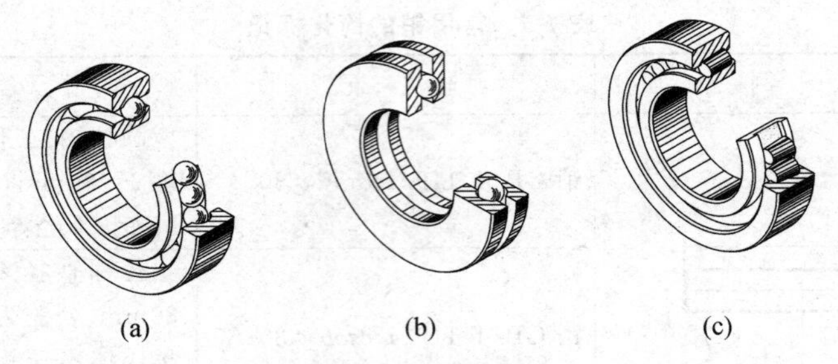

图 7-24　滚动轴承分类

(a) 深沟球轴承；(b) 推力球轴承；(c) 圆锥滚子轴承

(2) 推力轴承：只承受轴向载荷，如推力球轴承；

(3) 向心推力轴承：能同时承受径向和轴向载荷，如圆锥滚子轴承。

滚动轴承的标记形式为：

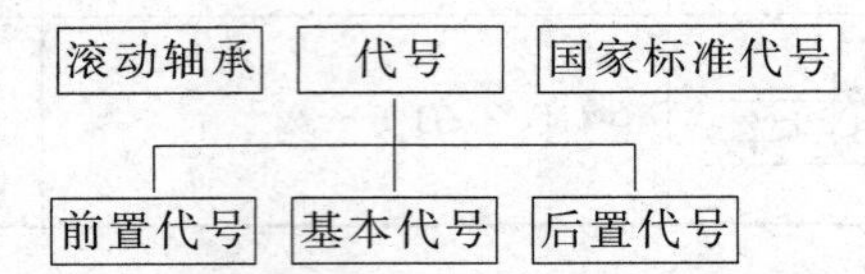

其中，前置代号和后置代号是轴承在结构形状、尺寸公差和技术要求等有改变时，在其基本代号左右添加的补充代号。一般常用的轴承由基本代号表示，则滚动轴承的标记形式简化为：

滚动轴承　基本代号　国家标准代号

例如：滚动轴承　32013　GB/T 297—2013

其中，32013 为基本代号。基本代号一般用 5 位数字表示轴承类型、宽度系列、直径系列和内径。从左至右，按类型代号(3)、尺寸系列代号(20)和内径代号(13)的顺序排列。

类型代号用数字或大写的拉丁字母表示，见表 7-6。

尺寸系列代号由宽度或高度系列代号和直径系列代号组成，用两位数字表示，组成的方式如表 7-7 所示。当宽度系列代号为“0”时，“0”可以省略不标。

内径代号按不同的内径分类，在轴承的基本代号中有不同的表示，如表 7-8 所示。

表 7-6　滚动轴承类型代号

代　号	轴承类型	代　号	轴承类型
0	双列角接触球轴承	N	圆柱滚子轴承
1	调心球轴承		
2	调心滚子轴承和推力调心滚子轴	U	外球面轴承
3	圆锥滚子轴承	QJ	四点接触球轴承
4	双列深沟球轴承		
5	推力球轴承		
6	深沟球轴承		
7	角接触球轴承		
8	推力圆柱滚子轴承		

表 7-7　向心轴承、推力轴承尺寸系列代号

直径系列代号	向心轴承									推力轴承		
	宽度系列代号									高度系列代号		
	8	0	1	2	3	4	5	6	7	9	1	2
	尺寸系列代号											
7	—	—	17	—	37	—	—	—	—	—	—	—
8	—	08	18	28	38	48	58	68	—	—	—	—
9	—	09	19	29	39	49	59	69	—	—	—	—
0	—	00	10	20	30	40	50	60	70	90	10	—
1	—	01	11	21	31	41	51	61	71	91	11	—
2	82	02	12	22	32	42	52	62	72	92	12	22
3	83	03	13	23	33	43	53	63	73	93	13	23
4	—	04	—	24	—	—	—	—	74	94	14	24
5	—	—	—	—	—	—	—	—	—	95	—	—

表 7-8　部分轴承公称内径代号

轴承公称直径/mm		内径代号	示　例
10～17	10	00	深沟球轴承 6200 内径 $d=10$mm
	12	01	
	15	02	
	17	03	
20～480 (22、28、32 除外)		公称内径除以 5 的商数。商数为个位数时，需要在商数左边加“0”，如 08	调心滚子轴承 23209 内径 $d=45$mm
≥500 以及 22、28、32		用公称内径毫米数直接表示，但在与尺寸系列代号之间用“/”分开	调心滚子轴承 230/500 内径 $d=500$mm 深沟球轴承 62/22 内径 $d=22$mm

【例 7-5】 说明标记“滚动轴承　6206　GB/T 297—2013”中基本代号的含义。

6 2 06
- 06 —— 轴承内径代号，根据表7-8可计算出内径$d=6\times5=30$
- 2 —— 尺寸系列代号，实为02，这里省略了宽度系列的0，直径系列为2，见表7-7
- 6 —— 轴承类型，从表7-6中可知为深沟球轴承

常见的滚动轴承结构尺寸见附表 D-1～附表 D-3，其他类型滚动轴承代号及含义请查阅有关标准。

2. 滚动轴承的画法

滚动轴承的画法分为简化画法和规定画法两种。简化画法是一种示意性画法，又分通

用画法和特征画法。

1）简化画法

（1）通用画法：当不需要确切表示滚动轴承的外形轮廓、载荷特性和结构特征时，各种类型的轴承可统一用矩形线框及位于中央正立的十字形符号表示，这种表示方法称为通用画法。图 7-25 所示为滚动轴承的通用画法及尺寸比例。

（2）特征画法：当需要形象地表示滚动轴承的结构特征时，可采用矩形线框加结构要素符号表示，这种表示方法称为特征画法。不同类型滚动轴承的结构要素符号不同，可查阅有关手册和相关国家标准。表 7-9 列出了深沟球轴承、圆锥滚子轴承和推力球轴承的特征画法。

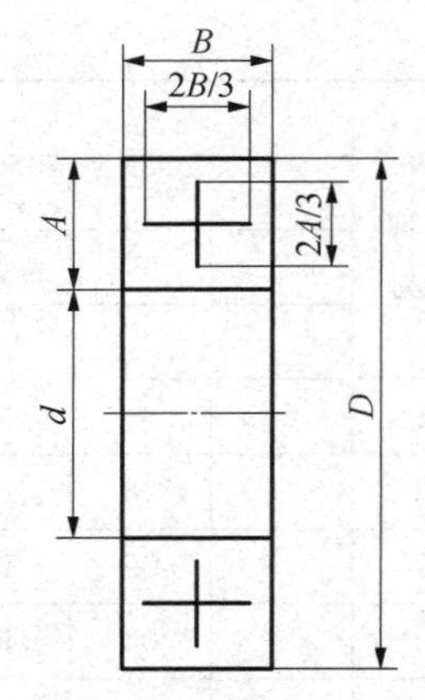

图 7-25　滚动轴承通用画法及尺寸比例

表 7-9　常用滚动轴承的特征画法与规定画法

轴承类型	特征画法	规定画法
深沟球轴承 60000 型 GB/T 276—2013	B, 2B/3, B/6, A, d, D	B, B/2, A/2, A, A/2, 60°, d, D
圆锥滚子轴承 30000 型 GB/T 297—2015	2B/3, 30°, A, d, D, B	C, 15°, A/2, A, A/4, A/2, T/2, d, B, D, T
推力球轴承 51000 型 GB/T 301—2015	T, A/6, A, 2A/3, d, D	T, T/2, 60°, A, A/2, T/2, D, d, 2A/3

2）规定画法

规定画法要求按照国家标准中规定的线型和各部分的比例关系较详细地画出轴承的结构图。外形轮廓线用粗实线画出，内、外圈剖面线的方向和间距应相同。

常用的深沟球轴承、圆锥滚子轴承和推力球轴承的规定画法如表7-9所示。画图时所需要的内径 d、外径 D 和宽度 B 等尺寸可根据滚动轴承的代号在附表D-1～附表D-3以及相关手册中查出。

7.3 齿　　轮

齿轮是机械传动中应用广泛的一种传动零件，用来传递运动和动力、改变速度或方向，但必须成对使用，依靠轮齿间的啮合运动来实现。常见的齿轮传动有以下3种（见图7-26）：

(1) 圆柱齿轮：用于平行两轴之间的传动。

(2) 圆锥齿轮：用于相交两轴之间的传动。

(3) 蜗轮与蜗杆：用于交叉两轴之间的传动。

根据齿轮齿廓形状又可分为渐开线齿轮、摆线齿轮、圆弧齿轮等。

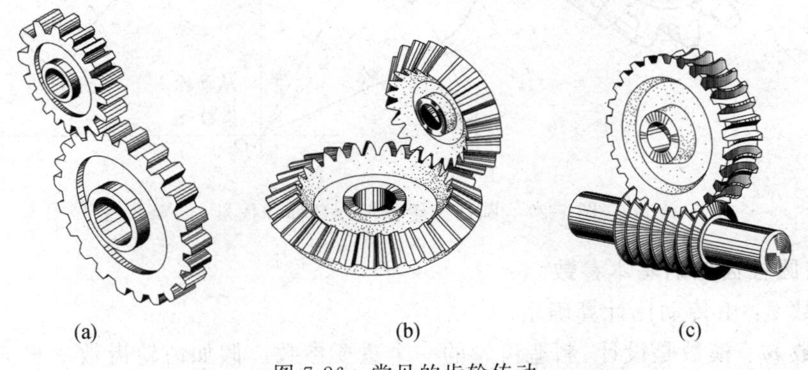

(a)　(b)　(c)

图7-26　常见的齿轮传动

(a) 圆柱齿轮；(b) 圆锥齿轮；(c) 蜗轮蜗杆

7.3.1 圆柱齿轮

圆柱齿轮按其轮齿方向分为直齿、斜齿和人字齿3种。本书主要介绍渐开线直齿圆柱齿轮。

1. 直齿圆柱齿轮的各部分名称和代号

齿轮各部分名称和代号见图7-27和表7-10。

表7-10　直齿圆柱齿轮各部分名称

名　称	代　号	含　义
齿顶圆直径	d_a	通过齿轮轮齿顶部的圆的直径
齿根圆直径	d_f	通过齿轮轮齿根部的圆的直径
分度圆直径	d	设计和加工计算时的基准圆，对标准齿轮来说齿厚与槽宽相等处的圆周直径
节圆直径	d'	两齿轮啮合时，啮合点（无滑动的纯滚动）的轨迹圆的直径，对于标准齿轮，$d'=d$
齿顶高	h_a	分度圆与齿顶圆间的径向距离
齿根高	h_f	分度圆与齿根圆间的径向距离

续表

名　称	代　号	含　义
齿　高	h	齿顶高与齿根高之和，$h=h_a+h_f$
齿　距	p	分度圆上相邻两齿对应点间的弧长
齿　厚	s	分度圆上轮齿齿廓间的弧长
槽　宽	e	分度圆上齿槽齿廓间的弧长
齿形角	α	标准齿轮的齿形角为 20°，两齿轮啮合时称为压力角

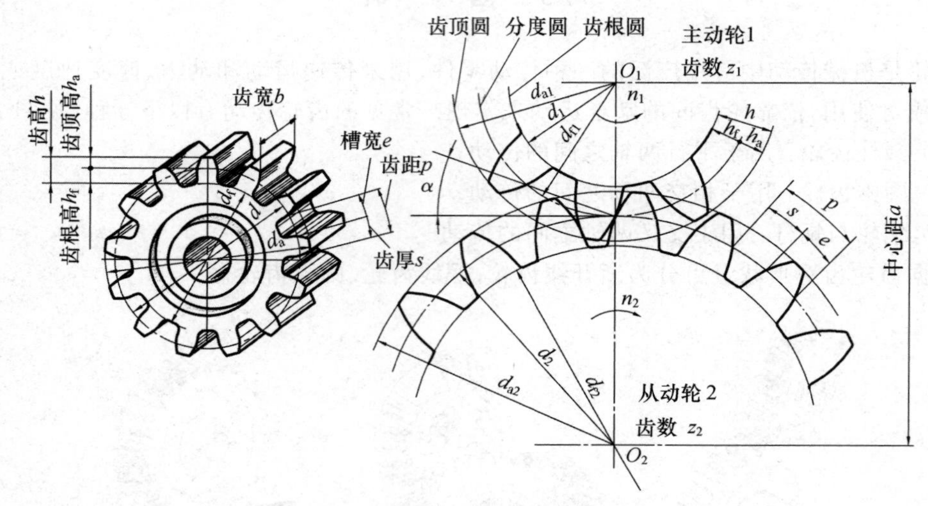

图 7-27　圆柱齿轮各部分名称和代号

2. 直齿圆柱齿轮的基本参数

(1) 齿数 z：由传动比计算确定。

(2) 模数 m：模数是设计、制造齿轮的一个重要参数。假如齿轮齿数 z 已知，则分度圆的周长为：

$$\pi d = pz,\quad d=\frac{p}{\pi}z,\quad 令\ m=\frac{p}{\pi},\quad 则\ d=mz$$

在齿数一定的情况下，m 越大，齿轮的承载能力越大。为了便于设计和制造，减少加工齿轮的刀具数量，国家标准对齿轮模数作了统一的规定，见表 7-11。

表 7-11　标准模数

第一系列	0.5　,0.6,0.8,1,1.25,1.5,2,2.5,3,4,5,6,8,10,12,16,20,25,32,40,50
第二系列	0.9,1.75,2.25,2.75,(3.25),3.5,(3.75),4.5,5.5,(6.5),7,9,(11),14,18,22,28,36,45

注：优先选用第一系列，括号中的模数尽可能不用。

(3) 压力角 α：一对齿轮啮合时，在分度圆上啮合点的法线方向与切线方向所夹的锐角，标准齿轮的压力角为 20°。

凡齿轮的轮齿符合标准的称为标准齿轮。一对相互啮合的齿轮其模数、压力角必须相等。

3. 标准直齿圆柱齿轮各部分的尺寸与模数的关系

标准直齿圆柱齿轮各部分的尺寸，是根据模数来确定的，计算公式见表 7-12。

表 7-12　标准直齿圆柱齿轮计算公式

基本参数：模数 m，齿数 z，齿形角 α		
名　称	代　号	公　式
齿顶高	h_a	$h_a=m$
齿根高	h_f	$h_f=1.25m$
齿　高	h	$h=h_a+h_f=2.25m$
分度圆直径	d	$d=mz$
齿顶圆直径	d_a	$d_a=d+2h_a=m(z+2)$
齿根圆直径	d_f	$d_f=d-2h_f=m(z-2.5)$
齿　距	p	$p=\pi m$
齿　厚	s	$s=p/2$
槽　宽	e	$e=p/2$
中心距	a	$a=(d_1+d_2)/2=m(z_1+z_2)/2$

4. 直齿圆柱齿轮的画法

国家标准对齿轮的轮齿部分的画法有如下规定：

(1) 在投影为圆的视图中，分别用齿顶圆、分度圆和齿根圆表示；

(2) 在非圆视图中，分别用齿顶线、分度线和齿根线表示。

1) 单个齿轮的画法(见图 7-28)

(1) 齿顶圆和齿顶线——粗实线绘制。

(2) 分度圆和分度线——细点画线绘制。

(3) 在未作剖切的视图中，齿根圆和齿根线——细实线绘制，也可省略不画。但在剖视图中，当剖切平面通过齿轮的轴线时，轮齿部分按不剖处理，这时齿根线用粗实线绘制。

(4) 对于斜齿和人字齿，还需在外形图上画出 3 条与齿形线方向一致的细实线，表示齿向和倾角，如图 7-28(b)和(c)所示。

2) 直齿圆柱齿轮的零件图(见图 7-29)

在齿轮零件图中，除了需标出齿顶圆和分度圆的直径、齿宽和倒角等尺寸以外，在图样右上角还需列表注出齿轮的有关参数，如模数、齿数等。

3) 齿轮啮合画法

习惯上用主、左两视图表达齿轮的啮合情况。其中主视图一般为非圆视图，作全剖，也可不剖；左视图为外形图，如图 7-30 所示。在齿轮啮合图中，重点关注啮合区画法。非啮合区按照单个齿轮的画法绘制，啮合区画法规定如下：

(1) 在全剖的非圆视图中，如图 7-30(b)中的主视图，两齿轮的分度线重合，用一条细点画线绘制；其中一个齿轮的齿顶线用粗实线绘制，另一个齿轮的轮齿被遮挡，齿顶线用虚线绘制，虚线也可以省略；两齿轮的齿根线用粗实线绘制。啮合区的细节分析见图 7-31。

(2) 在投影为圆的视图中，如图 7-30(b)中的左视图，两分度圆(节圆)相切，细点画线绘制；两齿顶圆用粗实线绘制，齿顶圆可以完整绘制，也可以省略交叉部分，见图 7-30(b)。

(3) 非圆视图若不剖，则啮合区只在节圆(分度圆)相切处画一条粗实线；斜齿和人字齿分别画出相应符号，如图 7-30(d)所示。

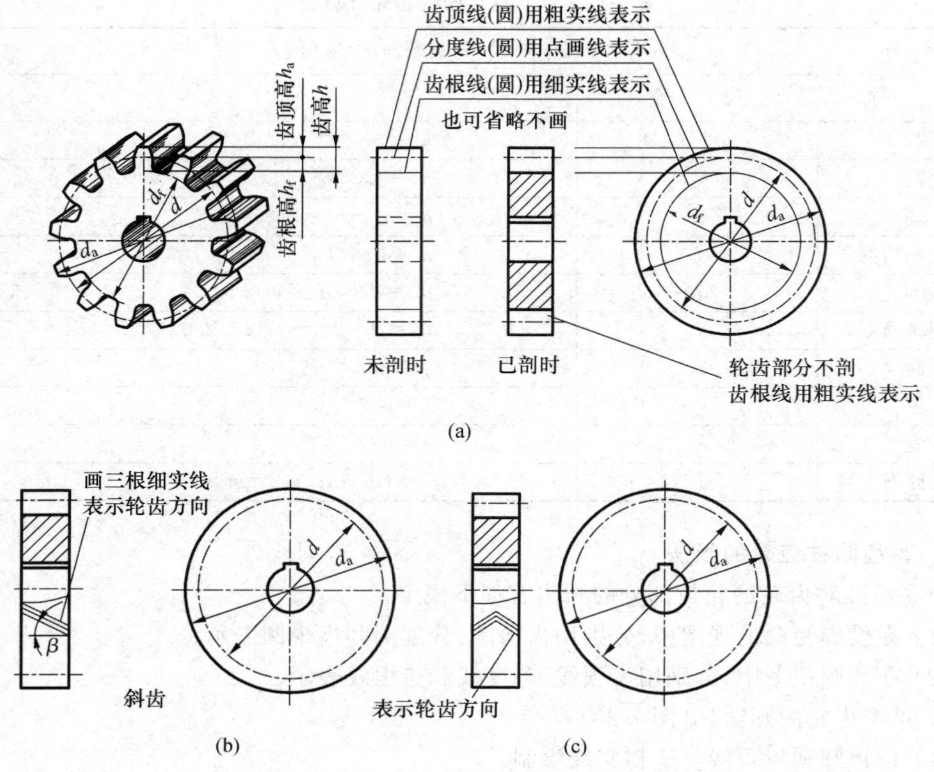

图 7-28　单个齿轮的画法

(a) 直齿；(b) 斜齿；(c) 人字齿

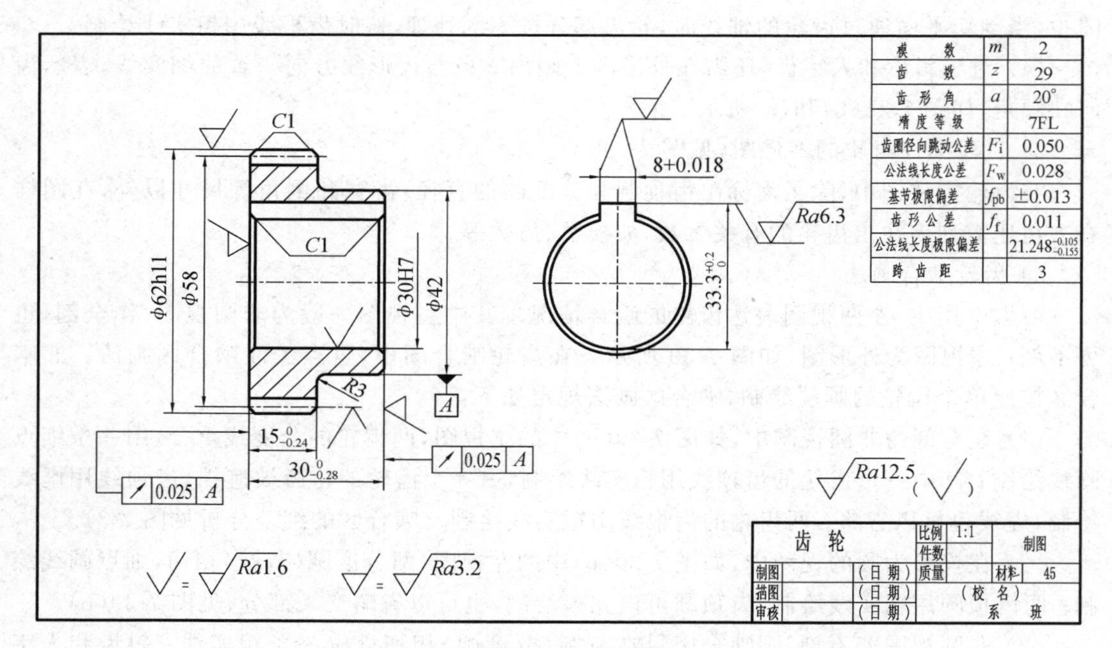

图 7-29　齿轮零件图

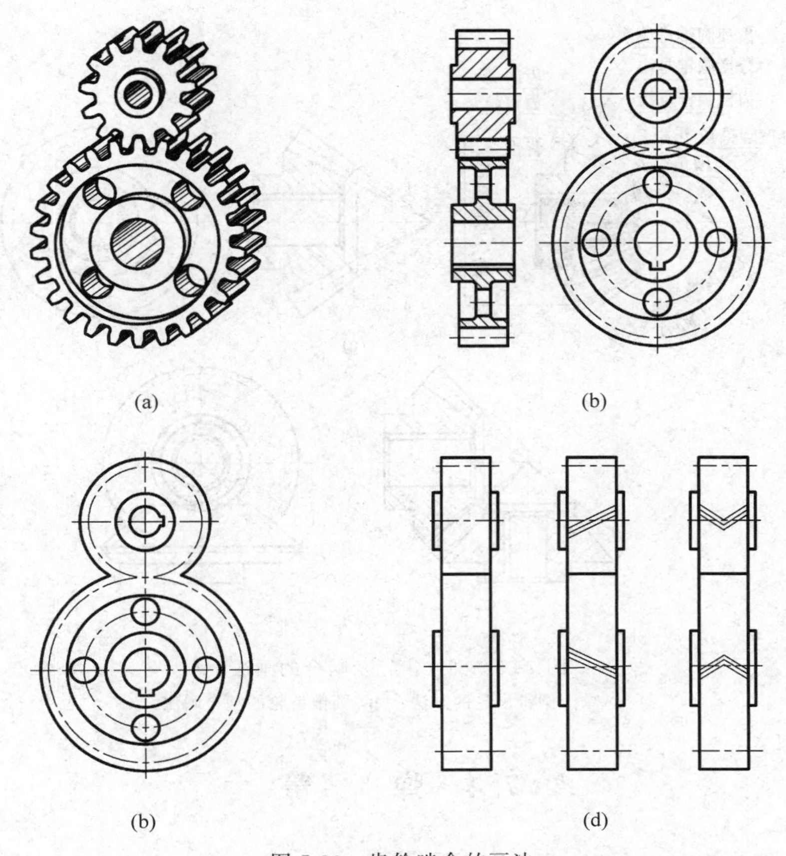

图 7-30　齿轮啮合的画法

(a) 齿轮啮合效果图；(b) 齿轮啮合两视图；(c) 啮合区不画齿顶线；(d) 两直齿、斜齿和人字齿啮合的视图表示

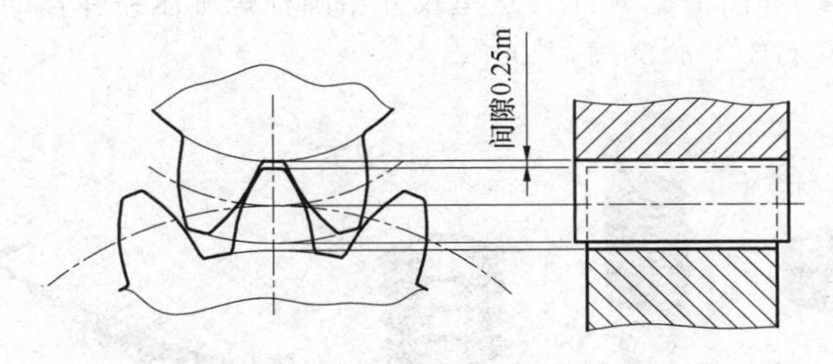

图 7-31　啮合区投影分析

7.3.2　圆锥齿轮

圆锥齿轮的轮齿分布在圆锥面上，一端大一端小，因此圆锥齿轮的模数也是由大端到小端逐渐变小的。为了设计和制造方便，规定以大端模数为依据来计算轮齿的有关尺寸（略）。

画圆锥齿轮时，常把圆锥齿轮的非圆视图作为主视图，并作剖视；在左视图中，用粗实线表示大端、小端的齿顶圆，用点画线表示大端的分度圆，齿根圆和小端的分度圆规定不画，如图 7-32(a)所示。

圆锥齿轮的啮合画法如图 7-32(b)所示。

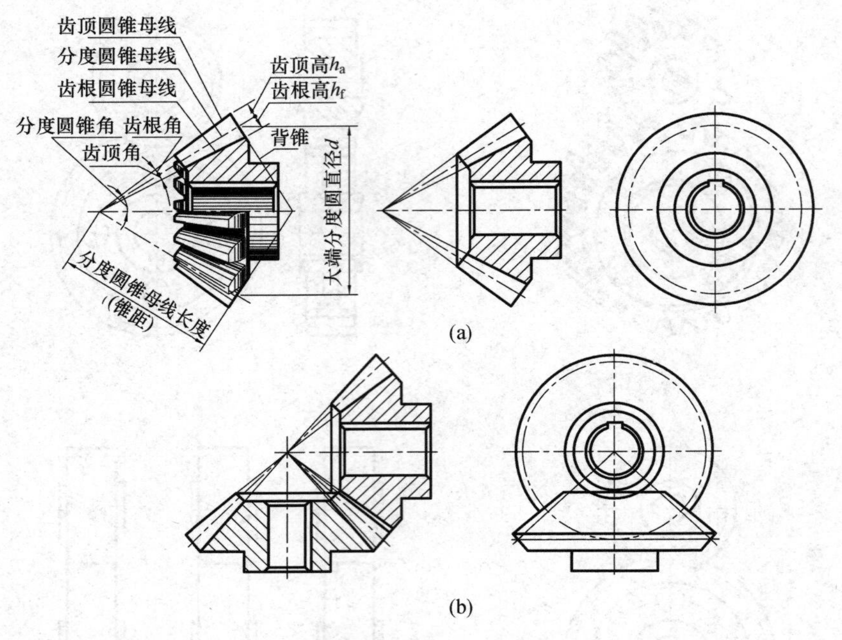

图 7-32 圆锥齿轮及啮合的画法

(a) 单个圆锥齿轮的画法；(b) 圆锥齿轮的啮合画法

7.4 弹 簧

弹簧是一种储存能量的零件，可用来减振、夹紧和测力等。其主要特点是当外力去除后，可立即恢复原状。

弹簧的种类很多，如图 7-33 所示。这里仅介绍圆柱螺旋压缩弹簧的有关画法，其他种类弹簧的画法请查阅 GB/T 4459.4—2003。

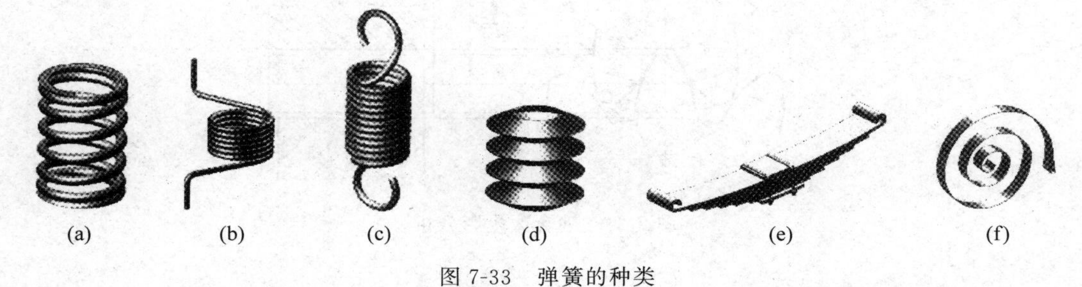

图 7-33 弹簧的种类

(a) 压缩弹簧；(b) 扭转弹簧；(c) 拉伸弹簧；(d) 碟形弹簧；(e) 板弹簧；(f) 涡卷弹簧

7.4.1 弹簧的参数

(1) 簧丝直径 d——制造弹簧的钢丝直径。

(2) 弹簧外径 D——弹簧最大的直径。

(3) 弹簧内径 D_1——弹簧最小的直径，$D_1=D-2d=D_2-d$。

(4) 弹簧中径 D_2——内径和外径的平均值，$D_2=(D_1+D_2)/2=D-d=D_1+d$。

(5) 节距 t——除支承圈外，相邻两圈对应两点之间的轴向距离。

(6) 有效圈数 n——除支承圈外，保持弹簧等节距的圈数。它是计算受力的主要依据。

(7) 支承圈数 n_2——为使弹簧受力均匀，增加弹簧的平稳性，两端并紧且磨平的圈数，它仅起支承作用。支承圈有 1.5 圈、2 圈、2.5 圈三种，常见的为 2.5 圈。

(8) 总圈数 n_1——弹簧的有效圈数与支承圈数的总和。

(9) 自由高度 H_0——弹簧在无外力作用下的高度，$H_0=nt+(n_2-0.5)d$。

(10) 弹簧展开长度 L——制造弹簧的钢丝长度。根据螺旋线的展开可知：

$$L \approx n_1\sqrt{(\pi D_2)^2+t^2}$$

(11) 旋向——与螺旋线的旋向意义相同，分为左旋和右旋。

7.4.2　螺旋弹簧的规定画法

(1) 无论支承圈的圈数多少，均可按 2.5 圈的形式绘制。

(2) 在非圆视图上，各圈的轮廓应画成直线。

(3) 当弹簧有效圈数大于 4 圈时，可只画两端的 1～2 圈，中间各圈可省略不画，且允许适当缩短图形的长度。

(4) 弹簧均可画成右旋，但对左旋弹簧，无论画成左旋或右旋，必须在技术要求中加注“LH”字样。

(5) 弹簧的画图步骤如图 7-34(b)～(f)所示，图(a)为直观图，图(e)为剖视图，图(f)为视图，图(g)为示意画法。

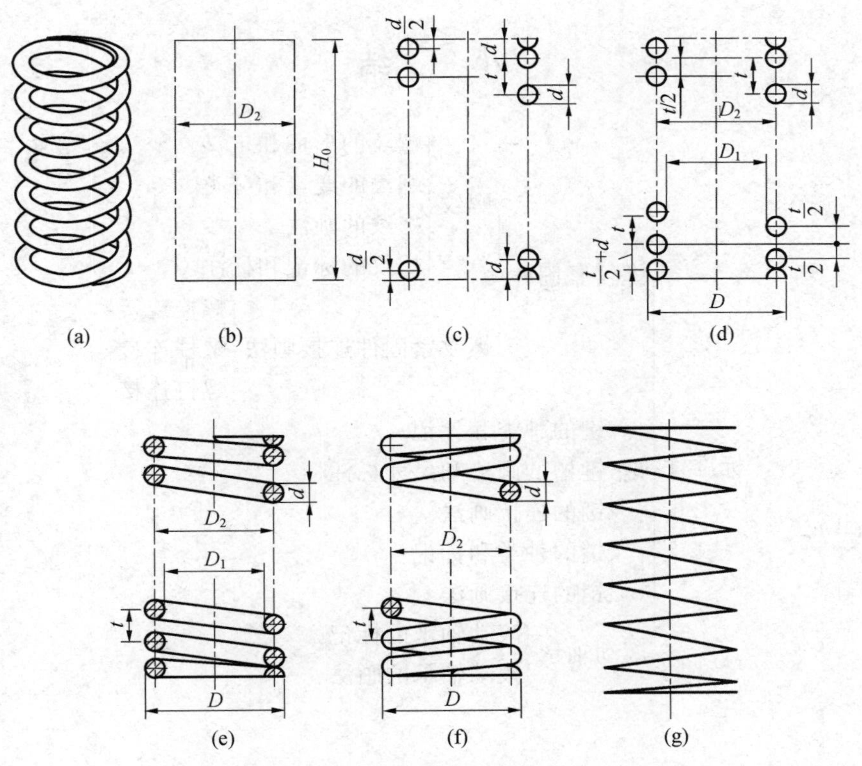

图 7-34　弹簧的画图步骤

(a) 弹簧的直观图；(b)～(d) 画图步骤中的前三步；(e) 画成剖视图；(f) 画成外形视图；(g) 示意画法

弹簧的零件图见图 7-35。在弹簧零件图中，应注出弹簧的有关参数。

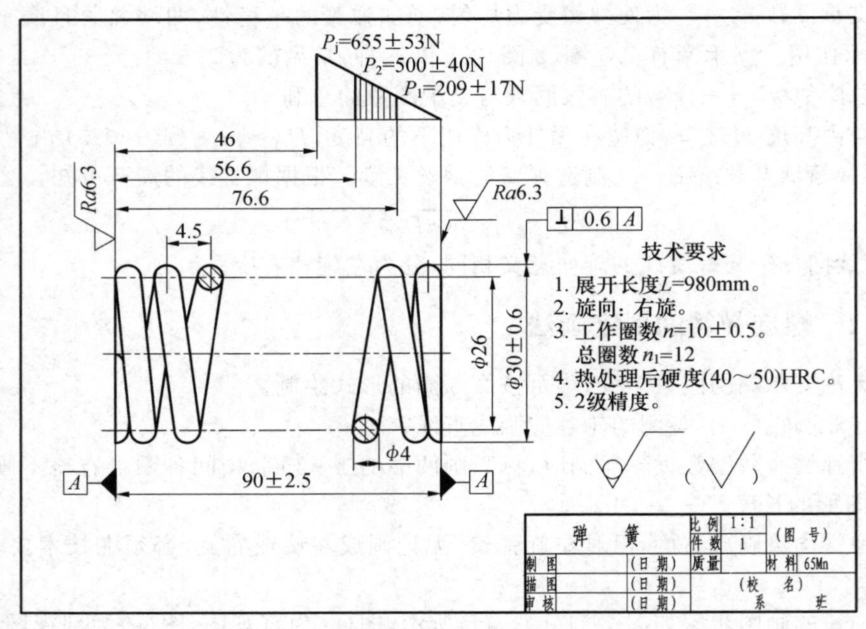

图 7-35　弹簧零件图

小　　结

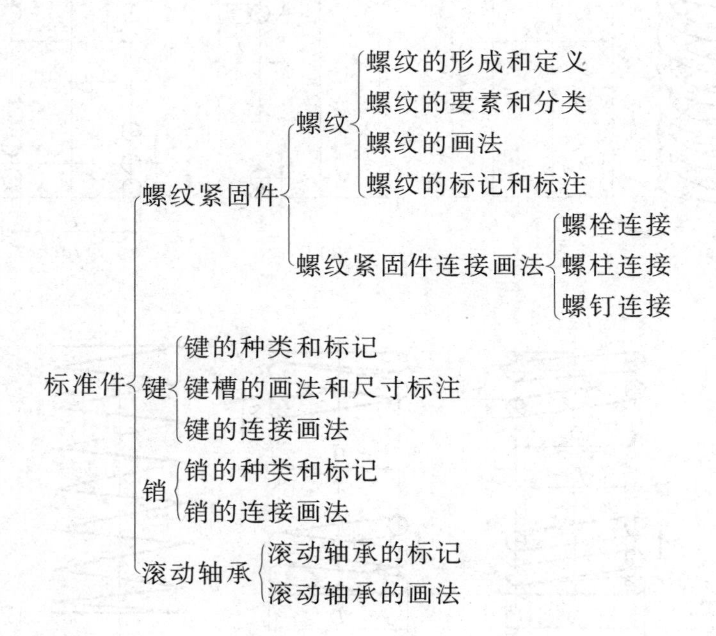

常用件
- 齿轮
  - 直齿圆柱齿轮的参数和代号
  - 单个齿轮的画法
  - 两齿轮的啮合画法
- 弹簧
  - 圆柱螺旋压缩弹簧的参数和含义
  - 圆柱螺旋压缩弹簧的画法

思 考 题

1. 内、外螺纹旋合在一起应满足什么条件？
2. 标准螺纹的种类、特征代号是什么？在图上怎样区分它们？
3. 说明下列螺纹代号的意义：

   M24—6g　　M20×2 LH—5H6H—L　　Tr32×8(P4)LH—8e
4. 管螺纹的尺寸代号是否为它的大径？
5. 双头螺柱旋入端 b_m 的长度与什么有关？
6. 已知轴、轮用普通平键连接，且轴径 $d=35$，查表确定轴、轮毂的键槽宽度和深度。
7. 标准齿轮的分度圆与节圆有何关联？
8. 一对齿轮要能正确啮合，应满足什么条件？

第8章　零　件　图

8.1　零件图的作用和内容

机器(或部件)是由若干零件按一定的要求装配而成的，把表达单个零件的图样称为零件图。零件图是生产加工、质量检验必不可少的技术文件，它包含生产和检验零件的全部技术资料。

组成机器的零件分为标准件、常用件和一般零件(非标零件)，本章的零件是指一般零件。

零件图作为技术文件，应包括以下4项内容：

(1) 一组图形：用一组图形，综合运用视图、剖视图、断面图等方法，把零件的内、外形状和结构完整、准确、清晰地表达出来，尽量使图形简单明了。

(2) 零件尺寸：标注出确定零件形状、大小、各部分结构相对位置的全部尺寸。尺寸标注要求正确、完整、清晰和合理。

(3) 技术要求：将制造和检验零件时应达到的技术方面的要求，用规定的符号、数字或文字进行说明。

(4) 标题栏：说明零件名称、材料、数量、比例、图号、设计和校核人员等。

图8-1是一根轴的零件图。

8.2　零件的表达方案选择

所谓零件的表达方案选择，就是要求选用适当的视图、剖视图、断面图等表达方法，将零件各部分结构形状、相对位置关系都完整、清晰地表达出来，在便于读图的前提下，力求画图简便。

8.2.1　零件表达方案选择的一般方法

选择零件图的表达方案可以归结为主视图的选择、表达方法的选用和视图数量的确定。

1. 主视图的选择

在表达零件的一组图形中，主视图是必不可少的，而且是最重要的，因此表达零件时，应首先确定主视图。选择主视图应考虑以下几点：

1) 零件的摆放位置

一般来说，零件图中的主视图应反映出零件在机器中的工作位置或主要加工位置。

(1) 符合加工位置。符合加工位置是指以零件在机床上的主要加工位置作为主视图的放置位置，便于加工时看图和测量。例如，轴类零件主要在车床、磨床上加工，加工时轴线一般水平放置，因此，表达这类零件时，主视图中的轴线取成水平状态，如图8-2所示。类似的还有轴套、轮、盘等回转体构成的零件，它们的主视图也以轴线水平放置画出。

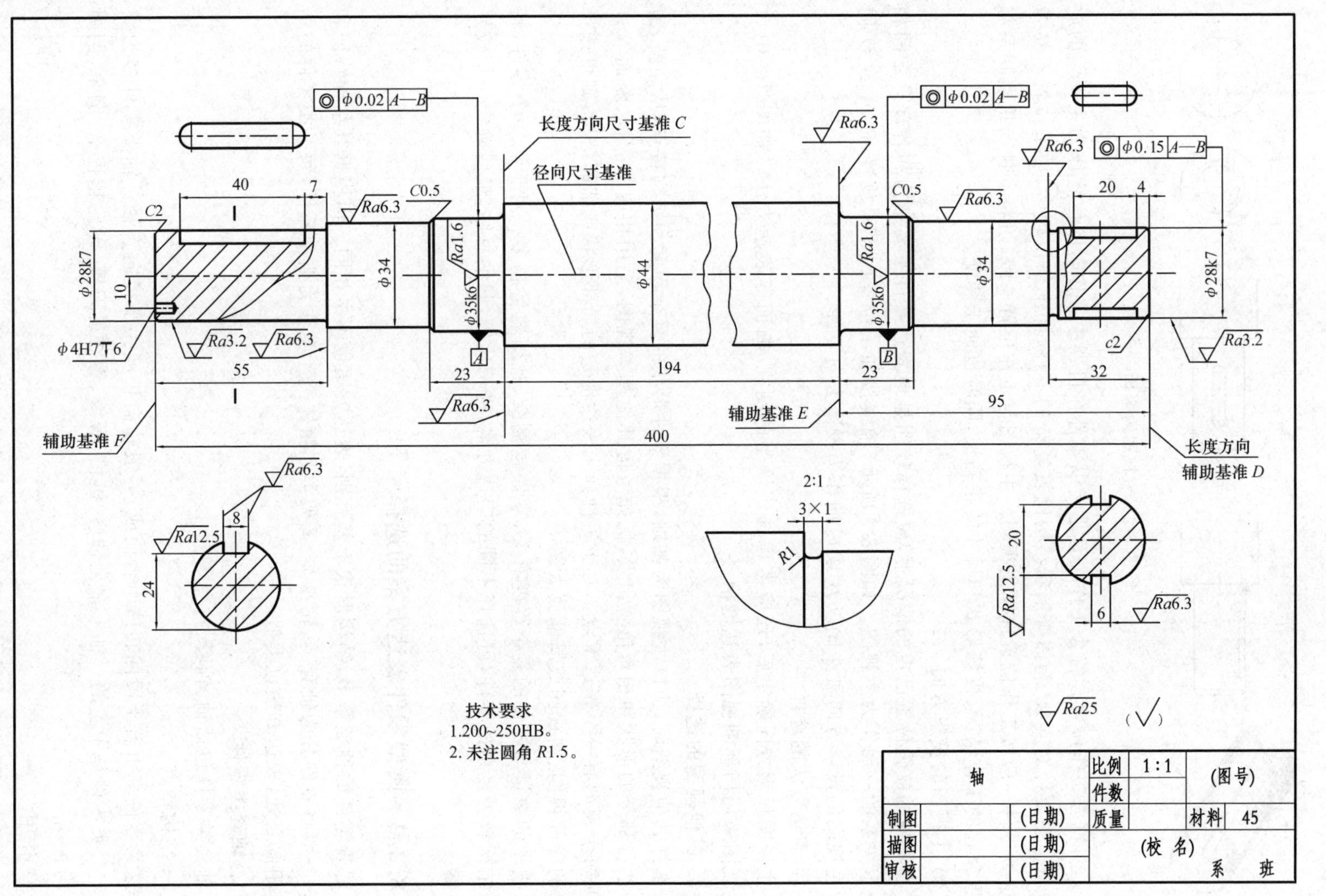
φ0.02 A—B
φ0.02 A—B
φ0.15 A—B
长度方向尺寸基准 C
径向尺寸基准
Ra6.3
Ra3.2
Ra1.6
Ra12.5
C2
C0.5
c2
40
7
20
4
φ28k7
φ34
φ35k6
φ44
10
φ4H7 6
A
B
55
23
194
23
32
95
400
辅助基准 F
辅助基准 E
长度方向
辅助基准 D
8
24
2:1
3×1
R1
20
6
Ra25
(√)
技术要求
1.200~250HB。
2. 未注圆角 R1.5。
轴
比例 1:1
件数
(图号)
制图 (日期)
描图 (日期)
审核 (日期)
质量
材料 45
(校 名)
系　班
图 8-1　轴的零件图

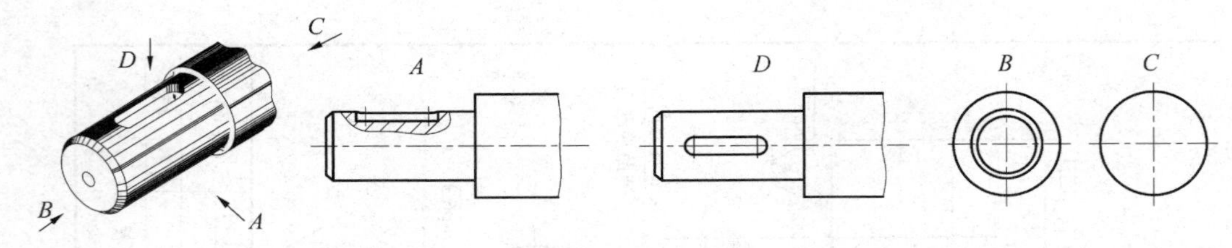

图 8-2　主视图的选择

(2) 符合工作位置。符合工作位置是指以零件在机器中工作时的位置作为主视图的放置位置。主要针对支架、箱体等形状结构比较复杂的零件，加工部位较多，加工位置不易考虑，这类零件一般按工作位置选择主视图。主视图与工作位置一致，可将零件与机器联系起来，想象它的工作情况，校核形状和尺寸的正确性，同时也便于装配。

2) 主视图的投影方向

在零件的放置位置已定的情况下，应选择较明显地表达零件主要结构和各部分之间相对位置关系的一面作为主视图。如图 8-2 所示，轴线按加工位置(水平)放置，以 *A* 或 *D* 向作为主视图的投影方向显然比以 *B* 或 *C* 向作为投影方向要好。

3) 表达方法的选择

主视图投影方向确定后，还应考虑选用恰当的剖视、断面等表达方法。如图 8-2 中 *A* 向主视图采用局部剖视图表达键槽。

2. 其他视图的选择

选择其他视图时，应以主视图为基础，根据零件形状的复杂程度和结构特点，从完整、清晰表达各部分的形状和相对位置出发，优先考虑其他基本视图，采用相应的剖视、断面等方法，使每个视图有一个表达重点。对于零件尚未表达清楚的局部形状或细部结构，则可选择必要的局部视图、斜视图或局部放大图等。

视图的数量与零件的复杂程度有关，零件越复杂，视图数量越多。对于同一个零件，特别是结构较为复杂的零件，可选择不同的表达方案，进行比较，归纳总结，最后确定一个较好的方案。

8.2.2　典型零件表达方案的选择

尽管零件的种类繁多，结构形状千差万别，表达方案也不尽相同。但根据其结构特征和用途，一般将零件分为轴套类、轮盘类、叉架类和箱体类 4 类作为典型零件，每一类零件的结构有相似之处，表达方法也类似。

1. 轴套类零件

轴套类零件包括轴、轴套、衬套等。

1) 结构特点

这类零件多由若干段回转体组合而成，一般轴向长度大于径向直径。轴类零件多为实心件；套类零件是中空的。轴上常见轴肩、键槽、螺纹、螺纹退刀槽、砂轮越程槽、倒角、倒圆等结构。

2) 作用

轴类零件主要用来支承传动零件、传递动力；套类零件一般安装在轴上或孔中，起定位、支承、保护传动零件的作用。

3）表达方案选择(见图 8-3)

(1）主视图的选择。主视图按加工位置(轴线水平)放置,以垂直轴线方向作为主视图的投影方向。实心轴不作全剖视,轴上局部、内部结构可采用局部剖视；若为空心轴套,则一般采用全剖视图表达其内部结构。

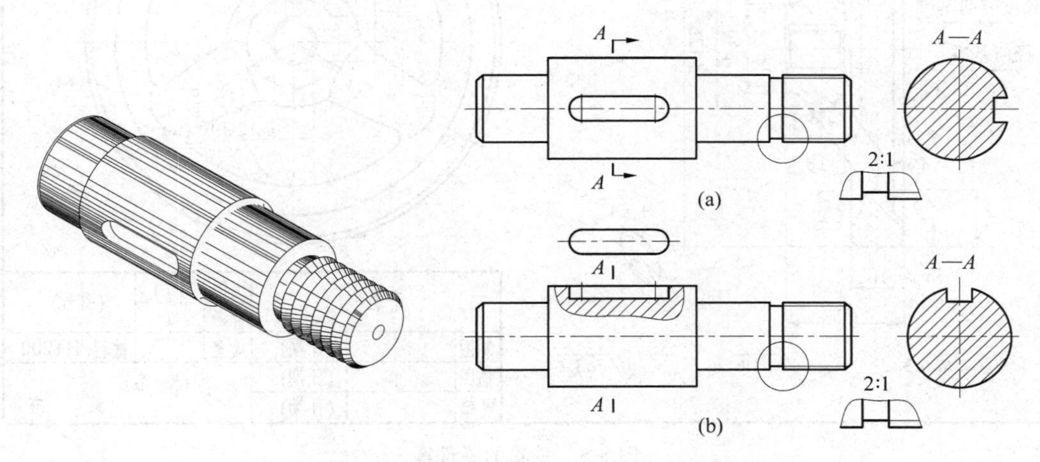

图 8-3　轴的表达方案选择

(a) 方案一；(b) 方案二

(2）其他视图的选择。在注出直径 ϕ 的情况下,不需要其他基本视图即可表明是回转体。键槽或细小结构,一般采用断面图、局部放大图等来表示。

2．轮盘类零件

轮盘类零件包括手轮、带轮、端盖、压盖、法兰盘等。

1）结构特点

这类零件的主要结构是由同一轴线的回转体组成,轴向尺寸较小,径向尺寸较大。为了与其他零件连接,其上常有孔、螺孔、键槽、凸台、轮辐等结构,多以车削加工为主。图 8-4 为手轮和端盖立体图。

2）作用

轮类零件一般通过键、销与轴连接起来传递动力和扭矩；盘盖类主要起支承、定位和密封作用。

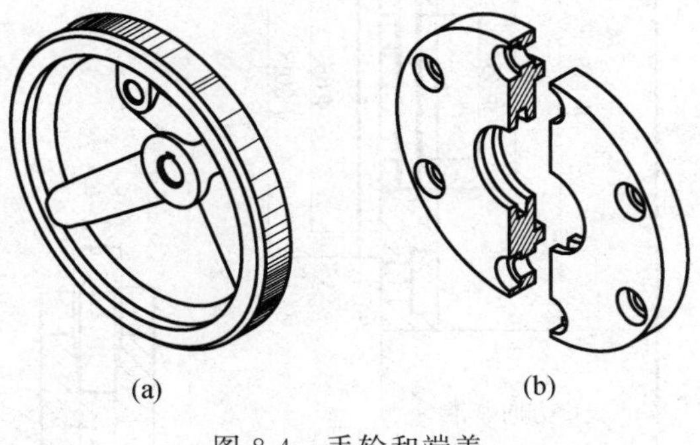

图 8-4　手轮和端盖

(a) 手轮；(b) 端盖

3）视图选择

(1）主视图的选择。轮盘类零件一般按加工位置(轴线水平)放置,选择垂直于轴线的投影方向画主视图。一些不以车削为主要加工方式的轮盘类零件,主视图可按形状特征和工作位置来考虑。为了表达内部结构,主视图常采用剖视图。如图 8-5 所示主视图采用局部剖视清楚地表达了手轮装手柄的圆孔、轮缘、轮毂、键槽及轮辐等结构形状；而图 8-6 所示端盖的主视图则用全剖视图表达了密封槽、阶梯孔的穿通情况。

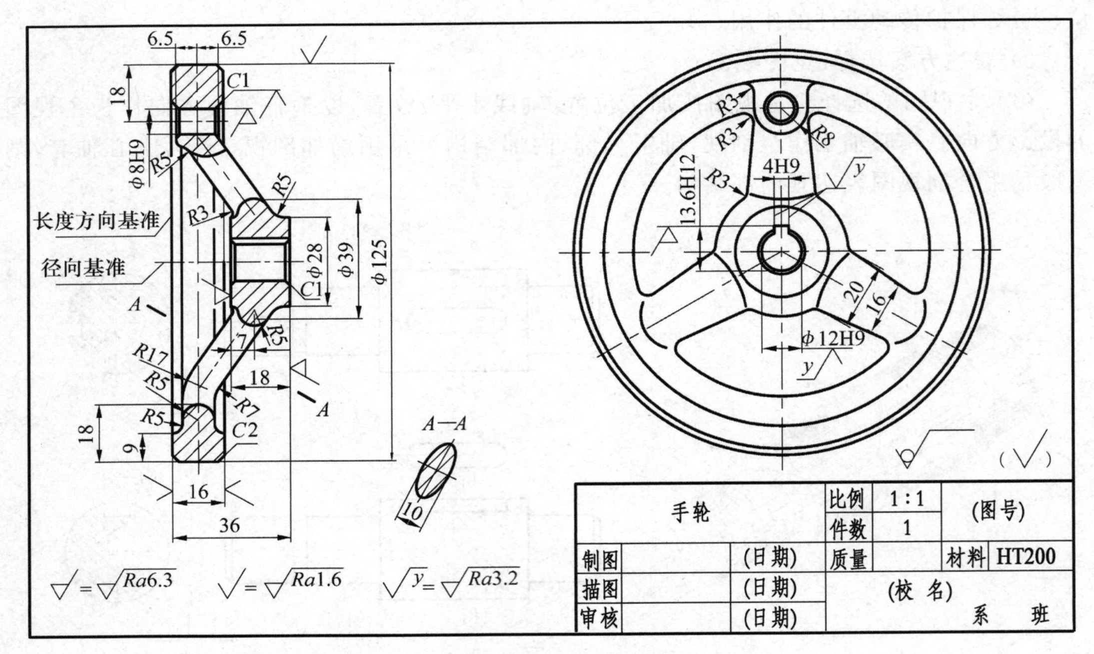

图 8-5　手轮的零件图

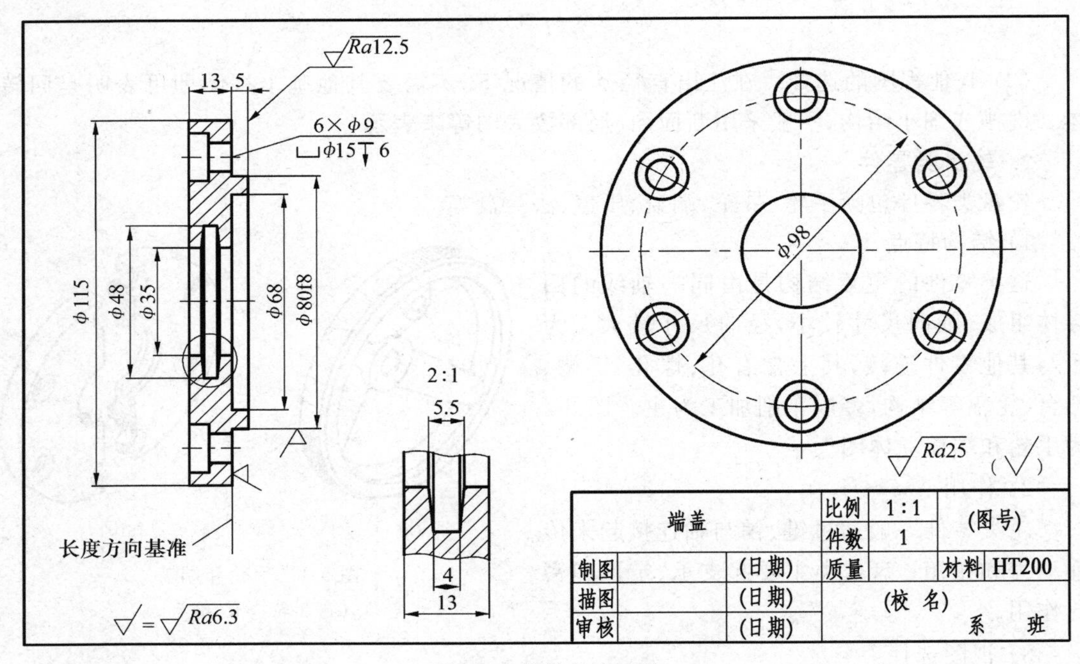

图 8-6　端盖的零件图

（2）其他视图的选择。轮盘类零件一般需要两个或两个以上的基本视图。除了主视图以外，一般选择左视图表达轮辐、圆孔等的分布、数量。对于键槽或一些细小结构，往往还需要用到断面图或局部放大图，如图 8-5 和图 8-6 所示。

3. 叉架类零件

叉架类零件包括各种用途的拨叉、叉杆和支架等。

1）结构特点

这类零件的结构形状差别很大，但一般都由支承部分、工作部分和连接部分所组成。连接部分多是肋板结构，同时起增加强度的作用。它们的毛坯多为铸造件或锻造件，再经机械加工而成。零件上常见有圆孔、油槽、螺孔等。

2）作用

拨叉主要起操纵调速的作用；支架主要起支承和连接的作用。

3）视图选择

（1）主视图的选择。由于这类零件结构形式比较复杂，加工工序较多，加工位置经常变化，因此，通常按其工作位置放置零件。有些叉架类零件在机器上的工作位置正好处于倾斜状态，为了便于制图，也可将其位置放正，选择最能反映形状特征的一面作为主视图的投影方向。如图 8-7(b)所示的拨叉，它在机器工作时不停地摆动，没有固定的工作位置。为了画图方便，一般都把零件主要轮廓放置成垂直或水平位置，主视图采用局部剖视图，既表达了拨叉各部分之间的相对位置和局部的形状，又反映了螺孔、阶梯孔的穿通情况。

（2）其他视图的选择。叉架类零件一般需要两个或两个以上的基本视图。除此以外，由于其形状一般不太规则，往往还会有一些弯曲和倾斜结构，需要采用局部视图、斜视图、断面图、局部剖视图或斜剖视图等表达，如图 8-7(a)所示。

4. 箱体类零件

箱体类零件包括泵体、箱体、阀体和壳体等。

1）结构特点

箱体类零件的毛坯多为铸造件，结构、形状较前三类更复杂。一般内部有较大的空腔，以容纳运动零件及气、油等介质。此外还常具有轴孔、轴承孔、凸台及肋板等结构。

为了使其他零件能安装在箱体上，以及将箱体再安装到机座上，所以箱体上通常还有安装底板、法兰、安装孔和螺纹孔等结构。如图 8-8 所示为减速箱箱体。

2）作用

这类零件主要是机器（或部件）的外壳或座体，因此它起着支承、包容和密封其他零件的作用。

3）视图选择

（1）主视图的选择。由于箱体类零件加工位置多样，不便考虑，所以通常以工作位置作为主视图的摆放位置，以最能反映形状特征及相对位置的一面作为主视图的投影方向。为了表达空腔结构，主视图一般采用剖视图。根据箱体的复杂程度、是否对称等情况合理选用全剖、半剖或局部剖。如图 8-9 所示，主视图采用全剖视，表达箱体内部结构和各组成部分的相对位置。

（2）其他视图的选择。箱体类零件一般需要 3 个或以上的基本视图和其他视图。在选择其他视图时，应加以比较、分析，结合主视图，在表达完整、清晰的前提下，优先考虑选择基本视图，灵活应用各种表达方法。

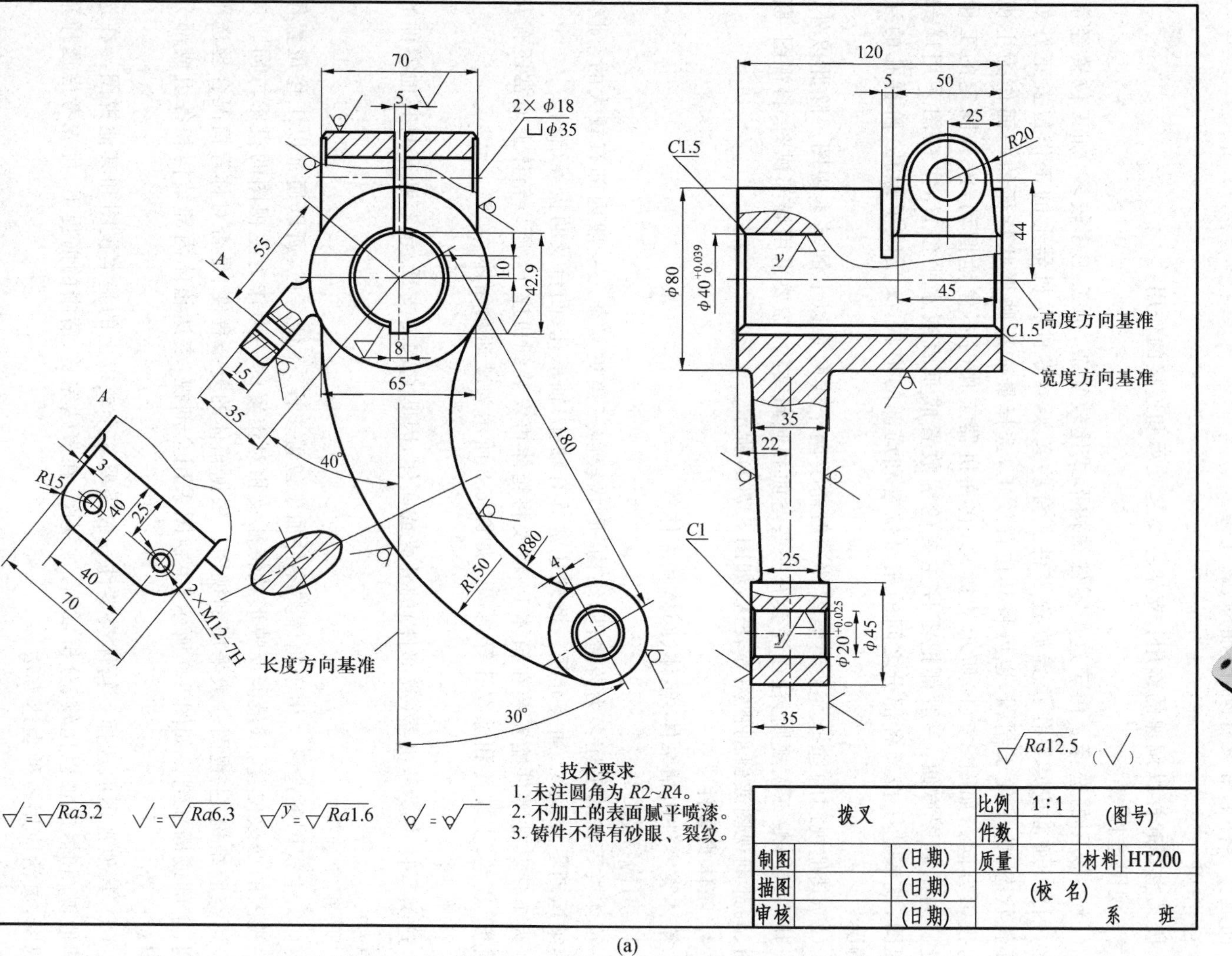

(a)

(b)

图 8-7　拨叉的零件图和立体图

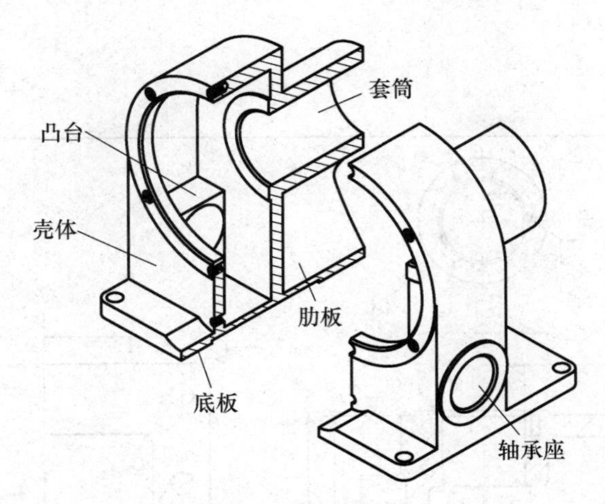

图 8-8　减速箱箱体

在图 8-9 中，为了表达端面螺孔的分布和蜗杆轴孔的结构，选择左视图并采用局部剖；选择俯视图并作 C-C 半剖视，反映箱体内外关系、底部形状和安装孔的分布情况；在另外 3 个局部视图中：H 向局部视图反映凸缘上螺孔的分布；G 向局部视图反映箱体左下壁处加工的螺孔，以及底板左侧上表面相应位置所开的一个圆柱面凹槽；F 向仰视图反映底板底部凹槽的形状。另外，在主视图中用重合断面反映肋板的形状。

8.2.3　表达方案的分析比较

对零件进行分析、选择表达方案时，即使是同一个零件，也可以有不同的表达方案。应在多种表达方案中进行分析比较，然后选择最佳表达方案。

【例 8-1】 图 8-10(a)是箱体表达方案之一，选择了 3 个基本视图和两个局部视图。轴测图是为了说明例题而添加的。主视图按工作位置以 A 向为投影方向画出，采用过轴线 A—A 局部剖，主要表达箱体的内外结构、轴承孔和凸台形状，以及箱体前端面的螺孔位置。左视图采用 B—B 阶梯剖，表达凸台的结构和凸缘的形状。俯视图采用局部剖，反映轴承孔的结构。

图 8-10(b)是箱体表达方案之二，选择了 3 个基本视图、3 个局部视图和一个局部剖视图。与方案一不同的是主视图以图 8-10(a)中所附轴测图 B 向为投影方向，用局部剖视图表达；左视图采用 B—B 全剖视，主要表示轴承孔、凸台、箱体宽度方向的内形，以及底板的结构形状；采用局部剖视的俯视图则表达箱体的长、宽、外形和左壁后上方轴承孔及其周围螺孔的结构；用 E—E 局部剖视图表达左壁内凸台的形状；用 C 向局部视图表达左外壁上的 8 字形凸台、两个轴承孔及其周围螺孔的分布；用 D 向局部视图表达箱体 4 个角凸出部分和其上通孔的分布，从而可以分析出箱体底部开了纵横两槽的整体结构形状；F 向局部视图表达了右侧箱壁两螺孔以及深 1mm 的圆形凹坑。

分析比较箱体的两种表达方案，不难看出，方案一中 3 个基本视图均采用局部剖视，表达箱体外形部分所占比例较大，削弱了对箱体主要内部结构的表达。而方案二用局部视图表达外形，以全剖、局部剖视图表达箱体内部结构，局部视图则表达箱体的细部结构。它抓住了以表达箱体内部结构形状为主的特点，因此图 8-10(b)的表达方案较好。

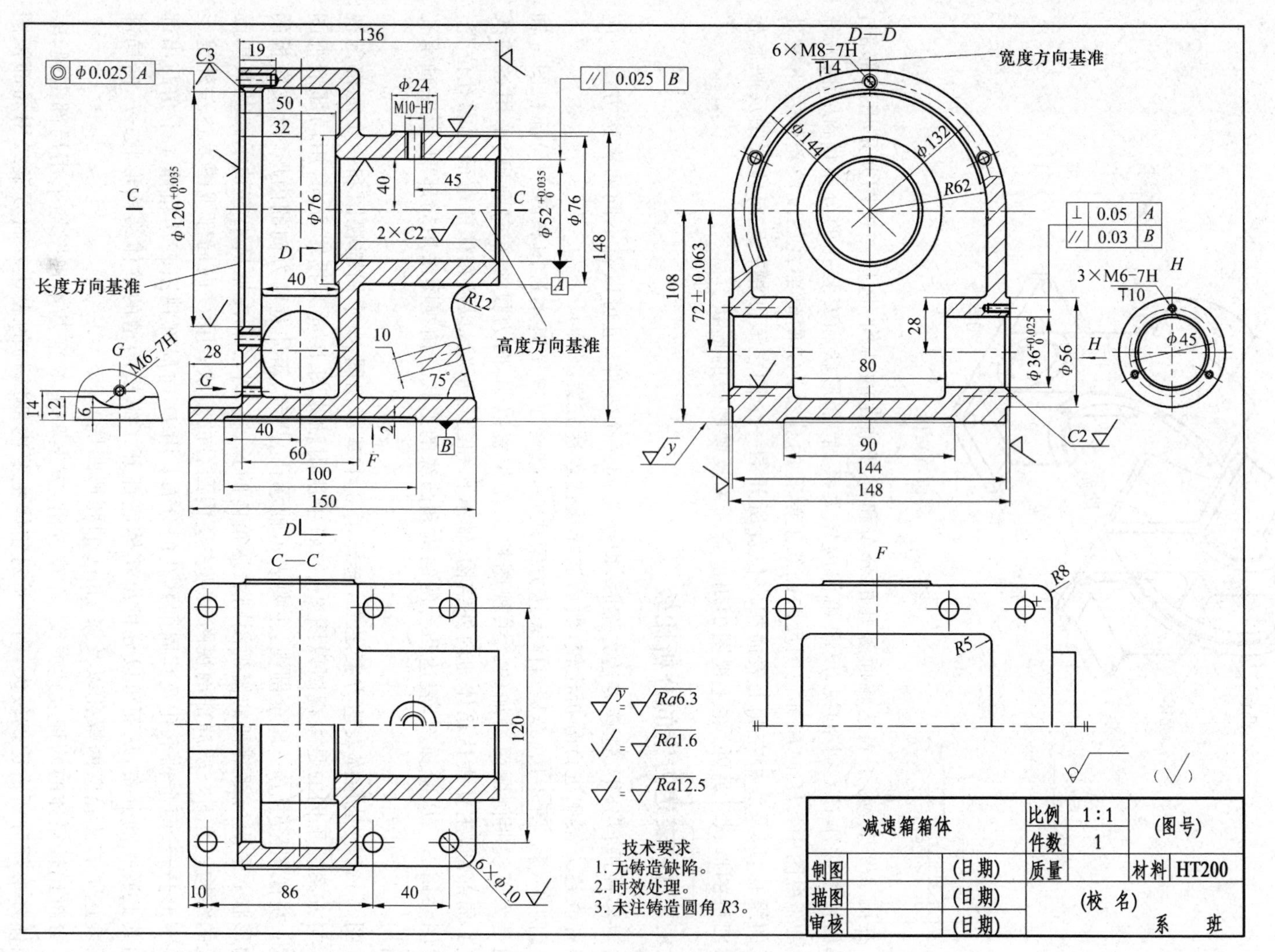

图 8-9　减速箱箱体零件图

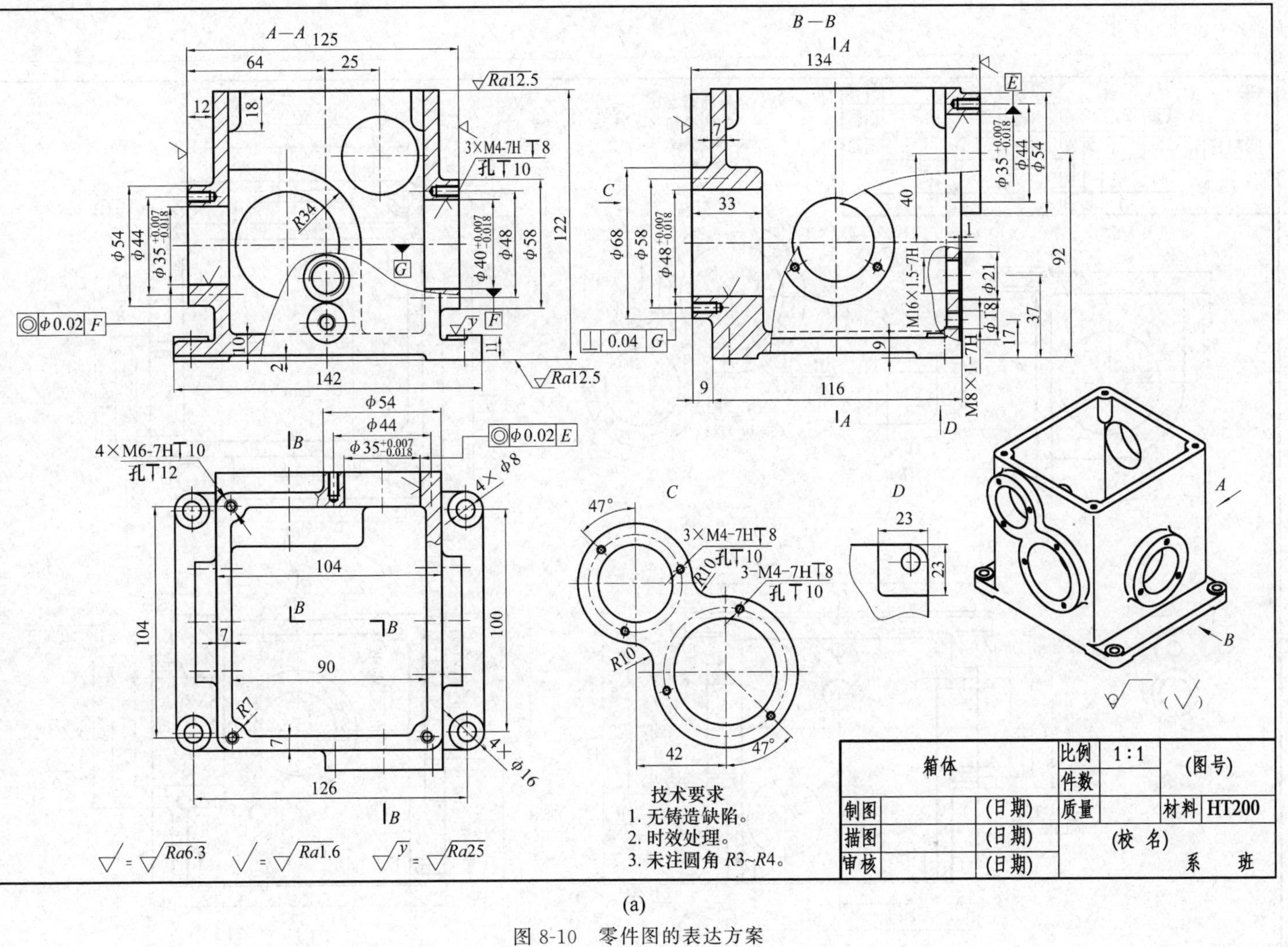

(a)

图 8-10　零件图的表达方案

(a) 方案(一)；(b) 方案(二)

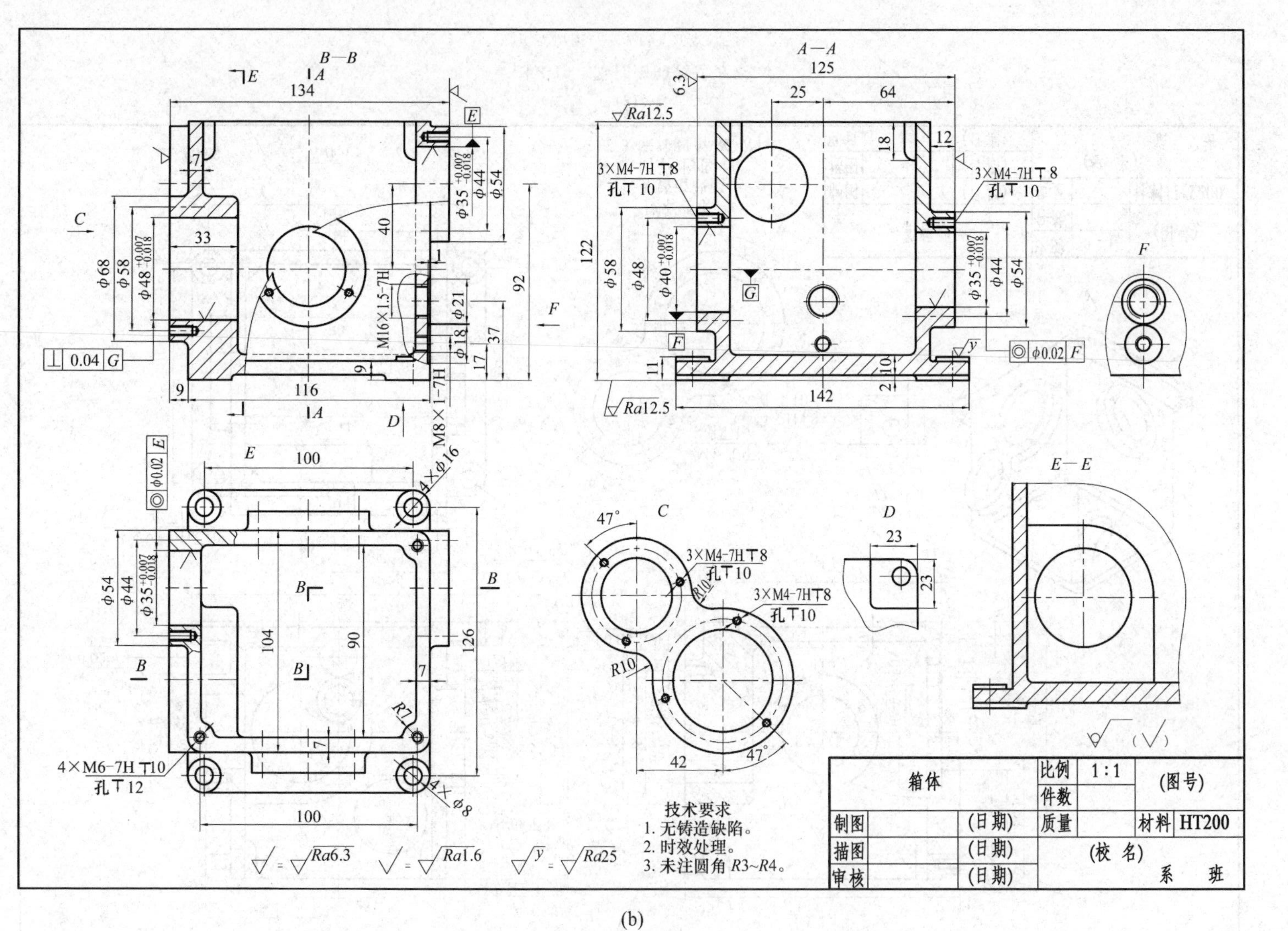
技术要求
1. 无铸造缺陷。
2. 时效处理。
3. 未注圆角 R3~R4。
箱体
比例 1:1
件数
质量
材料 HT200
(图号)
制图 (日期)
描图 (日期)
审核 (日期)
(校 名)
系 班

(b)

图 8-10(续)

8.3　零件图的尺寸注法

尺寸是零件图的主要内容之一。在零件图上标注尺寸，除了满足组合体部分所讲的完整、正确、清晰的要求外，还应标注合理。尺寸标注的合理性主要是指既满足设计要求，又便于加工测量和检验。要做到尺寸标注的合理性，必须对零件进行结构分析和工艺分析，正确地选择尺寸基准，遵循尺寸标注的一般原则，需要具备机械设计和加工工艺方面的知识和设计绘图过程中的经验积累。下面仅介绍尺寸标注合理性的一些基础知识。

8.3.1　尺寸基准的选择

尺寸标注必须有尺寸基准，即度量尺寸的起点。根据基准的作用不同，一般分为：

(1) 设计基准：在设计过程中用来确定零件在机器中的位置及其几何关系的基准。如图 8-11 所示，依据该轴在机器中的位置，确定轴线和轴肩端平面分别为该轴的径向和轴向的设计基准。

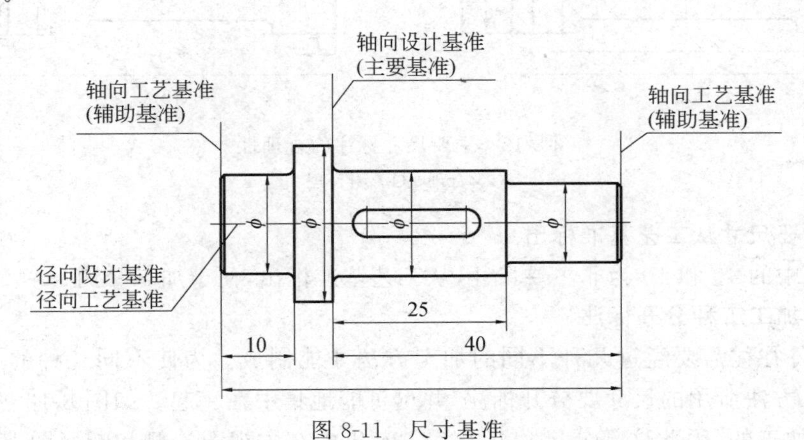

图 8-11　尺寸基准

(2) 工艺基准：零件在加工测量时使用的基准。如图 8-11 所示，加工时是以轴的两端面来定位和测量的，因此轴的两端面就是工艺基准。

此外，根据尺寸基准的重要性不同，可将尺寸基准分为主要基准和辅助基准。同一个方向只能有一个主要基准，可以有多个辅助基准。辅助基准和主要基准之间应该有尺寸联系，如图 8-11 中的尺寸 40。

在选择基准时，应尽可能将设计基准和工艺基准统一起来，即基准重合原则。如图 8-11 中阶梯轴的轴线既是设计基准又是工艺基准。当两者不能重合时，以设计基准作为主要基准，工艺基准作为辅助基准。

通常将作为基准的线、面选择为：

(1) 零件上主要回转面的轴线；

(2) 零件的对称面；

(3) 零件的主要支承面和装配面；

(4) 零件的主要加工面。

8.3.2　零件图尺寸标注的要点

1. 主要尺寸从设计基准标出

零件在机器或部件中影响性能、规格的尺寸，如配合尺寸、连接尺寸、安装尺寸、重要的定位尺寸等都是主要尺寸。而零件的外形轮廓尺寸、非配合尺寸，满足机械性能、工艺要求等方面的尺寸为非主要尺寸。

对零件上的主要尺寸，应从设计基准直接注出，以便优先保证主要尺寸的精确性。如图 8-11 中的尺寸 25 和图 8-12(a)轴承座的 B 和 C。图 8-12(b)所示的标注方式则不合理。

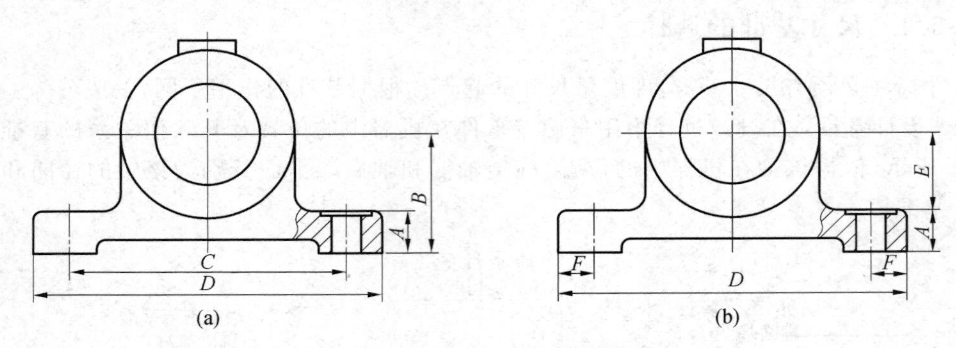

图 8-12　主要尺寸标注的合理性

(a) 合理；(b) 不合理

2. 非主要尺寸从工艺基准标出

图 8-11 中的 40 和 10 为非主要尺寸，从工艺基准标出，便于加工和测量。

3. 不同加工工种分开标注

一个零件往往需要经过几种不同的加工方法才能制成。为使不同工种的工人看图方便，不同加工方法所用的尺寸要分开标注，并尽可能地集中在一起。如图 8-13 所示，轴上的键槽是铣床加工的，因此这部分尺寸 9、30、8、26 集中在主视图一侧和断面图上标注；而轴的各段均在车床上加工，这部分尺寸集中在主视图另一侧标注，便于加工时读图查找。类似分开标注的还有内外结构，如图 8-14 所示。

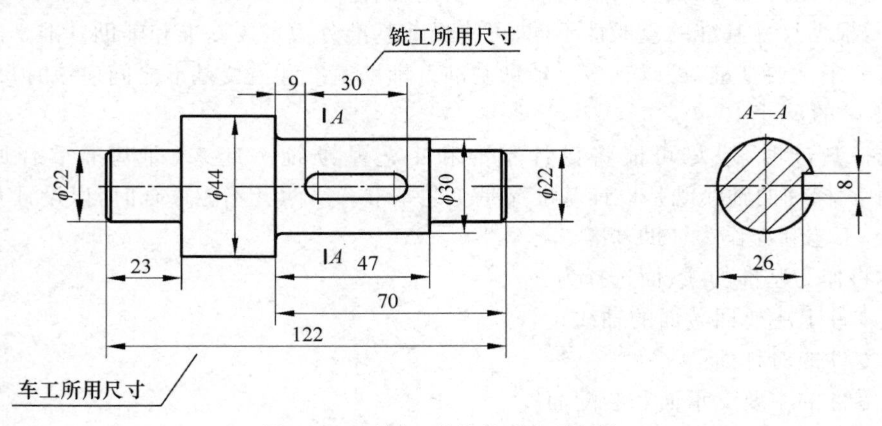

图 8-13　不同工种的尺寸分开标注

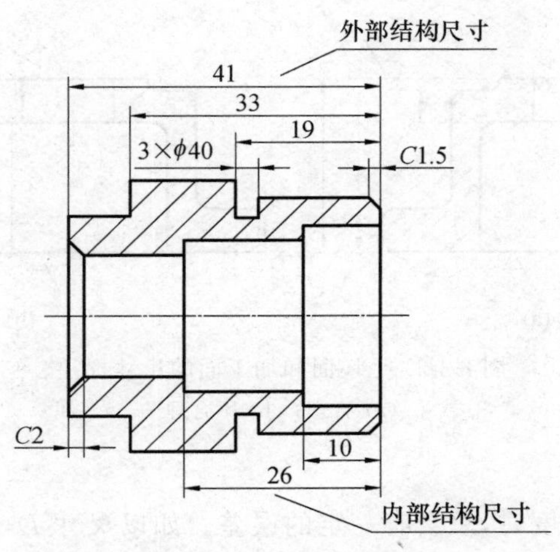

图 8-14　内外结构尺寸分开标注

4. 应考虑测量方便

标注尺寸还要考虑测量方便，尽量做到使用普通工具就能直接测量，以减少专用量具的设计和制造，如图 8-15 所示。

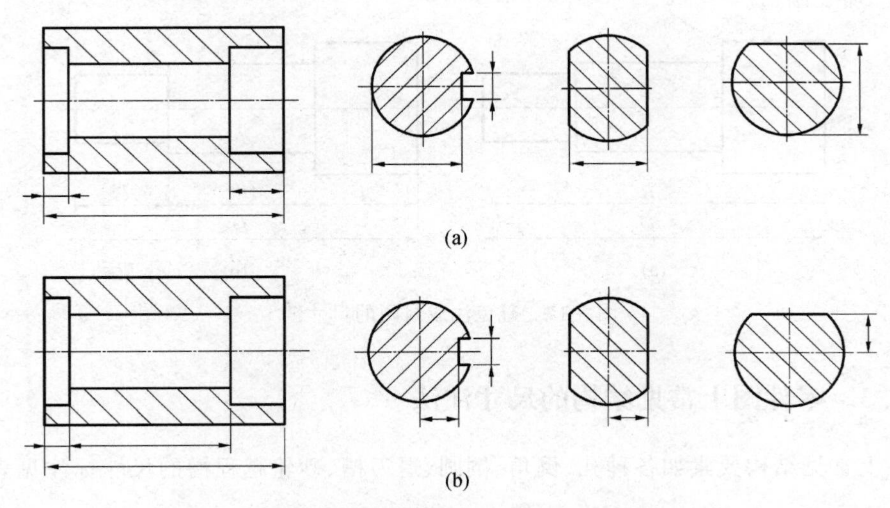

图 8-15　考虑测量方便标注尺寸

(a) 合理；(b) 不合理

5. 毛面与加工面之间的尺寸标注

如在同一方向上有若干未加工面(毛面)和加工面，则毛面、加工面尺寸应分别标注，一般同一方向上只宜有一个尺寸将毛面与加工面联系起来，如图 8-16(a)合理，图 8-16(b)不合理。这是因为铸造件、锻造件表面误差较大，如每一个毛面都与加工面联系起来，切削该加工面时所有的尺寸都会发生改变，要同时保证这些尺寸的要求较为困难。

6. 避免注成封闭的尺寸链

零件上同一方向的尺寸，如图 8-17(a)所示，各段长分别为 A、B、C，总长为 D。它们的尺寸排列为链状，且首尾相接，每一个尺寸称为一环，由所有尺寸所形成的封闭环称为封闭

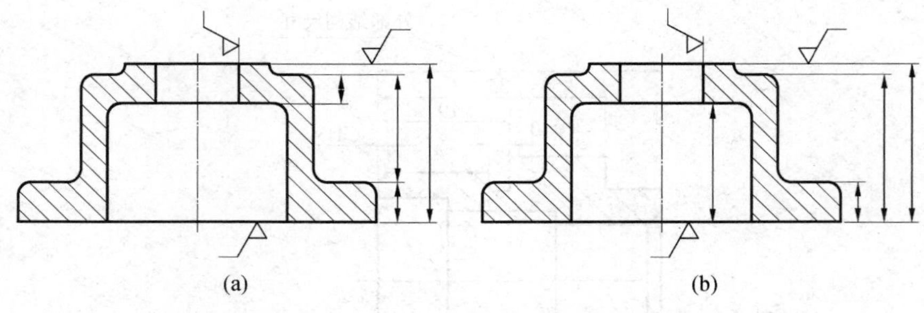

(a) (b)

图 8-16 毛坯面和加工面的尺寸标注

(a) 合理；(b) 不合理

的尺寸链。

在加工零件的各段长度时，总会有一定的误差。如以尺寸 D 作为封闭链，则尺寸 D 的误差是 A、B、C 各段误差的总和。若要保证尺寸 D 在一定的误差范围里，就应减小 A、B、C 各段的误差，使尺寸 A、B、C 各段的误差总和不能超过 D 的允许误差，从而提高了生产成本。因此，通常将尺寸链中某一最不重要的尺寸不注，形成开口环；或将此尺寸作为参考尺寸加括号标注出来，如图 8-17(b)所示，使制造误差都集中在这个尺寸上，既保证了重要尺寸，又便于加工制造。

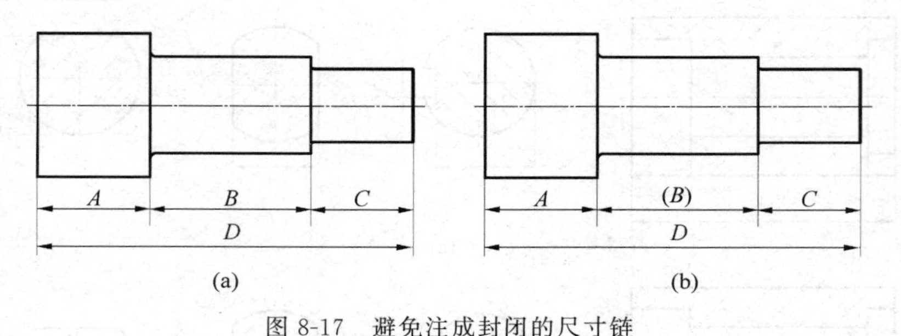

(a) (b)

图 8-17 避免注成封闭的尺寸链

8.3.3 零件图上常见结构的尺寸注法

零件上常见结构要素如各种孔、倒角、倒圆、退刀槽、砂轮越程槽的尺寸标注见表 8-1 和表 8-2。

表 8-1 常见结构的尺寸标注方法

序　号	类　型	旁注法		普通注法
1	光孔	4×φ6↧12	4×φ6↧12	4×φ6 12

续表

序　　号	类　　型	旁　注　法		普 通 注 法
2	螺孔	4×M6-7H	4×M6-7H	4×M6-7H
3		4×M6-7H↧10	4×M6-7H↧10	4×M6-7H 10
4		4×M6-7H↧10 孔↧12	4×M6-7H↧10 孔↧12	4×M6-7H 10 12
5	沉孔	4×φ8 ⌵φ13×90	4×φ8 ⌵φ13×90°	90° φ13 4×φ8
6		4×φ8 ⌴φ13↧4	4×φ8 ⌴φ13↧4	φ13 4 4×φ8
7		4×φ8 ⌴φ20	4×φ8 ⌴φ20	⌴φ20 4×φ8

表 8-2　典型结构的尺寸标注方法

倒角注法	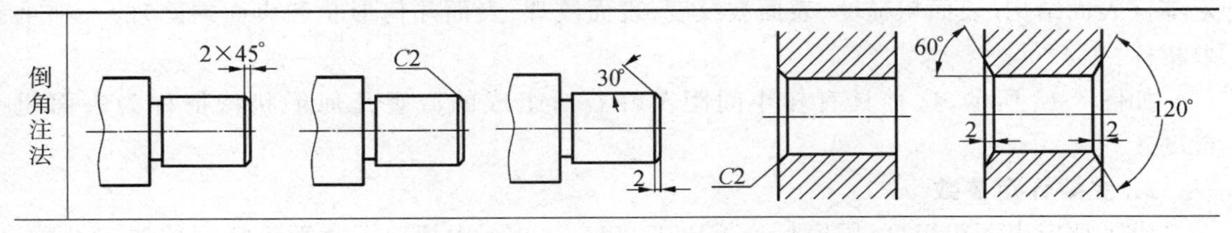

续表

越程槽注法	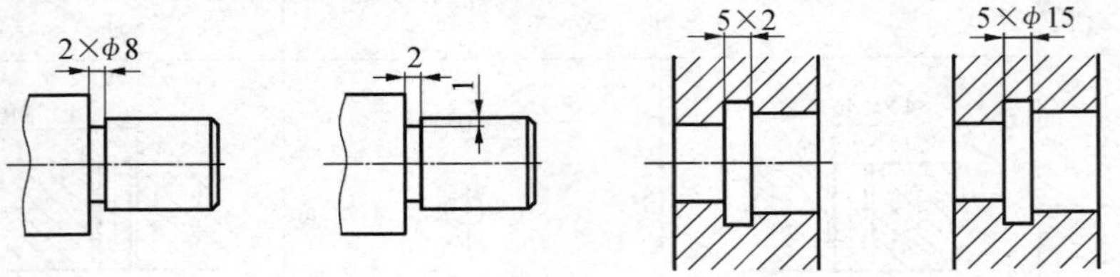 2×ϕ8	2	5×2	5×ϕ15
退刀槽注法	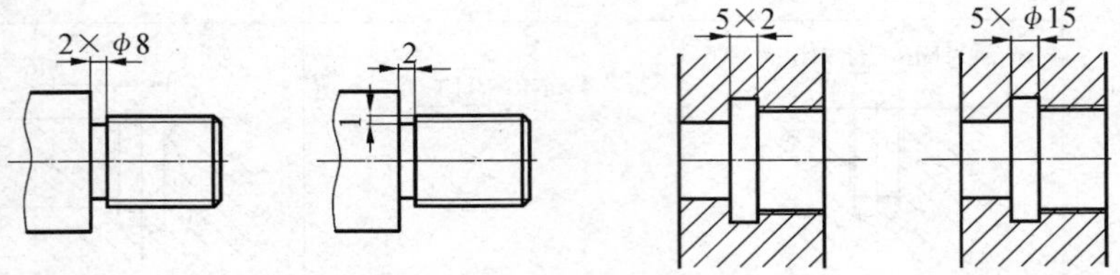 2×ϕ8	2	5×2	5×ϕ15

8.4 零件图的技术要求

零件图的技术要求是制造零件的一些质量指标，加工过程中必须采取相应的工艺措施给予保证。零件图上通常标注出的技术要求有：

(1) 表面粗糙度。

(2) 尺寸公差、形状和位置公差。

(3) 零件的材料以及加工、检验的要求。

(4) 热处理及表面涂层。

(5) 有关特殊加工的说明。

以上各项技术要求，一般采用规定的代号或符号标注在图样上，无规定符号的可用文字简明地注写在图样的空白处。下面仅介绍表面粗糙度、尺寸公差、形状和位置公差的概念及注法。

8.4.1 表面粗糙度的概念及注法

1. 表面粗糙度概述

在加工零件表面时，由于受刀具和工件之间的摩擦、机床的振动、工件变形等因素的影响，零件表面都不会绝对平整和光滑，在放大镜或显微镜下，可看到零件表面存在着微观的高低不平。零件表面因加工而形成的表面几何特征称为零件的表面结构。表面粗糙度是评定零件表面结构(表面粗糙度、表面波纹度、表面纹理、表面几何形状和表面缺陷)的一项重要指标。

如图 8-18 所示，这种具有较小间距及峰谷所组成的微观几何形状特征称为表面粗糙度。

2. 主要评定参数

为了评定表面粗糙度，国家标准 GB/T 3505—2009 中规定了表面粗糙度的评定参数，轮廓算术平均偏差 Ra 和轮廓最大高度 Rz。在生产中，通常采用轮廓算术平均偏差作为主要的评定参数。

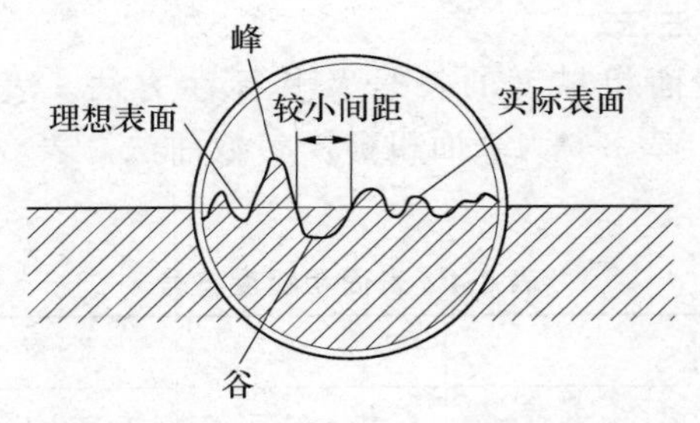

图 8-18　表面粗糙度概念

轮廓算术平均偏差 Ra 是指在取样长度 l_r(用以判别具有表面粗糙度特征的一段基准线长度)内,被评定轮廓在任一位置至 x 轴的高度 $Z(x)$绝对值的算术平均值,如图 8-19 所示,即:

$$Ra=\frac{1}{l_r}\int_0^{l_r} |Z(x)|\,\mathrm{d}x \quad 或近似表示为: Ra=\frac{1}{n}\sum_{i=1}^{n} |Z_i|$$

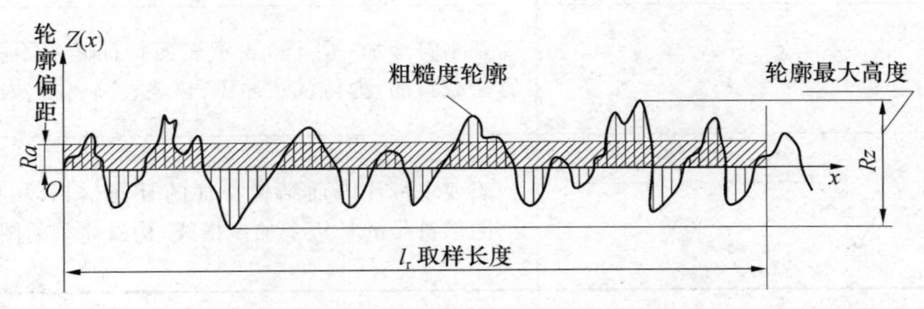

图 8-19　算术平均偏差 Ra

轮廓算术平均偏差 Ra 的标准值见表 8-3。表面越光滑,粗糙度 Ra 值越小;表面越粗糙,粗糙度 Ra 值越大。

表 8-3　轮廓算术平均偏差 *Ra* 的数值

基本系列	补充系列	基本系列	补充系列	基本系列	补充系列	基本系列	补充系列
	0.008						
	0.010						
0.012			0.125		1.25	12.5	
	0.016		0.160	1.60			16.0
	0.020	0.20			2.0		20
0.025			0.25		2.5	25	
	0.032		0.32	3.2			32
	0.040	0.40			4.0		40
0.050			0.50		5.0	50	
	0.063		0.63	6.3			63
	0.080	0.80			8.0		80
0.100			1.00		10	100	

注:优先选用基本系列。

3. 表面粗糙度符号及注法

国家标准中规定了表面粗糙度的符号及其标注方法。表 8-4 为表面粗糙度符号。表 8-5 为粗糙度符号尺寸。表 8-6 为表面粗糙度参数注法。表 8-7 为表面粗糙度在图样中的标注示例。

表 8-4　表面粗糙度符号

符　　号	意　　义
 √	基本符号，仅用于简化代号标注 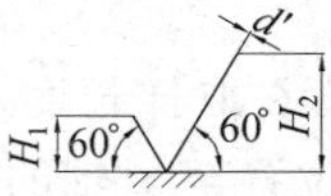 d'　H_1　60°　60°　H_2
 （基本符号加短横）	基本符号加一短横，表示表面特征是用去除材料的方法获得的，如车、铣、钻、磨、抛光、腐蚀、电火花加工等
 （基本符号加小圈）	基本符号加一小圈，表示表面特征是用不去除材料的方法获得的，如铸、锻、冲压、热轧、冷轧、粉末冶金等
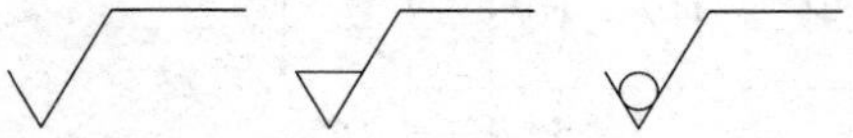 （三种符号长边加横线）	当要求标注表面结构特征的补充信息时，应在以上 3 个图形符号的长边上加一横线，构成完整的图形符号

表 8-5　粗糙度符号尺寸

数字和字母高度 h	2.5	3.5	5	7	10	14	20
符号线宽 d' 字母线宽 d	0.25	0.35	0.5	0.7	1	1.4	2
高度 H_1	3.5	5	7	10	14	20	28
高度 H_2（最小值）①	7.5	10.5	15	21	30	42	60

① H_2 取决于标注内容。

表 8-6　表面粗糙度参数注法

代　　号	意　　义	代　　号	意　　义
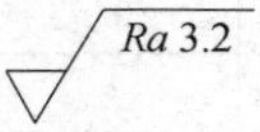 *Ra* 3.2（去除材料）	表示用去除材料方法获得的表面，*Ra* 的允许值为 3.2μm	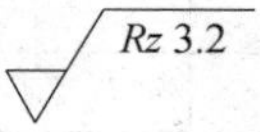 *Rz* 3.2（去除材料）	表示用去除材料方法获得的表面，*Rz* 的允许值为 3.2μm
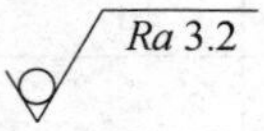 *Ra* 3.2（不去除材料）	表示用不去除材料方法获得的表面，*Ra* 的允许值为 3.2μm	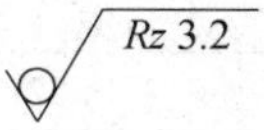 *Rz* 3.2（不去除材料）	表示用不去除材料方法获得的表面，*Rz* 的允许值为 3.2μm
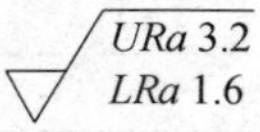 *URa* 3.2 *LRa* 1.6（去除材料）	表示用去除材料方法获得的表面，*Ra* 的上限值为 3.2μm，下限值为 1.6μm	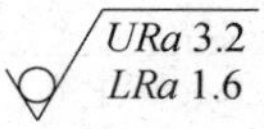 *URa* 3.2 *LRa* 1.6（不去除材料）	表示用不去除材料方法获得的表面，*Ra* 的上限值为 3.2μm，下限值为 1.6μm

表 8-7　表面粗糙度在图样中的标注示例

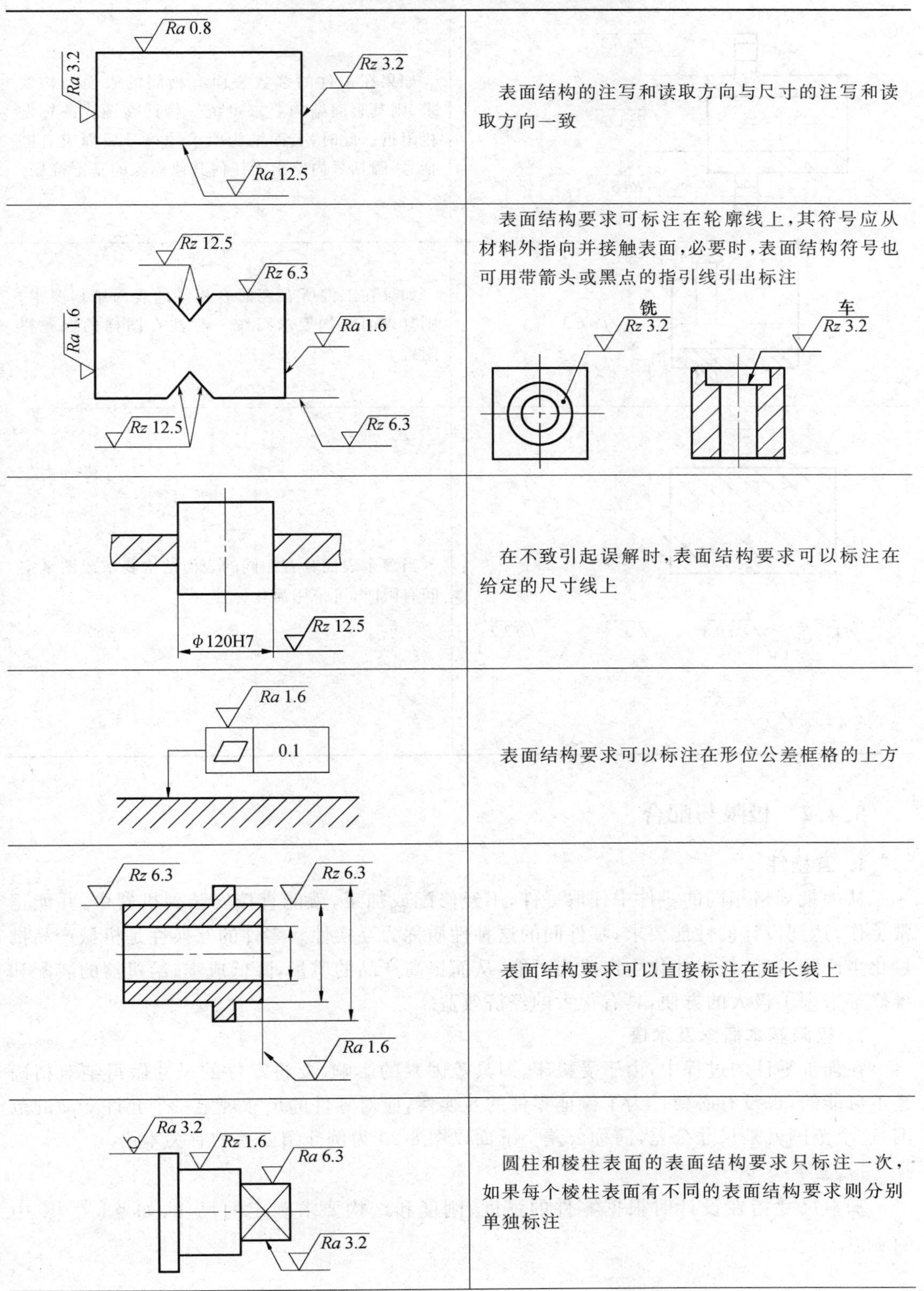

表面结构的注写和读取方向与尺寸的注写和读取方向一致

表面结构要求可标注在轮廓线上，其符号应从材料外指向并接触表面，必要时，表面结构符号也可用带箭头或黑点的指引线引出标注

在不致引起误解时，表面结构要求可以标注在给定的尺寸线上

表面结构要求可以标注在形位公差框格的上方

表面结构要求可以直接标注在延长线上

圆柱和棱柱表面的表面结构要求只标注一次，如果每个棱柱表面有不同的表面结构要求则分别单独标注

续表

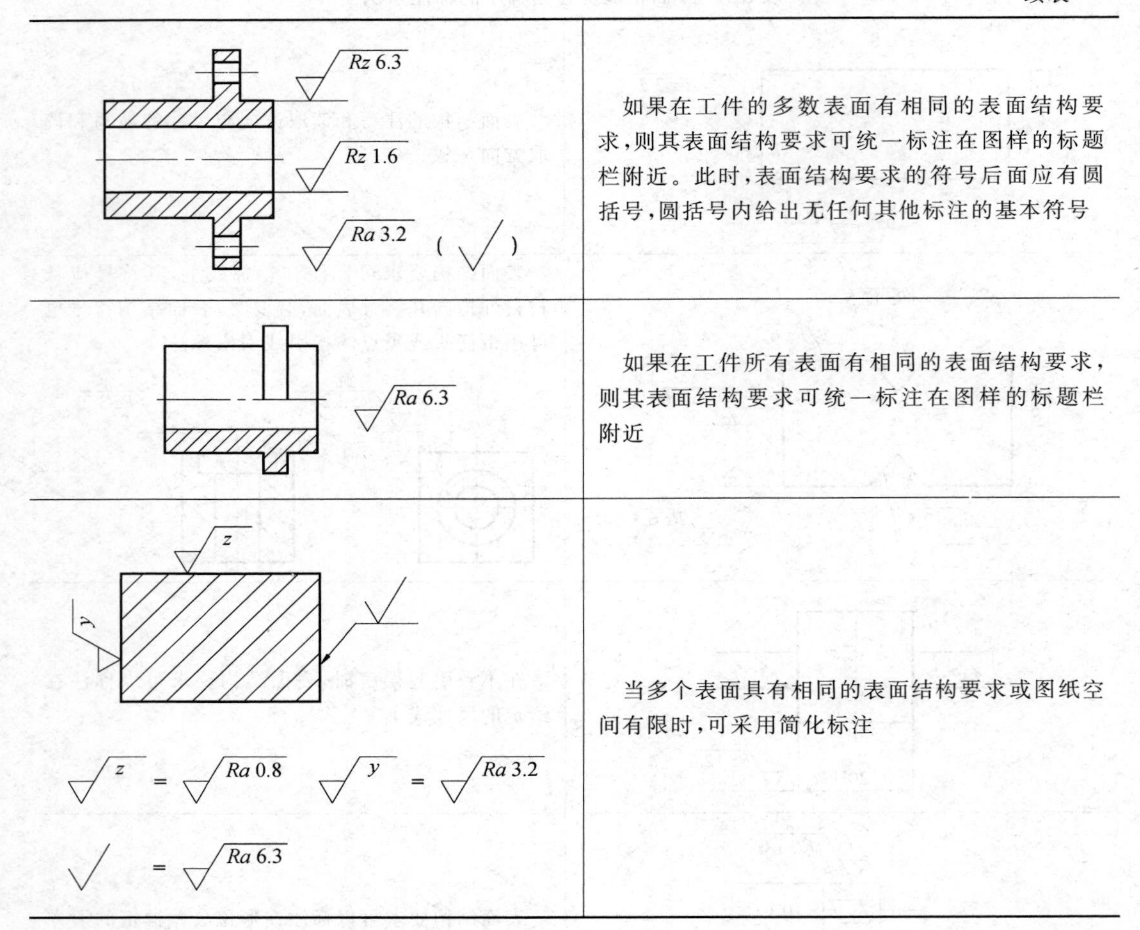

如果在工件的多数表面有相同的表面结构要求,则其表面结构要求可统一标注在图样的标题栏附近。此时,表面结构要求的符号后面应有圆括号,圆括号内给出无任何其他标注的基本符号

如果在工件所有表面有相同的表面结构要求,则其表面结构要求可统一标注在图样的标题栏附近

当多个表面具有相同的表面结构要求或图纸空间有限时,可采用简化标注

8.4.2 极限与配合

1. 互换性

从一批规格相同的零件中任取一件,不经修配或加工,就能直接安装到机器中,并能正常工作,达到设计的性能要求,零件间的这种性质称为互换性。零件的互换性是机械产品批量化生产的基础,使专业化生产成为可能,从而提高产品的质量,降低成本,给机器的装配和维修都带来了极大的方便,具有很大的经济效益。

2. 极限基本概念及术语

在加工零件的过程中,由于受机床、刀具等因素的影响,要将零件的尺寸做得绝对精确是不可能的,也没有必要。为了保证零件的互换性,应对零件的尺寸规定一个允许变动的范围,这个范围就是尺寸公差,简称公差。下面以图 8-20 为例介绍公差的有关术语。

1) 基本尺寸

基本尺寸指在设计时根据零件的强度、刚度和结构要求确定的尺寸,如 $\phi30^{+0.117}_{+0.065}$ 中的 $\phi30$。

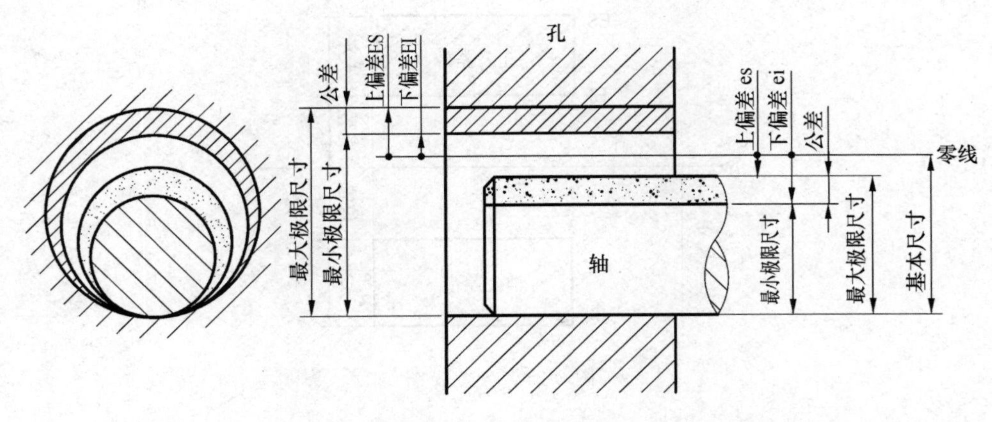

图 8-20　公差基本概念

2）极限尺寸

极限尺寸指允许零件尺寸变动的两个界限值，它以基本尺寸为基数来确定。两个界限值中较大的一个称为最大极限尺寸，如 ϕ30.117；较小的一个称为最小极限尺寸，如 ϕ30.065。

3）实际尺寸

零件完工后，实际测量所得的尺寸称为实际尺寸，如加工后测得的 ϕ30.112。实际尺寸在两个极限尺寸之间，即为合格产品。

4）尺寸偏差（简称偏差）

极限尺寸减去基本尺寸所得的代数差称为尺寸偏差，分为上偏差和下偏差。

上偏差＝最大极限尺寸－基本尺寸

如 30.117－30＝＋0.117。

下偏差＝最小极限尺寸－基本尺寸

如 30.065－30＝＋0.065。

国家标准中规定：孔的上偏差用代号 ES 表示，下偏差用 EI 表示；轴的上偏差用代号 es 表示，下偏差用 ei 表示。偏差可以同时为正，同时为负，或一正一负，或其中之一为零，但不能同时为零。

5）尺寸公差

允许尺寸的变动量称为尺寸公差（简称公差）。

尺寸公差＝最大极限尺寸－最小极限尺寸＝上偏差－下偏差

如 30.117－30.065＝＋0.117－（＋0.065）＝0.052。

因为公差表示尺寸变动的范围，所以公差没有正负号，永远为正，即是一个大于零的数。

6）零线、公差带和公差带图

图 8-20 中，表示基本尺寸的一条线称为零线，并以其为基准确定偏差和公差，正偏差在零线上方，负偏差在零线下方。公差带是由上偏差和下偏差的两条直线所限定的区域。将基本尺寸、偏差、公差之间的关系用放大的比例画成简图，称为公差带图，如图 8-21 所示。其中，矩形的高表示公差，上边表示上偏差，下边表示下偏差；矩形的长度根据需要任意确定，无实际意义。一般用斜线表示孔的公差带，加点表示轴的公差带。

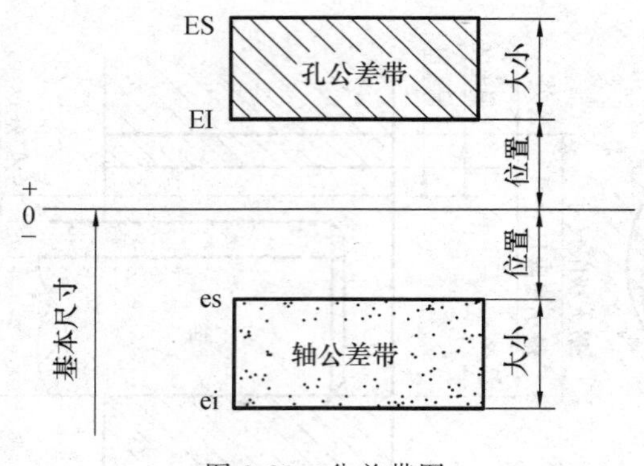

图 8-21　公差带图

7）标准公差及等级

标准公差是指国家标准中所规定的公差值，其大小由两个因素决定：一个是基本尺寸，另一个是公差等级。为了满足零件对尺寸精度的不同要求，国家标准规定了 20 个等级，分别为 IT01、IT0、IT1～IT18。IT 为标准公差代号，数字表示公差等级代号，代号从 IT01～IT18 的公差等级依次降低，即 IT01 的公差等级最高，其公差值最小，尺寸的精确度也最高。尺寸的公差等级应根据使用要求确定，可从附表 E-1 中查找。

8）基本偏差

基本偏差是用以确定公差带相对于零线位置的上偏差或下偏差，一般指靠近零线的那个偏差。国家标准根据不同的使用要求，对孔和轴分别规定了 28 个不同的基本偏差。基本偏差代号用拉丁字母表示，大写表示孔，小写表示轴，如图 8-22 所示。H、h 的基本偏差为零。其他基本偏差的数值可查附表 E-2 和附表 E-3。

基本偏差系列图中的基本偏差值表示公差带的各个位置，另一端是开口的，开口的方向表示公差带延伸的方向，它的大小由标准公差决定。由此可知，基本偏差决定了公差带的位置，标准公差决定了公差带的大小。

9）公差带代号

孔、轴的公差带代号由基本偏差代号和公差等级代号组成，如 F7、H7、f7、h7。

【例 8-2】　解释 ϕ30D9 和 ϕ30d9 的含义。

ϕ30——基本尺寸

D——孔的基本偏差代号；d——轴的基本偏差代号；

9——公差等级代号

D9——孔的公差带代号；d9——轴的公差带代号。

当孔或轴的基本尺寸和公差等级确定后，可在附表 E-4、附表 E-5 中查得孔或轴的上、下偏差数值。

3. 配合

基本尺寸相同的、相互结合的孔和轴公差带之间的关系称为配合。由于孔和轴的实际尺寸不同，它们在配合时的松紧程度就会有差异。

1）配合种类

根据零件的使用要求，国家标准中将配合分为 3 类：间隙配合、过盈配合、过渡配合。

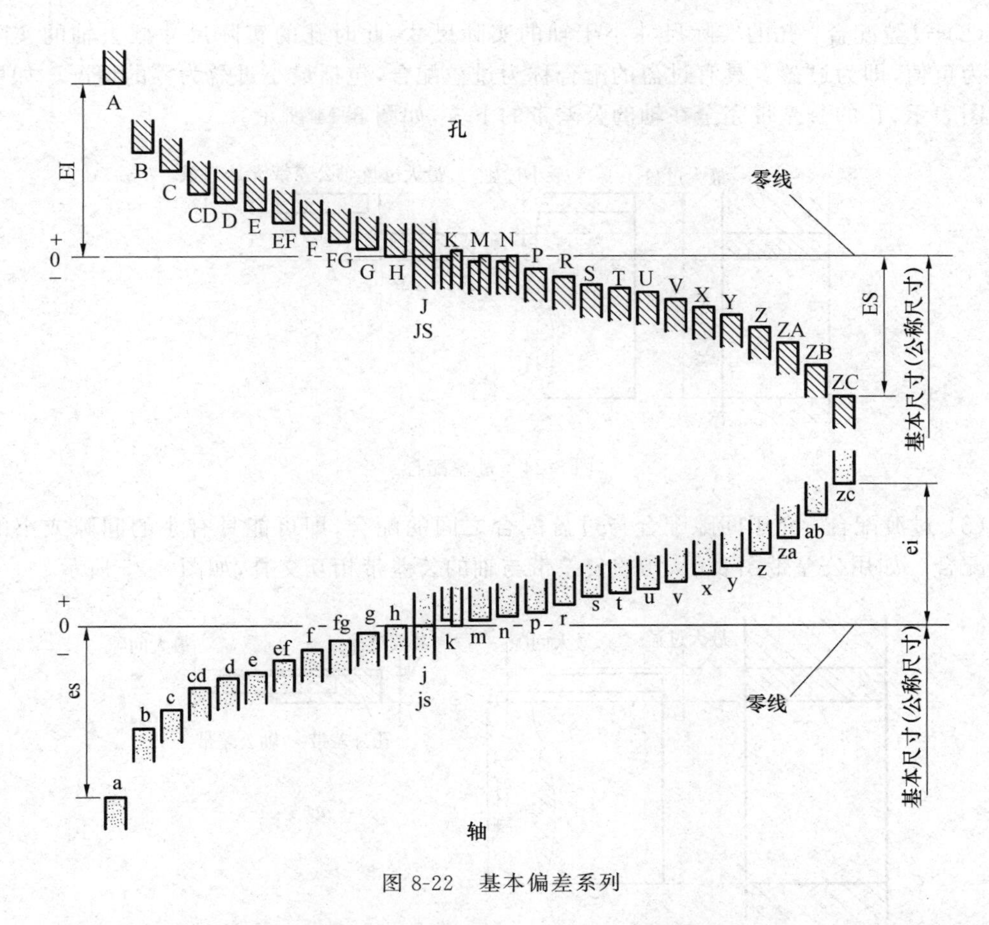

图 8-22　基本偏差系列

(1) 间隙配合：孔的实际尺寸大于轴的实际尺寸，此时孔的实际尺寸减去轴的实际尺寸差为正值，即为间隙。具有间隙的配合称为间隙配合，包括最小间隙为零的情况。如用公差带图表示，孔的公差带完全在轴的公差带的上方，如图 8-23 所示。

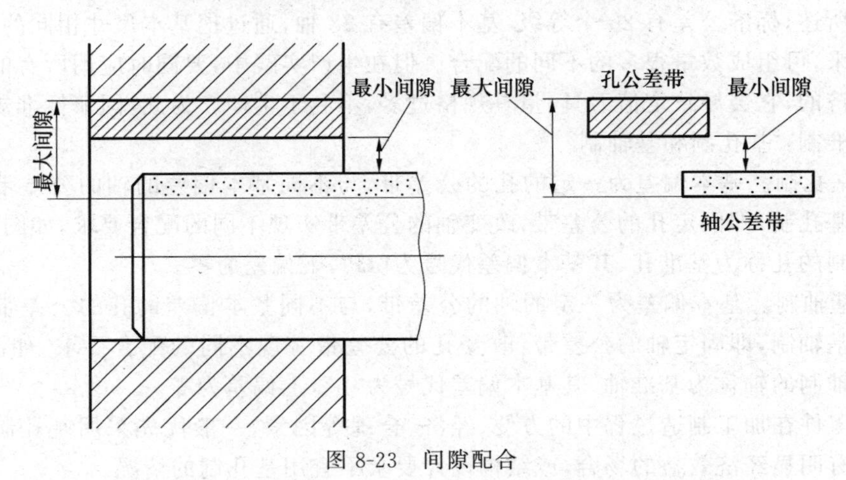

图 8-23　间隙配合

(2) 过盈配合：孔的实际尺寸小于轴的实际尺寸，此时孔的实际尺寸减去轴的实际尺寸差为负值，即为过盈。具有过盈的配合称为过盈配合，包括最小过盈为零的情况。如用公差带图表示，孔的公差带完全在轴的公差带的下方，如图 8-24 所示。

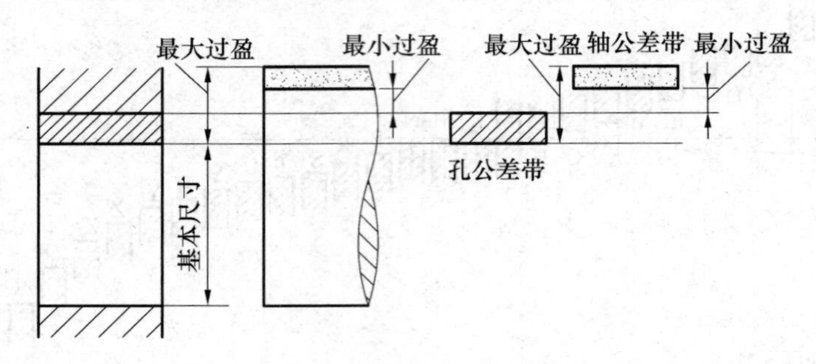

图 8-24　过盈配合

(3) 过渡配合：介于间隙配合与过盈配合之间的配合，即可能具有小的间隙或小的过盈的配合。如用公差带图表示，孔的公差带与轴的公差带相互交叠，如图 8-25 所示。

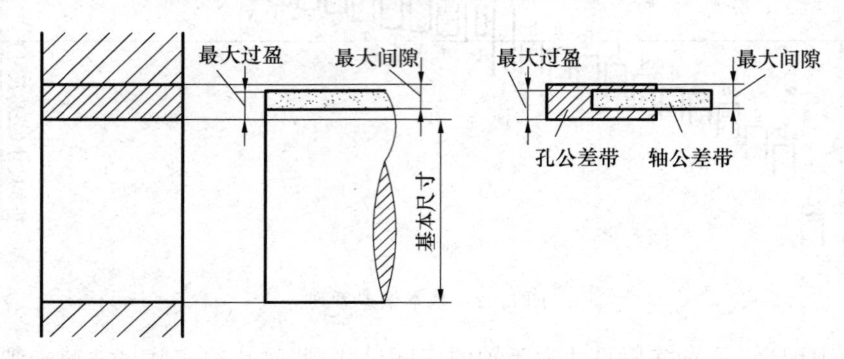

图 8-25　过渡配合

2) 配合基准制

如前所述，标准公差有 20 个等级，基本偏差有 28 种，通过把基本尺寸相同的孔、轴公差带组合起来，可组成数量很多的不同的配合。但在生产实践中，要同时应用所有的公差带显然是不经济的，它会导致定值刀具、量具规格过多，不利于生产。为此，国家标准规定了两种常用的基准制：基孔制和基轴制。

(1) 基孔制。基本偏差为一定的孔的公差带，与不同基本偏差的轴的公差带形成各种配合称为基孔制，即固定孔的公差带，改变轴的公差带实现不同的配合要求，如图 8-26(a)所示。基孔制的孔称为基准孔，其基本偏代号为“H”，下偏差为零。

(2) 基轴制。基本偏差为一定的轴的公差带，与不同基本偏差的孔的公差带形成各种配合称为基轴制，即固定轴的公差带，改变孔的公差带实现不同的配合要求，如图 8-26(b)所示。基轴制的轴称为基准轴，其基本偏差代号为“h”，上偏差为零。

考虑零件在加工制造过程中的方便、经济、合理等因素，一般优先采用基孔制。基轴制常用于具有明显经济效益的场合，或结构设计要求不宜用基孔制的情况。

3) 配合代号

配合代号由孔、轴公差带代号组合写成分数形式来表示。分子为孔的公差带代号，分母

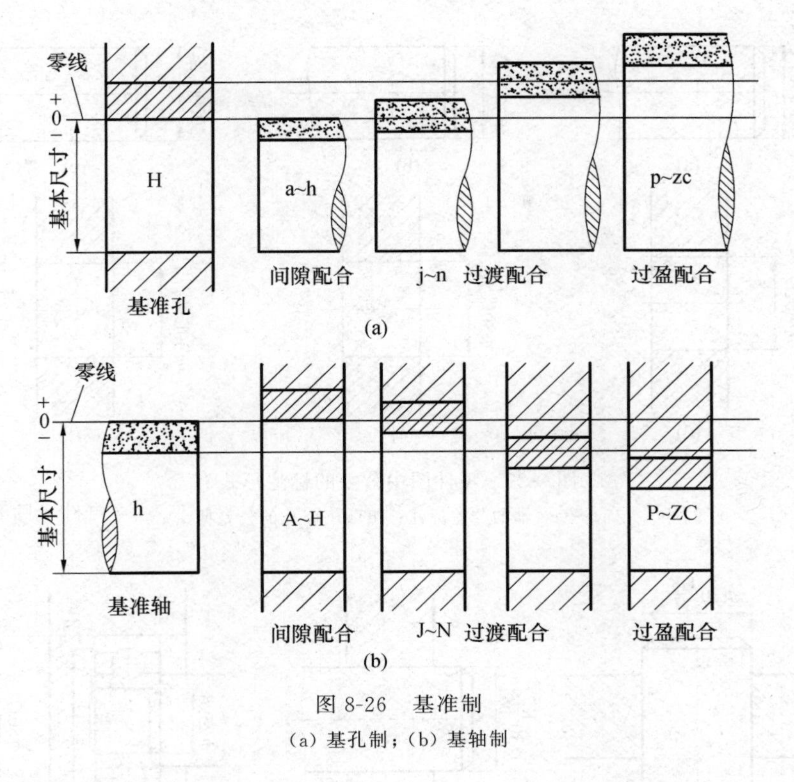

图 8-26　基准制

(a) 基孔制；(b) 基轴制

为轴的公差带代号，例如

$$\phi 30\,\frac{\mathrm{H8}}{\mathrm{f7}}\quad 或\quad \phi 30\mathrm{H8/f7}。$$

4) 优先配合和常用配合

为了便于使用，国家标准规定了基孔制、基轴制的优先配合与常用配合，见附表 E-6 和附表 E-7。对精度要求较高(≤IT 8)的中小尺寸，孔比轴难加工，选用孔比轴低一级的公差等级，可减少加工工作量，提高效率。

在选用配合时，应按优先配合、常用配合的顺序进行。

4. 公差与配合在图上的标注

1) 公差在零件图中的标注

公差在零件图中的标注可用以下 3 种方式(见图 8-27)：

(1) 在基本尺寸后注公差带代号；

(2) 在基本尺寸后注极限偏差值；

(3) 在基本尺寸后既注公差带代号，又注极限偏差值。

2) 配合在装配图上的标注(见图 8-28)

由图 8-28 可知，在配合中，如果分子含有 H，即为基孔制的配合；如果分母含有 h，即为基轴制的配合；如果分子、分母同时含有 H、h 时(ϕ30H8/h7)，一般可看作基孔制的配合，也可看作基轴制的配合。

与滚动轴承配合的轴和孔，只注轴或孔的公差带代号，如图 8-28(c)所示。

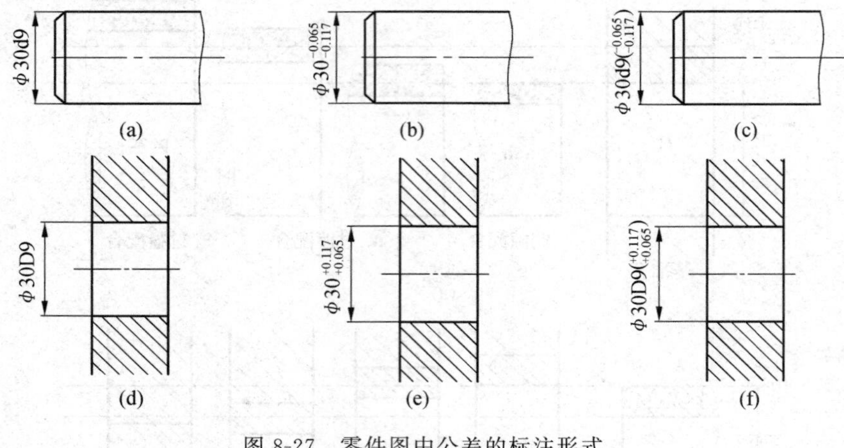

图 8-27　零件图中公差的标注形式

(a)～(c) 轴的公差标注；(d)～(f) 孔的公差标注

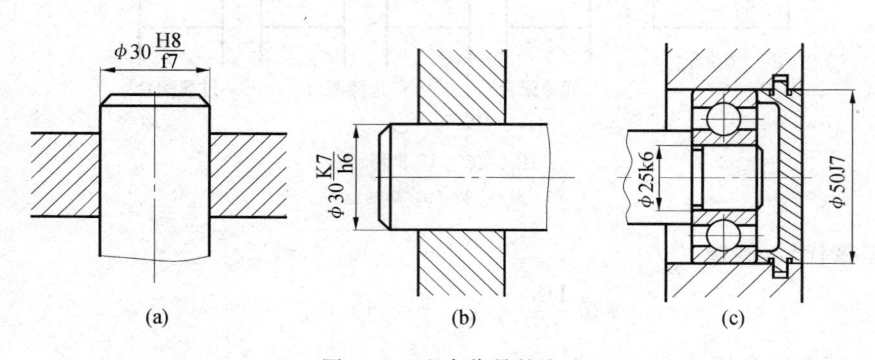

图 8-28　配合代号的注法

(a) 基孔制；(b) 基轴制；(c) 与滚动轴承配合的轴和孔

8.4.3　形状与位置公差

1. 形位公差的概念

由前述可知，公差限制了尺寸的变动范围，但完工零件的实际形状和位置也会有误差，如图 8-29 所示。零件的形状和位置误差对零件的使用性能也有很大的影响。为了满足使用要求，保证零件的互换性，设计时除了给定零件的表面粗糙度和尺寸公差外，还应满足形状和位置公差的要求。形状和位置公差合称为形位公差。

(1) 形状公差：单一实际要素的形状所允许的变动量。

(2) 位置公差：关联实际要素的位置对基准要素所允许的变动量。

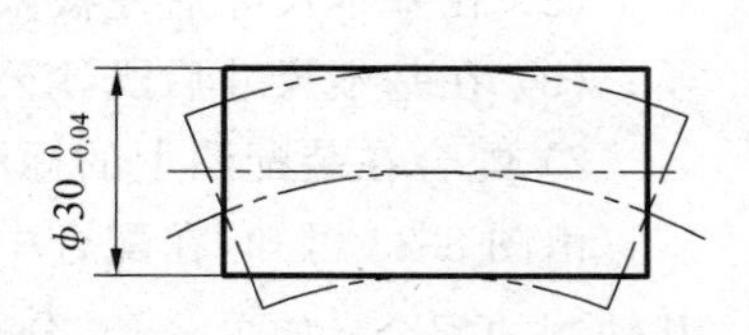

图 8-29　零件的形状误差

形位公差带是用来限制被测要素变动的区域。只要被测要素完全落在给定的公差带内，则该要素的形状和位置就符合要求。

2. 形位公差项目

国家标准中规定了形位公差类型、项目和符号，如表 8-8 所示。

表 8-8　形位公差项目和符号

分类		项目	符号	有无基准
形状公差		直线度	—	无
		平面度	▱ 75°	无
		圆度	○	无
		圆柱度	⌭	无
形状或位置公差	轮廓	线轮廓度	⌒	有
		面轮廓度	⌓	有

分类		项目	符号	有无基准
位置公差	定向	平行度	//	有
		垂直度	⊥	有
		倾斜度	∠ 45°	有
	定位	位置度	⌖	有或无
		同轴度	◎	有
		对称度	⌯	有
	跳动	圆跳动	↗	有
		全跳动	⌰	有

3. 形位公差代号

形位公差代号包括形位公差框格、指引线、形位公差项目符号、形位公差值、有关符号及基准符号。公差框格、指引线用细实线水平或垂直绘制，如图 8-30 所示。基准符号规定按图 8-31 所示标注。

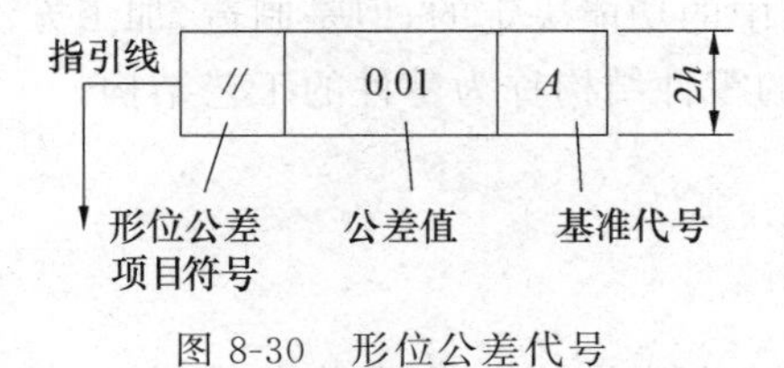

图 8-30　形位公差代号

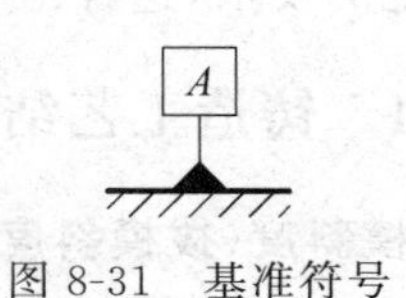

图 8-31　基准符号

4. 形位公差在图上的标注

1) 被测要素的标注

用带箭头的指引线将框格与被测要素相连，指引线箭头所指部位，按以下方式标注：

(1) 当被测要素为轮廓线或轮廓面时，箭头指向该要素的轮廓线或其延长线上，并应与尺寸线明显错开，如图 8-32(a)所示。

(2) 当被测要素为中心线、中心平面时，箭头应位于相应尺寸线的延长线上，如图 8-32(b)所示。

2) 基准的标注

(1) 当基准要素是轮廓线或轮廓面时，基准三角形应放置在该要素的轮廓线或其延长线上，并应与尺寸线明显错开，如图 8-33(a)所示。

(2) 当基准要素是轴线、中心平面时，基准三角形应放置在该尺寸线的延长线上，如图 8-33(b)所示。

形位公差在零件图上的标注形式可参考图 8-10。

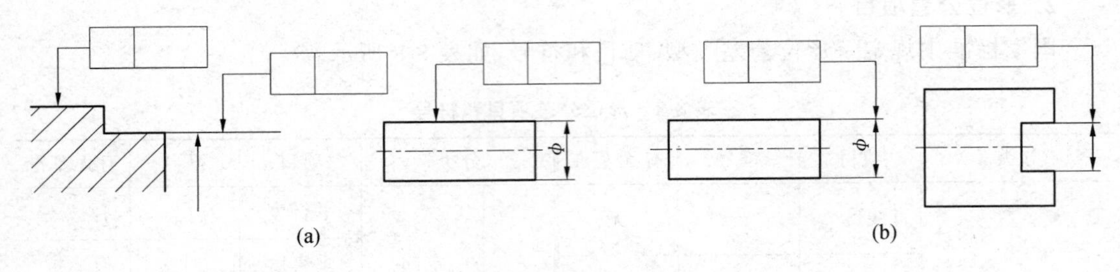

图 8-32　被测要素

(a) 被测要素为线或面；(b) 被测要素为轴线

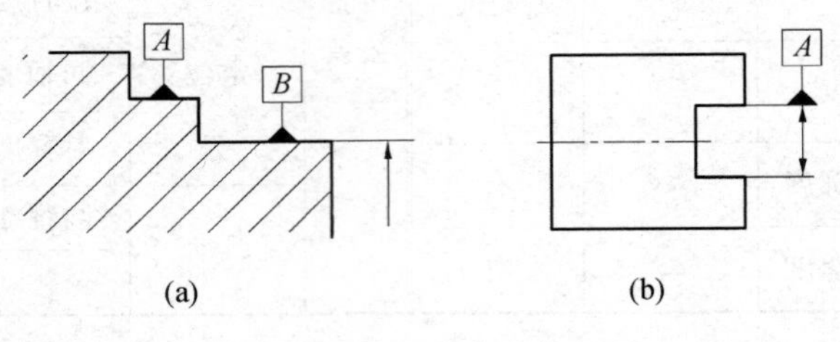

图 8-33　基准要素

8.5　零件的工艺结构简介

零件的结构形状主要是由零件在机器中的功能决定的，但是制造、加工方法对零件的结构也有一定的要求，这种由加工工艺确定的零件结构称为零件的工艺结构。

8.5.1　铸造工艺结构

1. 起模斜度(拔模斜度)

为了便于起模，铸件的内、外壁沿起模方向应设计斜度，称为起模斜度，如图 8-34 所示。起模斜度的大小：木模常取 1°～3°；金属模手工造型时取 1°～2°，机械造型时取 0.5°～1°。起模斜度在图中不一定画出，必要时可在技术要求中注明。

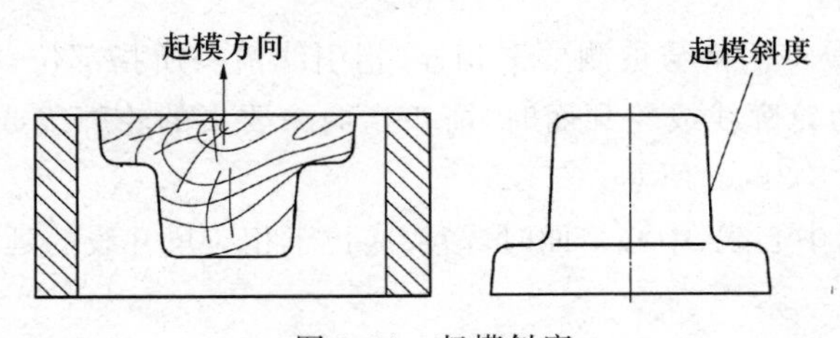

图 8-34　起模斜度

2. 铸造圆角

为了避免砂型落砂和铸件在冷却时产生裂纹和缩孔，在铸件各表面相交处应做成圆角。若毛坯表面经过切削加工，则铸造圆角被削平，如图 8-35 所示。铸造圆角的半径一般取壁厚的 0.2～0.4 倍，或查阅手册；同一铸件圆角半径的种类尽可能减少；圆角半径可在技术要求中统一注明。

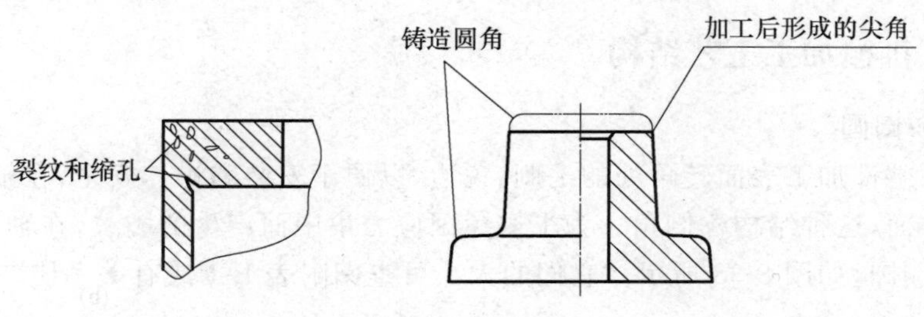

图 8-35　铸造圆角

3）铸件壁厚

铸造零件毛坯时，为了避免浇注后零件各部分因冷却速度不同而产生裂纹或缩孔，铸件的壁厚应均匀或逐渐过渡变化，如图 8-36 所示。

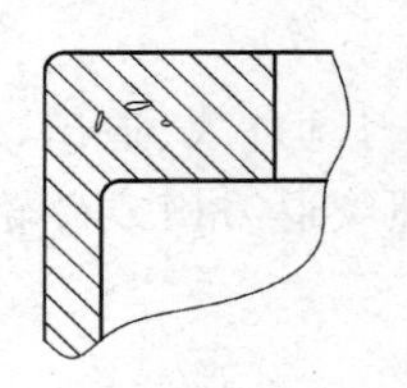
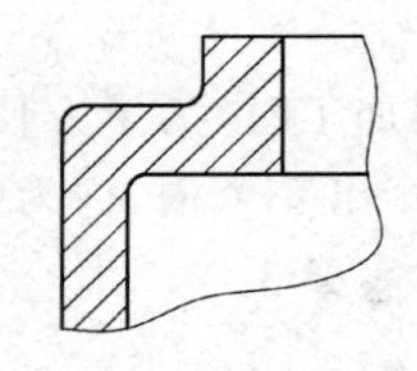
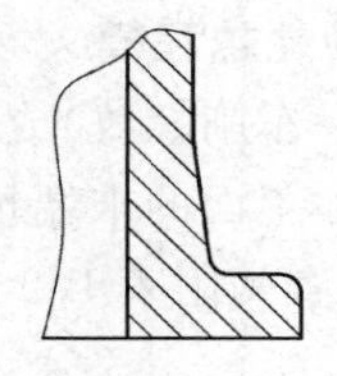

图 8-36　铸造壁厚

4）过渡线

由于铸造圆角、起模斜度等影响，铸件表面的相贯线变得不太明显，这种线称为过渡线。过渡线的画法与相贯线一样，即过渡线只画到理论交点处。但在表示上应注意：当两曲面相交时，过渡线不应与圆角轮廓接触，如图 8-37(a)所示；当平面与平面相交或平面与曲面相交时，应在转角处断开，并加画过渡圆弧，如图 8-37(b)所示；当平面、曲面与曲面相交相切时，相切处不画切线，加画过渡圆角，曲面与曲面的素线相切处，过渡线断开，要准确画出平面、曲面与曲面交线的分界点，如图 8-37(c)所示。

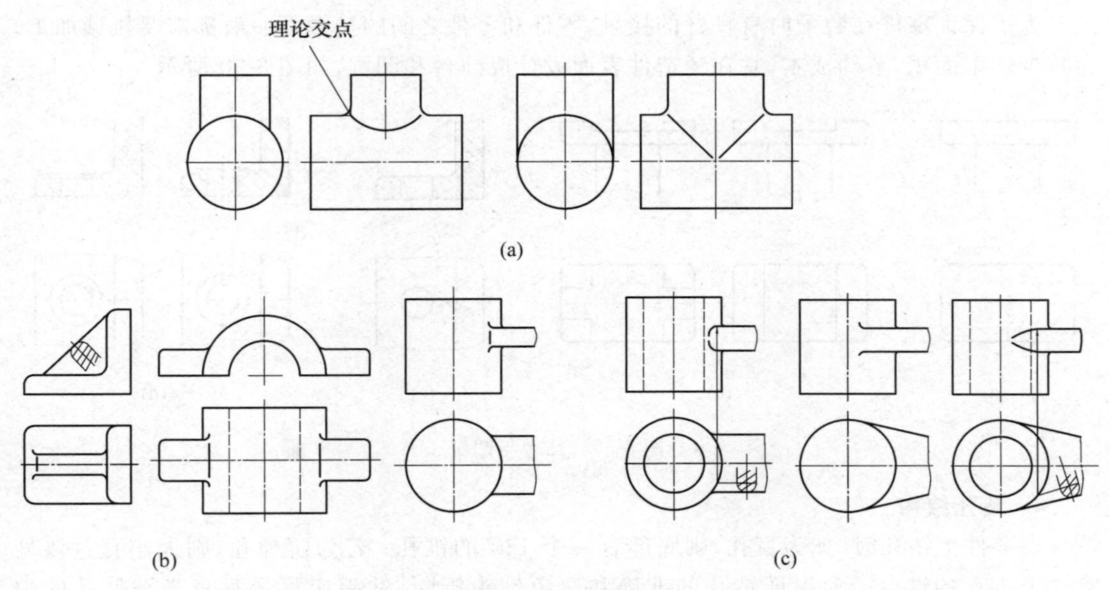

图 8-37　过渡线

8.5.2　机械加工工艺结构

1. 倒角和倒圆

为了去除零件加工表面转角处的毛刺、锐边，以便于安装和操作安全，在轴、孔的端部一般都加工成锥面，这种结构称倒角。为了避免因应力集中而产生的裂纹，在轴肩处加工成圆角过渡，称为倒圆，如图 8-38 所示。它们的大小可查阅附表 B-1 或有关手册。

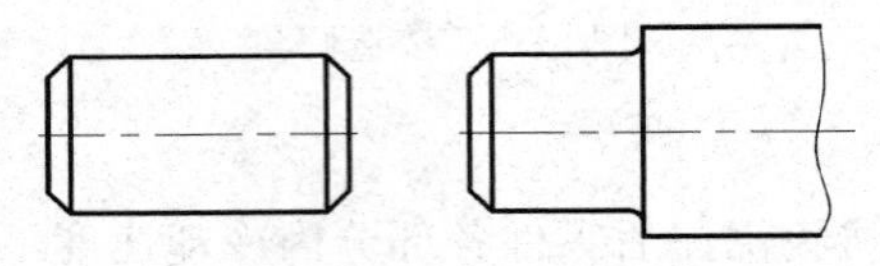

图 8-38　零件倒角和倒圆

2. 退刀槽和砂轮越程槽

在车削(特别是车削螺纹)或磨削加工时，为了方便刀具进入、退出，或使砂轮能稍微越过加工面，常在被加工面的末端预先车出一个槽，称为螺纹退刀槽或砂轮越程槽，如图 8-39 所示。具体尺寸可查阅附表 B-2 和附表 B-3。

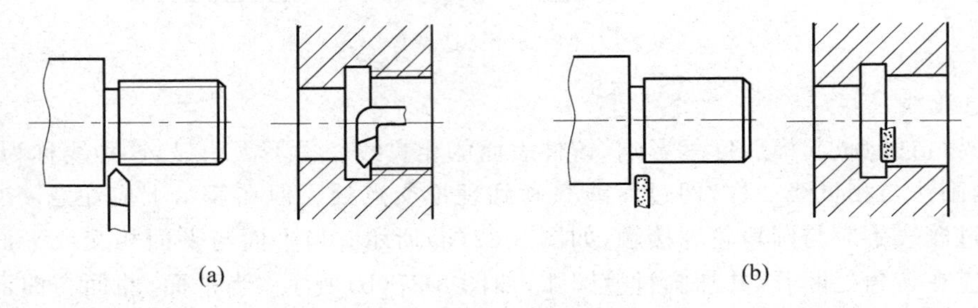

图 8-39　退刀槽与越程槽

3. 凸台和凹坑

为了保证零件在装配时有良好的接触，零件和零件之间的接触面一般都需要机械加工。为减少加工面积，节约成本，常在铸造件表面设计成凸台和凹坑，如图 8-40 所示。

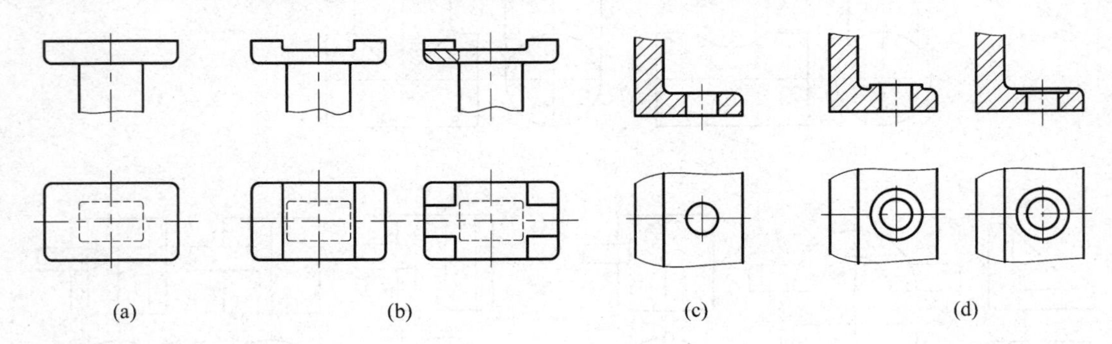

图 8-40　凸台与凹坑

4. 钻孔结构

在零件上钻孔时，如为盲孔，则底部有一个 120°的锥孔；若为阶梯孔，则大小孔过渡处有一个 120°的锥台。为保证钻孔的准确和避免钻头折断，钻头应尽量垂直于被钻孔的端面，还要避免单边加工，如图 8-41 所示。

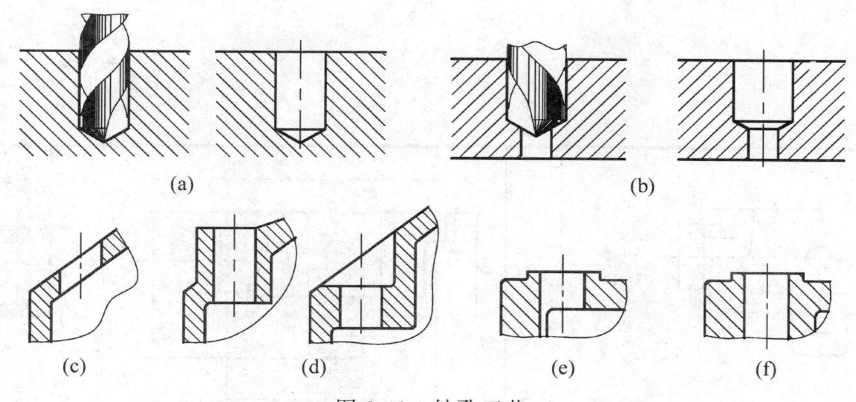

图 8-41　钻孔工艺

(a) 盲孔；(b) 阶梯孔；(c) 不合理；(d) 合理；(e) 不合理；(f) 合理

8.6　零件测绘与绘制

零件测绘是根据已有的零件进行分析、测量，制定技术要求，画出零件草图，然后根据草图整理和绘制成零件图的过程。

在实际工作中，为对已有设备进行改进、维修或仿制，在没有图纸资料的情况下，常需要对零件进行测绘。测绘能力是工程技术人员必备的技能和素养。

零件测绘的工作通常在现场进行，受工作条件限制，不便使用绘图仪器。一般先画零件草图，即目测比例、徒手绘制零件图，然后根据零件草图整理完成零件图工作图。所以零件草图是绘制零件图的重要依据，它必须具备零件图的全部内容和要求。

8.6.1　零件测绘的方法与草图绘制

1. 了解和分析所测绘的零件

首先了解零件的名称、用途、材料以及在机器(或部件)中的位置和作用，然后对零件进行结构分析，以便确定零件的表达方案。

2. 确定零件的表达方案

如图 8-42 所示，零件草图的视图选择与零件图的视图选择完全相同。在对零件进行全面分析的基础上，根据零件的加工位置和工作位置决定零件的放置位置，选择主视图的投影方向、确定主视图及其表达方法，然后再按零件的内外结构选择必要的其他视图。

3. 绘制零件草图

(1) 根据所选的视图布置图面，考虑留有标注尺寸的位置，画出各视图的中心线、对称线和主要基准面，并画出标题栏，如图 8-42(a)所示。

(2) 目测比例，按投影关系画出各视图的图形。为了提高绘图速度，各视图应同时绘制。画图时，对零件的制造缺陷，如砂眼、气孔、裂纹以及长期使用所造成的磨损，都不应画出。但零件上因制造、装配需要而形成的工艺结构，如倒角、退刀槽、砂轮越程槽、凸台、凹坑等结构都必须画出，不能省略，如图 8-42(b)所示。

(3) 画出零件的细节，剖切部分补画剖面线，如图 8-42(c)所示。

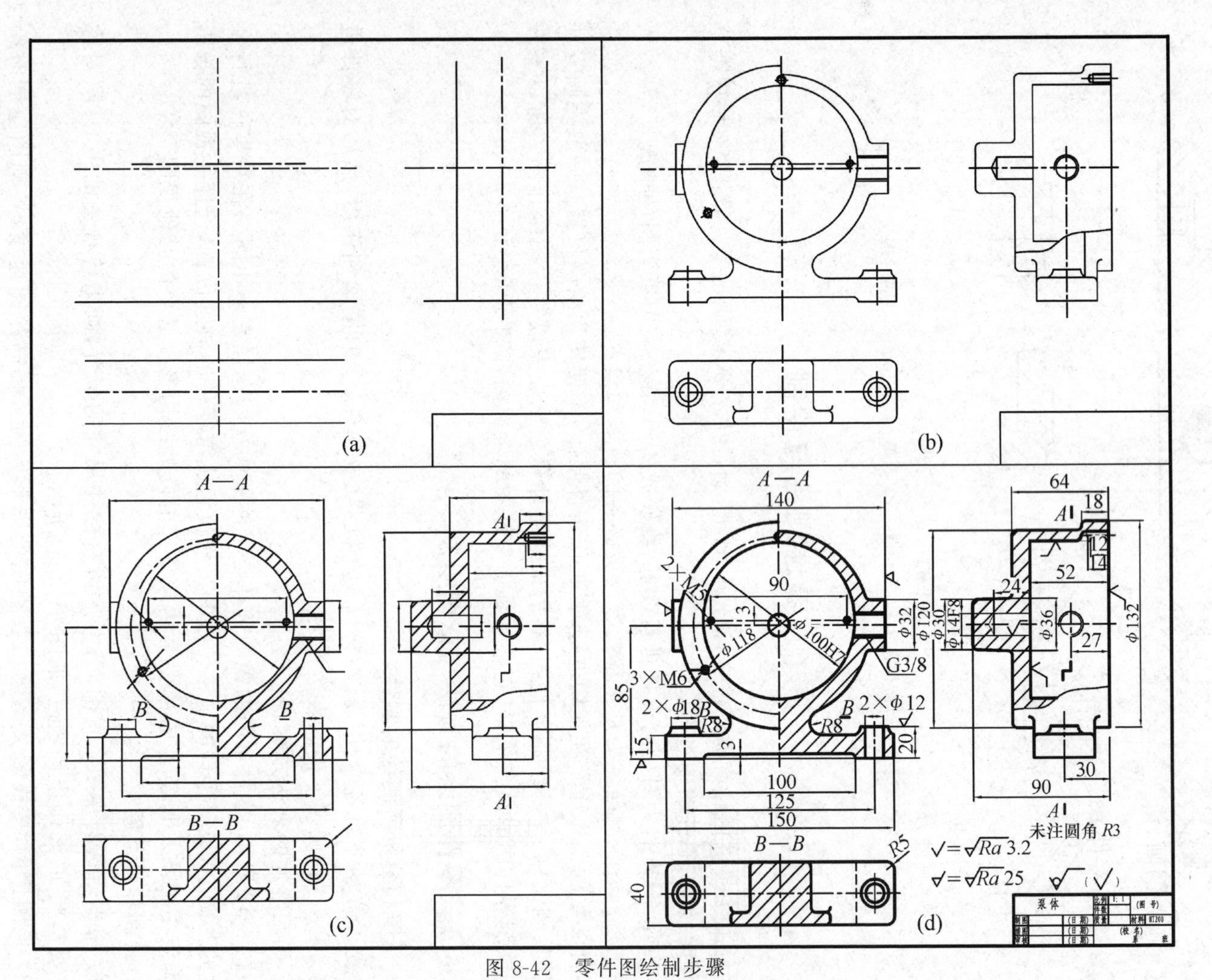

图 8-42　零件图绘制步骤

(a) 布置图面，画出个视图的中心线、对称线和主要基准面；画标题栏；(b) 按投影关系，画各视图的图形；(c) 补全细部，加剖面线，画尺寸界限和尺寸线；(d) 逐个测量零件，填写尺寸数字，对标准结构应与标准值核对，尽量选用标准的结构尺寸，确定技术要求，填写标题栏，校核修正，加深图线

(4) 选取尺寸基准，正确、完整、清晰、合理地注出全部的尺寸界线、尺寸线和尺寸终端，如图 8-42(c)所示。

(5) 根据所注尺寸，逐个测量，填写对应的尺寸数字。对螺纹、键槽、齿轮等标准结构，应把测量的结果与标准值进行核对，一般均采用标准的结构尺寸，以方便制造。同时，确定并标注尺寸公差、表面粗糙度、技术要求，填写标题栏，如图 8-42(d)所示。

(6) 检查漏画、错画的部分，加深图线，完成全图。

8.6.2　零件尺寸的测量

零件上全部尺寸的测量应集中进行，这样不但可以提高工作效率，而且还可以避免错误和遗漏。常用的量具有钢尺、内卡钳、外卡钳、游标卡尺和螺纹规等。测量零件尺寸时，应根据尺寸的精确程度选用相应的量具。加工面的尺寸必须准确测量，非加工面的尺寸尽量取整数。常见的测量方法见表 8-9。

表 8-9　常见的测量方法

类型	图　例	说明	类型	图　例	说明
线性尺寸	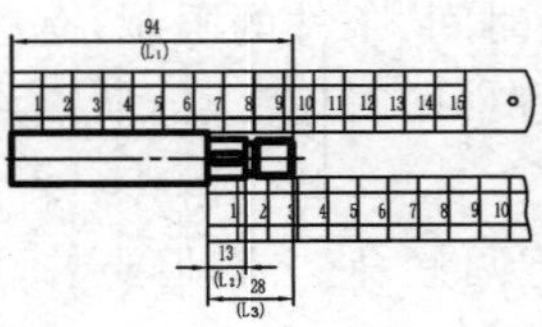	线性尺寸可用直尺直接测量读数，如图中长度：L_1(94)，L_2(13) L_3(28)	直径尺寸	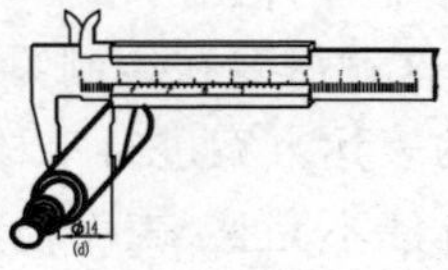	直径尺寸可以用游标卡尺直接测量读数，如图中直径 d(ϕ14)
壁厚尺寸	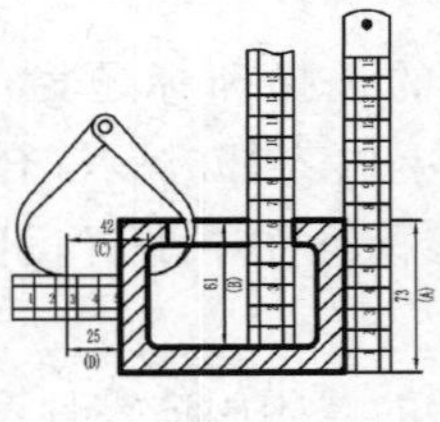	壁厚尺寸可以用直尺测量，如图中底壁厚度 $X=A-B$；或用卡钳和直尺测量，如图中侧壁厚度 $Y=C-D$	孔间距	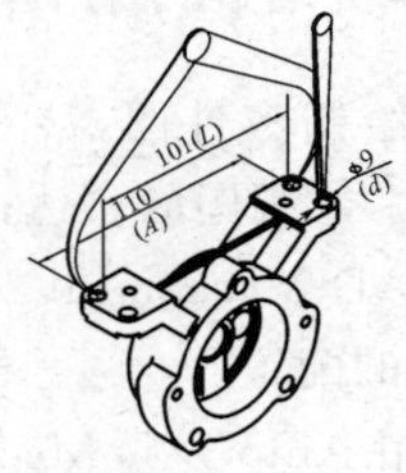	孔间距可以用卡钳（或游标卡尺）结合直尺测量，如图中两孔中心距 $A=L+d$
中心高	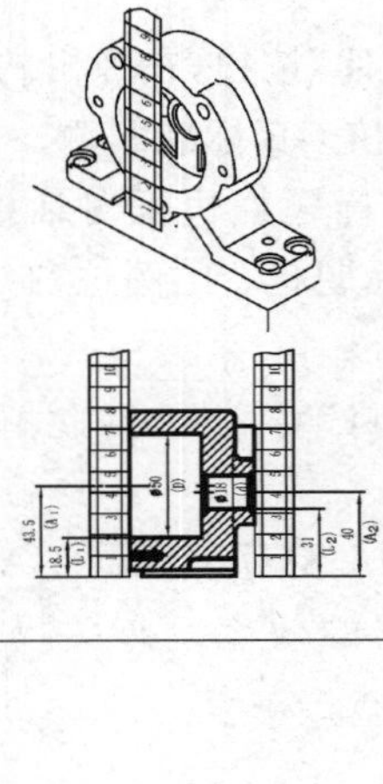	中心高可用直尺和卡钳（或游标卡尺）测出，如图中左侧 ϕ50 孔的中心高 $A_1=L_2+D/2$，右侧 ϕ18 孔的中心高 $A_2=L_2+d/2$	曲面轮廓	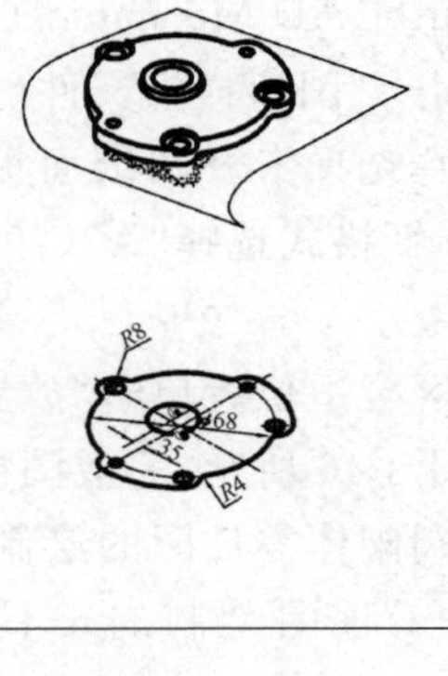	对精度要求不高的曲面轮廓，可以用拓印法在纸上拓出它的轮廓形状，然后用几何作图的方法求出各连接圆弧的尺寸和中心位置，如图中 ϕ68、R8、R4

续表

类型	图例	说明	类型	图例	说明
螺距	4×螺距$P=P_h$ (L)	螺纹的螺距可用螺纹规或直尺测得，如图中螺距$P=1.5$	齿轮的模数	ϕ59.8 (da)	对标准齿轮，其轮齿的模数可以先用游标卡尺测得 d_a，再计算得到模数 $m=\dfrac{d_a}{Z+2}$，奇数齿的齿顶圆直径 $d_a=2e+d$，参阅平面图

8.6.3　根据零件草图绘制零件工作图

零件草图是绘制零件图的依据，但草图是在现场进行的，受时间、条件的限制，有些问题考虑得未必周到，这就需要在绘制零件图时加以修改。所以画零件图时应注意：

(1) 对草图的表达方案进行审核、修改和补充。

(2) 对尺寸标注不完整、表面粗糙度标注不合理的地方进行调整，使之满足要求。

8.6.4　计算机绘制零件图

用 AutoCAD 绘制零件图，涉及的内容包括：①图幅、图框的选择和标题栏的定制；②确定绘图的比例；③视图的表达；④标注尺寸及技术要求。以上内容都应该符合国家标准的规定。AutoCAD Mechanical 2016 已将相关的内容按照国家标准作了配置，可以直接调用符合国家标准的配置。

【例 8-3】　利用 AutoCAD Mechanical 2016 绘制图 8-43 所示的球阀阀体零件图。

步骤如下：

(1) 启动 AutoCAD Mechanical 2016 应用程序，单击“新建文件”按钮，在弹出的对话框中选择“am_gb. dwt”图形样板文件(如图 8-44 所示)，则绘图环境按 GB 标准配置。

(2) 单击注释选项卡→图纸面板→标题边框按钮，在弹出的标题栏边框对话框中(如图 8-45 所示)，图纸格式选择“A3(297×420)”；标题栏选择 GB 标题栏；比例选“1∶1”，单击“确定”。

(3) 在绘图区合适位置单击“放置图框”，弹出“更改标题栏条目”对话框，在此填写标题栏相关内容，如图 8-46 所示，完成图框及标题栏的调用和设置。

(4) 完成球阀阀体零件图的绘制。AutoCAD Mechanical 2016 相对于 AutoCAD 2016 增加了大量有关工程图绘制的工具，极大地提高了工程图绘制的效率。有关操作参考 AutoCAD Mechanical 2016 教程。

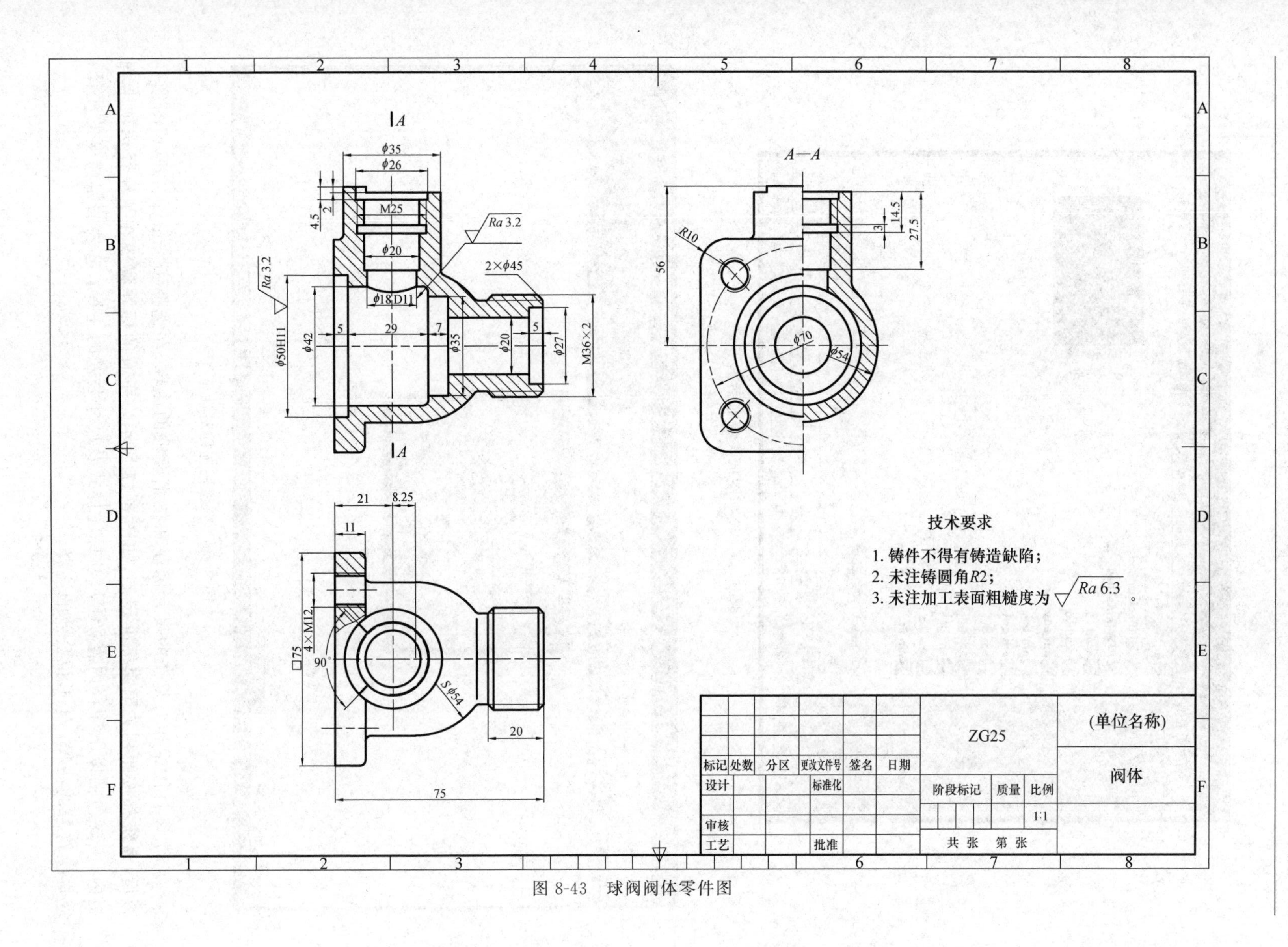

图 8-43　球阀阀体零件图

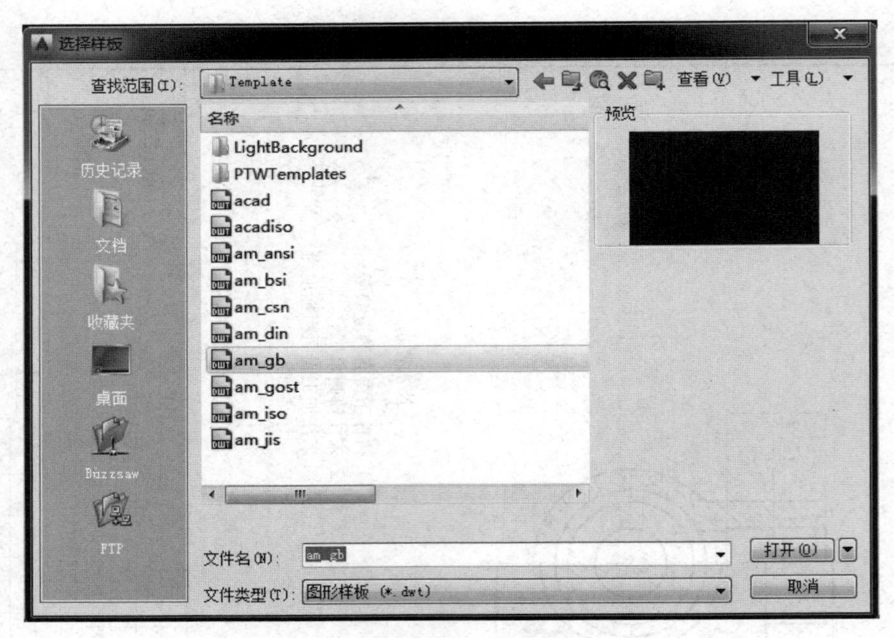

图 8-44　选择图形样板对话框

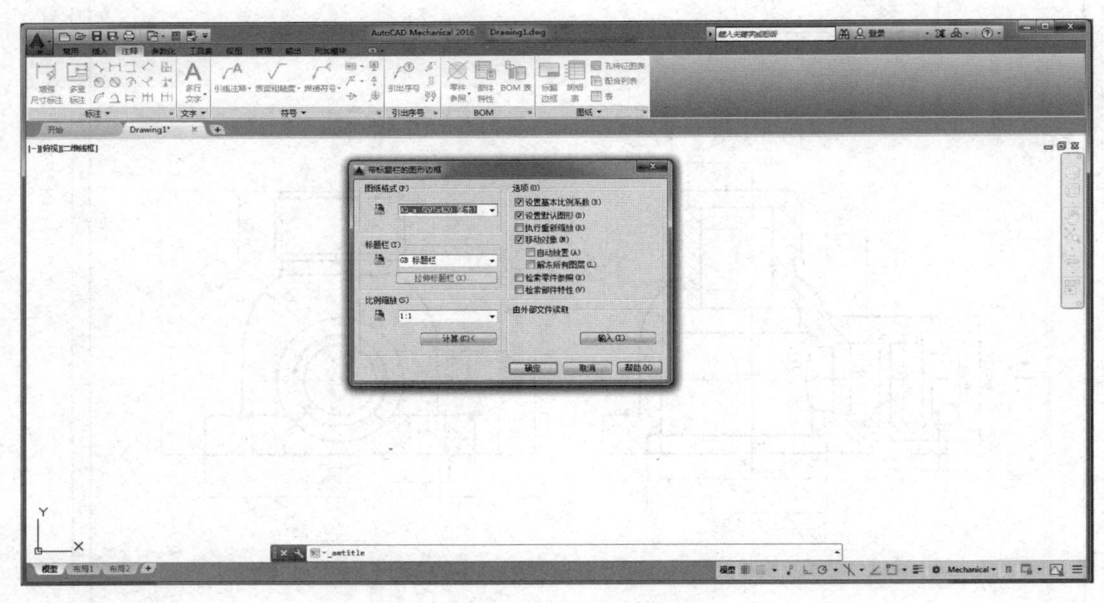

图 8-45　标题栏选择对话框

(5) 零件图中相对复杂的尺寸标注和技术要求的注释，在选择了“am_gb.dwt”图形样板后，系统都按照相关国家标准定制，如图 8-47 所示。所有的标注集成在了注释选项卡面板内，主要包括以下注释内容：①尺寸标注样式及尺寸公差的注释；②表面粗糙度的注释；③焊接符号的注释；④形位公差的注释。

更改标题栏条目

图样代号	
图样名称	阀体
单位名称	
材料	
比例	1:1
质量	
阶段 1	
阶段 2	
阶段 3	
阶段 4	

确定　取消　上一个(P)　下一个(N)

图 8-46　更改标题栏条目对话框

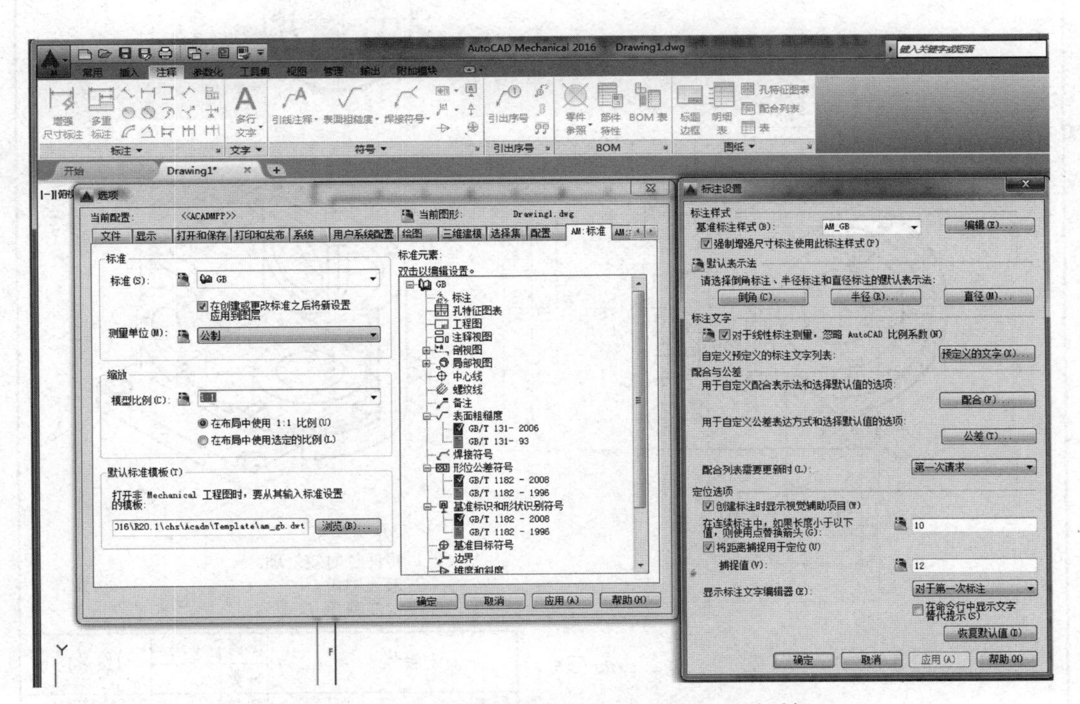

图 8-47　选项对话框中有关 AM_标准的配置对话框

(6) 选择已配置好的注释样式，即可完成对球阀阀体零件图的所有注释。

(7) 保存图形文件。

8.7 读零件图

读零件图就是通过对图中零件的结构形状、尺寸大小和技术要求等内容进行具体分析和全面综合，从而理解设计意图，制定合理的加工方案，或对零件进行不断改进和创新的过程。下面以图 8-48 所示的蜗轮减速箱为例，具体说明读图过程。

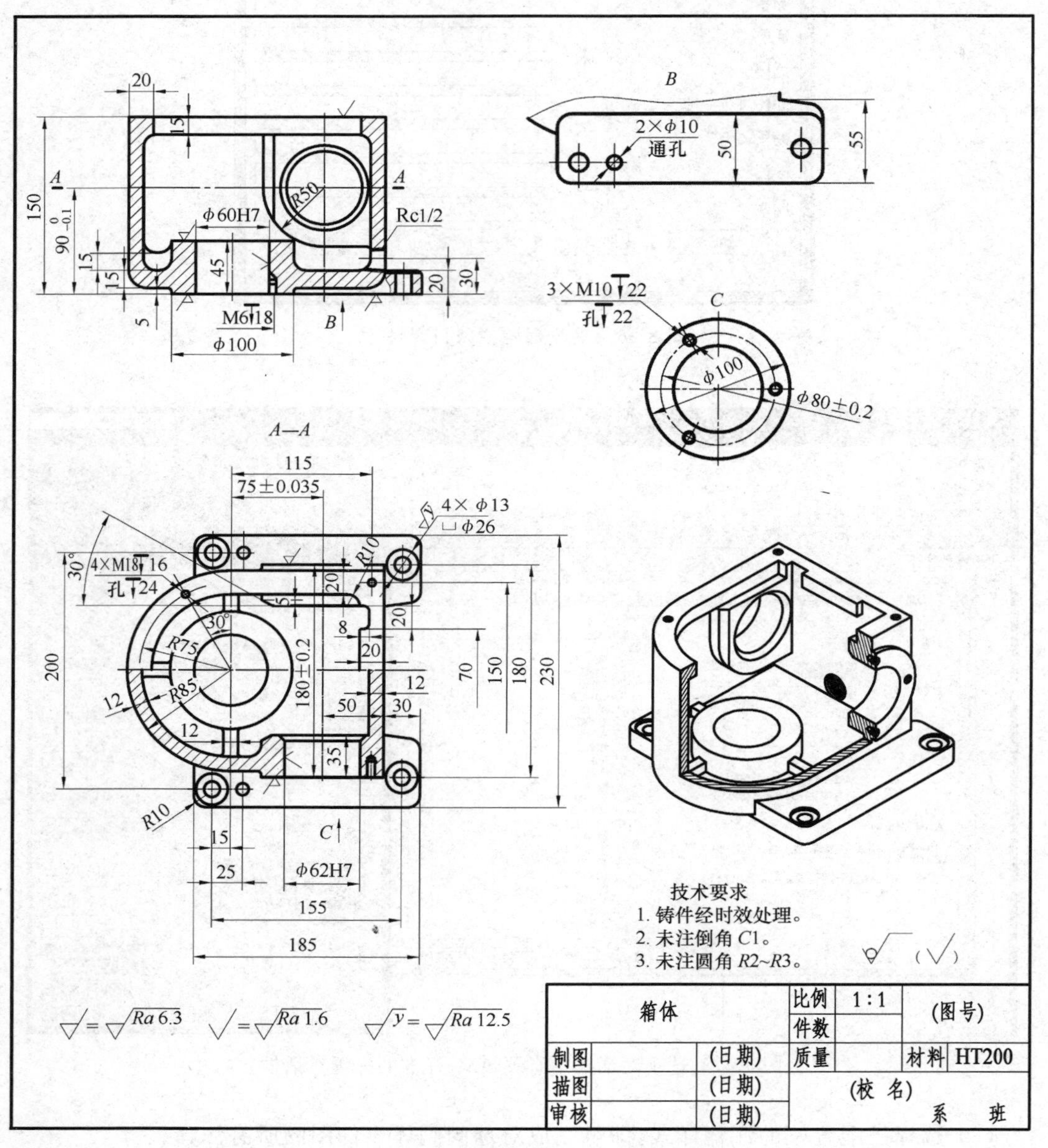

箱体			比例	1:1	(图号)
			件数		
制图		(日期)	质量		材料 HT200
描图		(日期)	(校 名)		
审核		(日期)	系　班		

图 8-48　蜗轮减速箱箱体零件图

1. 读标题栏

拿到一张零件图后，首先读零件图的标题栏，从中了解零件的名称、材料、比例、质量等内容，大体可了解零件的功用。

(1) 图8-48中，零件的名称是蜗轮减速箱箱体，可知是包容和支承蜗轮、蜗杆及其轴系的箱体类零件；

(2) 由材料为TH200，可知一般是铸造类零件，应具有铸造件的结构特点，如铸造圆角、起模斜度等；

(3) 从图的比例和尺寸大小，可以判断零件的实际大小。

2. 分析视图、想象零件的结构形状

根据视图布局，找出主视图和其他各视图，分析它们之间的关系，以及各视图所表达的侧重点。如视图主要表达外形结构，全剖视图主要表达内部结构，半剖视图或局部剖视图则内外兼顾。若是剖视图或断面图，还应弄清楚具体的剖切方法和剖切位置。在视图分析的基础上，运用形体分析和结构分析的方法，根据投影关系，想象各部分的结构形状和零件的总体结构形状。

(1) 如图8-48有两个基本视图，两个局部视图。主视图是沿前后对称面剖切后的全剖视图，主要表达箱体的内部结构；俯视图用 A—A 半剖视图表达外形、轴孔的穿通情况、轴孔凸台的厚度，以及安装孔的分布；两个局部视图分别表示两个不同方向的局部结构形状。

(2) 从图8-48中的俯视图可以看出箱体是前后对称的，大致左圆右方；底板的形状及安装孔的分布也很清楚；结合主视图，可确定底部 ϕ60H7 为一通孔；按剖切平面沿纵向剖切肋板，而肋板不画剖面线的规定，分析得出在其前、后、左3个方向都有加强肋；在箱体靠右部位前后各有一个凸缘，形状如 C 向视图所示，其上有3个螺孔；凸缘孔壁在箱体内的凸台形状反映在主视图中(R50处)；B 向视图表达的是底板底面经切削加工后的局部形状；从主视图中还可以观察到，在箱体底部右侧壁开有一个螺孔。

3. 分析尺寸和技术要求

根据零件类别和结构特点，分析长、宽、高各方向的尺寸基准，分辨主要基准和辅助基准，找出主要尺寸，以及各形体的定形尺寸和定位尺寸。

同时，根据图上标注的尺寸公差、形位公差、表面粗糙度等，区分各加工面的精度高低，明确主要加工面，制定正确的制造工艺方案。

(1) 如图8-48所示箱体中，高度方向的基准是箱体底部，宽度方向的基准是对称面，长度方向的基准是蜗轮轴孔(ϕ60H7)的轴线。箱体在铸造出毛坯后，即按这些基准进行加工。

(2) 为了保证蜗轮蜗杆的正确啮合，它们的轴线距离为 75 ± 0.035，蜗杆轴线到底面的距离为 $90_{-0.1}^{\ 0}$，蜗轮轴孔 ϕ60H7、蜗杆轴孔 ϕ62H7，因有配合，为重要尺寸，安装孔的尺寸、各部分的相对位置尺寸也为重要尺寸。

(3) 表面粗糙度参数较小的加工面有：箱体的上表面，蜗轮、蜗杆的轴孔。

4. 归纳综合

综合上面的分析结果，得出零件结构、尺寸、技术要求等的完整概念，如图8-48中的立体图。

小　结

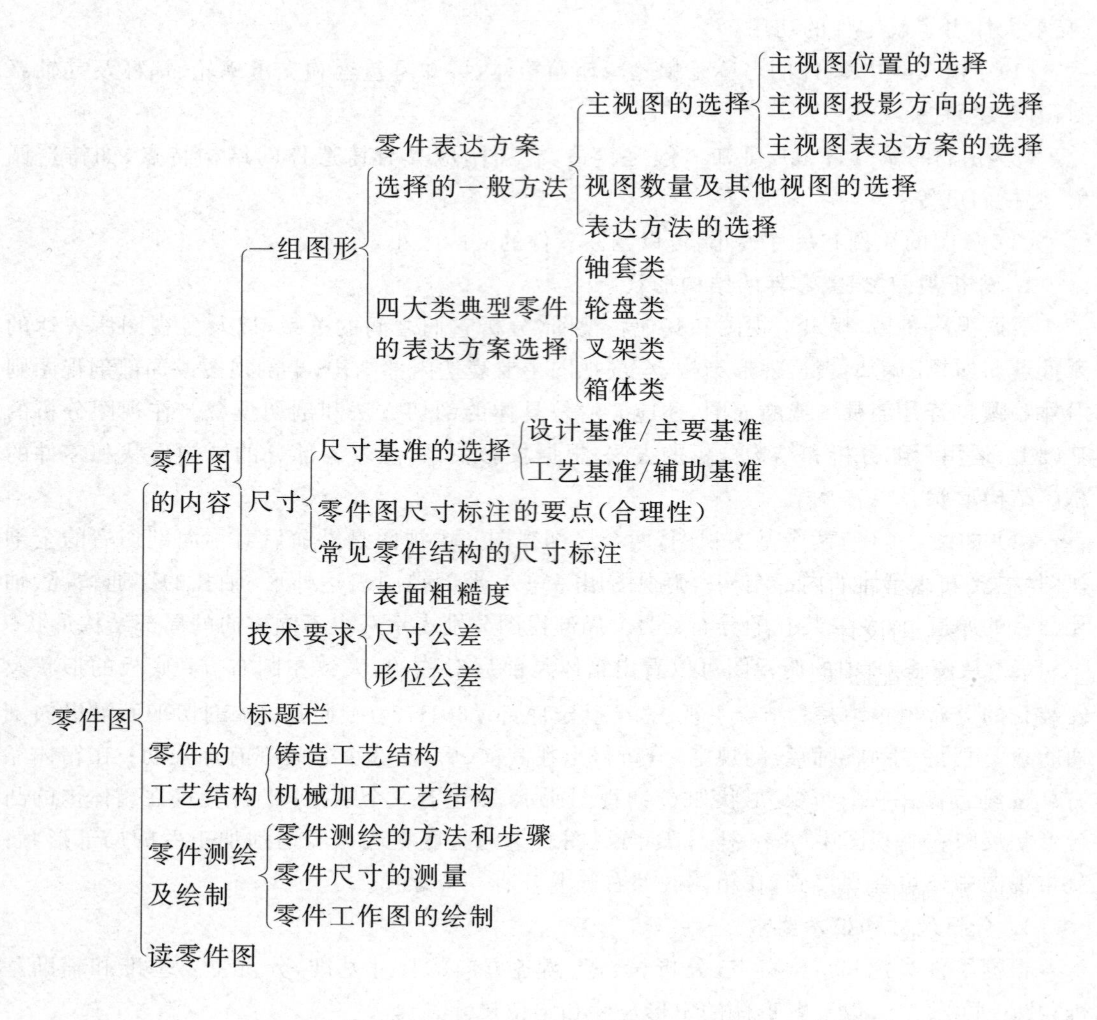

思 考 题

1. 零件图的内容有哪些？
2. 零件图的视图选择原则是什么？
3. 什么是尺寸基准？一般将零件的哪些要素作为尺寸基准？
4. 在零件图上合理地标注尺寸应考虑哪些问题？
5. 分析典型零件视图表达的特点。
6. 什么是表面粗糙度？什么是互换性？什么是公差？
7. 试述极限与配合的基本术语。
8. 解释 ϕ40H8 和 ϕ28f7 的含义。
9. 配合有哪几种？有几种配合基准制？
10. 在零件图上如何标注公差？在装配图上如何标注配合代号？

第9章 装 配 图

9.1 装配图的作用和内容

一台机器或一个部件都是由若干个零件按照一定的装配关系和技术要求组装而成的，表示机器或部件的图样，称为装配图。通常，表达整台机器各零部件装配关系的图样叫总装配图或总装图，表达部件各零件间装配关系的图样叫部装图。部装图和总装图所包含的内容和所起的作用本质上没有区别。部件是构成整台机器的功能模块，是密切相关的具有一定功能的零件组。一台机器可以先装配成若干个部件，再组装成整台机器。

设计者通过装配图来反映其设计意图，由装配图表达机器或部件的工作原理和主要性能、零件间的装配关系、零件的主要结构形状及在装配、检验、安装调试时的技术要求。

通常，机器或部件的设计流程采用自顶向下的方式，即按设计要求首先绘制装配图，然后再根据装配图设计所有的非标零件并绘制零件图；零件制造完后，按装配图装配成机器或部件，并按装配图要求进行检验调试；用户在使用和维修保养机器或部件时也要参考装配图。因此，装配图是机器或部件设计、制造、使用、维修保养以及技术交流的重要技术文件。图 9-1 为手动球阀装配图，此为部装图。

在装配图中，一般包含如下内容：

1）一组图形

采取适当的表示方法绘制一组图形，用以正确、完整、清晰地表达部件的结构形状、工作原理和各零件间的装配关系等内容。

2）必要的尺寸

装配图中只需要标注一些必要的尺寸：部件的性能规格尺寸、装配尺寸、安装尺寸、总体尺寸等。

3）技术要求

技术要求是机器或部件在装配、安装、调试、检验和使用过程中应满足的条件和要求，用文字或符号说明。

4）零部件序号、明细表和标题栏

为了便于读图和组织管理生产，装配图中应对每个不同的零件编写序号，并在明细栏中依次填写各零件的名称、件数、材料、备注等内容，还要填写相应的标题栏。

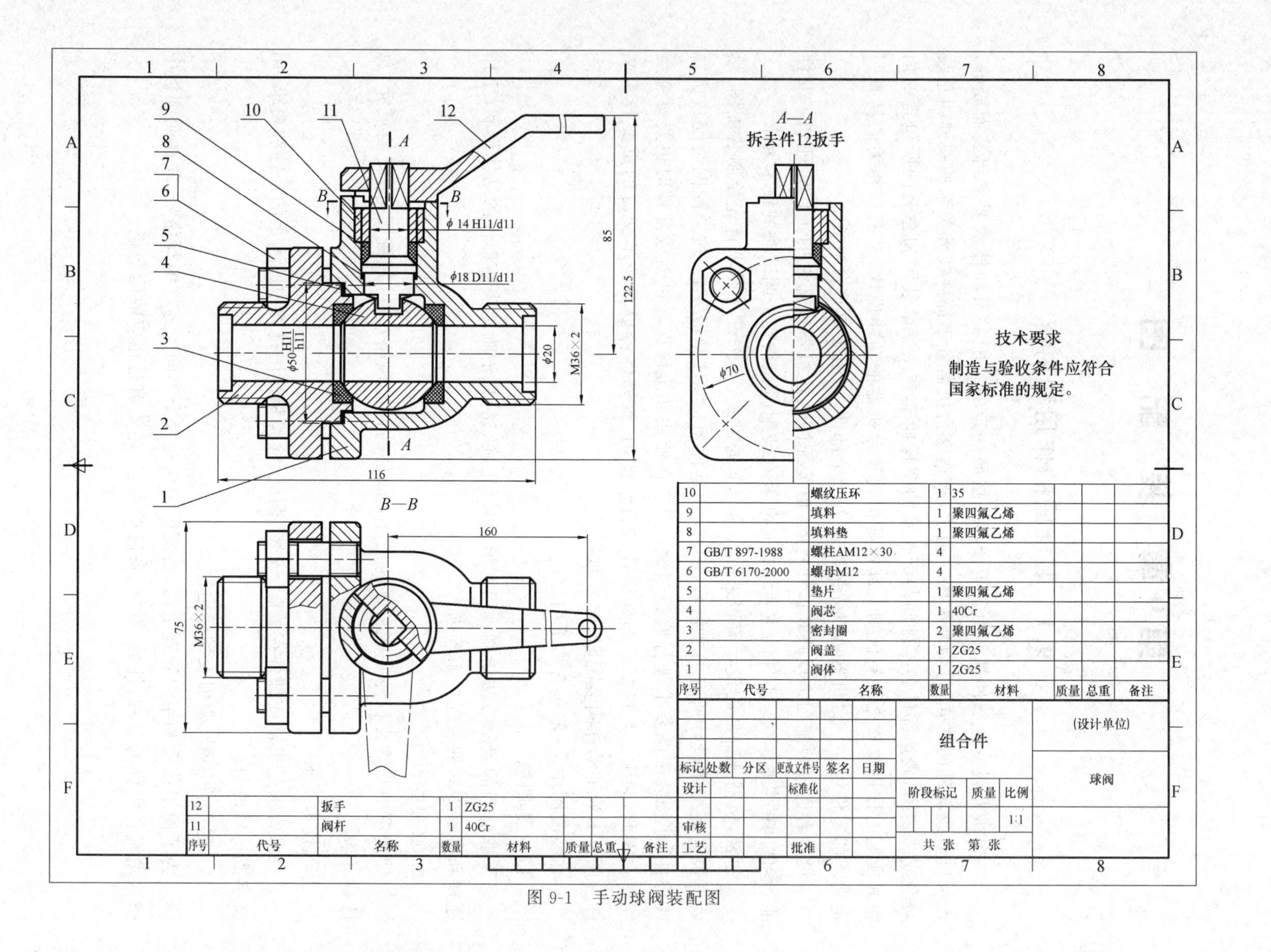

序号	代号	名称	数量	材料	质量	总重	备注
12		扳手	1	ZG25			
11		阀杆	1	40Cr			
10		螺纹压环	1	35			
9		填料	1	聚四氟乙烯			
8		填料垫	1	聚四氟乙烯			
7	GB/T 897-1988	螺柱AM12×30	4				
6	GB/T 6170-2000	螺母M12	4				
5		垫片	1	聚四氟乙烯			
4		阀芯	1	40Cr			
3		密封圈	2	聚四氟乙烯			
2		阀盖	1	ZG25			
1		阀体	1	ZG25			

图 9-1　手动球阀装配图

9.2　装配图的表达方法

第 6 章讨论了机件的各种表达方法，这些方法对装配图也同样适用。但是装配图表达的是多个零件及其相互关系，比单个零件复杂，所以还具有一些规定画法和特殊表达方法。

9.2.1　装配图的规定画法

1. 接触面、配合面的画法

在装配图中，相邻两零件的接触表面、基本尺寸相同的配合面，规定只画一条轮廓线；非接触面、非配合面画两条线，即使间隙很小，也要夸大画出，如图 9-2(a)、(c)所示。

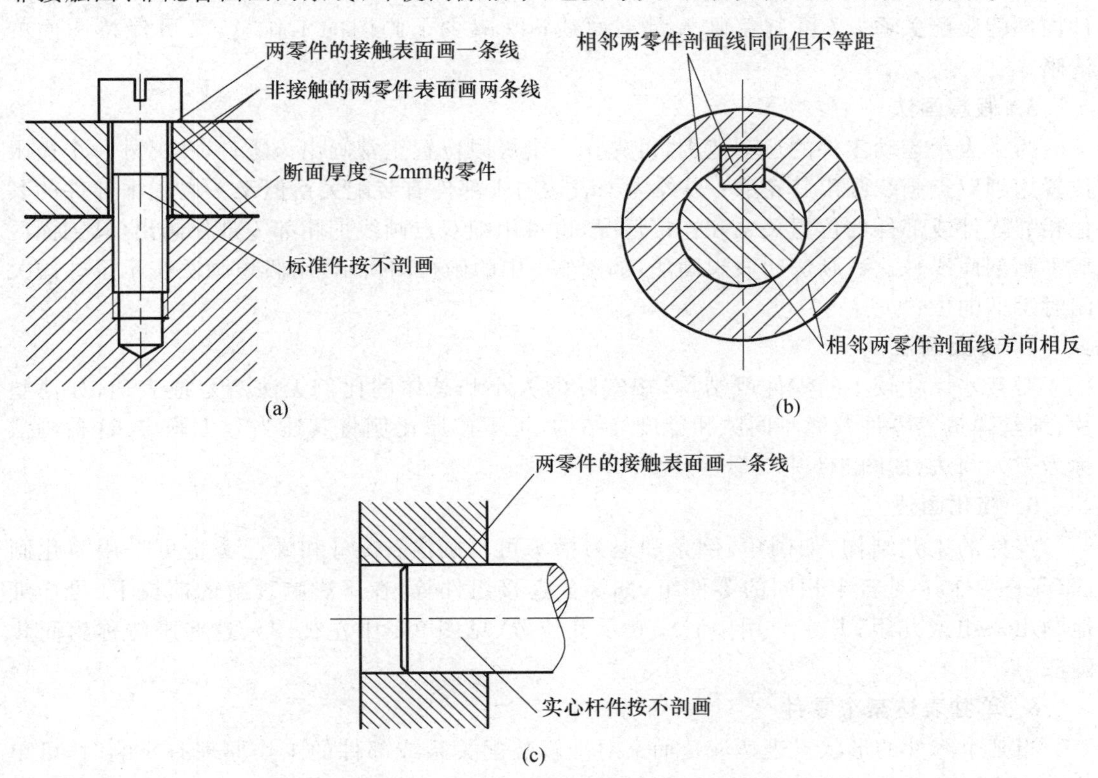

图 9-2　装配图规定画法

2. 标准件和实心零件的画法

对于标准件或实心杆件作剖切时，若剖切平面通过它们的轴线或对称面，这些零件按不剖绘制，按外形画出，如图 9-2(a)、(c)所示。要表达这些零件上的内部结构，如轴上的键槽、销孔等，可将该部分画成局部剖视图。

3. 剖面线的画法

(1) 同一零件在各个剖视图中的剖面线必须相同(包括方向和间距)。

(2) 相邻两零件的剖面线应该有区别，最明显的区别就是方向相反。相邻两零件的剖面线方向相同时，间隔应错开或间距不同，如图 9-2(b)所示。

(3) 断面厚度≤2mm 的零件,其断面允许涂黑处理,如图 9-2(a)所示。

9.2.2 装配图的特殊表达方法

1. 拆卸画法

在装配图中,当某个或某些零件遮挡了需要表达的装配关系或结构时,可假想拆去这些零件,只画拆卸后剩余部分的视图,这种画法叫拆卸画法。拆卸画法一般要标注"拆去××"等字样,如图 9-1 中左视图。

2. 沿结合面剖切画法

有时为了清楚地表达部件的内部结构,可假想沿两个零件的结合面剖切。结合面不画剖面线,但被剖到的其他零件应该按照剖视处理。沿结合面剖切的优点是既可清楚表达部件内部的装配关系,又可避免画大量剖面线;既减少了画图的工作量,又可保持图面的清晰。

3. 假想画法

为了表示运动零件的运动范围,可先在一个极限位置正常画出该零件,在另外一个极限位置用细双点画线画出其轮廓;另外为了表达与本部件有装配关系但又不属于本部件的其他相邻零件或部件的位置关系和连接情况,也可用细双点画线把相邻零部件画出(其剖面区域不画剖面线),这种画法叫假想画法,如图 9-1 中的俯视图所示,用假想画法表示了球阀关闭时手柄的位置。

4. 夸大画法

对某些尺寸较小的零件或结构,按实际的大小和总体的比例无法清楚地表达,如薄垫片、细丝弹簧等零件及微小间隙和锥度等结构,可不按原比例将其适当夸大画出,这种画法称为夸大画法,如图 9-1 中 5 号零件。

5. 简化画法

零件的工艺结构,如圆角、倒角和退刀槽等可不画出;螺母和螺栓头也可采用简化画法(见图 9-1);对若干相同的零件组,如螺栓连接组件等,在不影响理解的前提下,可详细地画出一组或几组,其余只用中心线表示其位置(见图 9-1 中左视图),这些画法称为简化画法。

6. 单独表达某个零件

当某个零件的形状未表达清楚而又对理解装配关系或部件的工作原理有影响时,可单独画出该零件的某一视图,并在投影部位用箭头表示投影方向,用字母表示名称,在画出的视图上方标注视图的名称,如图 9-24 中的"零件 1 *C* 向"。

7. 展开画法

为了表达不在同一平面上的空间平行的轴和轴的装配关系以及轴上零件,可按传动顺序沿着各轴线作剖切,然后依次展开在同一平面上,并注上"×－×展开",如图 6-23 所示。

9.3 装配图的尺寸注法和技术要求

9.3.1 装配图的尺寸注法

装配图不是制造零件的直接依据。因此,在装配图中无需注出零件的全部尺寸,只需标注一些必要的尺寸。不同的部件由于其功能和组成的零件不同,可能在装配图中出现的尺寸类型不一样,但总体来说可以归纳为以下5类。

1. 性能尺寸(规格尺寸)

广义地讲,直接或间接影响部件使用性能的尺寸都称为性能(规格)尺寸,它是选用该部件的依据,在设计中确定。通常要与相关的零件和系统相匹配。如图9-1中尺寸ϕ20是决定球阀流量的性能尺寸。

2. 装配尺寸

表示部件中有关零件间装配关系的尺寸,包括以下两种:

(1) 配合尺寸:零件之间有公差配合要求的尺寸,如图9-1中尺寸ϕ50H11/h11、ϕ18D11/d11和ϕ14H11/d11。

(2) 相对位置尺寸:影响部件的工作性能,在装配图时必须保证的零件之间的相对位置尺寸。如图9-1所示,尺寸85表示阀孔中心和扳手间的距离。

3. 安装尺寸

机器安装到基座上或部件安装到机器上所需的尺寸称为安装尺寸。如图9-1中的M36×2,是球阀和与之相接管路的螺纹连接的安装尺寸。

4. 总体尺寸

机器(或部件)的总长、总宽和总高称为总体尺寸。它为制作包装箱、确定运输方式及厂房设计提供依据,如图9-1中的尺寸116、122.5和75。

5. 其他重要尺寸

除上面介绍的4类尺寸之外,还有一些未包含在上述尺寸中又必须注出的尺寸。比如在设计中经过计算或选定的尺寸,在拆画零件图时不能改变。如图9-1中左视图所注尺寸ϕ70。

应该注意的是,有的尺寸同属几类尺寸。上述5类尺寸也不一定同时出现在一张装配图上。正确的标注应在分析部件功能和参考同类型资料的基础上进行。

9.3.2 装配图的技术要求

装配图中的技术要求有别于零件图中的技术要求,主要侧重于说明部件在装配、检验、使用时应达到的技术性能和质量要求。

(1) 装配时的注意事项和装配后应满足的要求等。

(2) 装配后对基本性能的检验、试验方法和条件,以及技术指标等的要求与说明。

(3) 部件在包装运输、使用、保养维修时的注意事项和涂装要求等。

9.4 装配图的零部件序号、标题栏和明细栏

装配图上对每个零件或部件都必须编注序号或代号,并填写明细栏。明细栏中列举了各个零件的名称、材料和数量等基本信息。这样,在看装配图时就可以了解零件信息,同时,也为产品生产的准备、组织与管理工作提供了必须的信息资料。

9.4.1　零部件序号

1. 序号的注写形式

1）单个零件的注写

从零件的轮廓区域内画一小圆点，然后从圆点开始用细实线画一条指引线(若剖开时，尽量由剖面处引出)，在引出的一端用细实线画一段水平线或一个圆，圆的大小应能容纳零件的序号，在水平线上或圆内注写零件序号，序号字体要比尺寸数字大一号或两号。在引出端也可以不画横线或圆，直接注写出序号，序号字高比尺寸数字大一号或两号，如图 9-3 所示。

2）薄片类零件的注写

对于薄片类零件或涂黑剖面(根据国家标准画法规定，其厚度在 2mm 以下时剖面涂黑)，指引线所指部分内不宜画圆点，这时可在指引线的引出端画出指向该部分轮廓的箭头，如图 9-4 所示。

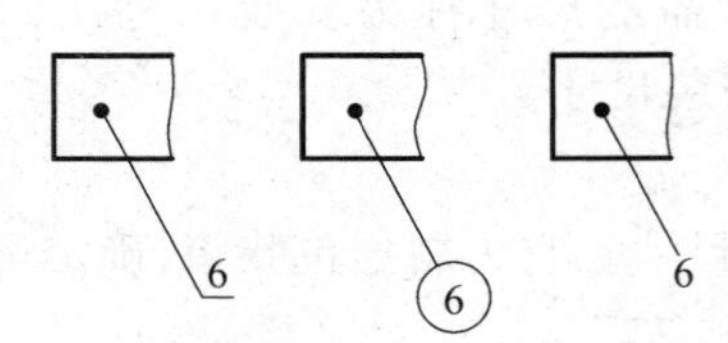

图 9-3　单个零件的序号注写形式

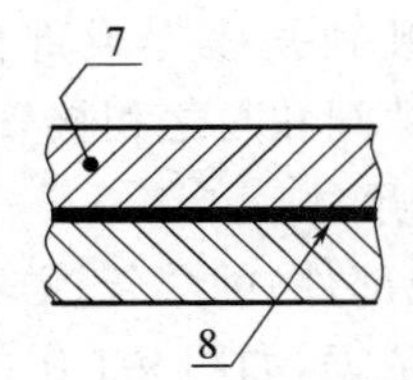

图 9-4　薄片类零件的注写形式

3）成组零件的注写

由几个连接件组成的装配关系清楚的零件组，为使标注简化，允许采用公共指引线，如图 9-5 所示。常用于螺栓、螺母和垫圈等零件组。

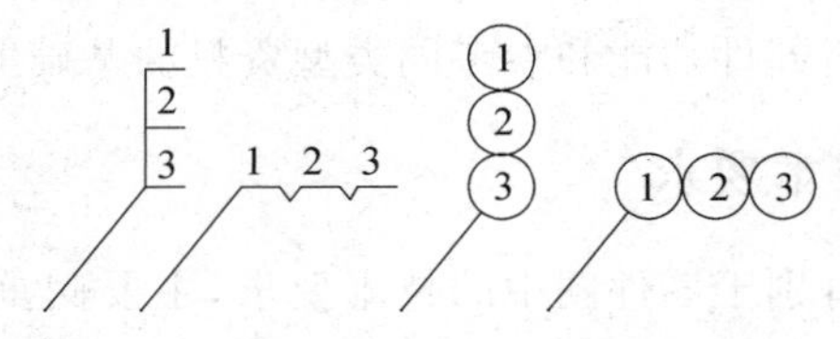

图 9-5　成组零件的注写形式

2. 序号注写的注意事项

(1) 不同的零件编写不同的序号，相同的零件只编写一个序号，其件数在明细栏中表明。对同一标准部件(如油杯、滚动轴承、电机等)，在装配图上只编一个序号。

(2) 序号填写要沿水平或铅垂方向按顺时针或逆时针次序排列整齐，如图 9-1 所示。

(3) 指引线尽可能分布均匀且不要彼此相交，也不要过长。指引线通过有剖面线的区域时，要尽量避免与剖面线平行，必要时可画成折线，但只允许弯折一次，如图 9-4 所示。

(4) 序号的编排方法通常有两种：一种是一般零件和标准件混合统一编排；另一种是只对一般零件编号并填入明细栏中，而标准件直接在图上标注出规格、数量和国家标准号，也可以另列专门表格。一般情况下统一编号为好，便于统计零件的数量，也使有关零件的信息更加集中。在明细栏位置不够的情况下也可采用分开编排的方法。

9.4.2　标题栏和明细栏

国家标准对标题栏和明细栏都有明确的规定。其中标题栏参见第 1 章制图标准部分。明细栏一般配置在标题栏的上方，与标题栏相连接，外框为粗实线，内格为细实线，按由下而上的顺序填写，以便增加零件时可以继续向上画格。为此，明细栏最上面的边框线用细实线绘制。如位置不够，也可将明细栏分段画在标题栏的左方。特殊情况下，明细栏可编写在一张单独的纸上。图 9-6 为国家标准规定的标题栏与明细栏格式。图 9-7 是学生用简易标题栏与明细栏格式。

180
8
40
44
8
38
10
12
20
7
14
序号
代　号
名　称
数量
材　料
单件
总计
质量
备　注
标记
处数
分区
更改文件号
签名
日期
(材料)
(单位名称)
设计
标准化
阶段标记
质量
比例
(图样名称)
审核
工艺
批准
共　张　第　张
(图样代号)

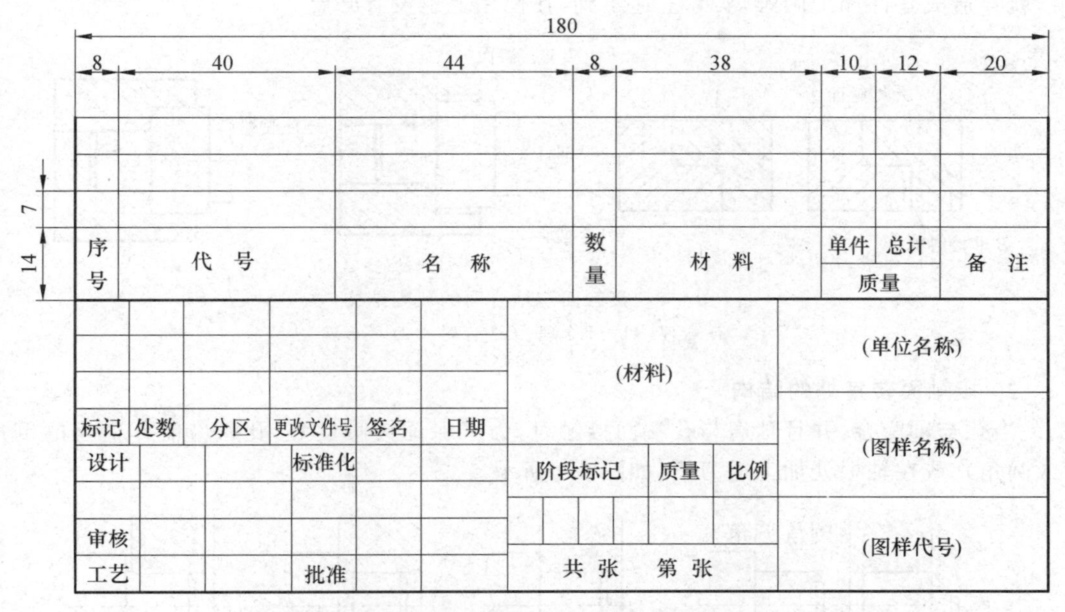

图 9-6　国家标准规定的标题栏与明细栏格式

130
10
40
10
30
序号
名　称
件数
材　料
备　注
(图　名)
比例
件数
(图　号)
制图
(日期)
质量
共 张 第 张
描图
(日期)
(校　名)
审核
(日期)
系　班

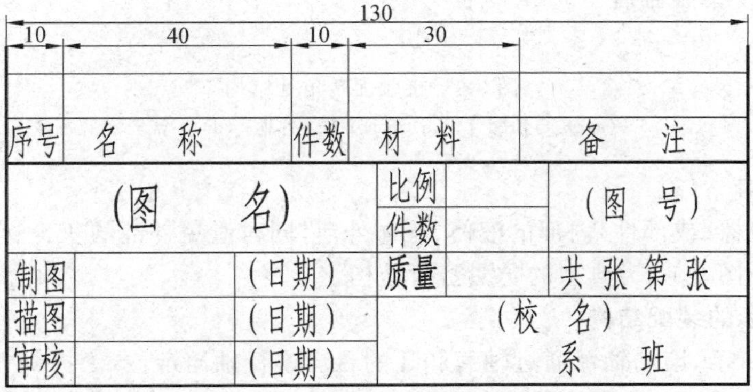

图 9-7　学生用简易标题栏与明细栏格式

9.5　装配结构的合理性简介

为了保证机器(或部件)的工作性能,零件之间装配的时候必须满足一定的合理性要求,否则在装配的时候就会发生干涉,甚至达不到设计要求。装配结构的合理性要在装配图中反映出来,以便确定零件图中对应结构的尺寸和技术要求。下面介绍一些常见的装配结构。

1. 接触面与配合面的结构

两零件在同一方向上的接触面或配合面只应有一对,如图 9-8 所示。若设计成多对接触,就会造成零件加工困难,实际上达不到,在使用上也没有必要。

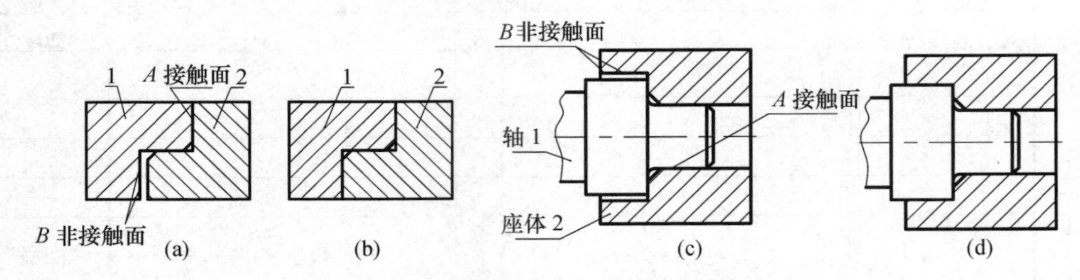

图 9-8　接触面与结合面的装配结构

(a) 合理;(b) 不合理;(c) 合理;(d) 不合理

2. 接触面转角处的结构

当孔与轴配合,并且轴肩与孔端面接触时,为了保证接触良好,孔口应制作适当的倒角(或圆角),或在轴根处加工退刀槽,如图 9-9 所示。

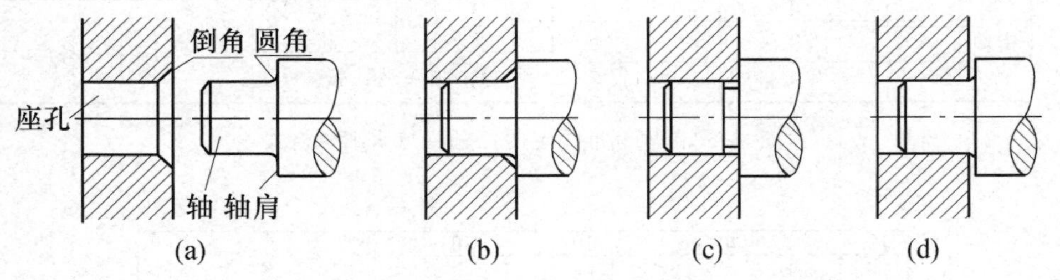

图 9-9　接触面转角处结构

(a) 孔与轴配合;(b) 合理;(c) 合理;(d) 不合理

3. 密封结构

为了防止机器(或部件)内部的液体、气体外泄,同时避免外部的灰尘、杂质侵入,要采取密封防漏措施。图 9-10 为典型的防漏密封结构。

4. 滚动轴承的装配结构

如图 9-11 所示,滚动轴承通过轴肩和孔的台肩进行轴向定位,为拆卸方便,轴肩和孔的台肩的径向尺寸应小于轴承内圈和外圈的径向厚度尺寸。

5. 销的装配结构

一般来说,为使两零件在装拆前后不致降低装配精度,通常用圆柱销或圆锥销定位。为方便拆卸,销孔尽可能作成通孔,如图 9-12(a)所示。在不能作成通孔的情况下,盲孔的深度应留有足够的余量,如图 9-12(b)所示。

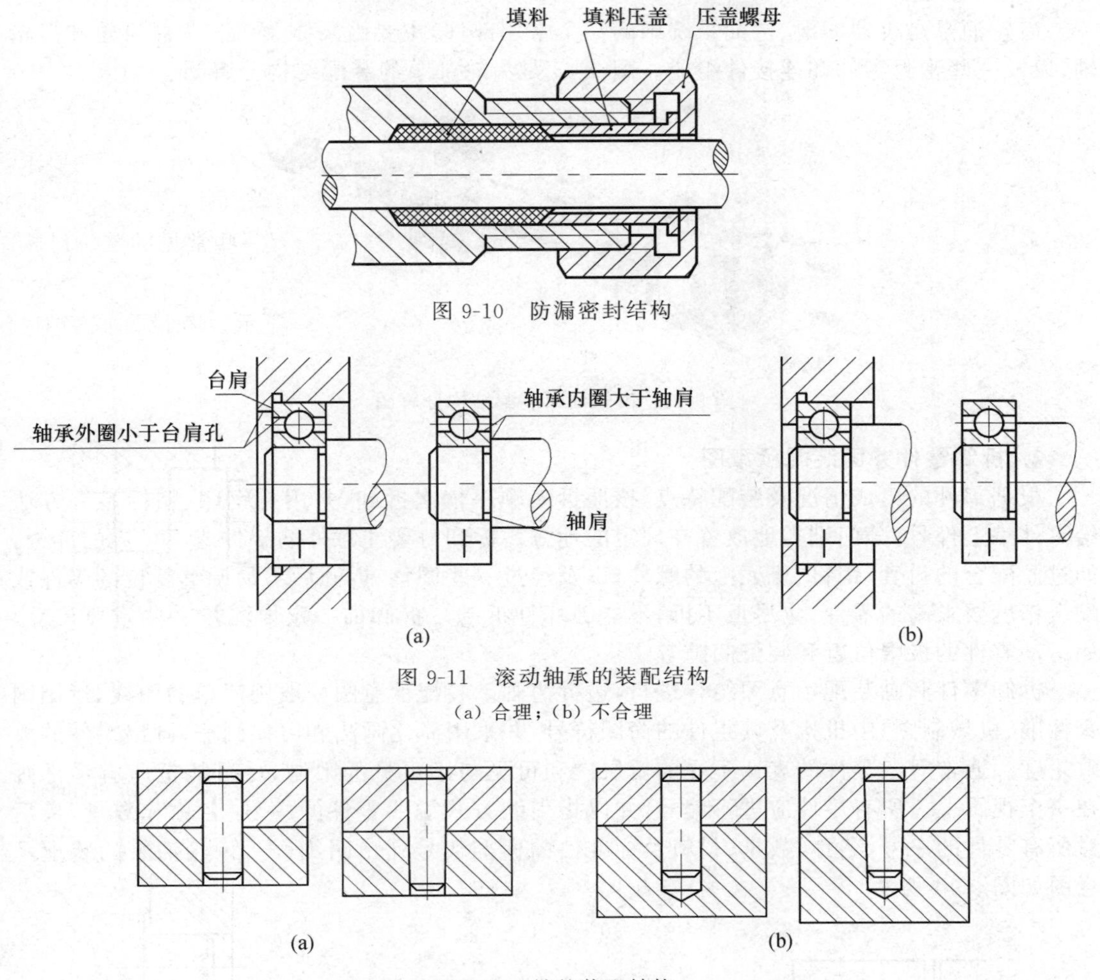

图 9-10　防漏密封结构

图 9-11　滚动轴承的装配结构

(a) 合理；(b) 不合理

图 9-12　销的装配结构

(a) 尽量将销孔作成通孔；(b) 不作通孔时，盲孔深度应有余量

9.6　部件测绘和装配图的画法

对机器(或部件)实物拆卸所属各零件并测量，画出装配示意图和非标准零件的零件草图，再根据零件草图和装配示意图画出正式零件图和装配图，这个过程称为部件测绘。

部件测绘一方面是对现有设备进行技术改造，为设计新产品提供参考图样，测绘时可进行适当的修改；另一方面是为技术资料不完整的现有产品补充图样以制作备件，在测量关键部位的尺寸时必须尽可能准确，不得修改，尽可能满足原设计要求。

9.6.1　部件测绘的方法和步骤

下面以齿轮油泵为例说明部件测绘的方法和步骤。

1. 了解产品并制定测绘方案

观察实物，阅读有关技术文件、资料和同类产品图样，分析部件的用途、性能、工作原理、结构特点；检测主要的技术性能指标和重要的装配尺寸；确定零件的拆卸顺序并作好相关的记录。

齿轮油泵是机器润滑、供油系统中的一个常用部件，主要由泵体、泵盖、一对齿轮和齿轮轴，以及一些密封零件和连接件组成。图 9-13 是齿轮油泵的装配结构分解图。

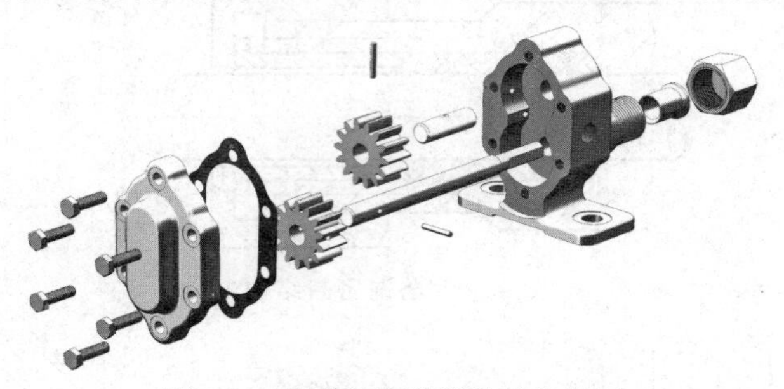

图 9-13　齿轮油泵装配结构分解图

2. 拆卸零件并画装配示意图

根据部件的组成情况及装配特点，按照拆装顺序依次拆卸，并用打钢印、贴标签等方法给零件编上件号，分门别类地放置在规定的地方。拆卸时要注意外购部件或不可拆的部分，如过盈配合的衬套、销钉、机壳上的螺柱，以及经过一些调整、拆开后不易调整复位的零件或配合精度要求高的零件，应尽量不拆，不能破坏性拆卸。拆卸前一定要测量一些重要尺寸，如运动零件的极限位置和装配间隙等。

拆卸零件和画装配示意图结合进行，边拆边画。装配示意图一般用简单的图线，运用国家标准《机械制图》中机构及其组件的简图符号，并采用简化画法和习惯画法，画出零件的大致轮廓。通常对各零件的表达不受前后层次和可见与不可见的限制，尽可能把所有零件画在一个视图上。所有零件应进行编号，并以指引线方式说明零件的序号、名称和数量，最后对所有零件的序号、名称、数量、材料及标准件的标准代号列出明细表。齿轮油泵的装配示意图如图 9-14 所示。

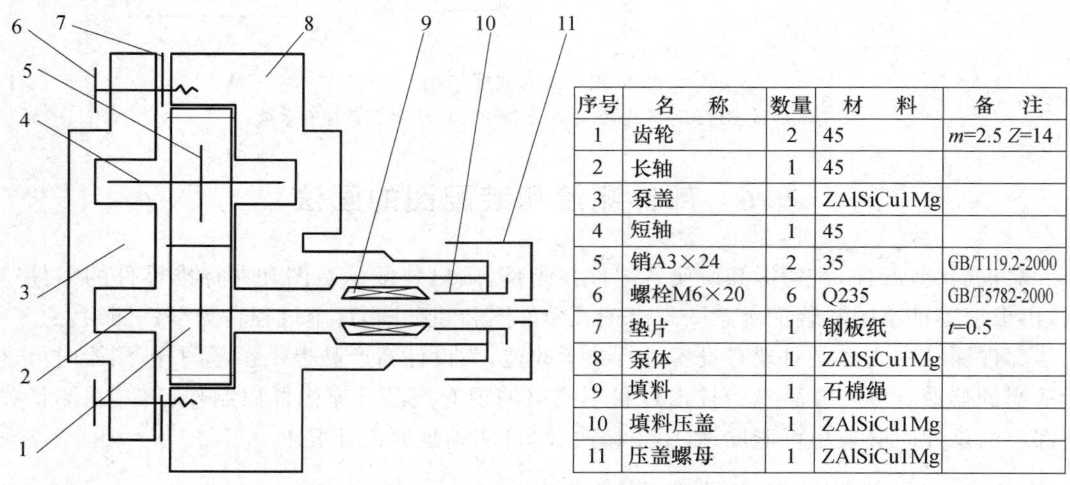

序号	名　称	数量	材　料	备　注
1	齿轮	2	45	m=2.5 Z=14
2	长轴	1	45	
3	泵盖	1	ZAlSiCu1Mg	
4	短轴	1	45	
5	销A3×24	2	35	GB/T119.2-2000
6	螺栓M6×20	6	Q235	GB/T5782-2000
7	垫片	1	钢板纸	t=0.5
8	泵体	1	ZAlSiCu1Mg	
9	填料	1	石棉绳	
10	填料压盖	1	ZAlSiCu1Mg	
11	压盖螺母	1	ZAlSiCu1Mg	

图 9-14　齿轮油泵的装配示意图

3. 零件测绘

标准件可不画草图，但要测出其规格尺寸，与标准手册进行核对，写出标记并列表。非标零件的草图绘制及零件图的画法在第 8 章零件测绘中已作过介绍，在此不再赘述。

齿轮油泵非标零件的零件图如图 9-15 所示。

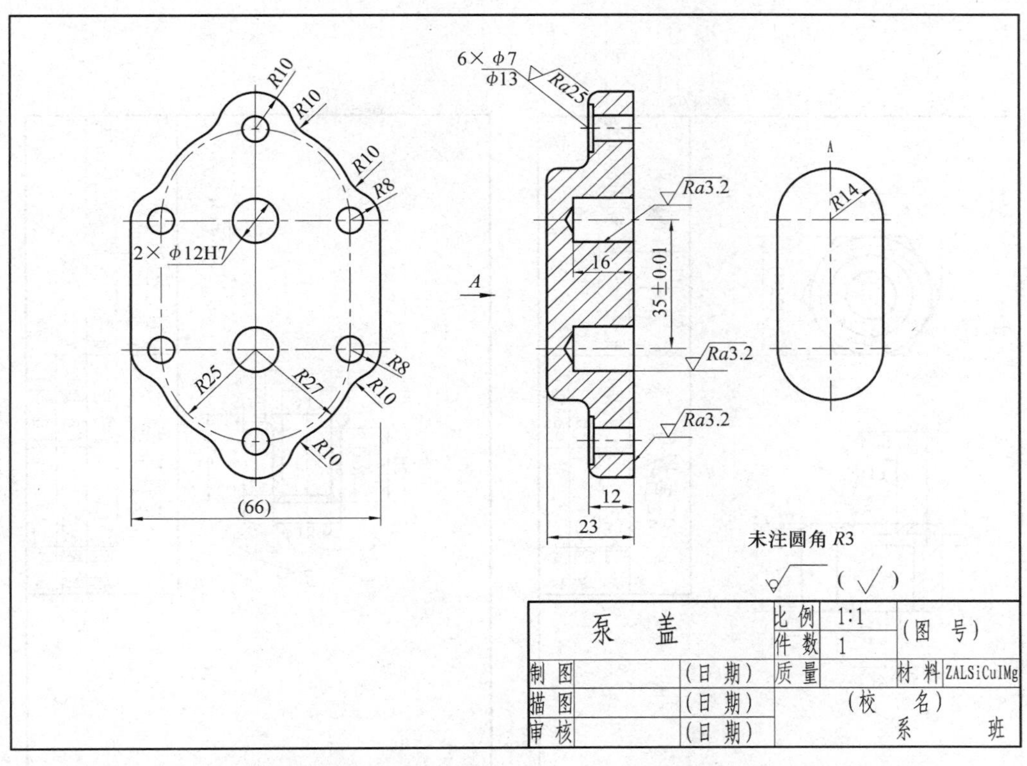

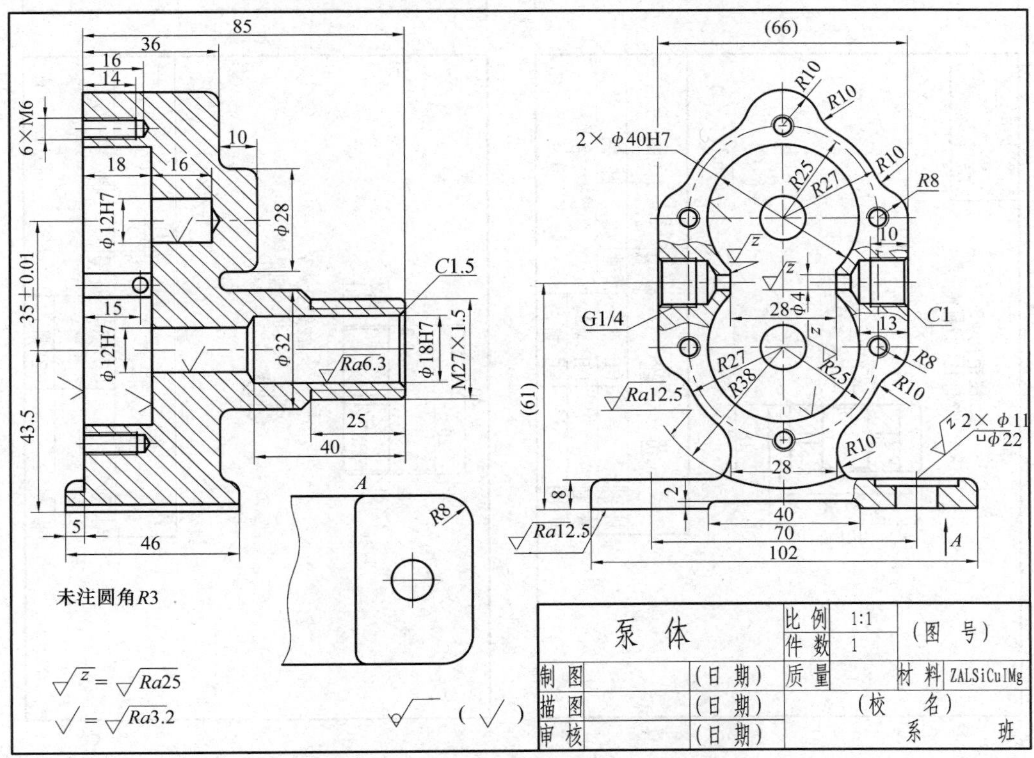

图 9-15　齿轮油泵的零件图

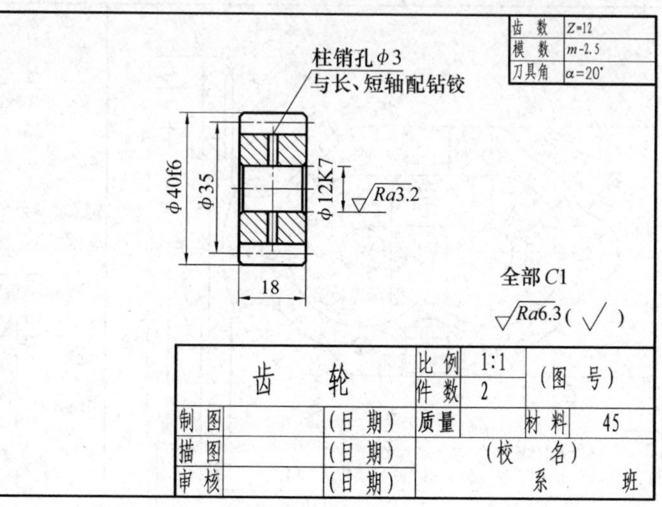

齿 数 Z=12
模 数 m=2.5
刀具角 α=20°
柱销孔φ3
与长、短轴配钻铰
φ40f6
φ35
φ12K7
Ra3.2
18
全部C1
Ra6.3(√)
齿 轮
比 例 1:1
件 数 2
(图 号)
制 图 (日 期)
质 量
材 料 45
描 图 (日 期)
(校 名)
审 核 (日 期)
系 班

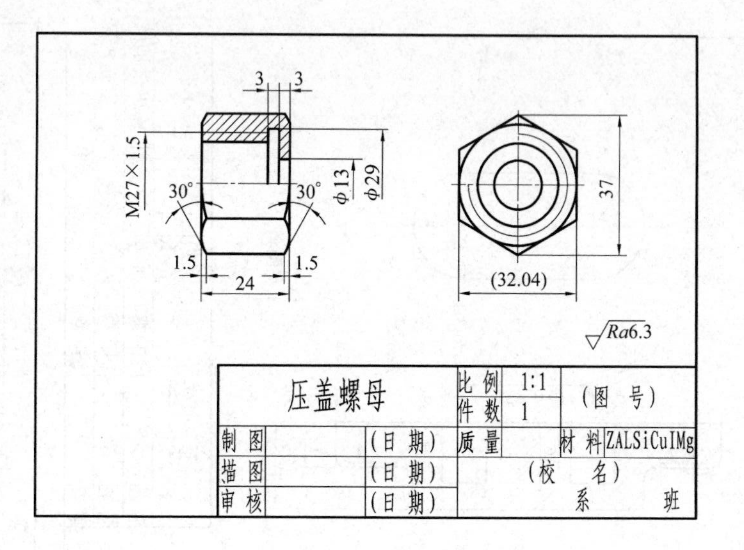

3
3
M27×1.5
30°
30°
φ13
φ29
1.5
24
1.5
37
(32.04)
Ra6.3
压盖螺母
比 例 1:1
件 数 1
(图 号)
制 图 (日 期)
质 量
材 料 ZALSiCuIMg
描 图 (日 期)
(校 名)
审 核 (日 期)
系 班

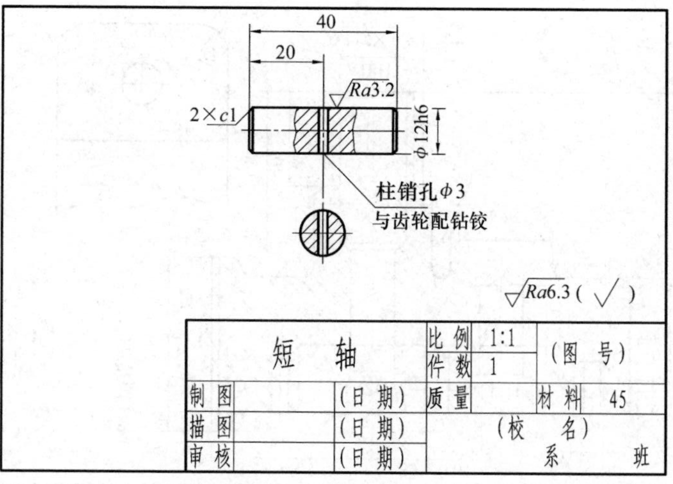

40
20
Ra3.2
2×c1
φ12h6
柱销孔φ3
与齿轮配钻铰
Ra6.3(√)
短 轴
比 例 1:1
件 数 1
(图 号)
制 图 (日 期)
质 量
材 料 45
描 图 (日 期)
(校 名)
审 核 (日 期)
系 班

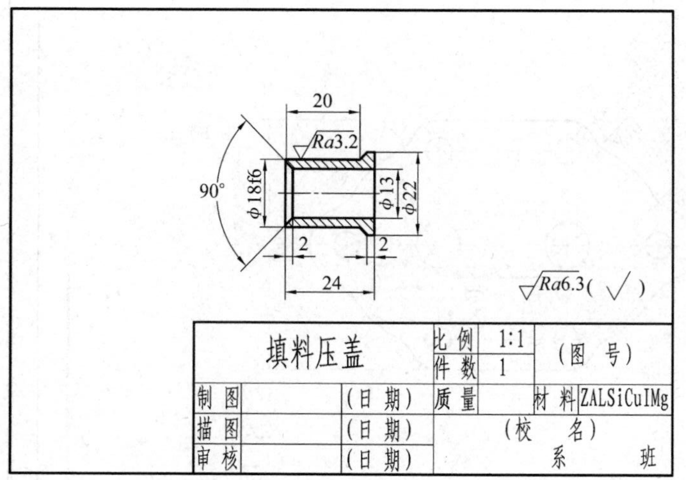

20
Ra3.2
90°
φ18f6
φ13
φ22
2
2
24
Ra6.3(√)
填料压盖
比 例 1:1
件 数 1
(图 号)
制 图 (日 期)
质 量
材 料 ZALSiCuIMg
描 图 (日 期)
(校 名)
审 核 (日 期)
系 班

图 9-15(续)

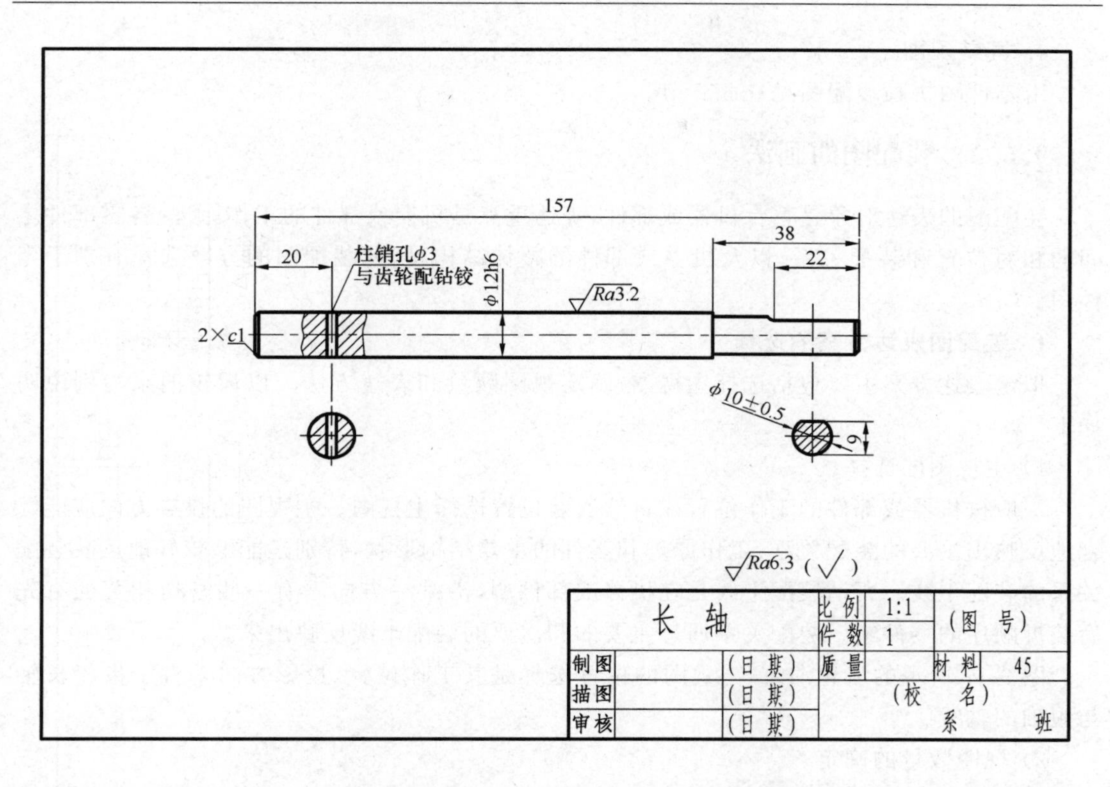
157
38
20
22
柱销孔φ3
与齿轮配钻铰
φ12h6
Ra3.2
2×c1
φ10±0.5
9
Ra6.3（√）
长　轴
比例
1:1
件数
1
（图　号）
制图
（日　期）
质量
材料
45
描图
（日　期）
（校　　名）
审核
（日　期）
系　　　班

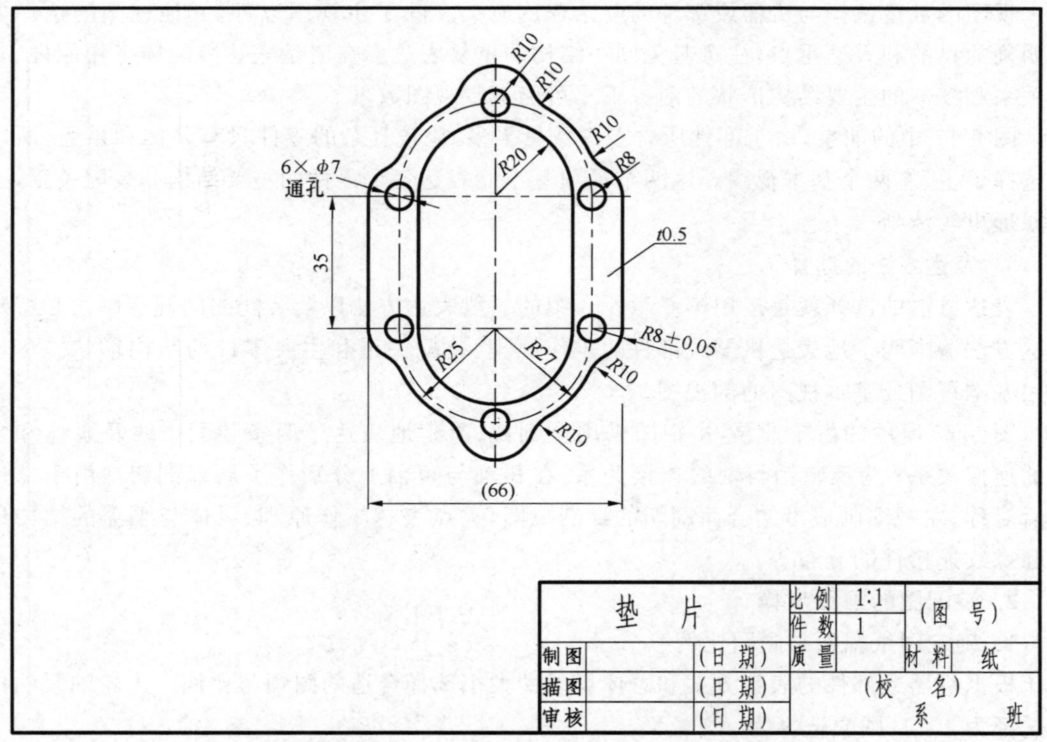
R10
R10
R10
R8
R20
6×φ7
通孔
35
t0.5
R8±0.05
R25
R27
R10
R10
(66)
垫　片
比例
1:1
件数
1
（图　号）
制图
（日　期）
质量
材料
纸
描图
（日　期）
（校　　名）
审核
（日　期）
系　　　班

图 9-15(续)

4. 画装配图

由零件图拼画装配图见 9.6.2 节。

9.6.2　装配图的画法

装配图的表达对象是整台机器或部件，表达重点是机器或部件的工作原理、各零部件之间的相对位置和装配关系，以及机器或部件的整体结构，因此装配图的方案选择有别于零件图。

1. 装配图表达方案的选择

拟定表达方案主要包括选择主视图、确定视图数量和表达方法。以齿轮油泵为例说明如下。

1）主视图的选择

一般按机器或部件的工作位置或自然安装位置选择主视图。主视图的投影方向应能综合地反映出主要的装配关系、工作原理和零件的主要结构形状，特别是能够较好地反映装配关系的装配干线。所谓装配干线是在机器或部件中，沿某一方向看有一些密切相关的有先后装拆顺序的零件组。装配关系通过主要的和次要的装配干线反映出来。

图 9-17 所示的齿轮油泵，主视图的位置选择是其工作位置，投影方向垂直于齿轮长轴与短轴的轴线。

2）视图数量的确定

视图的数量选择与机器或部件的复杂程度有关。除了主视图以外，其他视图的选择要有明确的目的和表达重点，注意避免同一结构的重复表达。在清楚表达装配体工作原理、装配关系和零件的主要结构形状的前提下尽可能减少视图数量。

图 9-17 中的油泵，由于部件所含零件数量不多，比较复杂的零件只有泵体和泵盖，所以只选择了主、左两个基本视图。这两个视图基本能表达各个零件的主要结构和装配关系，工作原理也较清晰。

3）表达方法的选择

表达方法的选择就是运用第 6 章所介绍的一般表达方法以及装配图的规定画法和特殊表达方法清晰明了地表达机器或部件的工作原理、装配关系和主要零件的结构形状。尽量采用基本视图或基本视图的剖视图。

图 9-17 所示的齿轮油泵，主视图采用全剖视，清楚地表达了两条装配干线及泵体和泵盖的连接关系；为反映销与轴的连接关系，在长轴与短轴上分别作了局部剖切。由于部件前后对称，左视图画成沿结合面剖切的半剖视图，重点表达工作原理、泵体与泵盖的结构形状和螺纹连接件的分布等。

2. 装配图的画图步骤

1）确定图纸幅面与画图比例

根据机器或部件的表达方案和总体尺寸的大小选择合适的图幅与比例。齿轮油泵的比例选择为 1∶1，图幅选择为 A3 幅面。

2）布图，画基准线

布图就是要确定各个图形在图面上的合理位置，注意留出尺寸标注、零件序号的编写位置和空间。画出各个视图的定位基准面和基准线。

图 9-13 所示的齿轮油泵,选前后对称面为宽度方向的基准,泵体底面作为高度方向的基准,泵体与泵盖的结合面为长度方向的基准,画出对应的基准线,以及部分零件的轴线或中心线,如图 9-16(a)所示。

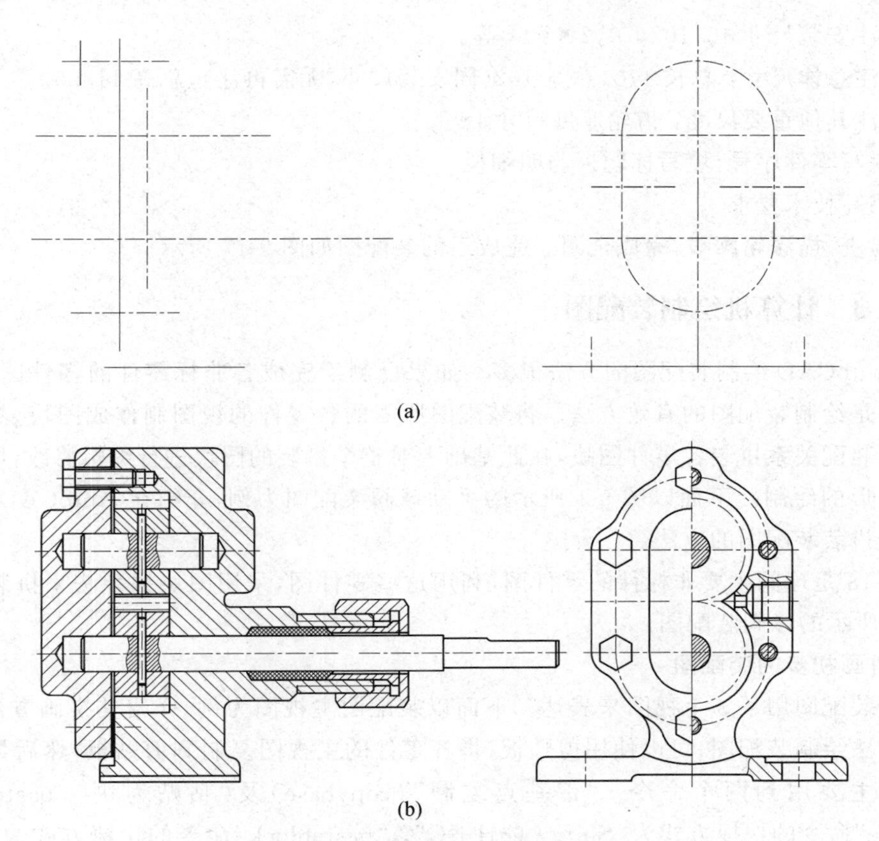

图 9-16　装配图的画法

3）画底稿

先用细实线绘制底稿,以便修改。画图应按正确的顺序进行。一般来说,对于剖视图应从内向外画,即先画最内层的零件,然后向外逐个画出各零件,这样可以避免画出被遮挡的轮廓线。对于外形视图应从外向内画,避免把被外部零件遮挡的内部零件的轮廓线画出来。绘制某个零件,最好几个视图一起画,避免漏画某个视图。对前后、上下和左右具有明显层次关系的零件,应按照次序逐个绘制。

图 9-13 所示的齿轮油泵主视图可以按照装配干线由内到外依次来画；对于泵盖与泵体,可先画形体特点明显的左视图,再按上述规则完成全图,如图 9-16(b)所示。

4）标注尺寸

(1) 注性能规格尺寸：进油管与出油管的尺寸 G1/4。

(2) 注装配尺寸：

① 注出配合尺寸：根据泵盖、泵体、长轴与短轴及填料压盖零件图上提供的尺寸及公

差带代号，注出泵体与长短轴之间的配合尺寸、泵盖与长短轴之间的配合尺寸、长短轴与对应齿轮间的配合尺寸以及泵体与填料压盖间的配合尺寸，如 ϕ12H7/h6，ϕ12H7/h6，ϕ18H8/f6，ϕ40H7/h6 等共 9 处。

② 注相对位置尺寸 35±0.01，43.5，61 等。

(3) 注安装尺寸 46，102，70，2×ϕ11 等。

(4) 注总体尺寸：总长 170，总宽 102(同安装尺寸，无需再注)，总高 113.5。

(5) 注其他重要尺寸：齿轮厚度尺寸 18 等。

5) 编写零件序号，填写标题栏与明细栏。

6) 书写技术要求

7) 检查、描深轮廓线，完成全图。完成后的装配图如图 9-17 所示。

9.6.3 计算机绘制装配图

用 AutoCAD 绘制装配图的方法很多。如果已测绘完成各非标零件的零件图，采用图块拼装法是绘制装配图的有效方法。将装配图所需的各零件的视图制作成图块，然后按照零件间的装配关系拼装各零件图块，在此基础上对整个拼装的图块进行编辑修改，即可完成装配图图形的绘制。下面以图 9-1 所示的手动球阀装配图为例，介绍在 AutoCAD 2016 中利用图块拼装装配图的方法。

图 9-18 是球阀主要非标件的零件图，利用这些零件图，采用图块拼装法来拼装绘制出如图 9-1 所示的球阀装配图。

1. 拼画初步的装配图

球阀装配图用了 3 个视图来表达。下面以装配图主视图为例，介绍其拼画方法：采用图块拼装法绘制装配图，可以使用剪贴板，将各零件的主视图复制到剪贴板，然后再粘贴到装配图。主要用到两个命令："带基点复制"(copybase)及"粘贴为块"(pasteblock)。"copybase"命令的快捷方式为"Shift＋Ctrl＋C"；"pasteblock"命令的快捷方式为"Shift＋Ctrl＋V"。具体操作步骤如下：

(1) 打开球阀所有的零件图。

(2) 以"am_gb"图样模板新建文件，默认"AM_0"为当前层。

(3) 切换到某个零件文件(如阀体零件图)，隐藏所有的标注层，仅保留视图图形。执行"copybase"命令，按命令行提示选择复制基点→选择复制对象(所选对象为阀体零件的主视图)。所选对象被复制到剪贴板，如图 9-19(a)所示。

(4) 切换到新建文件，执行"pasteblock"命令，按命令行提示在插入点处将剪贴板图形以图块的形式插入到新建文件中，如图 9-19(b)所示。

(5) 重复执行(3)(4)，将装配图中主视图所需的各零件的主视图图形以图块的形式插入到新文件，再通过移动命令将各图块按装配关系拼画在一起，得到装配图中主视图的雏形，如图 9-20 所示。

球阀装配图的左视图、俯视图的拼画也按如上方法实现。

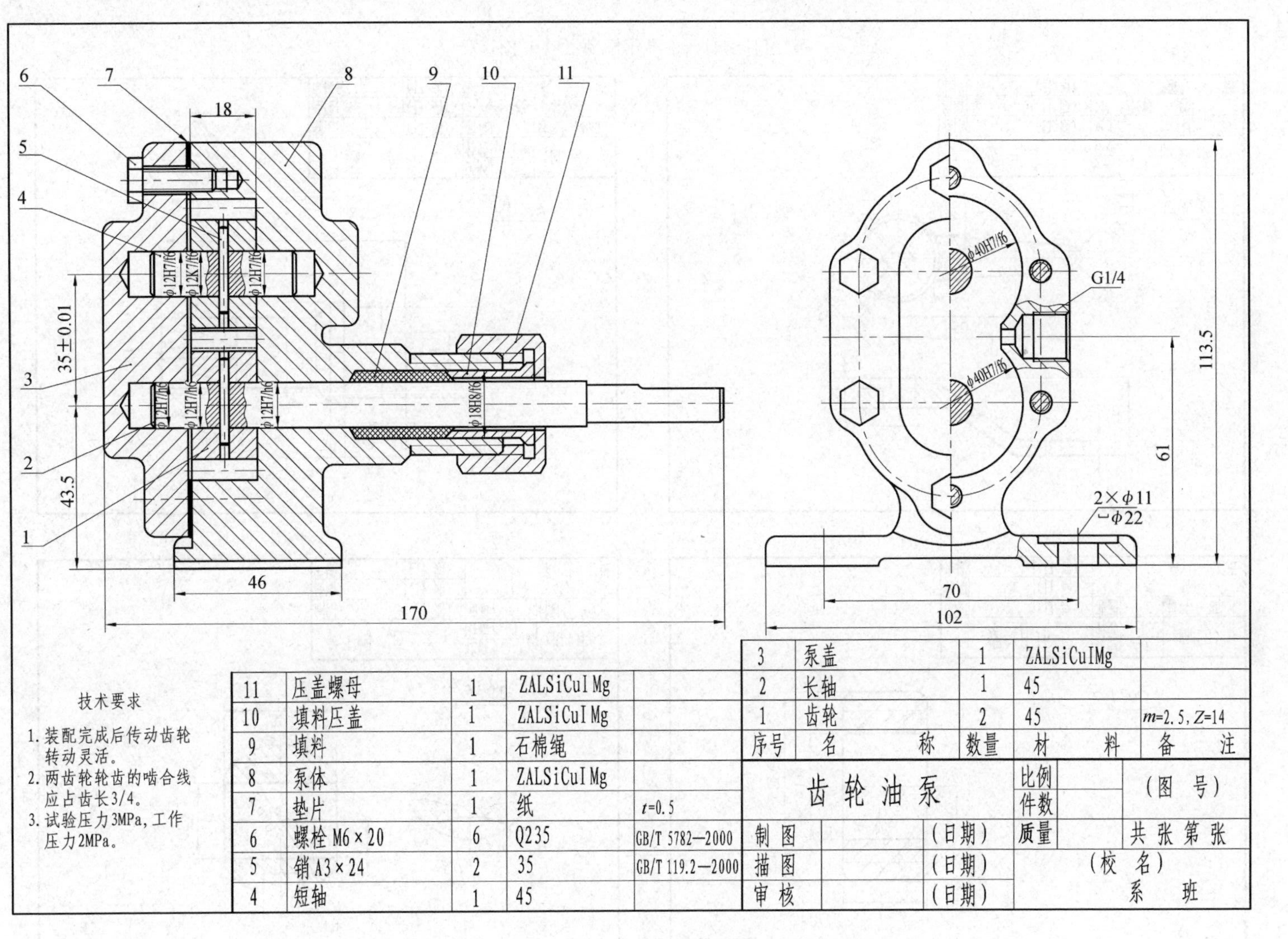

11	压盖螺母	1	ZALSiCuIMg	
10	填料压盖	1	ZALSiCuIMg	
9	填料	1	石棉绳	
8	泵体	1	ZALSiCuIMg	
7	垫片	1	纸	t=0.5
6	螺栓 M6×20	6	Q235	GB/T 5782—2000
5	销 A3×24	2	35	GB/T 119.2—2000
4	短轴	1	45	

3	泵盖	1	ZALSiCuIMg	
2	长轴	1	45	
1	齿轮	2	45	m=2.5, Z=14
序号	名　称	数量	材　料	备　注

齿轮油泵			比例		（图　号）
			件数		
制　图		（日期）	质量		共　张　第　张
描　图		（日期）	（校　名）		
审　核		（日期）	系　　班		

图 9-17　齿轮油泵装配图

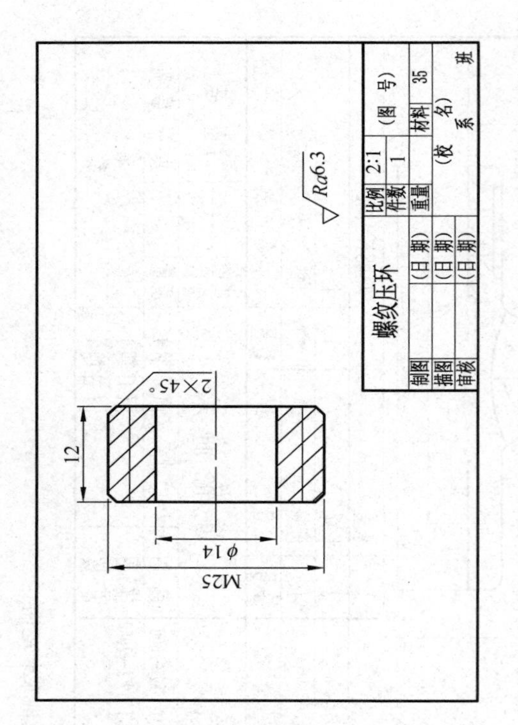

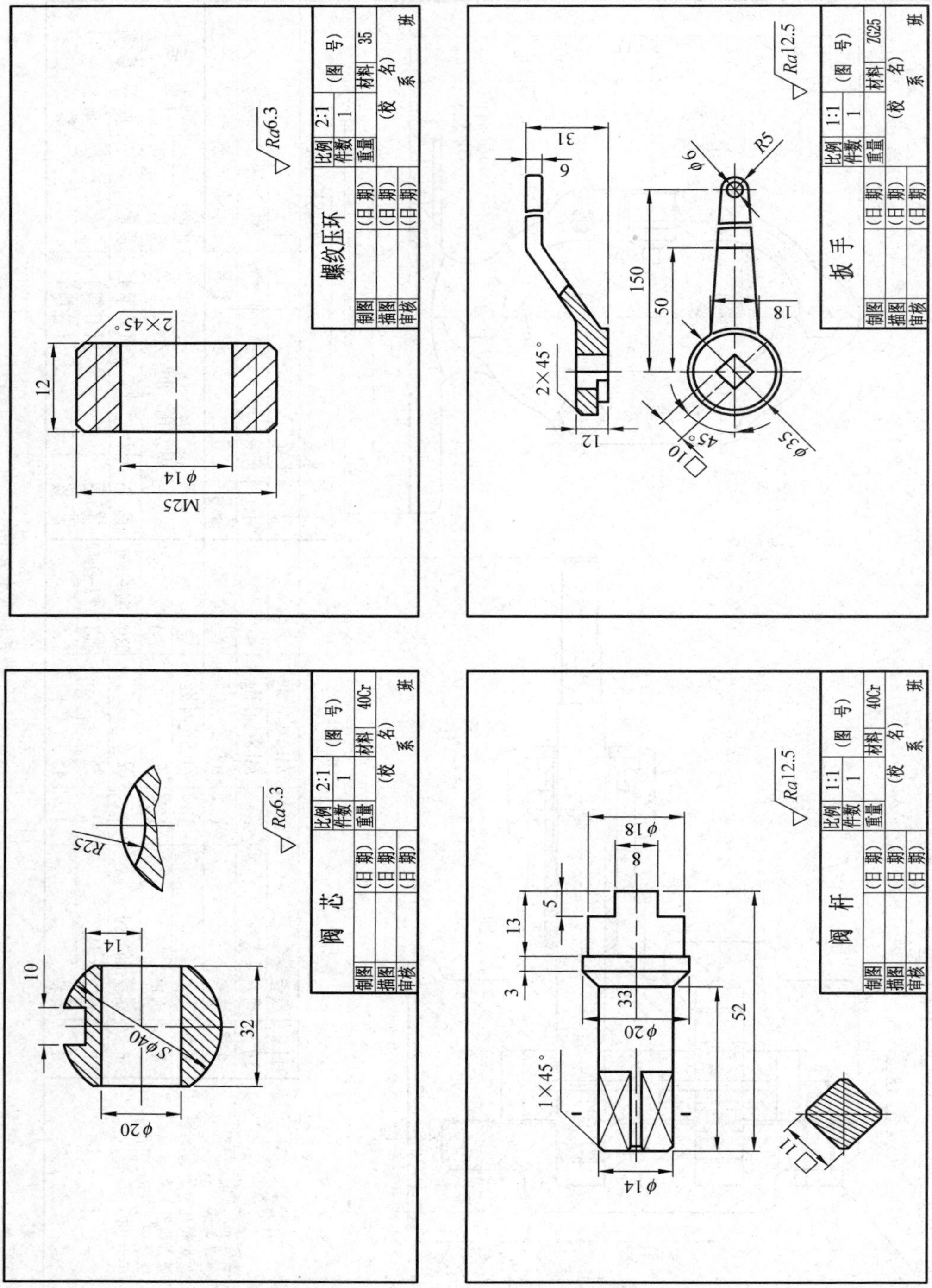

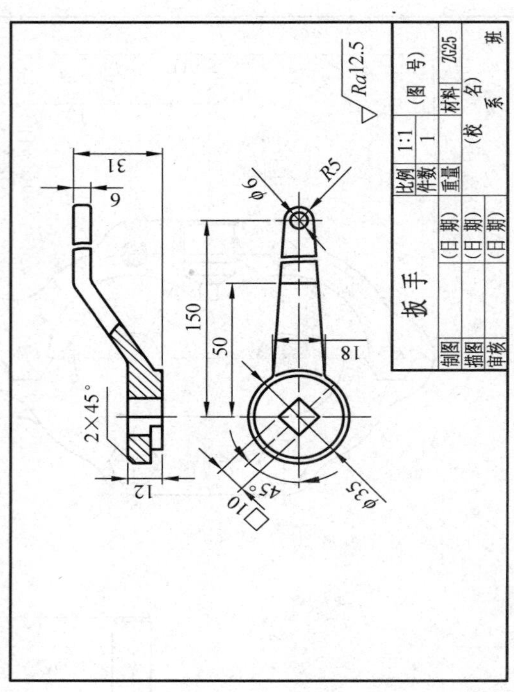

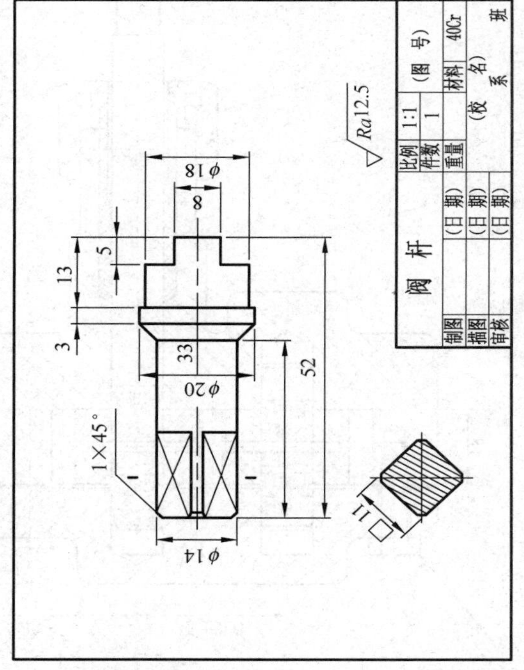

图 9-18　球阀主要非标件零件图

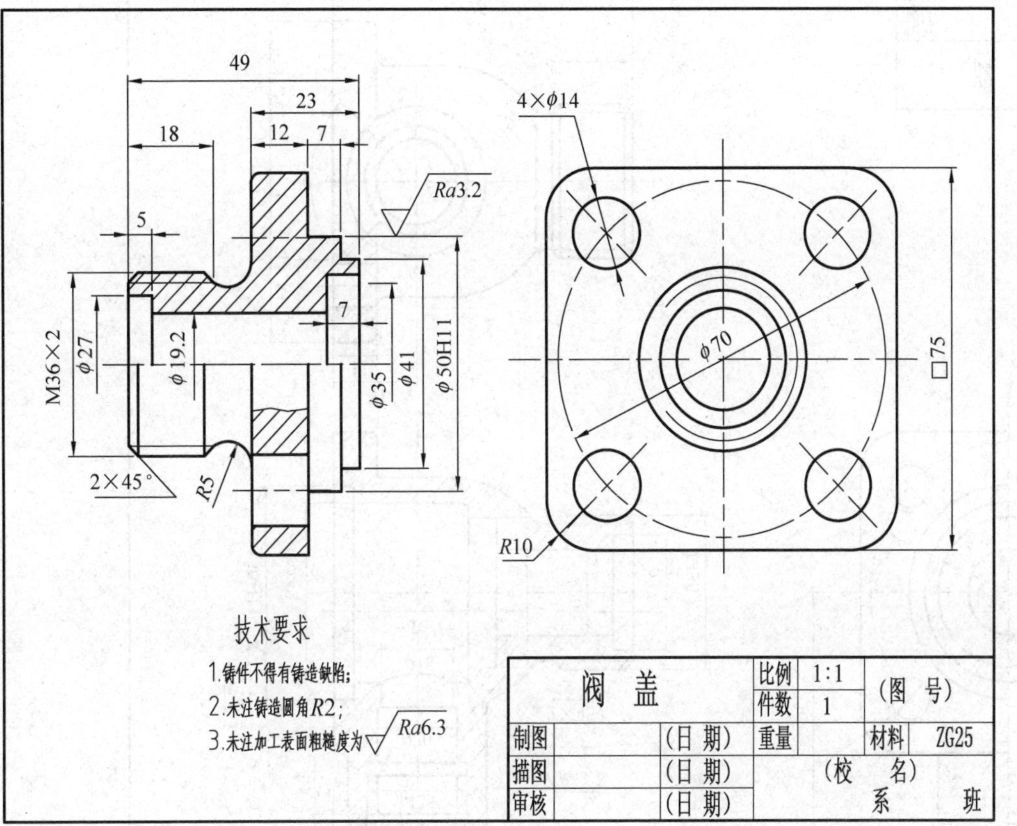
49
23
18
12
7
5
Ra3.2
M36×2
φ27
φ19.2
7
φ35
φ41
φ50H11
2×45°
R5
4×φ14
φ70
□75
R10
技术要求
1.铸件不得有铸造缺陷;
2.未注铸造圆角R2;
3.未注加工表面粗糙度为 Ra6.3
阀 盖
比例 1:1
件数 1
(图 号)
制图 (日 期)
重量
材料 ZG25
描图 (日 期)
(校 名)
审核 (日 期)
系 班

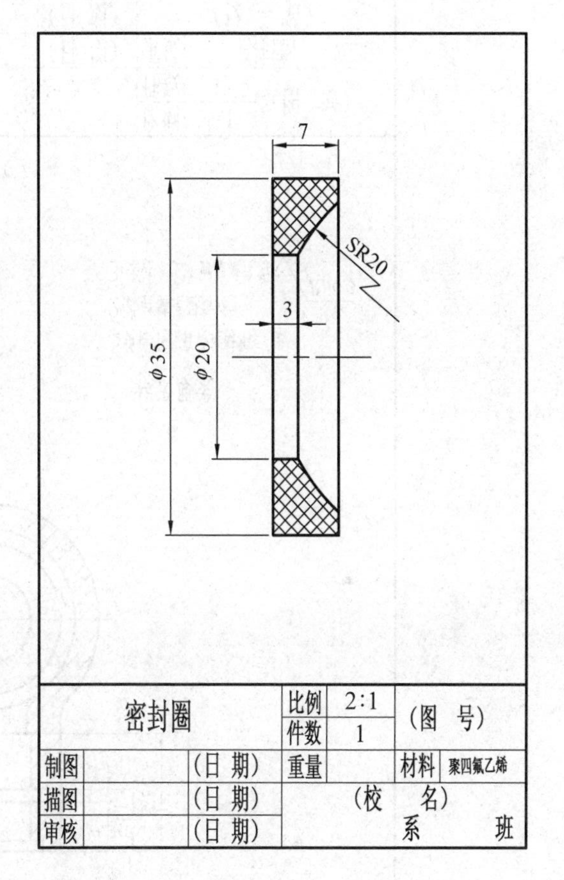
7
SR20
3
φ35
φ20
密封圈
比例 2:1
件数 1
(图 号)
制图 (日 期)
重量
材料 聚四氟乙烯
描图 (日 期)
(校 名)
审核 (日 期)
系 班

图 9-18(续)

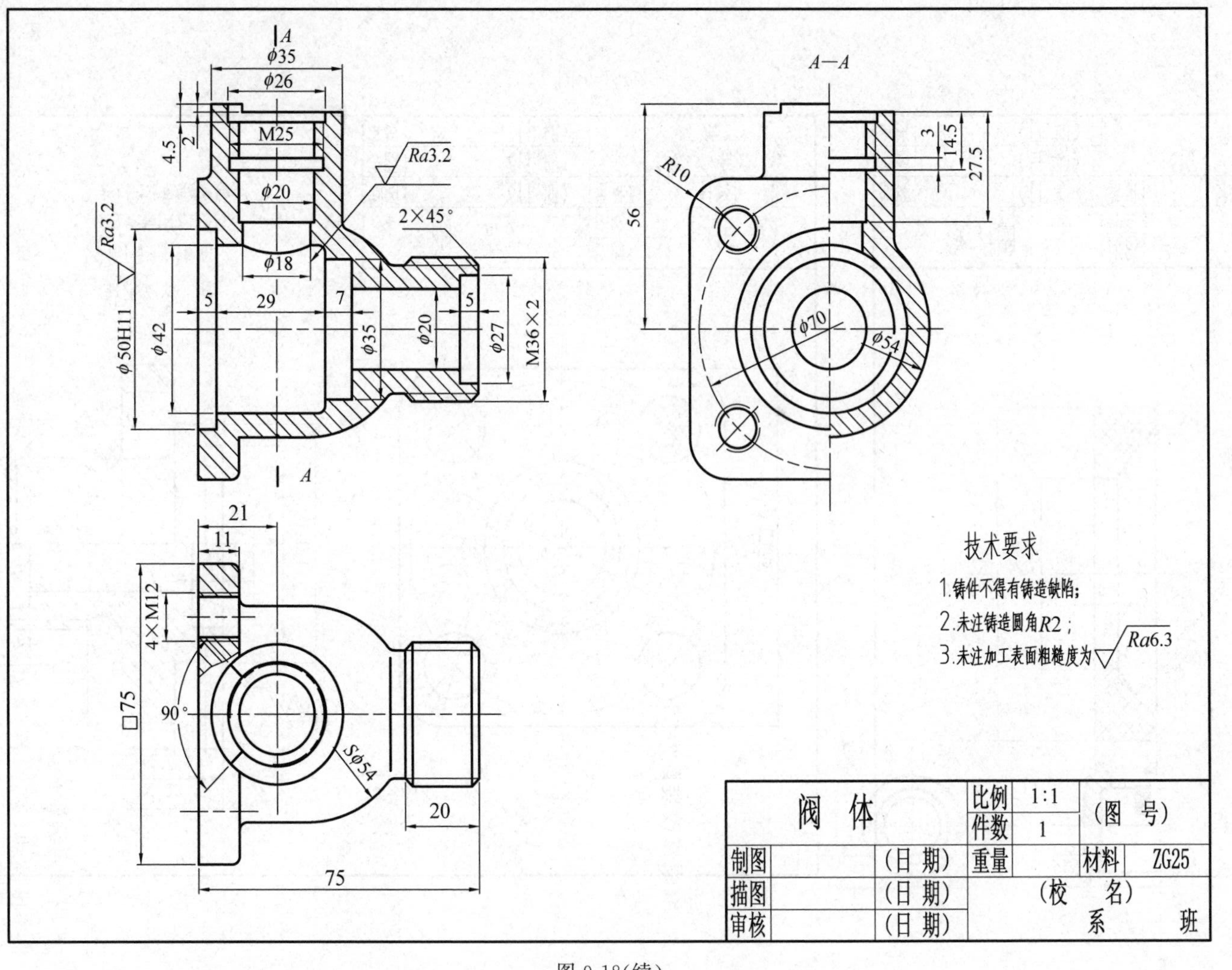
A
φ35
φ26
M25
4.5
2
Ra3.2
φ20
2×45°
Ra3.2
φ18
5
29
7
φ35
φ20
5
φ27
M36×2
φ50H11
φ42
A
A—A
R10
56
3
14.5
27.5
φ70
φ54
21
11
4×M12
□75
90°
Sφ54
20
75
技术要求
1.铸件不得有铸造缺陷；
2.未注铸造圆角R2；
3.未注加工表面粗糙度为 Ra6.3
阀 体
比例 1:1
件数 1
(图 号)
制图 (日期)
重量
材料 ZG25
描图 (日期)
(校 名)
审核 (日期)
系 班

图 9-18(续)

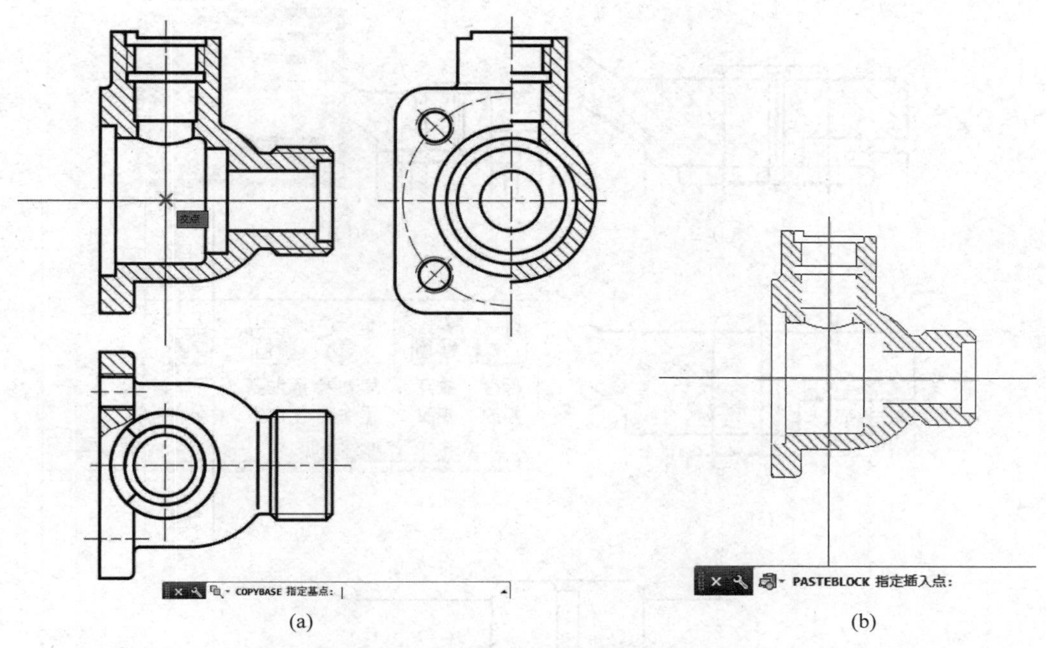

图 9-19 由零件图拼画装配图操作示例

2. 编辑修改装配图

图 9-20 所示装配图中被遮挡的图线、螺纹连接处的画法、增加填料等处的剖面线等都需要修改整理。可以采用分解图块再进行修改编辑的方法，也可以用块编辑命令直接对图块进行修改编辑，并用填充命令在填料处填充剖面符号。

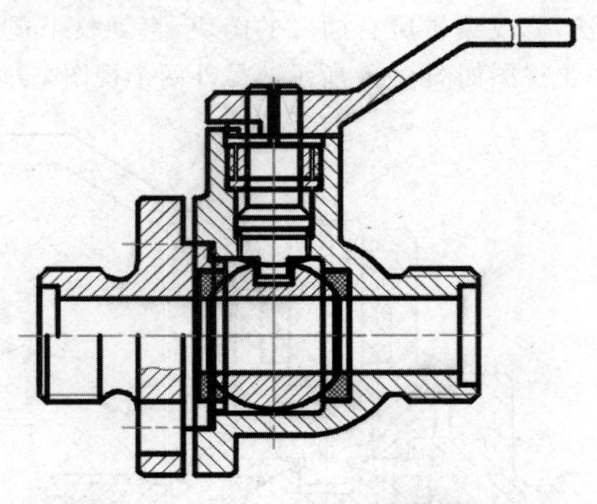

图 9-20 拼画出的装配图主视图雏形

使用参照编辑命令“REFEDIT”，可以直接在当前图形中编辑块定义，选中的块高亮显示，非选中的块(工作集以外的对象)呈淡入显示。

操作方法：以图 9-20 中的球阀扳手为例，选择想要编辑的图块并双击鼠标，弹出参照编辑对话框，选择“确定”，即可在其他零件淡入显示的背景下在位编辑所选定的图块。编辑完成后，单击参照编辑选项卡里的“保存修改”，完成此图块的修改编辑，如图 9-21 所示。

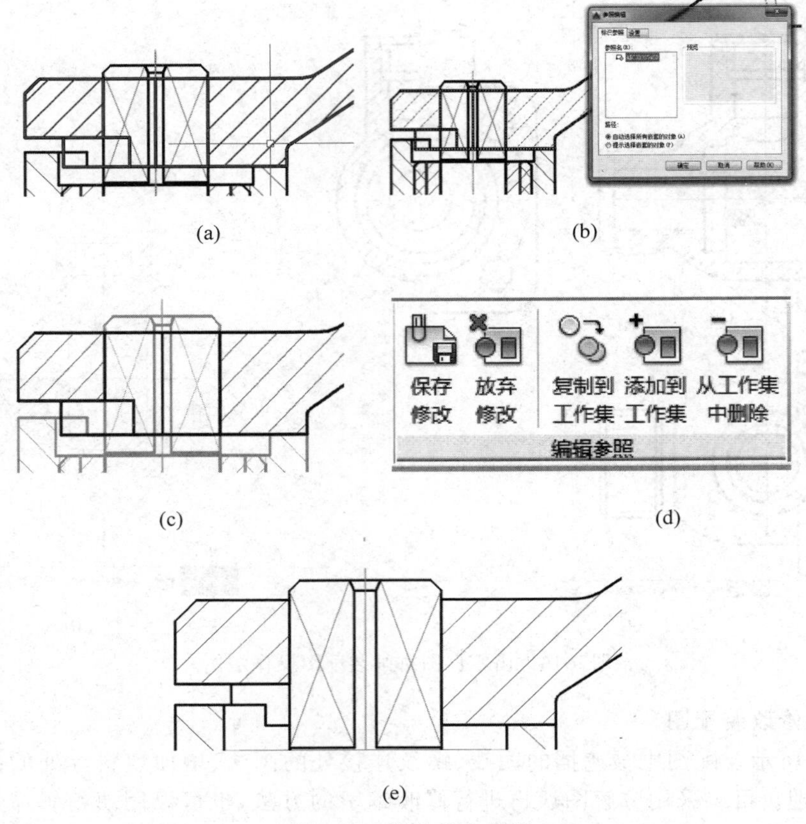

图 9-21　图块修改编辑

按照上面的操作方法，修改编辑所有插入的图块，直到整个视图表达符合规定要求为止，修改完成后的装配图主视图如图 9-22 所示。另外两个视图采用同样的方法操作完成。

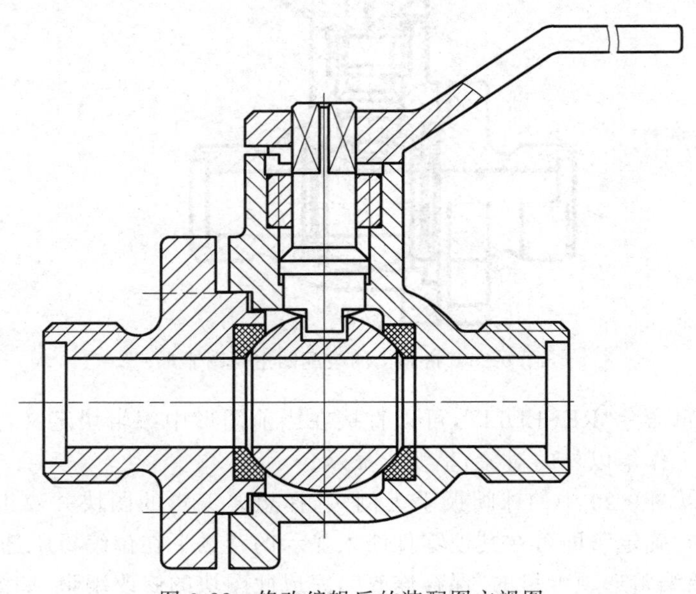

图 9-22　修改编辑后的装配图主视图

3. 标注尺寸

装配图中尺寸的注法和零件图相同。需要注意的是：标注样式应选择“AM_GB”，使得尺寸的标注符合国家标准规定。

4. 绘制图框、标题栏，编制零件序号并填写明细栏

1）图框和标题栏的绘制与零件图相同

2）编制零件序号

在 AutoCAD 2016 机械版中，可以通过创建零件参照，手动或自动编制零件序号并生成明细栏。以手动编制序号方式为例，操作步骤如下：

（1）单击注释选项卡→引出序号，在命令行提示处选择手动“M”，在打算编制零件序号的位置单击鼠标，此处会创建一个零件参照，按命令提示单击序号指引线插入点和序号放置点，右键单击结束该命令，系统即自动创建完一个序号。

（2）双击该零件参照图标“”，在弹出的“零件参照”特性对话框中，修改该零件的名称、材料、质量等信息，如图 9-23 所示。

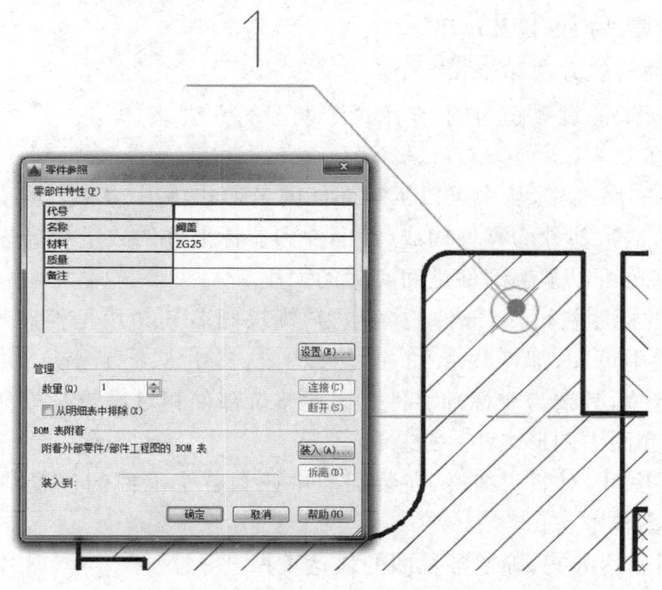

图 9-23　修改零件参照特性

（3）重复执行以上操作，完成所有零件序号的编制和零件参照特性修改。

（4）单击注释选项卡→明细表，在弹出的“明细表”对话框中可以看见前面所创建的所有零件序号及对应特性。单击“确定”拖动鼠标，将系统自动生成的明细表放置在标题栏上方，完成装配图的序号编制和明细栏填写。

说明：零件参照图标“”是在“AM_PAREF”图层上创建的，打印图纸时不会打印出来。也可以通过关闭该图层而使得图标不显示。完成的球阀装配图如图 9-1 所示。

9.7 读装配图并由装配图拆画零件图

读装配图就是通过对装配图的视图、尺寸、技术要求、明细栏、标题栏的阅读和理解，了解部件的名称、用途、工作原理、结构特点、零件之间的装配关系以及操作方法等过程。无论是设计、装配还是技术交流及使用都离不开装配图的阅读问题。掌握科学的看图方法和技巧，积累看图的经验，是快速阅读装配图的基础，也是工程技术人员必备的基本技能之一。当然，专业知识和实践经验对阅读装配图是非常重要的，这要通过专业课程的学习和在生产实践中不断积累获得。本节着重介绍读装配图的一般方法和步骤。

9.7.1 读装配图

1. 读装配图时要了解的内容

(1) 机器或部件的性能、功用和工作原理；

(2) 零件之间的相对位置、装配关系和装拆顺序；

(3) 零件的主要结构形状及作用。

2. 读装配图的一般方法和步骤

现以图 9-24 所示的蝴蝶阀为例，介绍读装配图的方法。

1) 概括了解

(1) 看标题栏和明细栏，从中可以了解部件的名称和功用(从装配图的名称往往可以知道装配体的大致用途)、部件的零件构成(标准件和非标准件的数量和名称)及部件的复杂程度。通过绘制比例还可以了解部件空间实际的大小。

从图 9-24 中的标题栏可知，部件的名称为"蝴蝶阀"，其功用是控制气体或流体的流通与截断。从明细栏中可知，部件共由 13 个零件构成，其中 6、8、9 号和 11 号零件为标准件，主要用于连接和定位，其余为非标准零件。因此整个部件相对比较简单。由比例为 1∶1 可知，空间实物大小和图中图形大小一致。

(2) 根据零件序号，对照明细栏，在装配图中找到各个零件的位置，并熟悉各零件的名称，为后续详细读图作准备。

(3) 分析视图表达方案，确定各视图的表达重点。

图 9-24 所示的蝴蝶阀采用 3 个基本视图表达，主视图两处作局部剖切，一处表达铆钉、阀门和阀杆间的连接关系，另一处表达阀盖与阀体间的连接定位方式。左视图通过阀杆剖切，画成全剖视图，清楚地表达了部件的装配关系。俯视图沿齿杆轴线剖切，画成全剖视图，重点表达工作原理；齿杆作局部剖切，表示螺钉与齿杆间的装配关系。

除了 3 个基本视图，还作了一个零件 1 的 *C* 向视图，用来单独表达零件 1 上端面的结构形状。此端面是阀体与零件 5 阀盖的接触面，零件 5 阀盖的接触端面应保持同样的形状。

2) 确定装配干线及零件的装拆顺序

通过视图分析和零件名称、位置的熟悉就可以分析装配干线，以及装配干线上各零件的相对位置和配合关系，从而理顺装拆顺序。

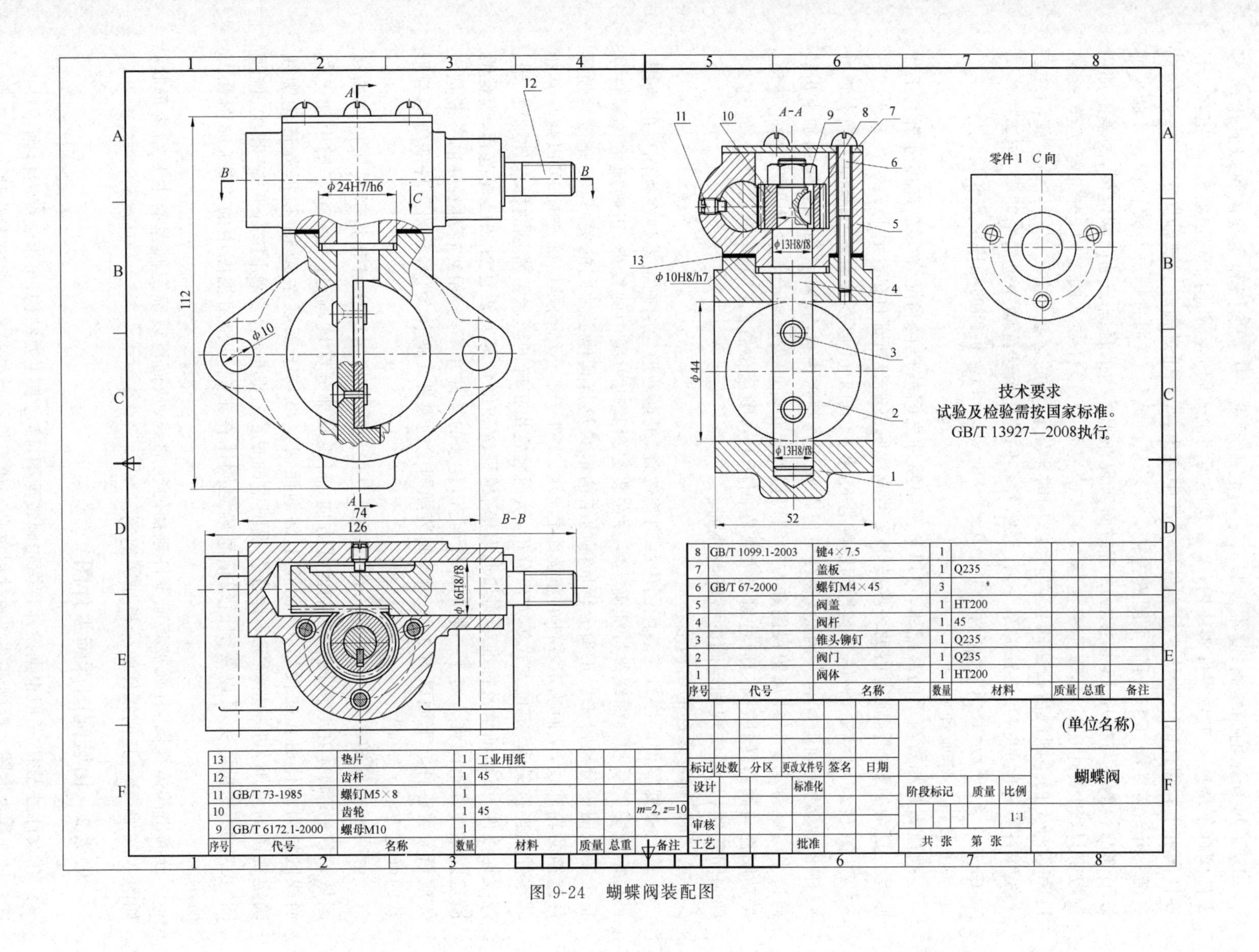
A-A
B-B
零件 1 C 向
φ24H7/h6
φ10
112
74
126
φ16H8/f8
φ13H8/f8
φ10H8/h7
φ44
52
技术要求
试验及检验需按国家标准。
GB/T 13927—2008执行。
8 GB/T 1099.1-2003 键4×7.5 1
7 盖板 1 Q235
6 GB/T 67-2000 螺钉M4×45 3
5 阀盖 1 HT200
4 阀杆 1 45
3 锥头铆钉 1 Q235
2 阀门 1 Q235
1 阀体 1 HT200
序号 代号 名称 数量 材料 质量 总重 备注
13 垫片 1 工业用纸
12 齿杆 1 45
11 GB/T 73-1985 螺钉M5×8 1
10 齿轮 1 45 m=2, z=10
9 GB/T 6172.1-2000 螺母M10 1
序号 代号 名称 数量 材料 质量 总重 备注
标记 处数 分区 更改文件号 签名 日期
设计 标准化
审核
工艺 批准
阶段标记 质量 比例
1:1
共 张 第 张
(单位名称)
蝴蝶阀

图 9-24　蝴蝶阀装配图

图 9-24 所示的蝴蝶阀，基本上只有一条装配干线。从左视图和主视图可以看出，4 号零件阀杆下端插入 1 号零件阀体内；2 号零件阀门位于阀体流孔内，通过铆钉 3 固定在 4 号零件阀杆上；阀杆的上端从 5 号零件阀盖孔中穿出，阀杆通过轴肩实现轴向定位，以便转动灵活；齿轮装在阀杆上，通过半圆键连接。齿轮从上端装入，通过螺母与阀杆固定。阀盖通过下部凸台侧面与垫片 13 相接触的密封面实现在阀体内的径向与轴向的定位，阀盖上部用盖板密封，用螺钉 6 固定，以防灰尘落入。从俯视图看，齿杆装在阀盖内，与齿轮啮合，螺钉 11 和齿杆上的槽限制齿杆在阀盖内转动，同时限定齿杆的运动范围。至此，蝴蝶阀的装配干线和各零件间的相互位置关系一清二楚，各零件的先后装配顺序也清晰明了，用零件序号表示为：1→4→2→3→13→5→8→10→9→7→6→12→11。拆卸的顺序恰好相反。

3）分析工作原理

蝴蝶阀是相对简单的装配体，可以从图中零件之间的连接和配合关系直接分析其工作原理。复杂的装配体则需借助一些技术文档或说明书来分析部件的工作原理。

从图 9-24 中可知，阀体与阀杆间的配合尺寸 ϕ13H8/f6 以及阀杆与阀盖间的配合尺寸 ϕ13H8/f6，均为间隙配合。因此，阀杆可以在阀体与阀盖内自由转动，阀杆的转动则由齿轮通过半圆键带动。另外从俯视图和左视图可以看出齿轮与齿杆啮合。拉动齿杆，齿轮转动，带动阀杆与阀门转动（阀门通过铆钉安装在阀杆上），图示位置阀门处于开启状态，转过 90°即关闭管路，从而实现蝴蝶阀的截断与流通。

4）分析确定零件的结构形状

首先根据零件的序号在装配图中找到其位置，根据外形轮廓确定零件在视图中的范围，再根据投影关系和剖面线等特征确定零件在装配图其他视图中的投影，正确地将该零件从整个装配图中分离出来。正确分析局部的结构形状及与其他零件间的关系，补充被其他零件遮挡的轮廓线，从而确定零件的整体结构形状。对于细小结构难以确定时，可以从与其相邻零件的连接关系、定位方式等方面分析，从而确定出正确的形状。常见的标准件如键、销、螺纹连接件、滚动轴承及标准结构如退刀槽、越程槽和倒角等其表达方法已规范化，因此看懂这些零件并不困难。对于一般的部件而言，复杂的零件并不多，相对较难看懂的一般是壳体或箱盖类零件。下面以图 9-24 蝴蝶阀装配图中的零件 1 阀体为例，介绍零件的分离与形状的确定方法。

由明细栏可知零件 1 为阀体，在左视图中找到零件的对应序号和指引线所指剖面线区域，可确定阀体在装配图中的剖面线方向、间距及部分区域，通过 ϕ44 可了解中部无剖面线区域为阀体通孔的投影，从而将上部剖面线区域与下部联系起来，根据外形轮廓线确定视图的范围，进一步确定阀体在左视图中的投影；根据主、左视图“高平齐”和主、俯视图“长对正”的投影关系以及剖面线信息确定阀体在主视图和俯视图中的投影，如图 9-25 所示。

分离出阀体视图，补充被其他零件遮挡的轮廓线，从而可以确定阀体的主要结构形状，如图 9-26 所示。其他零件的分析如法炮制。

9.7.2　由装配图拆画零件图

在设计过程中，一般根据设计意图先画装配图，确定其主要结构，再由装配图拆画零件图，这一过程称为拆图。拆画零件图的过程也是完成零件设计的过程。拆画零件时，一般先画主

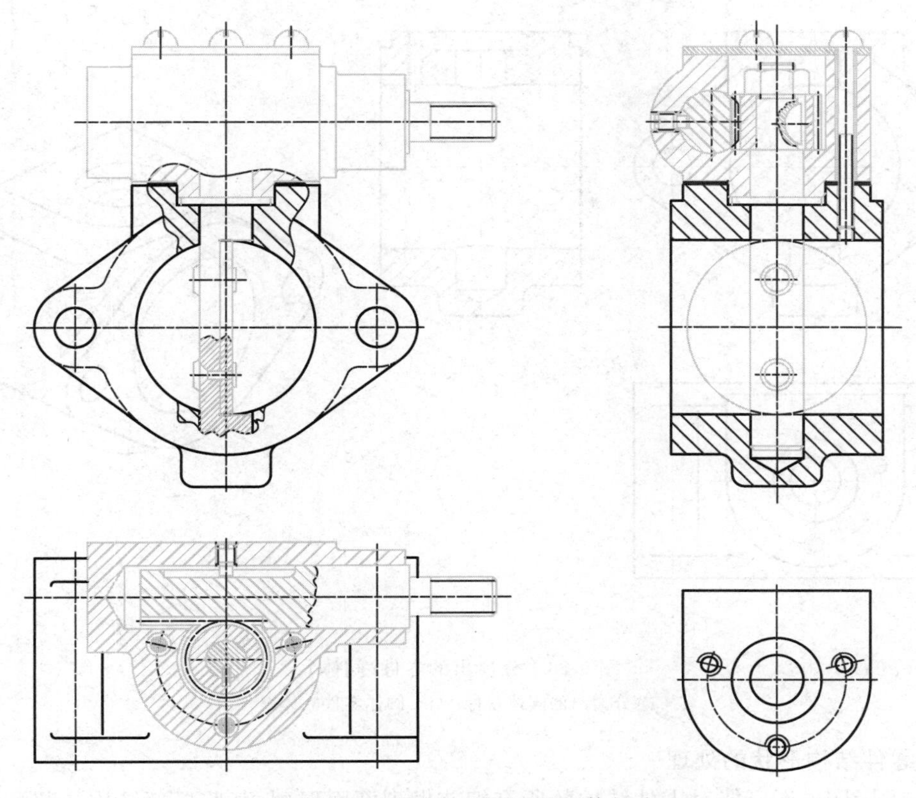

图 9-25　蝴蝶阀装配图中的阀体部分

要零件，然后根据装配关系，逐一拆画有关零件，以保证各零件的形状、尺寸等协调一致。

由装配图拆画零件图除了要认真阅读装配图，全面了解装配体的工作原理、装配关系、技术要求和零件的结构形状以外，还要从设计方面考虑零件的作用和要求，以及从工艺方面考虑零件的制造与装配，应使所画的零件图符合设计和工艺要求。

1. 看懂装配图，分离零件

拆画零件图在看懂装配图的基础上进行，正确地分离零件是拆画零件图的基础。看装配图与分离零件的方法在 9.7.1 节中已介绍过，并以蝴蝶法阀体为例进行了分离。

2. 确定表达方案

某个零件的图形从装配图中分离出来后，其表达方案的选择应根据零件的结构形状特点，按照第 8 章零件图介绍的零件表达方案的选择原则和一般规律重新考虑，不强求与装配图一致。在多数情况下，壳体、箱座类零件主视图所选的方位可以与装配图一致。对于轴套类零件，一般按加工位置选取主视图。

以蝴蝶阀装配图中分离出的阀体为例，分析其特点，确定合理的零件图表达方案。从图 9-26 可以看出，阀体左右对称，基本由 5 个部分组成。主体为圆筒体及两侧附体，前后各有一块与管路相连的连接板，上部是与阀盖相连的凸台，下部是为加强对阀杆的支承而设置的凸台，如图 9-25(b)所示。在此，阀体零件主视图的位置和投影方向选择与蝴蝶阀装配图中的主视图一致，由于对称，作半剖处理；俯视图也对称，所以也做半剖处理，这样两半剖视图就能完整清晰地表达阀体，左视图完全可以取消，如图 9-27 所示。

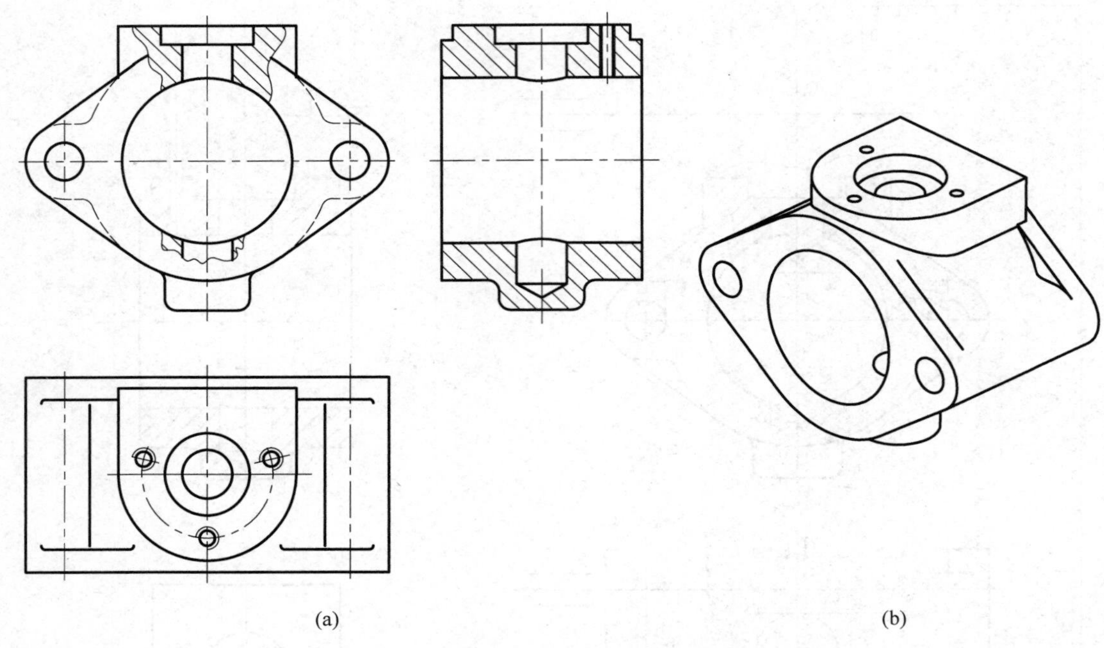

图 9-26　分离出的零件(阀体)

(a) 分离出的阀体零件；(b) 阀体零件立体图

3. 零件结构形状的处理

在装配图中,不可能对零件结构的所有细节做到面面俱到,某些局部结构在装配图中未明确表达,则需要结合设计和工艺知识,以及与相邻零件的配合关系来确定。如图 9-24 中阀体下部凸台的外形及安装孔的穿通情况,并未完全给出,通过上面的分析确定下部凸台应为圆柱体,安装孔应为通孔。

另外零件上某些标准结构,如倒角、倒圆、退刀槽等在装配图中是允许省略的,拆画零件图时,应综合考虑设计和工艺的要求,补画出这些结构,并查表标注清楚。零件上某些结构如销孔,需要与相关零件装配时一起加工,则应在零件图上注明。

4. 画图

画图的过程与零件测绘中画图的过程完全相同。

5. 标注尺寸

(1) 装配图上已注出的尺寸,如配合尺寸、安装尺寸和性能规格尺寸等,应在对应的零件图上直接注出。对于配合尺寸,还应根据配合代号标记将相应的公差带代号分配到对应的零件尺寸上。

(2) 与标准件相连接或配合的有关结构,如螺纹孔、销孔等,要从明细栏相应标准件信息中查取后标注。

(3) 某些零件,在明细栏中给定了尺寸,如弹簧尺寸、垫片厚度等,要按给定尺寸注写。

(4) 有些尺寸可以根据装配图所给的数据进行计算得到的,如齿轮的分度圆、齿顶圆直径等尺寸,则要经过计算,然后注写。

(5) 对标准结构,如倒角、沉孔、螺纹退刀槽、砂轮越程槽等结构的尺寸,要从标准中查阅出标准值后标注。

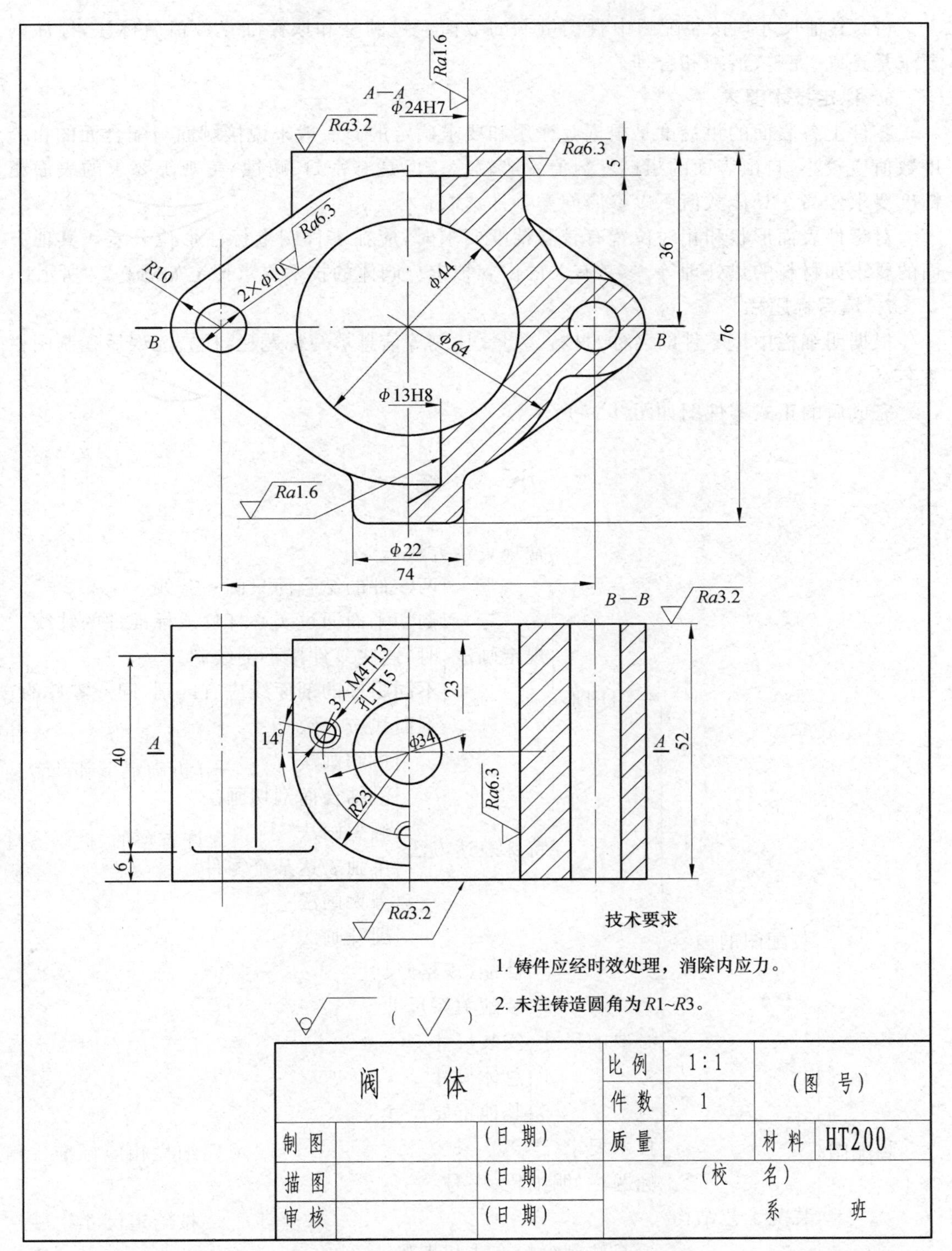

图 9-27　阀体零件图

（6）相邻零件接触面的有关尺寸及连接件的有关定位尺寸，如阀体与阀盖用于连接的孔的定形尺寸和定位尺寸，两零件上注出的数值和形式都要一致。

(7) 其他尺寸均按装配图中直接量取的数值经过圆整和取标准化数值后标注,标注的要求是正确、完整、清晰和合理。

6. 拟定技术要求

零件上各表面的粗糙度是根据其作用和要求确定的。一般来说接触面与配合面的粗糙度数值应较小,自由表面的粗糙度数值一般较大。但是有密封、耐蚀、美观等要求的表面粗糙度要求较高。具体数值可以参照同类零件选取。

对零件表面形状和相对位置有较高精度要求时,应在零件图上标注形位公差。其他方面的要求如材料的热处理等,参考有关的内容拟定。阀体的技术要求拟定如图 9-27 所示。

7. 填写标题栏

根据明细栏中该零件的名称、材料、数量、比例等信息填写标题栏,检查无误后在制图栏签名。

完成后的正式零件图如图 9-27 所示。

小　　结

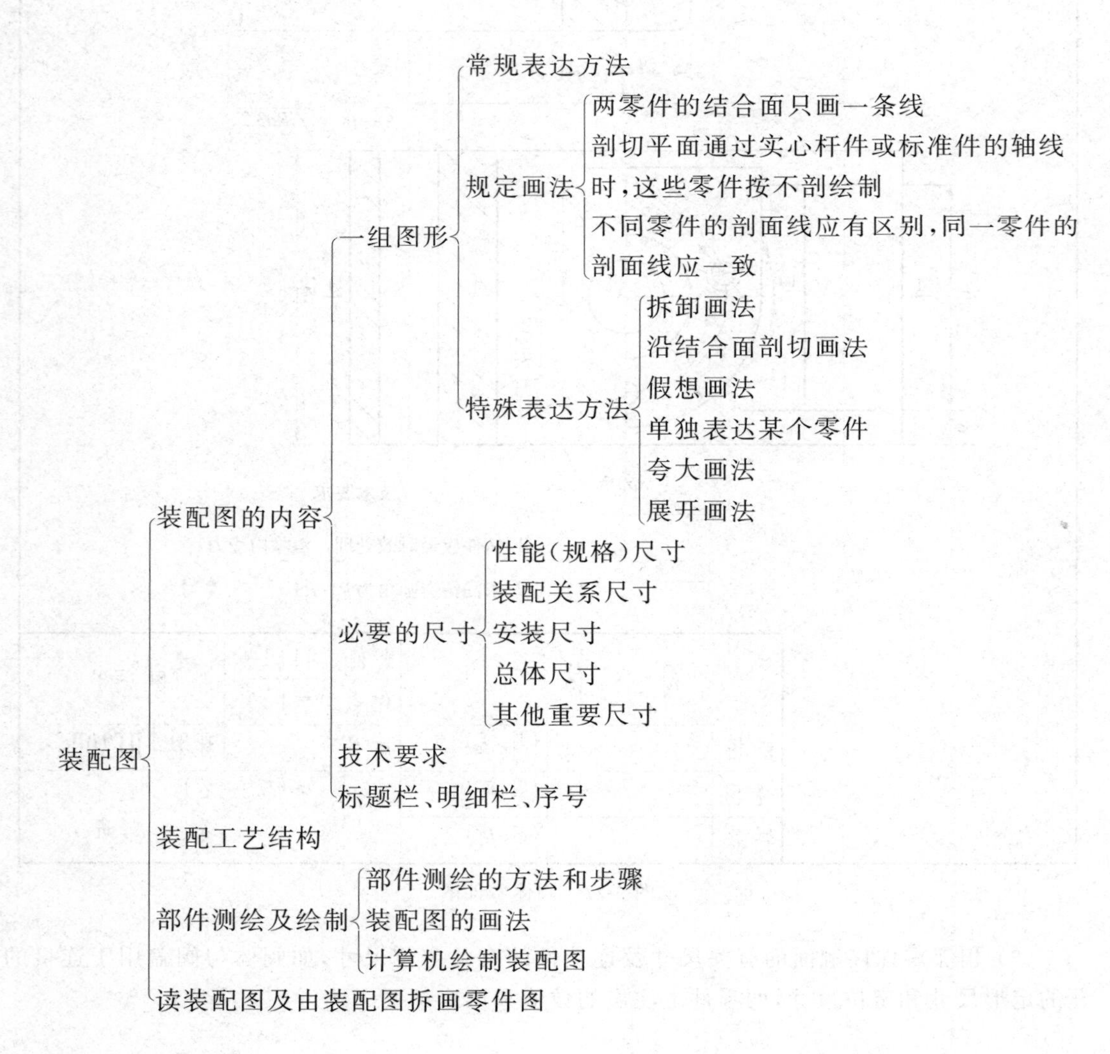

思　考　题

1. 装配图的作用是什么？装配图包含哪些内容？
2. 装配图的特殊表达方法有哪些？
3. 装配图中通常标注哪几类尺寸？
4. 零部件序号编注有哪些基本规则和要求？
5. 什么是装配结构？它的合理性指什么？试举例说明。
6. 如何正确地由零件图拼画装配图？
7. 怎样在装配图中正确地分离零件？

附录　常用机械制图国家标准

附录 A　螺　　纹

1. 普通螺纹(摘自 GB/T 193—2003、GB/T 196—2003)

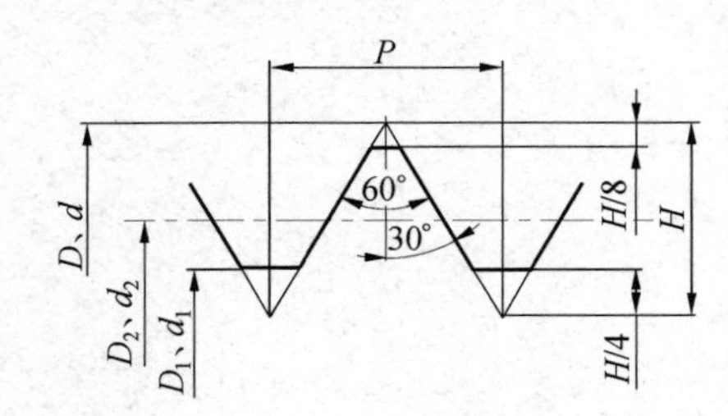

D—内螺纹大径
d—外螺纹大径
D_2—内螺纹中径
d_2—外螺纹中径
D_1—内螺纹小径
d_1—外螺纹小径
P—螺距
H—原始三角形高度

标记示例:

公称直径 24mm、螺距 1.5mm、右旋的细牙普通螺纹:

M24×1.5

附表 A-1　普通螺纹直径与螺距系列、基本尺寸　　mm

公称直径 D、d		螺距 P		粗牙小径 D_1、d_1	公称直径 D、d		螺距 P		粗牙小径 D_1、d_1
第一系列	第二系列	粗牙	细牙		第一系列	第二系列	粗牙	细牙	
3		0.5	0.35	2.459		22	2.5	2,1.5,1,(0.75),(0.5)	19.294
	3.5	(0.6)		2.850	24		3	2,1.5,1,(0.75)	20.752
4		0.7	0.5	3.242		27	3	2,1.5,1,(0.75)	23.752
	4.5	(0.75)		3.688					
5		0.8		4.134	30		3.5	(3),2,1.5,1,(0.75)	26.211
6		1	0.75,(0.5)	4.917		33	3.5	(3),2,1.5,(1),(0.75)	29.211
8		1.25	1,0.75,(0.5)	6.647	36		4	3,2,1.5,(1)	31.670
10		1.5	1.25,1,0.75,(0.5)	8.376		39	4		34.670
12		1.75	1.5,1.25,1,(0.75),(0.5)	10.106	42		4.5	(4),3,2,1.5,(1)	37.129
	14	2	1.5,(1.25)*,1,(0.75),(0.5)	11.835		4.5			40.129
16		2	1.5,1,(0.75),(0.5)	13.835	48		5		42.587
	18	2.5	2,1.5,1,(0.75),(0.5)	15.294		52	5		46.587
20		2.5		17.294	56		5.5	4,3,2,1.5,(1)	50.046

注:1. 优先选用第一系列,括号内尺寸尽可能不用。
2. 公称直径 D、d 第三系列未列入。
3. * M14×1.25 仅用于火花塞。
4. 中径 D_2、d_2 未列入。

附表 A-2　细牙普通螺纹螺距与小径的关系　　mm

螺距 P	小径 D_1、d_1	螺距 P	小径 D_1、d_1	螺距 P	小径 D_1、d_1
0.35	$d-1+0.621$	1	$d-2+0.917$	2	$d-3+0.835$
0.5	$d-3+0.459$	1.25	$d-2+0.647$	3	$d-4+9.752$
0.75	$d-1+0.188$	1.5	$d-2+0.376$	4	$d-6+0.670$

注：表中的小径按 $D_1=d_1=d-2\times\frac{5}{8}H$，$H=\frac{\sqrt{3}}{2}P$ 计算得出。

2. 非螺纹密封的管螺纹(GB/T 7307—2001)

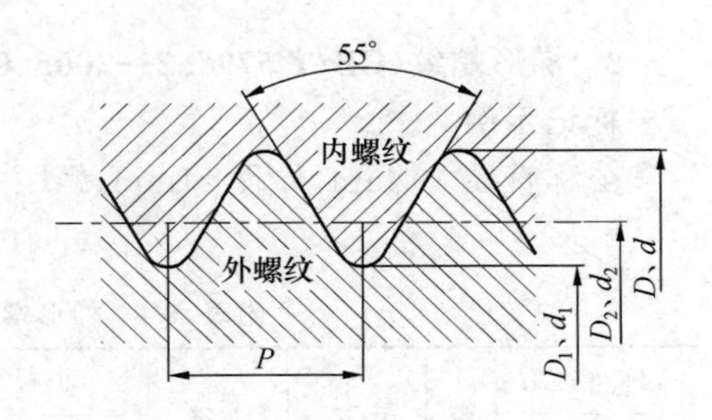

标记示例：

$1\frac{1}{2}$左旋内螺纹：G1 $\frac{1}{2}$－LH(右旋不标)

$1\frac{1}{2}$A 级外螺纹：G1 $\frac{1}{2}$A

$1\frac{1}{2}$B 级外螺纹：G1 $\frac{1}{2}$B

内外螺纹装配：G1 $\frac{1}{2}$/1 $\frac{1}{2}$A(斜线左边表示内螺纹，右边为外螺纹)

附表 A-3　非螺纹密封的管螺纹的基本尺寸　　mm

尺寸代号	每 25.4mm 内的牙数 n	螺距 P	基本直径		
			大径 $d=D$	中径 $d_2=D_2$	小径 $d_1=D_1$
1/8	28	0.907	9.728	9.147	8.566
1/4	19	1.337	13.157	12.301	11.445
3/8			16.662	15.806	14.950
1/2	14	1.814	20.955	19.793	18.631
5/8			22.911	21.749	20.587
3/4			26.441	25.279	24.117
7/8			30.201	29.039	27.877
1	11	2.309	33.249	31.770	30.291
1 1/2		2.309	41.910	40.431	38.952
1 3/4		2.309	53.746	52.267	50.788
2		2.309	59.614	58.135	56.656
2 1/4		2.309	65.710	64.231	62.752
2 1/2		2.309	75.184	73.705	72.226
2 3/4		2.309	81.534	80.055	78.576
3		2.309	87.884	86.405	84.926

注：本标准适应用于管接头、旋塞、阀门及其附件。

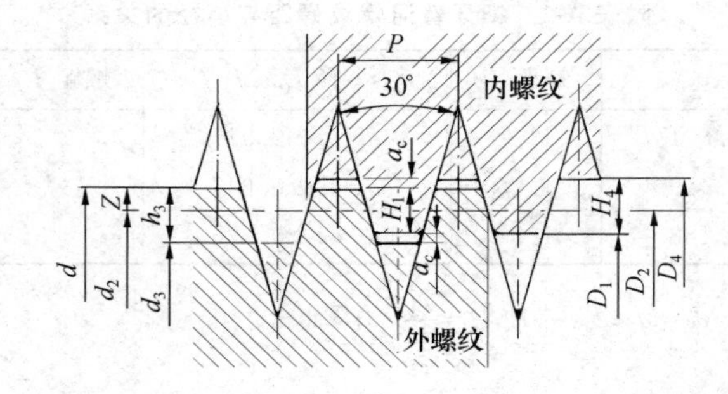

3. 梯形螺纹(GB/T 5796.2—2005、GB/T 5796.3－2005、GB/T 5796.4—2005)

标记示例

公称直径 40 mm,导程 14mm,螺距为 7mm 的双线左旋梯形螺纹:

Tr40×14(P7)LH

附表 A-4　梯形螺纹直径与螺距系列、基本尺寸　　mm

公称直径 d		螺距 P	中径 $d_2=D_2$	大径 D_4	小径		公称直径 d		螺距 P	中径 $d_2=D_2$	大径 D_4	小径	
第一系列	第二系列				d_3	D_1	第一系列	第二系列				d_3	D_1
8		1.5	7.25	8.30	6.20	6.50		26	3	24.50	26.50	22.50	23.00
	9	1.5	8.25	9.30	7.20	7.50			5	23.50	26.50	20.50	21.00
		2	8.00	9.50	6.50	7.00			8	22.00	27.00	17.00	18.00
10		1.5	9.25	10.30	8.20	8.50	28		3	26.50	28.50	24.50	25.00
		2	9.00	10.50	7.50	8.00			5	25.50	28.50	22.50	23.00
	11	2	10.00	11.50	8.50	9.00			8	24.00	29.00	19.00	20.00
		3	9.50	11.50	7.50	8.00		30	3	28.50	30.50	26.50	29.00
12		2	11.00	12.50	9.50	10.00			6	27.00	31.00	23.00	24.00
		3	10.50	12.50	8.50	9.00			10	25.00	31.00	19.00	20.50
	14	2	13.00	14.50	11.50	12.00	32		3	30.50	32.50	28.50	29.00
		3	12.50	14.50	10.50	11.00			6	29.00	33.00	25.00	26.00
16		2	15.00	16.50	13.50	14.00			10	27.00	33.00	21.00	22.00
		4	14.00	16.50	11.50	12.00		34	3	32.50	34.50	30.50	31.00
	18	2	17.00	18.50	15.50	16.00			6	31.00	35.00	27.00	28.00
		4	16.00	18.50	13.50	14.00			10	29.00	35.00	23.00	24.00
20		2	19.00	20.50	17.50	18.00	36		3	34.50	36.50	32.50	33.00
		4	18.00	20.50	15.50	16.00			6	33.00	37.00	29.00	30.00
	22	3	20.50	22.50	18.50	19.00			10	31.00	37.00	25.00	26.00
		5	19.50	22.50	16.50	17.00		38	3	36.50	38.50	34.50	35.00
		8	18.00	23.00	13.00	14.00			7	34.50	39.00	30.00	31.00
24		3	22.50	24.50	20.50	21.00			10	33.00	39.00	27.00	28.00
		5	21.50	24.50	18.50	19.00	40		3	38.50	40.50	36.50	37.00
									7	36.50	41.00	32.00	33.00
		8	20.00	25.00	15.00	16.00			10	35.00	41.00	29.00	30.00

附录 B　常用的标准数据和标准结构

1. 零件倒圆与倒角(摘自 GB/T 6403.4—2008)

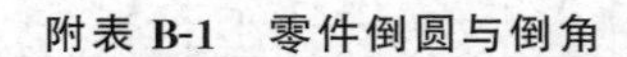

附表 B-1　零件倒圆与倒角　　　　mm

型式	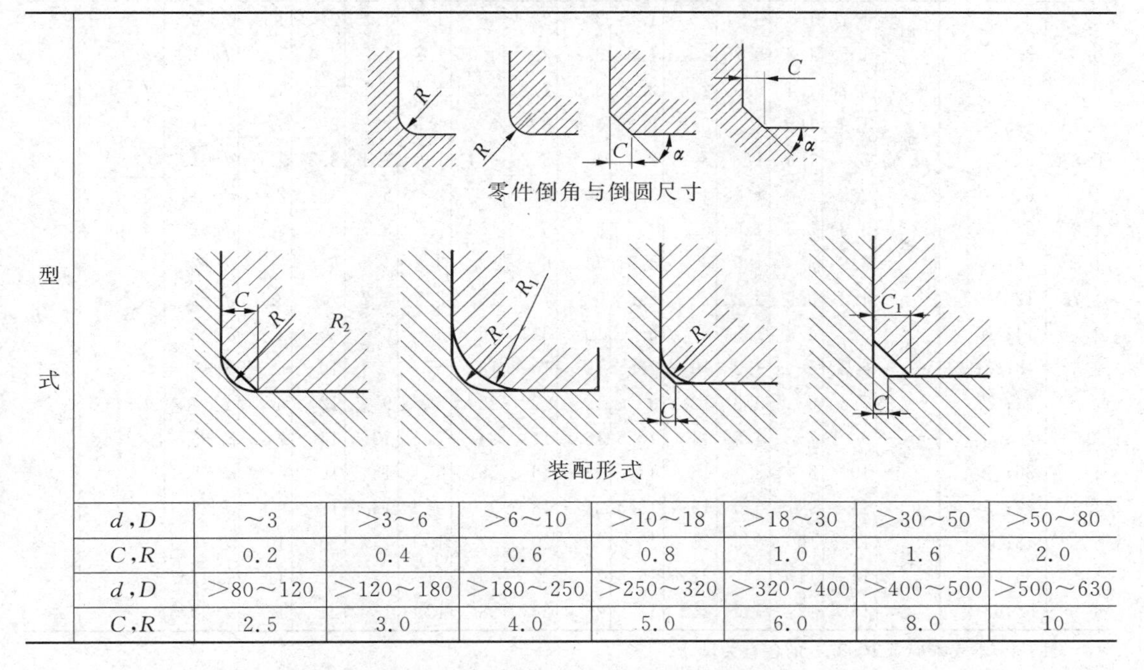零件倒角与倒圆尺寸 装配形式						
d,D	~3	>3~6	>6~10	>10~18	>18~30	>30~50	>50~80
C,R	0.2	0.4	0.6	0.8	1.0	1.6	2.0
d,D	>80~120	>120~180	>180~250	>250~320	>320~400	>400~500	>500~630
C,R	2.5	3.0	4.0	5.0	6.0	8.0	10

2. 普通螺纹的螺纹收尾、肩距、退刀槽和倒角(摘自 GB/T 3—1997)

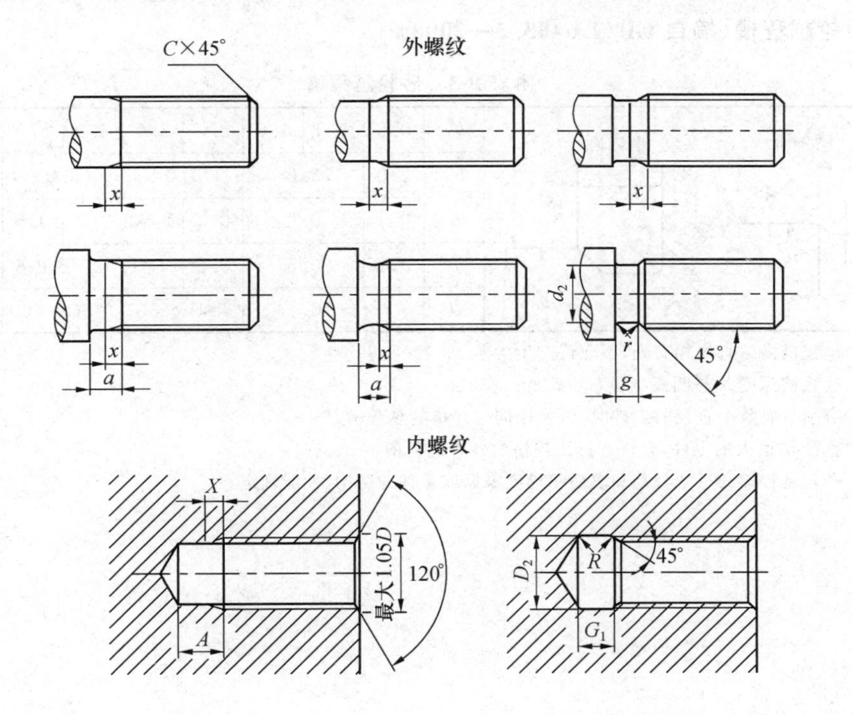

附表 B-2　普通螺纹的螺纹收尾、肩距、退刀槽和倒角　　mm

螺距 P	粗牙螺纹直径	细牙螺纹直径	螺纹收尾 x(max)				肩距 a(max)					退刀槽					
			一般		短的	长的	一般		长的		短的	一般		窄的	d_2	D_2	r 或 $R\approx$
	d		x	X	x	X	a	A	a	A	a	g	G	G			
0.5	3	根据螺距查表	1.25	1	0.7	2	1.5	3	2	4	1	1.5	2	1	$d-0.8$	$d+0.3$	$0.5P$
0.6	3.5		1.5	1.2	0.75	2.4	1.8	3.2	2.4	4.8	1.2	1.5	2.4	1.2	$d-1$		
0.7	4		1.75	1.4	0.9	2.8	2.1	3.5	2.8	5.6	1.4	2.1	2.8	1.4	$d-1.1$		
0.75	4.5		1.9	1.5	1	3	2.25	3.8	3	6	1.5	2.25	3	1.5	$d-1.2$		
0.8	5		2	1.6	1	3.2	2.4	4	3.2	6.4	1.6	2.4	3.2	1.6	$d-1.3$		
1	6; 7		2.5	2	1.25	4	3	5	4	8	2	3	4	2	$d-1.6$	$d+0.5$	
1.25	8		3.2	2.5	1.6	5	4	6	5	10	2.5	3.75	5	2.5	$d-2$		
1.5	10		3.8	3	1.9	6	4.5	7	6	12	3	4.5	6	3	$d-2.3$		
1.75	12		4.3	3.5	2.2	7	5.3	9	7	14	3.5	5.25	7	3.5	$d-2.6$		
2	14; 16		5	4	2.5	8	6	10	8	16	4	6	8	4	$d-3$		
2.5	18;20;22		6.3	5	3.2	10	7.5	12	10	18	5	7.5	10	5	$d-3.6$		
3	24; 27		7.5	6	3.8	12	9	14	12	22	6	9	12	6	$d-4.4$		
3.5	30;33		9	7	4.5	14	10.5	16	14	24	7	10.5	14	7	$d-5$		
4	36; 39		10	8	5	16	12	18	16	26	8	12	16	8	$d-5.7$		
4.5	42;45		11	9	5.5	18	13.5	21	18	29	9	13.5	18	9	$d-6.4$		
5	48; 52		12.5	10	6.3	20	15	23	20	32	10	15	20	10	$d-7$		
5.5	56;60		14	11	7	22	16.5	25	22	35	11	17.5	22	11	$d-7.7$		
6	64;68		15	12	7.5	24	18	28	24	38	12	18	24	12	$d-8.3$		

注：1. 本表未摘录 $P<0.5$ 的各有关尺寸。

2. 国家标准局发布了国家标准《紧固件外螺纹零件的末端》(GB/T 2—2016)，可查阅其中的有关规定。

3. 砂轮越程槽(摘自 GB/T 6403.5—2008)

附表 B-3　砂轮越程槽　　mm

磨外圆　b_1　45°　r　h　d

磨内圆　b_2　45°　r　h　d

b_1	0.6	1.0	1.6	2.0	3.0	4.0	5.0	8.0	10
b_2	2.0	3.0		4.0		5.0		8.0	10
h	0.1	0.2		0.3	0.4		0.6	0.8	1.2
r	0.2	0.5		0.8	1.0		1.6	2.0	3.0
d	~10			>10~50		>50~100		>100	

注：1. 越程槽内二直线相交处，不允许产生尖角。

2. 越程槽深度 h 与圆弧半径 r 要满足 $r\leqslant 3h$。

3. 磨削具有数个直径的工件时，可使用同一规格的越程槽。

4. 直径 d 值大的零件，允许选择小规格的砂轮越程槽。

5. 砂轮越程槽的尺寸公差和表面粗糙度根据该零件的结构、性能确定。

附录 C　常用的标准件

1. 螺栓

六角头螺栓-A 和 B 级(GB/T 5782—2016)

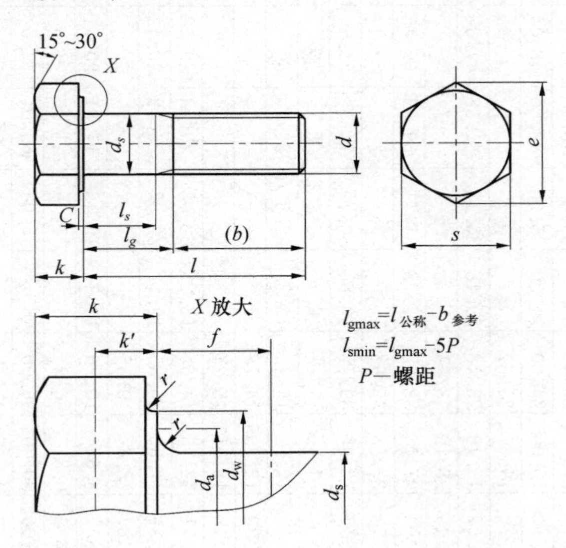

标记示例

螺纹规格 d=M12,公称长度 l=80mm,性能等级为 8.8 级,表面氧化,A 级的六角头螺栓:

螺栓　GB/T 5782　M12×80

2. 双头螺柱

GB/T 897—1988(b_m=1d)　GB/T 898—1988(b_m=1.25d)

GB/T 899—1988(b_m=1.5d)　GB/T 900—1988(b_m=2d)

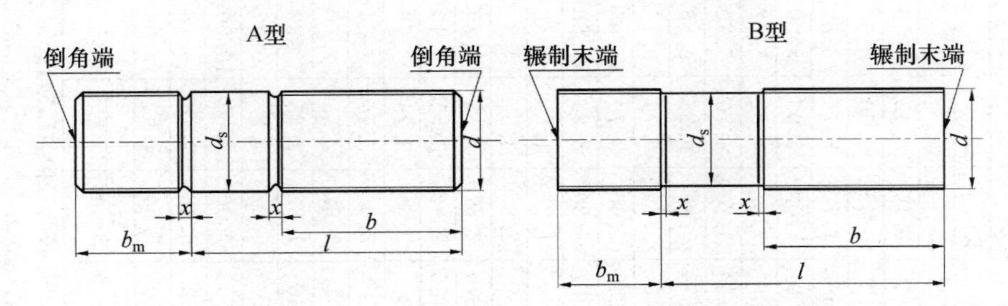

标记示例

两端均为粗牙普通螺纹,d=10mm,l=50mm,性能等级为 4.8 级,不经表面处理,B 型,b_m=1d 的双头螺柱:

螺柱　GB/T 897　M10×50

旋入端为粗牙普通螺纹,紧固端为螺距 P=1mm 的细牙普通螺纹,d=10mm,l=50mm,性能等级为 4.8 级,不经表面处理,A 型,b_m=1.25d 的双头螺柱:

螺柱　GB/T 898　AM10—M10×1×50

附表 C-1　螺栓

mm

螺纹规格 d		M3	M4	M5	M6	M8	M10	M12	M16	M20	M24	M30	M36	M42	M48	M56	M64
b 参考	$l<125$	12	14	16	18	22	26	30	38	46	54	66	78	—	—	—	—
	$125<l<200$	18	20	22	24	28	32	36	44	52	60	72	84	96	108	—	—
	$l>200$	31	33	35	37	41	45	49	57	65	73	85	97	109	121	137	153
c	min	0.15	0.15	0.15	0.15	0.15	0.15	0.15	0.2	0.2	0.2	0.2	0.2	0.3	0.3	0.3	0.3
	max	0.40	0.40	0.50	0.50	0.60	0.60	0.60	0.8	0.8	0.8	0.8	0.8	1.0	1.0	1.0	1.0
d_a	max	3.6	4.7	5.7	6.8	9.2	11.2	13.7	17.7	22.4	26.4	33.4	39.4	45.6	52.6	63	71
d_s	max	3.00	4.00	5.00	6.00	8.00	10.00	12.00	16.00	20.00	24.00	30.00	36.00	42.00	48.00	56.00	64.00
	min 产品等级 A	2.86	3.82	4.82	5.82	7.78	9.78	11.73	15.73	19.67	23.67	—	—	—	—	—	—
	min 产品等级 B	2.75	3.70	4.70	5.70	7.64	9.64	11.57	15.57	19.48	23.48	29.48	35.38	41.38	47.38	55.26	63.26
d_w	min 产品等级 A	4.57	5.88	6.88	8.88	11.63	14.63	16.63	22.49	28.19	33.61	—	—	—	—	—	—
	min 产品等级 B	4.45	5.74	6.74	8.74	11.47	14.47	16.47	22	27.7	33.25	42.75	51.11	59.95	69.45	78.66	88.16
e	min 产品等级 A	6.01	7.66	8.79	11.05	14.38	17.77	20.03	26.75	33.53	39.98	—	—	—	—	—	—
	min 产品等级 B	5.88	7.50	8.63	10.89	14.20	17.59	19.85	26.17	32.95	39.55	50.85	60.79	71.3	82.6	93.56	104.86
f	max	1	1.2	1.2	1.4	2	2	3	3	4	4	6	6	8	10	12	13
k	公称	2	2.8	3.5	4	5.3	6.4	7.5	10	12.5	15	18.7	22.5	26	30	35	40
	产品等级 A min	1.875	2.675	3.35	3.85	5.15	6.22	7.32	9.82	12.285	14.785	—	—	—	—	—	—
	产品等级 A max	2.125	2.925	3.65	4.15	5.45	6.58	7.68	10.18	12.715	15.215	—	—	—	—	—	—
	产品等级 B min	1.8	2.6	3.26	3.76	5.06	6.11	7.21	9.71	12.15	14.65	18.28	22.08	25.58	29.58	34.5	39.5
	产品等级 B max	2.2	3.0	3.74	4.24	5.54	6.69	7.79	10.29	12.85	15.35	19.12	22.92	26.42	30.42	35.5	40.5
k'	min 产品等级 A	1.31	1.87	2.35	2.70	3.61	4.35	5.12	6.87	8.6	10.35	—	—	—	—	—	—
	min 产品等级 B	1.26	1.82	2.28	2.63	3.54	4.28	5.05	6.8	8.51	10.26	12.8	15.46	17.91	20.71	24.15	27.65
r	min	0.1	0.2	0.2	0.25	0.4	0.4	0.6	0.6	0.8	0.8	1	1	1.2	1.6	2	2
s	max=公称	5.50	7.00	8.00	10.00	13.00	16.00	18.00	24.00	30.00	36.00	46	55.0	65.0	75.0	85.0	95.0
	min 产品等级 A	5.32	6.78	7.78	9.78	12.73	15.73	17.73	23.67	29.67	35.38	—	—	—	—	—	—
	min 产品等级 B	5.20	6.64	7.64	9.64	12.57	15.57	17.57	23.16	29.16	35.00	45	53.8	63.1	73.1	82.8	92.8
l（商品规格范围及通用规格）		20～30	25～40	25～50	30～60	35～80	40～100	45～120	55～160	65～200	80～240	90～300	110～360	130～400	140～400	160～400	200～400
l 系列		20,25,30,35,40,45,50,(55),60,(65),70,80,90,100,110,120,130,140,150,160,180,200,220,240,260,280,300,320,340,360,380,400															

注：A 和 B 为产品等级，A 级用于 $d=1.6\sim24$mm 和 $l\leqslant10d$ 或 $\leqslant150$ mm（按较小值）的螺栓，B 级用于 $d>24$ 或 $l>10d$ 或 >150 mm（按较小值）的螺栓。尽可能不采用括号内的规格。

附表 C-2　双头螺柱　　mm

螺纹规格 d	b_m 公称 GB/T 897—1988	b_m 公称 GB/T 898—1988	d_s max	d_s min	x max	b	l 公称
M5	5	6	5	4.7	2.5P	10	16～(22)
						16	25～50
M6	6	8	6	5.7		10	20、(22)
						14	25、(28)、30
						18	(32)～(75)
M8	8	10	8	7.64		12	20、(22)
						16	25、(28)、30
						22	(32)～90
M10	10	12	10	9.64		14	25、(28)
						16	30、(38)
						26	40～120
						32	130
M12	12	15	12	11.57		16	25～30
						20	(32)～40
						30	45～120
						36	130～180
M16	16	20	16	15.57		20	30～(38)
						30	40～50
						38	60～120
						44	130～200
M20	20	25	20	19.48		25	35～40
						35	45～60
						46	(65)～120
						52	130～200

注：1. 本表未列入 GB/T 899—1988、GB/T 900—1988 两种规格。

2. P 表示螺距；d_s≈螺纹中径。

3. l 的长度系列：16，(18)，20，(22)，25，(28)，30，(32)，35，(38)，40，45，50，(55)，60，(65)，70，(75)，80，90，(95)，100～200(十进位)。括号内数值尽可能不采用。

3. 螺钉

开槽圆柱头螺钉(GB/T 65—2016)　　开槽盘头螺钉(GB/T 67—2016)

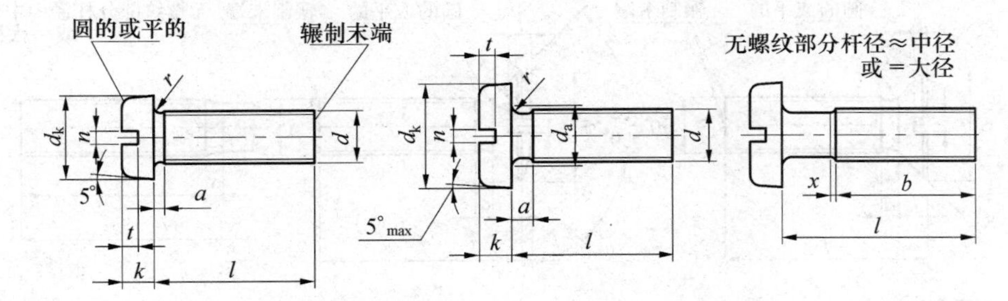

标记示例

螺纹规格 d＝M5、公称长度 l＝20mm、性能等级为 4.8 级，不经表面处理的开槽圆柱头螺钉：

螺钉　GB/T 65　M5×20

附表 C-3　开槽圆柱头螺钉和开槽盘头螺钉

螺纹规格 d			M3	M4	M5	M6	M8	M10
a max			1.0	1.4	1.6	2.0	2.5	3.0
b min			25	38	38	38	38	38
x max			1.25	1.75	2.00	2.50	3.20	3.80
n 公称			0.8	1.2	1.2	1.6	2	2.5
GB/T65—2016	d_k	max	5.50	7.00	8.50	10.00	13.00	16.00
		min	5.32	6.78	8.28	9.78	12.73	15.73
	k	max	2.00	2.60	3.30	3.9	5.0	6.0
		min	1.86	2.46	3.12	3.6	4.7	5.7
	t	min	0.85	1.10	1.30	1.60	2.00	2.40
GB/T67—2016	d_k	max	5.6	8.00	9.50	12.00	16.00	20.00
		min	5.3	7.64	9.14	11.57	15.57	19.48
	k	max	1.80	2.40	3.00	3.6	4.8	6.0
		min	1.66	2.26	2.88	3.3	4.5	5.7
	t	min	0.7	1	1.2	1.4	1.9	2.4
GB/T65—2016 GB/T67—2016	r	min	0.1	0.2	0.2	0.25	0.4	0.4
	d_a	max	3.6	4.7	5.7	6.8	9.2	11.2
	l/b		(4～30)/($l-a$)	(5～40)/($l-a$)	(6～40)/($l-a$)(45～50)/b	(8～40)/($l-a$)(45～60)/b	(10～40)/($l-a$)(45～80)/b	(12～40)/($l-a$)(45～80)/b

注：1. 表中型式(4～30)/($l-a$)表示全螺纹，其余同。

2. 螺钉长度系列 l 为：4,5,6,8,10,12,(14),16,20,25,30,35,40,45,50,(55),60,(65),70,(75),80。尽可能不采用括号内的规格。

3. d_a 表示过渡圆直径。

开槽沉头螺钉(GB/T 68—2016)　　　开槽半沉头螺钉(GB/T 69—2016)

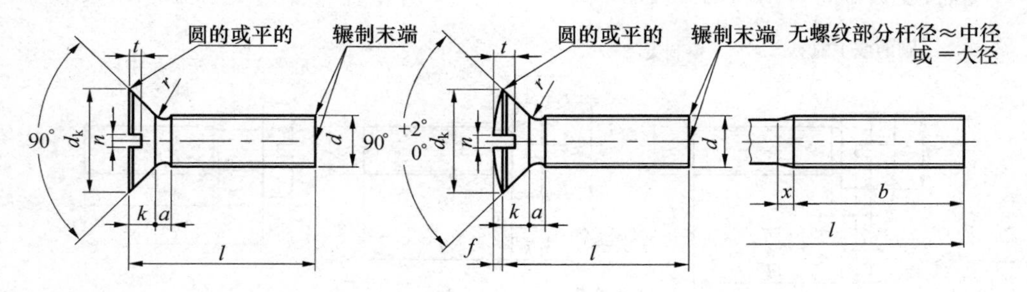

标记示例

螺纹规格 d=M5、公称长度 l=20mm、性能等级为 4.8 级，不经表面处理的开槽沉头螺钉：

螺钉　GB/T 68　M5×20

附表 C-4　开槽沉头螺钉和开槽半沉头螺钉　　　　mm

螺纹规格 d			M1.6	M2	M2.5	M3	M4	M5	M6	M8	M10
P			0.35	0.4	0.45	0.5	0.7	0.8	1	1.25	1.5
a		max	0.7	0.8	0.9	1	1.4	1.6	2	2.5	3
b		min	25				38				
d_k	理论值	max	3.6	4.4	5.5	6.3	9.4	10.4	12.6	17.3	20
	实际值	max	3.0	3.8	4.7	5.5	8.40	9.30	11.30	15.80	8.30
		min	2.7	3.5	4.4	5.2	8.04	8.94	10.87	15.37	17.78
k		max	1	1.2	1.5	1.65	2.7	2.7	3.3	4.65	5
n	公称		0.4	0.5	0.6	0.8	1.2	1.2	1.6	2	2.5
	min		0.46	0.56	0.66	0.86	1.26	1.26	1.66	2.06	2.56
	max		0.60	0.70	0.80	1.00	1.51	1.51	1.91	2.31	2.81
r		max	0.4	0.5	0.6	0.8	1	1.3	1.5	2	2.5
X		max	0.9	1	1.1	1.25	1.75	2	2.5	3.2	3.8
$f\approx$			0.4	0.5	0.6	0.7	1	1.2	1.4	2	2.3
$r_f\approx$			3	4	5	6	9.5	9.5	12	16.5	19.5
t	max	GB/T 68—2016	0.50	0.6	0.75	0.85	1.3	1.4	1.6	2.3	2.6
		GB/T 69—2016	0.8	1.0	1.2	1.45	1.9	2.4	2.8	3.7	4.4
	min	GB/T 68—2016	0.32	0.4	0.50	0.60	1.0	1.1	1.2	1.8	2
		GB/T 69—2016	0.64	0.8	1.0	1.20	1.6	2.0	2.4	3.2	3.8
l(商品规格范围公称长度)			2.5～16	3～20	4～25	5～30	6～40	8～50	8～60	10～80	12～80
l(系列)			2.5,3,4,5,6,8,10,12,(14),16,20,25,30,35,40,45,50,(55),60,(65),70,(75),80								

注：1. P——螺距。

2. 公称长度 $l<30$mm，而螺纹规格 d 在 M1.6～M3 的螺钉，应制出全螺纹；公称长度 $l\leqslant 45$mm，而螺纹规格在 M4～M10 的螺钉也应制出全螺纹。

3. 尽可能不采用括号内的规格。

内六角圆柱头螺钉(GB/T 70.1—2008)

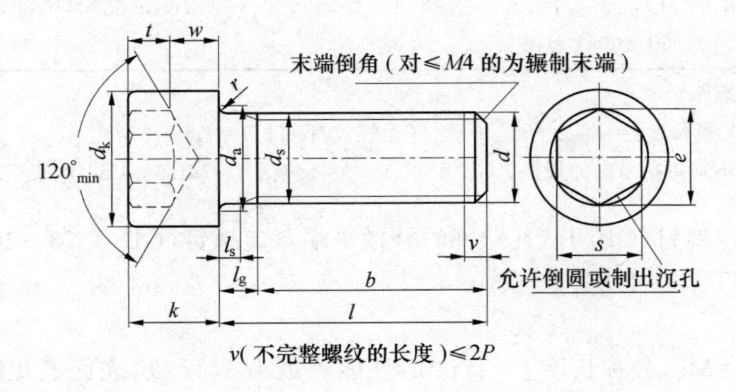

v(不完整螺纹的长度)≤2P

标记示例

螺纹规格 d＝M5，公称长度 l＝20mm，性能等级为 8.8 级，表面氧化的内六角圆柱头螺钉：

螺钉 GB/T 70.1 M5×20

附表 C-5 内六角圆柱头螺钉 mm

螺纹规格 d		M3	M4	M5	M6	M8	M10	M12	M16	M20	M24
P		0.5	0.7	0.8	1	1.25	1.5	1.75	2	2.5	3
b	参考	18	20	22	24	28	32	36	44	52	60
d_k	max	5.5	7	8.5	10	13	16	18	24	30	36
	min	5.32	6.78	8.28	9.78	12.73	15.73	17.73	23.67	29.67	35.61
d_a	max	3.6	4.7	5.7	6.8	9.2	11.2	13.7	17.7	22.4	26.4
d_s	max	3.00	4.00	5.00	6.00	8.00	10.00	12.00	16.00	20.00	24
	min	2.86	3.82	4.82	5.82	7.78	9.78	11.73	15.73	19.67	23.67
e	min	2.87	3.44	4.58	5.72	6.86	9.15	11.43	16.00	19.44	21.73
f	max	0.51	0.60	0.60	0.68	1.02	1.02	1.87	1.87	2.04	2.04
k	max	3	4	3	6	8	10	12	16	20	24
	min	2.86	3.82	4.82	5.70	7.64	9.64	11.57	15.57	19.48	23.48
r	min	0.1	0.2	0.2	0.25	0.4	0.4	0.6	0.6	0.8	0.8
s	公称	2.5	3	4	5	6	8	10	14	17	19
	min	2.52	3.02	4.02	5.02	6.02	8.025	10.025	14.032	17.05	19.065
	max	2.56	3.08	4.095	5.095	6.095	8.115	10.115	14.142	17.23	19.275
t	min	1.3	2	2.5	3	4	5	6	8	10	12
v	max	0.3	0.4	0.5	0.6	0.8	1	1.2	1.6	2	2.4
d_w	min	5.07	6.53	8.03	9.38	12.33	15.33	17.23	23.17	28.87	34.81
W	min	1.15	1.4	1.9	2.3	3.3	4	4.8	6.8	8.6	10.4
l（商品规格范围公称长度）		5～30	6～40	8～50	10～60	12～80	16～100	20～120	25～160	30～200	40～200
l≤表中数值时，制出全螺纹		20	25	25	30	35	40	45	55	65	80
l（系列）		5,6,8,10,12,(14),16,20,25,30,35,40,45,50,(55),60,(65),70,80,90,100,110,120,130,140,150,160,180,200									

注：1. P——螺距。

2. $l_{g\,max}$（夹紧长度）$=l_{公称}-b_{参考}$；$l_{s\,min}$（无螺纹杆部长）$=l_{g\,max}-5P$。

3. 尽可能不采用括号内的规格。GB/T 70.1—2008 包括 d=M1.6～M36，本表只摘录其中一部分。

开槽锥端紧定螺钉（GB/T 71—1985）开槽平端紧定螺钉（GB/T 73—2017）开槽长圆柱端紧定螺钉（GB/T 75—1985）

标记示例

螺纹规格 d=M5，公称长度 l=12mm，性能等级为 14H 级，表面氧化的开槽平端紧定螺钉：

螺钉 GB/T 73 M5×12—14H

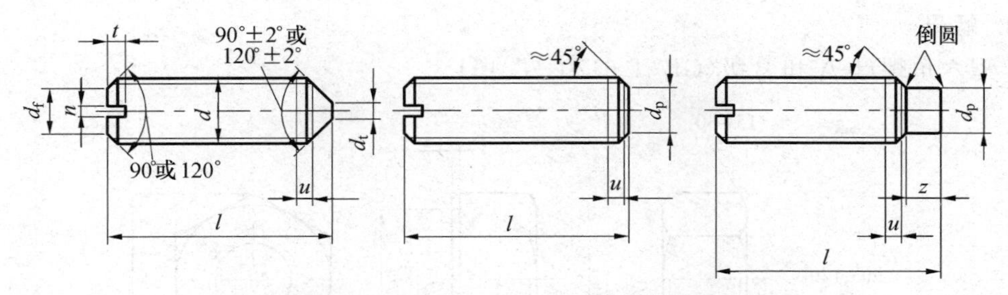

公称长度为短螺钉时，应制成 120°，u 为不完整螺纹的长度≤$2P$

附表 C-6　紧定螺钉　　mm

螺纹规格 d		M1.2	M1.6	M2	M2.5	M3	M4	M5	M6	M8	M10	M12
P		0.25	0.35	0.4	0.45	0.5	0.7	0.8	1	1.25	1.5	1.75
d_f≈		螺纹小径										
d_t	min	—	—	—	—	—	—	—	—	—	—	—
	max	0.12	0.16	0.2	0.25	0.3	0.4	0.5	1.5	2	2.5	3
d_p	min	0.35	0.55	0.75	1.25	1.75	2.25	3.2	3.7	5.2	6.64	8.14
	max	0.6	0.8	1	1.5	2	2.5	3.5	4	5.5	7	8.5
n	公称	0.2	0.25	0.25	0.4	0.4	0.6	0.8	1	1.2	1.6	2
	min	0.26	0.31	0.31	0.46	0.46	0.66	0.86	1.06	1.26	1.66	2.06
	max	0.4	0.45	0.45	0.6	0.6	0.8	1	1.31	1.51	1.91	2.31
t	min	0.4	0.56	0.64	0.72	0.8	1.12	1.28	1.6	2	2.4	2.8
	max	0.52	0.74	0.84	0.95	1.05	1.42	1.63	2	2.5	3	3.6
z	min	—	0.8	1	1.2	1.5	2	2.5	3	4	5	6
	max	—	1.05	1.25	1.25	1.75	2.25	2.75	3.25	4.3	5.3	6.3
GB/T71—1985	l(公称长度)	2～6	2～8	3～10	3～12	4～16	6～20	8～25	8～30	10～40	12～50	14～60
	l(短螺钉)	2	2.5	—	3	—	—	—	—	—	—	—
GB/T73—2017	l(公称长度)	2～6	2～8	2～10	2.5～12	3～16	4～20	5～25	6～30	8～40	10～50	12～60
	l(短螺钉)	—	2	2.5	3	3	4	5	6	—	—	—
GB/T75—1985	l(公称长度)	—	2.5～8	3～10	4～12	5～16	6～20	8～25	8～30	10～40	12～50	14～60
	l(短螺钉)	—	2.5	3	4	5	6	8	10	14	16	20
l(系列)		2,2.5,3,4,5,6,8,10,12,(14),16,20,25,30,35,40,45,50,(55),60										

注：1. 公称长度为商品规格尺寸。

2. 尽可能不采用括号内的规格。

4. 螺母

1 型六角螺母-A 和 B 级(GB/T 6170—2015)

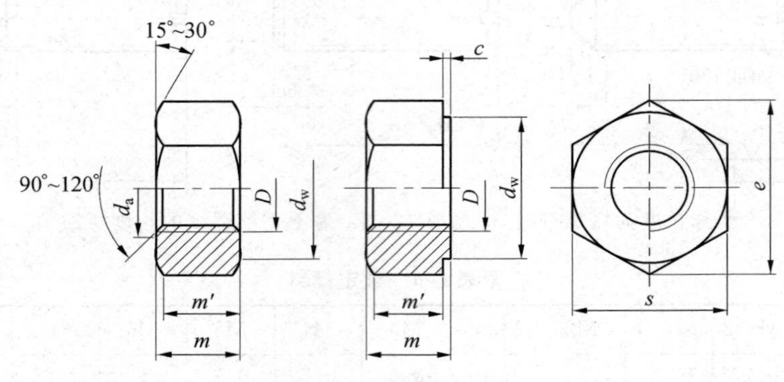

允许制造的形式

标记示例

螺纹规格 D=M12,性能等级为 10 级,不经表面处理,A 级的 1 型六角螺母:

螺母　GB/T 6170　M12

附表 C-7　螺母　　mm

螺纹规格 D		M1.6	M2	M2.5	M3	M4	M5	M6	M8	M10	M12
c	max	0.20	0.20	0.30	0.40	0.40	0.50	0.50	0.60	0.60	0.60
d_a	max	1.84	2.30	2.90	3.45	4.60	5.75	6.75	8.75	10.80	13.00
	min	1.60	2.00	2.50	3.00	4.00	5.00	6.00	8.00	10.00	12.00
d_w	min	2.40	3.10	4.10	4.60	5.90	6.90	8.90	11.60	14.60	16.60
e	min	3.41	4.32	5.45	6.01	7.66	8.79	11.05	14.38	17.77	20.03
m	max	1.30	1.60	2.00	2.40	3.20	4.70	5.20	6.80	8.40	10.80
	min	1.05	1.35	1.75	2.15	2.90	4.40	4.90	6.44	8.04	10.37
m'	min	0.80	1.10	1.40	1.70	2.30	3.50	3.90	5.20	6.40	8.30
m''	min	0.70	0.90	1.20	1.50	2.00	3.10	3.40	4.50	5.60	7.30
s	max	3.20	4.00	5.00	5.50	7.00	8.00	10.00	13.00	16.00	18.00
	min	3.02	3.82	4.82	5.32	6.78	7.78	9.78	12.73	15.73	17.73

螺纹规格 D		M16	M20	M24	M30	M36	M42	M48	M56	M64
c	max	0.80	0.80	0.80	0.80	0.80	1.00	1.00	1.00	1.00
d_a	max	17.30	21.60	25.90	32.40	38.90	45.40	51.80	60.50	69.10
	min	16.00	20.00	24.00	30.00	36.00	42.00	48.00	56.00	64.00
d_w	min	22.50	27.70	33.30	42.80	51.10	60.00	69.50	78.70	88.20
e	min	26.75	32.95	39.55	50.85	60.79	71.30	82.60	93.56	104.86
m	max	14.80	18.00	21.50	25.60	31.00	34.00	38.00	45.00	51.00
	min	14.10	16.90	20.20	24.30	29.40	32.40	36.40	43.40	49.10
m'	min	11.30	13.50	16.20	19.40	23.50	25.90	29.10	34.70	39.30
m''	min	9.90	11.80	14.10	17.00	20.60	22.70	25.50	30.40	34.40
s	max	24.00	30.00	36.00	46.00	55.00	65.00	75.00	85.00	95.00
	min	23.67	29.16	35.00	45.00	53.80	63.10	73.10	82.80	92.80

注:1. A 级用于 $D \leqslant 16$ 的螺母;B 级用于 $D > 16$ 的螺母。本表仅按商品规格和通用规格列出。

2. 螺纹规格为 M8～M64、细牙、A 级和 B 级的 1 型六角螺母,请查阅 GB/T 6171—2016。

5. 垫圈

小垫圈 A 级(GB/T 848—2002)　平垫圈——倒角型 A 级(GB/T 97.2—2002)

平垫圈 A 级(GB/T 97.1—2002)　大垫圈 A 级(GB/T 96.1—2002)

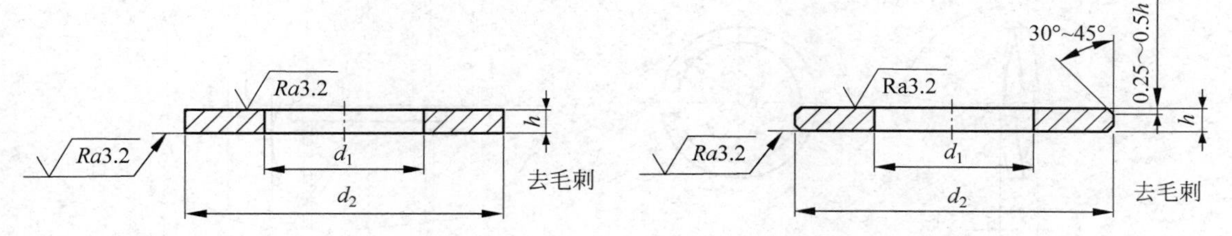

标记示例

标准系列、公称尺寸 d=8mm,性能等级为 140HV 级,不经表面处理的平垫圈:

垫圈　GB/T 97.1　8—140HV

附表 C-8　平垫圈　　mm

公称尺寸(螺纹规格)d			1.6	2	2.5	3	4	5	6	8	10	12	14	16	20	24	30	36
d_1 内径	max	GB/T 848	1.84	2.34	2.84	3.38	4.48	5.48	6.62	8.62	10.77	13.27	15.2	17.27	21.33	25.33	31.33	37.62
		GB/T 97.1															31.39	
		GB/T 97.2	—	—	—	—	—											
		GB/T 96.1	—	—	—	3.38	3.42								22.52	26.84	34	40
	公称(min)	GB/T 848	1.7	2.2	2.7	3.2	4.3	5.3	6.4	8.4	10.5	13	15	17	21	25	31	37
		GB/T 97.1																
		GB/T 97.2	—	—	—	—	—											
		GB/T 96.1	—	—	—	3.2	4.3								22	26	33	39
d_2 外径	公称(max)	GB/T 848	3.5	4.5	5	6	8	9	11	15	18	30	24	28	34	39	50	60
		GB/T 97.1	4	5	6	7	9	10	12	16	20	24	28	30	37	44	56	66
		GB/T 97.2	—	—	—	—	—											
		GB/T 96.1	—	—	—	9	12	15	18	24	30	37	44	50	60	72	92	110
	min	GB/T 848	3.2	4.2	4.7	5.7	7.64	8.64	10.57	14.57	17.57	19.48	23.45	27.48	33.32	38.38	49.35	58.8
		GB/T 97.1	3.7	4.7	5.7	6.64	8.64	9.64	11.57	15.57	19.45	23.48	27.45	29.48	36.35	43.38	55.26	64.8
		GB/T 97.2	—	—	—	—	—											
		GB/T 96.1	—	—	—	8.64	11.57	14.57	17.57	23.45	29.48	36.38	43.38	49.38	58.1	70.1	89.8	107.8
h 厚度	公称	GB/T 848	0.3	0.3	0.5	0.5	0.5	1	1.6	1.6	1.6	2	2.5	2.5	3	4	4	5
		GB/T 97.1					0.8				2	2.5		3				
		GB/T 97.2	—	—	—	—	—											
		GB/T 96.1	—	—	—	0.8	1	1.2	1.6	2	2.5	3	3	3	4	5	6	8
	max	GB/T 848	0.35	0.35	0.55	0.55	0.51	1.1	1.8	1.8	1.8	2.2	2.7	2.7	3.3	4.3	4.3	5.6
		GB/T 97.1					0.9				2.2	2.7		3.3				
		GB/T 97.2	—	—	—	—	—											
		GB/T 96.1	—	—	—	0.9	1.1	1.4	1.8	2.2	2.7	3.3	3.3	3.3	4.6	6	7	9.2
	min	GB/T 848	0.25	0.25	0.45	0.45	0.45	0.9	1.4	1.4	1.4	1.8	2.3	2.3	2.7	3.7	3.7	4.4
		GB/T 97.1					0.7				1.8	2.3		2.7				
		GB/T 97.2	—	—	—	—	—											
		GB/T 96.1	—	—	—	0.7	0.9	1.0	1.4	1.8	2.3	2.7	2.7	2.7	3.4	4	5	6.8

标准型弹簧垫圈(GB/T 93—1987)

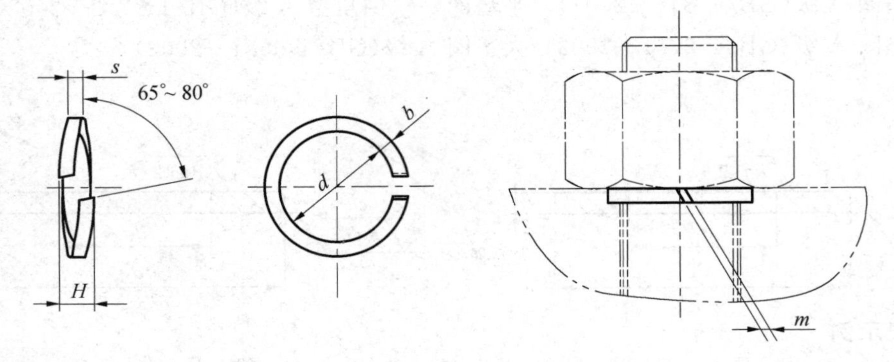

标记示例

规格 16mm,材料为 65Mn,表面氧化的标准型弹簧垫圈:

垫圈　GB/T 93　16

附表 C-9　弹簧垫圈　　mm

规格(螺纹大径)		4	5	6	8	10	12	16	20	24	30
d	min	4.1	5.1	6.1	8.1	10.2	12.2	16.2	20.2	24.5	30.5
	max	4.4	5.4	6.68	8.68	10.9	12.9	16.9	21.04	25.5	31.5
$s(b)$	公称	1.1	1.3	1.6	2.1	2.6	3.1	4.1	5	6	7.5
	min	1	1.2	1.5	2	2.45	2.95	3.9	4.8	5.8	7.2
	max	1.2	1.4	1.7	2.2	2.75	3.25	4.3	5.2	6.2	7.8
H	min	2.2	2.6	3.2	4.2	5.2	6.2	8.2	10	12	15
	max	2.75	3.25	4	5.25	6.5	7.75	10.25	12.5	15	18.75
$m\leqslant$		0.55	0.65	0.8	1.05	1.3	1.55	2.05	2.5	3	3.75

6. 键

普通平键的型式和尺寸(GB/T 1096—2003)

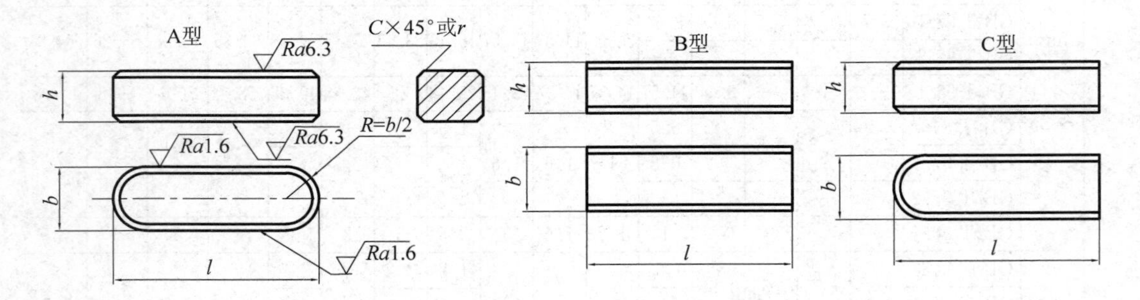

标记示例

圆头普通平键(A 型),$b=18$mm,$h=11$mm,$l=100$mm:键 18×100　GB/T 1096

方头普通平键(B 型),$b=18$mm,$h=11$mm,$l=100$mm:键 B18×100　GB/T 1096

单圆头普通平键(C 型),$b=18$mm,$h=11$mm,$l=100$mm:键 C18×100　GB/T 1096

附表 C-10　平键

mm

b	2	3	4	5	6	8	10	12	14	16	18	20	22	25
h	2	3	4	5	6	7	8	8	9	10	11	12	14	14
C 或 r	0.16～0.25			0.25～0.40			0.40～0.60					0.60～0.80		
l	6～20	6～36	8～45	10～56	14～70	18～90	22～110	28～140	36～160	45～180	50～200	56～220	63～250	70～280
l 系列	6、8、10、12、14、16、18、20、22、25、28、32、36、40、45、50、56、63、70、80、90、100、110、125、140、160、180、200、220、250、280													

注：材料常用 45 钢。

平键　键及键槽的剖面尺寸(GB/T 1095—2003)

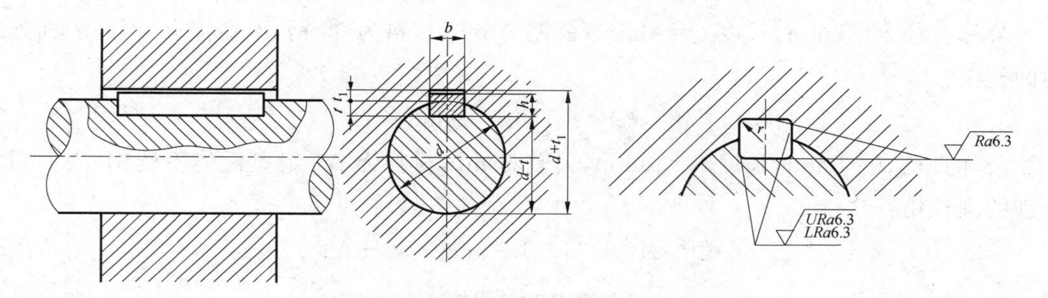

附表 C-11　平键的有关尺寸

mm

轴	键	键槽											
公称直径 d	公称尺寸 $b\times h$	宽度 b						深度				半径 r	
		公称尺寸 b	偏差					轴 t		毂 t_1			
			较松键联结		一般键联结		较紧键联结						
			轴 $H9$	毂 $D10$	轴 $N9$	毂 $Js9$	轴和毂 $P9$	公称	偏差	公称	偏差	最小	最大
自 6～8	2×2	2	+0.025 0	+0.060 +0.020	−0.004 −0.029	±0.0125	−0.006 −0.031	1.2	+0.1 0	1	+0.1 0	0.08	0.16
>8～10	3×3	3						1.8		1.4			
>10～12	4×4	4	0.030 0	+0.078 +0.030	0 −0.030	±0.015	−0.012 −0.042	2.5		1.8			
>12～17	5×5	5						3.0		2.3		0.16	0.25
>17～22	6×6	6						3.5		2.8			
>22～30	8×7	8	+0.036 0	+0.098 +0.040	0 −0.036	±0.018	−0.015 −0.051	4.0	+0.2 0	3.3	+0.2 0		
>30～38	10×8	10						5.0		3.3		0.25	0.40
>38～44	12×8	12	+0.043 0	+0.120 +0.050	0 −0.043	±0.0215	−0.018 −0.061	5.0		3.3			
>44～50	14×9	14						5.5		3.8			
>50～58	16×10	16						6.0		4.3			
>58～65	18×11	18						7.0		4.4			
>65～75	20×12	20	+0.052 0	+0.149 +0.065	0 −0.052	±0.026	−0.022 −0.074	7.0		4.9		0.40	0.60
>75～85	22×14	22						9.0		5.4			
>85～95	25×14	25						9.0		5.4			
>95～110	28×16	28						10.0		6.4			

注：在工作图中轴槽深用 t 或 $(d-t)$ 标注，轮毂槽深用 $(d+t_1)$ 标注。平键轴槽的长度公差带用 H14。

7. 销

圆柱销(GB/T 119.1—2000)

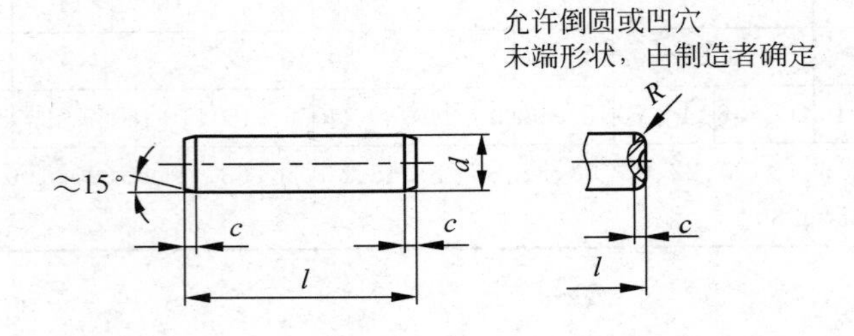

标记示例

公称直径 d=8mm,长度 l=30mm,公差为 m6,材料为 35 钢,不经淬火,不经表面处理的圆柱销：

销　GB/T 119.1　8m6×30

公称直径 d=8mm,长度 l=30mm,公差为 m6,材料为 A1 组奥氏体不锈钢,表面简单处理的圆柱销：

销　GB/T 119.1　8m6×30－A1

附表 C-12　圆柱销　　mm

公称直径 d(m6/h8)	0.6	0.8	1	1.2	1.5	2	2.5	3	4	5
c≈	0.12	0.16	0.20	0.25	0.30	0.35	0.40	0.50	0.63	0.80
l(商品规格范围公称长度)	2～6	2～8	4～10	4～12	4～16	6～20	6～24	8～30	8～40	10～50
公称直径 d(m6/h8)	6	8	10	12	16	20	25	30	40	50
c≈	1.2	1.6	2.0	2.5	3.0	3.5	4.0	5.0	6.3	8.0
l(商品规格范围公称长度)	12～60	14～80	18～95	22～140	26～180	35～200	50～200	60～200	80～200	95～200
l(系列)	2,3,4,5,6,8,10,12,14,16,18,20,22,24,26,28,30,32,35,40,45,50,55,60,65,70,75,80,85,90,95,100,120,140,160,180,200									

圆锥销(GB/T 117—2000)

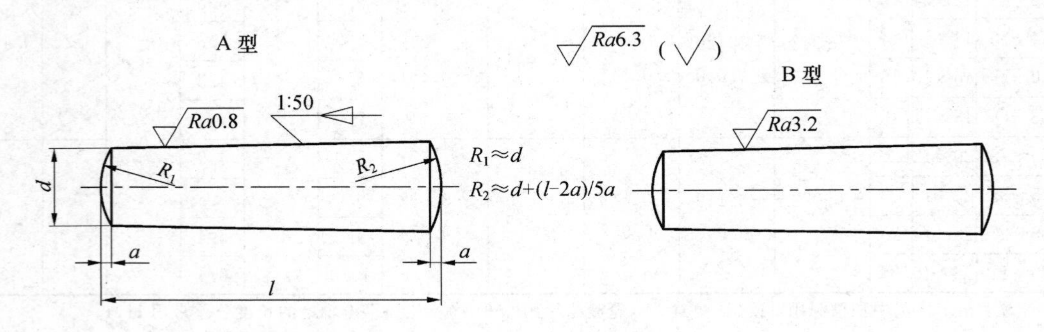

标记示例

公称直径 d=10mm，长度 l=60mm，材料为 35 钢，热处理硬度（28～38）HRC，表面氧化处理的 A 型圆锥销：

销　GB/T 117　10×60

附表 C-13　圆锥销　　mm

d（公称）	0.6	0.8	1	1.2	1.5	2	2.5	3	4	5
a≈	0.08	0.1	0.12	0.16	0.2	0.25	0.3	0.4	0.5	0.63
l（商品规格范围公称长度）	4～8	5～12	6～16	6～20	8～24	10～35	10～35	12～45	14～55	18～60
d（公称）	6	8	10	12	16	20	25	30	40	50
a≈	0.8	1	1.2	1.6	2	2.5	3	4	5	6.3
l（商品规格范围公称长度）	22～90	22～120	26～160	32～180	40～200	45～200	50～200	55～200	60～200	65～200
l（系列）	2,3,4,5,6,8,10,12,14,16,18,20,22,24,26,28,30,32,35,40,45,50,55,60,65,70,75,80,85,90,95,100,120,140,160,180,200									

开口销（GB/T 91—2000）

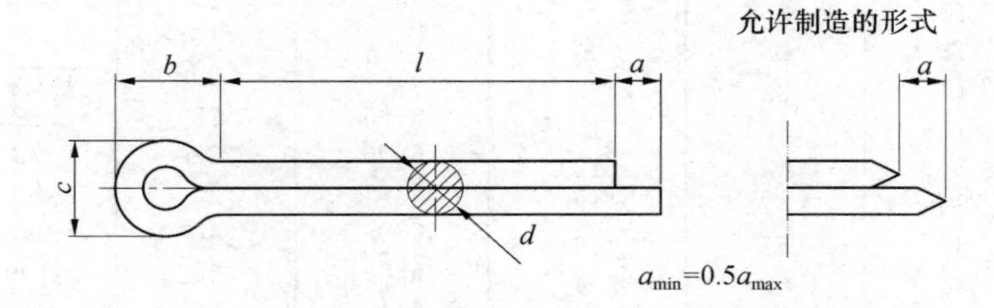

标记示例

公称直径 d=5mm，长度 l=50mm，材料为低碳钢，不经表面处理的开口销：

销　GB/T 91　5×50

附表 C-14　开口销　　mm

d（公称）		0.6	0.8	1	1.2	1.6	2	2.5	3.2	4	5	6.3	8	10	12
c	max	1	1.4	1.8	2	2.8	3.6	4.6	5.8	7.4	9.2	11.8	15	19	24.8
	min	0.9	1.2	1.6	1.7	2.4	3.2	4	5.1	6.5	8	10.3	13.1	16.6	21.7
b≈		2	2.4	3	3	3.2	4	5	6.4	8	10	12.6	16	20	26
a_{max}		1.6	1.6	1.6	2.5	2.5	2.5	2.5	3.2	4	4	4	4	6.3	6.3
l（商品规格范围公称长度）		4～12	5～16	6～20	8～26	8～32	10～40	12～50	14～65	18～80	22～100	30～120	40～160	45～200	70～200
l（系列）		4,5,6,8,10,12,14,16,18,20,22,24,26,28,30,32,36,40,45,50,55,60,65,70,75,80,85,90,95,100,120,140,160,180,200													

注：1. 销孔的公称直径等于 d（公称）；d_{max}、d_{min} 可查阅 GB/T 91—2000，都小于 d（公称）。

2. 根据使用需要，由供需双方协议，可采用 d（公称）为 3、6mm 的规格。

附录D　滚动轴承

1. 深沟球轴承(GB/T 276—2013)

附表 D-1　深沟球轴承　　mm

60000 型

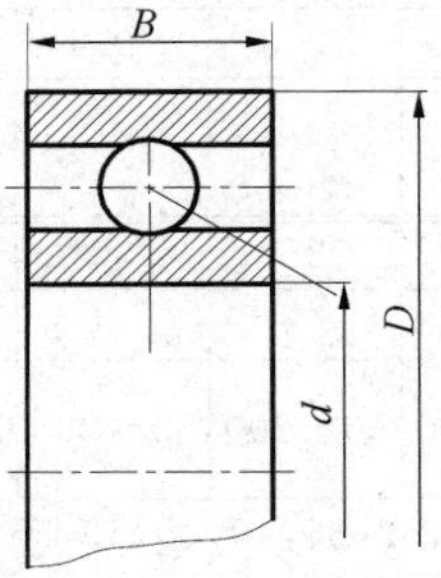

轴承型号	尺寸		
	d	D	B
00 系列(特轻,正常)			
6000	10	26	8
6001	12	28	8
6002	15	32	9
6003	17	35	10
6004	20	42	12
6005	25	47	12
6006	30	55	13
6007	35	62	14
6008	40	68	15
6009	45	75	16
6010	50	80	16
6011	55	90	18
6012	60	95	18
6013	65	100	18
6014	70	110	20
6015	75	115	20
6016	80	125	25
20 系列(轻,窄)			
6200	10	30	9
6201	12	32	10
6202	15	35	11
6203	17	40	12
6204	20	47	14
6205	25	52	15
6206	30	62	16
6207	35	72	17
6208	40	80	18
6209	45	85	19
6210	50	90	20
6211	55	100	21
6212	60	110	22
6213	65	120	23
6214	70	125	24
6215	75	130	25
6216	80	140	26
6217	85	150	28
6218	90	160	30
6219	95	170	32
6220	100	180	34
30 系列(中,窄)			
6300	10	35	11
6301	12	37	12
6302	15	42	13
6303	17	47	14
6304	20	52	15
6305	25	62	17
6306	30	72	19
6307	35	80	21
6308	40	90	23
6309	45	100	25
6310	50	110	27
6311	55	120	29
6312	60	130	31
6313	65	140	33
6314	70	150	35
40 系列(重,窄)			
6403	17	62	17
6404	20	72	19
6405	25	80	21
6406	30	90	23
6407	35	100	25
6408	40	110	27
6409	45	120	29
6410	50	130	31
6411	55	140	33
6412	60	150	35
6413	65	160	37
6414	70	180	42
6415	75	190	45
6416	80	200	48
6417	85	210	52
6418	90	225	54
6420	100	250	58

2. 圆锥滚子轴承(GB/T 297—2015)

附表 D-2　圆锥滚子轴承

mm

30000 型

轴承型号	尺　寸				
	d	D	B	C	T
29 系列(超轻,宽)					
32908	40	62	15	12	15
32909	45	68	15	12	15
32910	50	72	15	12	15
32912	60	85	16	14	17
32914	70	100	19	16	20
32917	85	120	23	18	23
32918	90	125	23	18	23
32922	110	150	25	20	25
32926	130	180	32	25	32
32928	140	190	32	25	32
32930	150	210	38	30	38
20 系列(特轻,宽)					
32006	30	55	17	13	17
32007	35	62	17	15	18
32008	40	68	18	16	19
32009	45	75	19	16	20
32010	50	80	19	16	20
32011	55	90	22	19	23
32012	60	95	22	19	23
32013	65	100	22	19	23
32014	70	110	24	20	25
32015	75	115	24	20	25
32016	80	125	27	23	29
32018	90	140	30	26	32
02 系列(轻,窄)					
30204	20	47	14	12	15.25
30205	25	52	15	13	16.25
30206	30	62	16	14	17.25
30207	35	72	17	15	18.25
30208	40	80	18	16	19.75
30209	45	85	19	16	20.75
30210	50	90	20	17	21.75
30211	55	100	21	18	22.75
30212	60	110	22	19	23.75
30213	65	120	23	20	24.75
30214	70	125	24	21	26.25
30215	75	130	25	22	27.25
22 系列(轻,宽)					
32206	30	62	20	17	21.25
32207	35	72	23	19	24.25
32208	40	80	23	19	24.75
32209	45	85	23	19	24.75
32210	50	90	23	19	24.75
32211	55	100	25	21	26.75
32212	60	110	28	24	29.75
32213	65	120	31	27	32.75
32214	70	125	31	27	33.25
32215	75	130	31	27	33.25
03 系列(中,窄)					
30304	20	52	15	13	16.25
30305	25	62	17	15	18.25
30306	30	72	19	16	20.75
30307	35	80	21	18	22.75
30308	40	90	23	20	25.25
30309	45	100	25	22	27.25
30310	50	110	27	23	29.25
30311	55	120	29	25	31.5
30312	60	130	31	26	33.5
30313	65	140	33	28	36
30314	70	150	35	30	38
30315	75	160	37	31	40
13 系列(中,窄)①					
31305	25	62	17	13	18.25
31306	30	72	19	14	20.75
31307	35	80	21	15	22.75
31308	40	90	23	17	25.25
31309	45	100	25	18	27.25
31310	50	110	27	19	29.25
31311	55	120	29	21	31.5
31312	60	130	31	22	33.5
31313	65	140	33	23	36
31314	70	150	35	25	38
31315	75	160	37	26	40
31316	80	170	39	27	42.5
23 系列(中,宽)					
32304	20	52	21	18	22.25
32305	25	62	24	20	25.25
32306	30	72	27	23	28.75
32307	35	80	31	25	32.75
32308	40	90	33	27	35.25
32309	45	100	36	30	38.25
32310	50	110	40	33	42.25
32311	55	120	43	35	45.5
32312	60	130	46	37	48.5
32313	65	140	48	39	51
32314	70	150	51	42	54
32315	75	160	55	45	58

注：① 该宽度系列适用于大锥角圆锥滚子轴承。

3. 推力球轴承(GB/T 301—2015)

附表 D-3　推力球轴承　　mm

51000 型

轴承型号	尺寸			
	d	$d_{1\,\min}$	D	T
11 系列(特轻,正常)				
51104	20	21	35	10
51105	25	26	42	11
51106	30	32	47	11
51107	35	37	52	12
51108	40	42	60	13
51109	45	47	65	14
51110	50	52	70	14
51111	55	57	78	16
51112	60	62	85	17
51113	65	67	90	18
51114	70	72	95	18
51115	75	77	100	19
51116	80	82	105	19
51117	85	87	110	19
51118	90	93	120	22
51120	100	102	135	25
51122	110	112	145	25
51124	120	122	155	25
51126	130	132	170	30
12 系列(轻,正常)				
51204	20	22	40	14
51205	25	27	47	15
51206	30	32	52	16
51207	35	37	62	18
51208	40	42	68	19
51209	45	47	73	20
51210	50	52	78	22
51211	55	57	90	25
51212	60	62	95	26
51213	65	67	100	27
51214	70	72	105	27
51215	75	77	110	27
51216	80	82	115	28
12 系列(轻,正常)				
51217	85	88	125	31
51218	90	93	135	35
51220	100	103	150	38
51222	110	113	160	38
51224	120	123	170	39
51226	130	133	190	45
51228	140	143	200	46
51230	150	152	215	50
51232	160	163	225	51
51234	170	173	240	55
13 系列(中,正常)				
51304	20	22	47	18
51305	25	27	52	18
51306	30	32	60	21
51307	35	37	68	24
51308	40	42	78	26
51309	45	47	85	28
51310	50	52	95	31
51311	55	57	105	35
51312	60	62	110	35
51313	65	67	115	36
51314	70	72	125	40
51315	75	77	135	44
51316	80	82	140	44
51317	85	88	150	49
51318	90	93	155	50
51320	100	103	170	55
51322	110	113	190	63
14 系列(重,正常)				
51405	25	27	60	24
51406	30	32	70	28
51407	35	37	80	32
51408	40	42	90	36
51409	45	47	100	39
51410	50	52	110	43
51411	55	57	120	48
51412	60	62	130	51
51413	65	68	140	56
51414	70	73	150	60
51415	75	78	160	65
51416	80	83	170	68
51417	85	88	180	72
51418	90	93	190	77
51420	100	103	210	85

注：本表仅摘录部分内容,其余请查阅 GB/T 301—2015。

附录 E　极限与配合

1. 基本尺寸 3～500mm 的标准公差(GB/T 1800.3—1998)

附表 E-1　标 准 公 差

基本尺寸/mm		公差等级								
		IT1	IT2	IT3	IT4	IT5	IT6	IT7	IT8	IT9
大于	至	μm								
—	3	0.8	1.2	2	3	4	6	10	14	25
3	6	1	1.5	2.5	4	5	8	12	18	30
6	10	1	1.5	2.5	4	6	9	15	22	36
10	18	1.2	9	3	5	8	11	18	27	43
18	30	1.5	2.5	4	6	9	13	21	33	52
30	50	1.5	2.5	4	7	11	16	25	39	62
50	80	2	3	5	8	13	19	30	46	74
80	120	2.5	4	6	10	15	22	35	54	87
120	180	3.5	5	8	12	18	25	40	63	100
180	250	4.5	7	10	14	20	29	46	72	115
250	315	6	8	12	16	23	32	52	81	130
315	400	7	9	13	18	25	36	57	89	140
400	500	8	10	15	20	27	40	63	97	155
基本尺寸/mm		公差等级								
		IT10	IT11	IT12	IT13	IT14	IT15	IT16	IT17	IT18
大于	至	μm								
—	3	40	60	100	140	250	400	600	1000	1400
3	6	48	75	120	180	300	480	750	1200	1800
6	10	58	90	150	220	360	580	900	1500	2200
10	18	70	110	180	270	430	700	1100	1800	2700
18	30	84	130	210	330	520	840	1300	2100	3300
30	50	100	160	250	390	620	1000	1500	2500	3900
50	80	120	190	300	460	740	1200	1900	3000	4600
80	120	140	220	350	540	870	1400	2200	3500	5400
120	180	160	250	400	630	1000	1600	2500	4000	6300
180	250	185	290	460	720	1150	1850	2900	4600	7200
250	315	210	320	520	810	1300	2100	3200	5200	8100
315	400	230	360	570	890	1400	2300	3600	5700	8900
400	500	250	400	630	970	1550	2500	4000	6300	9700

注：IT01 和 IT0 的标准公差未列入。

2. 轴的基本偏差数值(GB/T 1800.3—1998)

附表 E-2　轴的基本

基本偏差		上偏差(es)														
		a	b	c	cd	d	e	ef	f	fg	g	h	js	j		
基本尺寸/mm		公差														
大于	至	所有等级												5、6	7	8
—	3	−270	−140	−60	−34	−20	−14	−10	−6	−4	−2	0		−2	−4	−6
3	6	−270	−140	−70	−46	−30	−20	−14	−10	−6	−4	0		−2	−4	—
6	10	−280	−150	−80	−56	−40	−25	−18	−13	−8	−0	0		−2	−5	—
10	14	−290	−150	−95	—	−50	−32	—	−16		−6	0		−3	−6	—
14	18															
18	24	−300	−160	−110	—	−65	−40	—	−20	—	−7	0		−4	−8	—
24	30															
30	40	−310	−170	−120	—	−80	−50	—	−25	—	−9	0		−5	−10	—
40	50	−320	−180	−130												
50	65	−340	−190	−140	—	−100	−60	—	−30	—	−10	0		−7	−12	—
65	80	−360	−200	−150												
80	100	−380	−220	−170	—	−120	−72	—	−36	—	−12	0	偏差=±(IT/2)	−9	−15	—
100	120	−410	−240	−180												
120	140	−460	−260	−200	—	−145	−85	—	−43	—	−14	0		−11	−18	—
140	160	−520	−280	−210												
160	180	−580	−310	−230												
180	200	−660	−340	−240	—	−170	−100	—	−50	—	−15	0		−13	−21	—
200	225	−740	−380	−260												
225	250	−820	−420	−280												
250	280	−920	−480	−300	—	−190	−110	—	—	—	—	0		−16	−26	—
280	315	−1050	−540	−330												
315	355	−1200	−600	−360	—	−210	−125	—	−62	—	−18	0		−18	−28	—
355	400	−1350	−680	−400												
400	450	−1500	−760	−440	—	−230	−135	—	−68	—	−20	0		−20	−32	—
450	500	−1650	−840	−480												

注：基本尺寸<1mm 时，各级的 a 和 b 均不采用。

偏差数值

μm

下偏差(ei)															
k		m	n	p	r	s	t	u	v	x	y	z	za	zb	zc
等级															
4至7	≤3、>7	所有等级													
0	0	+2	+4	+6	+10	+14	—	+18	—	+20	—	+26	+32	+40	+60
+1	0	+4	+8	+12	+15	+19	—	+23	—	+28	—	+35	+42	+50	+80
+1	0	+6	+10	+15	+19	+23	—	+28	—	+34	—	+42	+52	+67	+97
+1	0	+7	+12	+16	+23	+28	—	+33	—	+40	—	+50	+64	+90	+130
									+39	+45	—	+60	+77	+108	+150
+2	0	+8	+15	+22	+28	+35		+41	+47	+54	+63	+73	+98	+136	+188
							+41	+48	+55	+64	+75	+88	+118	+160	+218
+2	0	+9	+17	+26	+34	+43	+48	+60	+68	+80	+94	+112	+148	+200	+274
							+54	+70	+81	+97	+114	+136	+180	+242	+325
+2	0	+11	+20	+32	+41	+53	+66	+87	+102	+122	+144	+172	+226	+300	+405
					+43	+59	+75	+102	+120	+146	+174	+210	+274	+360	+480
+3	0	+13	+23	+35	+51	+71	+91	+124	+146	+178	+214	+258	+335	+445	+585
					+54	+79	+104	+144	+172	+210	+254	+310	+400	+525	+690
+3	0	+15	+27	+43	+63	+92	+122	+170	+202	+248	+300	+365	+470	+620	+800
					+65	+100	+134	+190	+228	+280	+340	+415	+535	+700	+900
					+68	+108	+146	+210	+252	+310	+380	+465	++600	+780	+1000
+4	0	+17	+31	+50	+77	+122	+166	+236	+284	+350	+425	+520	+670	+880	+1150
					+80	+130	+180	+258	+310	+385	+470	+575	+740	+960	+1250
					+84	+140	+196	+284	+340	+425	+520	+640	+820	+1050	+1350
+4	0	+20	+34	+56	+94	+158	+218	+315	+385	+475	+580	+710	+920	+1200	+1550
					+98	+170	+240	+350	+425	+525	+650	+790	+1000	+1300	+1700
+4	0	+21	+37	+62	+108	+190	+268	+390	+475	+590	+700	+900	+1150	+1500	+1900
					+114	+208	+294	+435	+530	+660	+820	+1000	+1300	+1650	+2100
+5	0	+23	+40	+68	+126	+232	+330	+490	+595	+740	+920	+1100	+1450	+1850	+2400
					+132	+252	+360	+540	+660	+820	+1000	+1250	+1600	+2100	+2600

3. 孔的基本偏差数值(GB/T 1800.3—1998)

附表 E-3　孔的基本

基本偏差		下偏差(EI)												上						
		A	B	C	CD	D	E	EF	F	FG	G	H	JS	J			K		M	
基本尺寸/mm		公差																		
大于	至	所有等级												6	7	8	≤8	>8	≤8	>8
—	3	+270	+140	+60	+34	+20	+14	+10	+6	+4	+2	0	偏差±(IT/2)	+2	+4	+6	0	0	−2	−2
3	6	+270	+140	+70	+46	+30	+20	+14	+10	+6	+4	0		+5	+6	+10	−1+Δ	—	−4+Δ	−4
6	10	+280	+150	+80	+56	+40	+25	+18	+13	+8	+5	0		+5	+8	+12	−1+Δ	—	−6+Δ	−6
10	14	+290	+150	+95	—	+50	+32	—	+16	—	+6	0		+6	+10	+15	−1+Δ	—	−7+Δ	−7
14	18																			
18	24	+300	+160	+110	—	+65	+40	—	+20	—	+7	0		+8	+12	+20	−2+Δ	—	−8+Δ	−8
24	30																			
30	40	+310	+170	+120	—	+80	+50	—	+25	—	+9	0		+10	+14	+24	−2+Δ	—	−9+Δ	−9
40	50	+320	+180	+130																
50	65	+340	+190	+140	—	+100	+60	—	+30	—	+10	0		+13	+18	+28	−2+Δ	—	−11+Δ	−11
65	80	+360	+200	+150																
80	100	+380	+220	+170	—	+120	+72	—	+36	—	+12	0		+16	+22	+34	−3+Δ	—	−13+Δ	−13
100	120	+410	+240	+180																
120	140	+460	+260	+200	—	+145	+85	—	+43	—	+14	0		+18	+26	+41	−3+Δ	—	−15+Δ	−15
140	160	+520	+280	+210																
160	180	+580	+310	+230																
180	200	+660	+340	+240	—	+170	+100	—	+50	—	+15	0		+22	+30	+47	−4+Δ	—	−17+Δ	−17
200	225	+740	+380	+260																
225	250	+820	+420	+280																
250	280	+920	+480	+300	—	+190	+110	—	+56	—	+17	0		+25	+35	+55	−4+Δ	—	−20+Δ	−20
280	315	+1050	+540	+330																
315	355	+1200	+600	+360	—	+210	+125	—	+62	—	+18	0		+29	+39	+60	−4+Δ	—	−21+Δ	−21
355	400	+1350	+680	+400																
400	450	+1500	+760	+440	—	+230	+135	—	+68	—	+20	0		+33	+43	+66	−5+Δ	—	−23+Δ	−23
450	500	+1650	+840	+480																

注：(1) 基本尺寸＜1mm 时，各级的 A 和 B 及＞8 的 N 均不采用。

(2) 一个特殊情况：当基本尺寸＞(250～315)mm 时，M6 的 ES＝－9(不等于－11)。

偏差数值　　μm

偏差（ES）															Δ					
N		P～ZC	P	R	S	T	U	V	X	Y	Z	ZA	ZB	ZC						
等级																				
≤8	>8	≤7	>7												3	4	5	6	7	8
−4	−4	在>7级的相应数值上增加一个Δ值	−6	−10	−14	—	−18	—	−20	—	−26	−32	−40	−60	0					
−8+Δ	0		−12	−15	−19	—	−23	—	−28	—	−35	−42	−50	−80	1	1.5	1	3	4	6
−10+Δ	0		−15	−19	−23	—	−28	—	−34	—	−42	−52	−67	−97	1	1.5	2	3	6	7
−12+Δ	0		−18	−23	−28	—	−33	—	−40	—	−50	−64	−90	−130	1	2	3	3	7	9
								−39	−45	—	−60	−77	−108	−150						
−15+Δ	0		−22	−28	−35	—	−41	−47	−54	−63	−73	−98	−136	−188	1.5	2	3	4	8	12
						−41	−48	−55	−64	−75	−88	−118	−160	−218						
−17+Δ	0		−26	−34	−43	−48	−60	−68	−80	−94	−112	−148	−200	−274	1.5	3	4	5	9	14
						−54	−70	−81	−97	−114	−136	−180	−242	−325						
−20+Δ	0		−32	−41	−53	−66	−87	−102	−122	−144	−172	−226	−300	−405	2	3	5	6	11	16
				−43	−59	−75	−102	−120	−146	−174	−210	−274	−360	−480						
−23+Δ	0		−37	−51	−71	−91	−124	−146	−178	−214	−258	−335	−445	−585	2	4	5	7	13	19
				−54	−79	−104	−144	−172	−210	−254	−310	−400	−525	−690						
−27+Δ	0		−43	−63	−92	−122	−170	−202	−248	−300	−365	−470	−620	−800	3	4	6	7	15	23
				−65	−100	−134	−190	−228	−280	−340	−415	−535	−700	−900						
				−68	−108	−146	−210	−252	−310	−380	−465	−600	−780	−1000						
−31+Δ	0		−50	−77	−122	−166	−236	−284	−350	−425	−520	−670	−880	−1150	3	4	6	9	17	26
				−80	−130	−180	−258	−310	−385	−470	−575	−740	−960	−1250						
				−84	−140	−196	−284	−340	−425	−520	−640	−820	−1050	−1350						
−34+Δ	0		−56	−94	−158	−218	−315	−385	−475	−580	−710	−920	−1200	−1550	4	4	7	9	20	29
				−98	−170	−240	−350	−425	−525	−650	−790	−1000	−1300	−1700						
−37+Δ	0		−62	−108	−190	−268	−390	−475	−590	−730	−900	−1150	−1500	−1900	4	5	7	11	21	32
				−114	−208	−294	−435	−530	−660	−820	−1000	−1300	−1650	−2100						
−40+Δ	0		−68	−126	−232	−330	−490	−595	−740	−920	−1100	−1450	−1850	−2400	5	5	7	13	23	34
				−132	−252	−360	−540	−660	−820	−1000	−1250	−1600	−2100	−2600						

4. 优先配合中轴的极限偏差数值(摘自 GB/T 1800.4—1999)

附表 E-4　优先配合中轴的极限偏差　　μm

基本尺寸/mm		公差带												
		c	d	f	g	h				k	n	p	s	u
大于	至	11	9	7	6	6	7	9	11	6	6	6	6	6
—	3	−60 −120	−20 −45	−6 −16	−2 −8	0 −6	0 −10	0 −25	0 −60	+6 0	+10 +4	+12 +6	+20 +14	+24 +18
3	6	−70 −145	−30 −60	−10 −22	−4 −12	0 −8	0 −12	0 −30	0 −75	+9 +1	+16 +8	+20 +12	+27 +19	+31 +23
6	10	−80 −170	−40 −76	−13 −28	−5 −14	0 −9	0 −15	0 −36	0 −90	+10 +1	+19 +10	+24 +15	+32 +23	+37 +28
10	14	−95 −205	−50 −93	−16 −34	−6 −17	0 −11	0 −18	0 −43	0 −110	+12 +1	+23 +12	+29 +18	+39 +28	+44 +33
14	18													
18	24	−110 −240	−65 −117	−20 −41	−7 −20	0 −13	0 −21	0 −52	0 −130	+15 +2	+28 +15	+35 +22	+48 +35	+54 +41
24	30													+61 +48
30	40	−120 −280	−80 −142	−25 −50	−9 −25	0 −16	0 −25	0 −62	0 −160	+18 +2	+33 +17	+42 +26	+59 +43	+76 +60
40	50	−130 −290												+86 +70
50	65	−140 −330	−100 −174	−30 −60	−10 −29	0 −19	0 −30	0 −74	0 −190	+21 +2	+39 +20	+51 +32	+72 +53	+106 +87
65	80	−150 −340											+78 +59	+121 +102
80	100	−170 −390	−120 −207	−36 −71	−12 −34	0 −22	0 −35	0 −87	0 −220	+25 +3	+45 +23	+59 +37	+93 +71	+146 +124
100	120	−180 −400											+101 +79	+166 +144
120	140	−200 −450	−145 −245	−43 −83	−14 −39	0 −25	0 −40	0 −100	0 −250	+28 +3	+52 +27	+68 +43	+117 +92	+195 +170
140	160	−210 −460											+125 +100	+215 +190
160	180	−230 −480											+133 +108	+235 +210

续表

基本尺寸/mm		公差带												
		c	d	f	g	h				k	n	p	s	u
大于	至	11	9	7	6	6	7	9	11	6	6	6	6	6
180	200	-240 -530											+151 +122	+265 +236
200	225	-260 -550	-170 -285	-50 -96	-15 -44	0 -29	0 -46	0 -115	0 -290	+33 +4	+60 +31	+79 +50	+159 +130	+287 +258
225	250	-280 -570											+169 +140	+313 +284
250	280	-300 -620	-190 -320	-56 -108	-17 -49	0 -32	0 -52	0 -130	0 -320	+36 +4	+66 +34	+88 +56	+190 +158	+347 +315
280	315	-330 -650											+202 +170	+382 +350
315	355	-360 -720	-210 -350	-62 -119	-18 -54	0 -36	0 -57	0 -140	0 -360	+40 +4	+73 +37	+98 +62	+226 +190	+426 +390
355	400	-400 -760											+244 +208	+471 +435
400	450	-440 -840	-230 -385	-68 -131	-20 -60	0 -40	0 -63	0 -155	0 -400	+45 +5	+80 +40	+108 +68	+272 +232	+530 +490
450	500	-480 -880											+292 +252	+580 +540

5. 优先配合中孔的极限偏差数值(摘自 GB/T 1800.4—1999)

附表 E-5　优先配合中孔的极限偏差　　μm

基本尺寸/mm		公差带												
		C	D	F	G	H				K	N	P	S	U
大于	至	11	9	8	7	7	8	9	11	7	7	7	7	7
—	3	+120 +60	+45 +20	+20 +6	+12 +2	+10 0	+14 0	+25 0	+60 0	0 -10	-4 -14	-6 -16	-14 -24	-18 -28
3	6	+145 +70	+60 +30	+28 +10	+16 +4	+12 0	+18 0	+30 0	+75 0	+3 -9	-4 -16	-8 -20	-15 -27	-19 -31
6	10	+170 +80	+76 +40	+35 +13	+20 +5	+15 0	+22 0	+36 0	+90 0	+5 -10	-4 -19	-9 -24	-17 -32	-22 -37
10	14	+205 +95	+93 +50	+43 +16	+24 +6	+18 0	+27 0	+43 0	+110 0	+6 -12	-5 -23	-11 -29	-21 -39	-26 -44
14	18													
18	24	+240 +110	+117 +65	+53 +20	+28 +7	+21 0	+33 0	+52 0	+130 0	+6 -15	-7 -28	-14 -35	-27 -48	-33 -54
24	30													-40 -61

续表

基本尺寸/mm		公差带												
		C	D	F	G	H				K	N	P	S	U
大于	至	11	9	8	7	7	8	9	11	7	7	7	7	7
30	40	+280 +120	+142 +80	+64 +25	+34 +9	+25 0	+39 0	+62 0	+160 0	+7 -18	-8 -33	-17 -42	-34 -59	-51 -76
40	50	+290 +130												-61 -86
50	65	+330 +140	+174 +100	+76 +30	+40 +10	+30 0	+46 0	+74 0	+190 0	+9 -21	-9 -39	-21 -51	-42 -72	-76 -106
65	80	+340 +150											-48 -78	-91 -121
80	100	+390 +170	+207 +120	+90 +36	+47 +12	+35 0	+54 0	+87 0	+220 0	+10 -25	-10 -45	-24 -59	-58 -93	-111 -146
100	120	+400 +180											-66 -101	-131 -166
120	140	+450 +200											-77 -117	-155 -195
140	160	+460 +210	+245 +145	+106 +43	+54 +14	+40 0	+63 0	+100 0	+250 0	+12 -28	-12 -52	-28 -68	-85 -125	-175 -215
160	180	+480 +230											-93 -133	-195 -235
180	200	+530 +240											-105 -151	-219 -265
200	225	+550 +260	+285 +170	+122 +50	+61 +15	+46 0	+72 0	+115 0	+290 0	+13 -33	-14 -60	-33 -79	-113 -159	-241 -287
225	250	+570 +280											-123 -169	-267 -313
250	280	+620 +300	+320 +190	+137 +56	+69 +17	+52 0	+81 0	+130 0	+320 0	+16 -36	-14 -66	-36 -88	-138 -190	-295 -347
280	315	+650 +330											-150 -202	-330 -382
315	355	+720 +360	+350 +210	+151 +62	+75 +18	+57 0	+89 0	+140 0	+360 0	+17 -40	-16 -73	-41 -98	-169 -226	-369 -426
355	400	+760 +400											-187 -244	-414 -471
400	450	+840 +440	+385 +230	+165 +68	+83 +20	+63 0	+97 0	+155 0	+400 0	+18 -45	-17 -80	-45 -108	-209 -272	-467 -530
450	500	+880 +480											-229 -292	-517 -580

6. 优先、常用配合(GB/T 1801—2009)

附表 E-6　基孔制优先、常用配合

基准孔	轴																				
	a	b	c	d	e	f	g	h	js	k	m	n	p	r	s	t	u	v	x	y	z
	间隙配合								过渡配合			过盈配合									
H6						H6/f5	H6/g5	H6/h5	H6/js5	H6/k5	H6/m5	H6/n5	H6/p5	H6/r5	H6/s5	H6/t5					
H7						H7/f6	*H7/g6	H7/h6	H7/js6	*H7/k6	H7/m6	*H7/n6	*H7/p6	H7/r6	*H7/s6	H7/t6	*H7/u6	H7/v6	H7/x6	H7/y6	H7/z6
H8					H8/e7	*H8/f7	H8/g7	*H8/h7	H8/js7	H8/k7	H8/m7	H8/n7	H8/p7	H8/r7	H8/s7	H8/t7	H8/u7				
				H8/d8	H8/e8	H8/f8		H8/h8													
H9			H9/c9	*H9/d9	H9/e9	H9/f9		*H9/h9													
H10			H10/c10	H10/d10				H10/h10													
H11	H11/a11	H11/b11	*H11/c11	H11/d11				*H11/h11													
H12		H12/b12						H12/h12													

注：1. $\frac{H6}{n5}$、$\frac{H7}{p6}$在基本尺寸小于或等于 3mm 和$\frac{H8}{r7}$在小于或等于 100mm 时，为过渡配合。

2. 标注 * 的配合为优先配合。

附表 E-7　基轴制优先、常用配合

基准孔	孔																				
	A	B	C	D	E	F	G	H	JS	K	M	N	P	R	S	T	U	V	X	Y	Z
	间隙配合								过渡配合			过盈配合									
h5						F6/h5	G6/h5	H6/h5	JS6/h5	K6/h5	M6/h5	N6/h5	P6/h5	R6/h5	S6/h5	T6/h5					
h6						F7/h6	*G7/h6	*H7/h6	JS7/h6	*K7/h6	M7/h6	*N7/h6	*P7/h6	R7/h6	*S7/h6	T7/h6	*U7/h6				
h7					E8/h7	*F8/h7		*H8/h7	JS8/h7	K8/h7	M8/h7	N8/h7									
h8				D8/h8	E8/h8	F8/h8		H8/h8													
h9				*D9/h9	E9/h9	F9/h9		*H9/h9													
h10				D10/h10				H10/h10													
h11	A11/h11	B11/h11	*C11/h11	D11/h11				*H11/h11													
h12		B12/h12						H12/h12													

注：标注 * 的配合为优先配合。

附录 F　表面粗糙度

附表 F-1　与公差带代号相应的 *Ra* 值

μm

<table>
<tr><th rowspan="2">公差带
代号</th><th colspan="10">基本尺寸 mm</th></tr>
<tr><th>>6～10</th><th>>10～18</th><th>>18～30</th><th>>30～50</th><th>>50～80</th><th>>80～120</th><th>>120～180</th><th>>180～260</th><th>>260～360</th><th>>360～500</th></tr>
<tr><td>H7</td><td colspan="3">0.8～1.6</td><td colspan="5">1.6～3.2</td><td colspan="2" rowspan="2">3.2～6.3</td></tr>
<tr><td>s7,u5,u6,r6,s6,</td><td colspan="4">0.8～1.6</td><td colspan="4">1.6～3.2</td></tr>
<tr><td>n6,m6,k6,js6,H6,g6</td><td colspan="2">0.4～0.8</td><td colspan="4">0.8～1.6</td><td colspan="4">1.6～3.2</td></tr>
<tr><td>f7</td><td>0.4～0.8</td><td colspan="4">0.8～1.6</td><td colspan="3">1.6～3.2</td><td colspan="2" rowspan="2">3.2～6.3</td></tr>
<tr><td>e8</td><td colspan="3">0.8～1.6</td><td colspan="5">1.6～3.2</td></tr>
<tr><td>d8</td><td colspan="2" rowspan="2">0.8～1.6</td><td colspan="5">1.6～3.2</td><td colspan="3">3.2～6.3</td></tr>
<tr><td>n7,j7,js7,h7,m7,k7</td><td colspan="6">1.6～3.2</td><td colspan="2">3.2～6.3</td></tr>
<tr><td>H8,H9</td><td colspan="6" rowspan="2">1.6～3.2</td><td colspan="3">3.2～6.3</td><td>6.3～12.5</td></tr>
<tr><td>h8,h9,f9</td><td colspan="2">3.2～6.3</td><td colspan="2">6.3～12.5</td></tr>
<tr><td>H10,h10</td><td colspan="3">1.6～3.2</td><td colspan="4">3.2～6.3</td><td colspan="3">6.3～12.5</td></tr>
<tr><td>H11,h11,d11,b11,
c10,c11,a11,b11</td><td>1.6～3.2</td><td colspan="5">3.2～6.3</td><td colspan="4">6.3～12.5</td></tr>
<tr><td>H12,H13,h12,h13,
b12,c12,c13</td><td colspan="5">3.2～6.3</td><td colspan="4">6.3～12.5</td><td>12.5～50</td></tr>
</table>

注：本表仅供一般机械单件生产的产品设计时参考。